“双高计划”建设院校课改系列教材

国家示范性高等职业院校课改系列教材

传感器及检测技术项目教程
（微课版）

主　　编　□　杜晓岚

副主编　□　罗　瑜　吕　晶

参　　编　□　樊　赫

西安电子科技大学出版社

内 容 简 介

本书紧跟传感器与自动检测技术的发展趋势，紧密结合高等职业教育的特点，围绕行业产业人才培养需求，以推动应用型、技术技能型人才的培养为目标，依据岗位能力要求，以项目化的形式重构课程内容。书中分别介绍了传感器技术在力、温度、环境量、液位、位移、速度等参数的检测方面的典型应用及其综合应用。

全书共 8 个项目，涵盖 20 个典型工作任务、8 个实物产品的设计与制作，在内容上注重实用、兼顾课堂教学和自学要求，在表述上深入浅出、通俗易懂、条理清晰。读者亦可通过"学堂在线-精品在线课程"学习平台，搜索"传感器及检测技术"（陕西工业职业技术学院）进行课程在线学习或资源下载。

本书可以作为高等职业院校、应用型技术大学、高等专科学校、成人教育等的电气自动化技术、应用电子技术、电子信息工程技术、人工智能技术应用、物联网应用技术、机械制造与自动化、汽车智能技术、测控技术与仪器、机电一体化技术、数控技术、工业机器人技术、智能制造装备技术、机电设备技术等专业的教材，也可供相关专业工程技术人员参考。

图书在版编目(CIP)数据

传感器及检测技术项目教程/杜晓岚主编. --西安：西安电子科技大学出版社，2023.8
ISBN 978 - 7 - 5606 - 6918 - 2

Ⅰ. ①传… Ⅱ. ①杜… Ⅲ. ①传感器—检测—高等职业教育—教材 Ⅳ. ①TP212

中国国家版本馆 CIP 数据核字(2023)第 116553 号

策　　划　高　樱
责任编辑　杨　薇
出版发行　西安电子科技大学出版社(西安市太白南路 2 号)
电　　话　(029)88202421　88201467　　邮　　编　710071
网　　址　www.xduph.com　　　　　　电子邮箱　xdupfxb001@163.com
经　　销　新华书店
印刷单位　陕西博文印务有限责任公司
版　　次　2023 年 8 月第 1 版　2023 年 8 月第 1 次印刷
开　　本　787 毫米×1092 毫米　1/16　印张 20
字　　数　475 千字
印　　数　1～1000 册
定　　价　49.80 元

ISBN 978 - 7 - 5606 - 6918 - 2/TP

XDUP 7220001 - 1

前　言

进入 21 世纪以来，传感器技术已经成为高度自动化系统以及现代尖端科学技术不可或缺的关键环节与组成部分。随着数字化时代的到来，传感器技术更是发展成为测量技术、半导体技术、人工智能技术、新一代信息技术、微电子学、光学、声学、材料科学等众多学科相互交叉的综合性高新技术密集型前沿技术之一。现今，传感器技术已渗透到工业生产、宇宙开发、海洋探测、环境保护、资源勘探、医学诊断、生物工程、文物保护等诸多领域中。可以毫不夸张地说，从茫茫的太空到浩瀚的海洋，以至各种复杂的工程系统，几乎每一个现代化项目都离不开各式各样的传感器。由此可见传感器技术在发展经济、推动社会进步等方面的重要作用。

本书紧跟传感器与自动检测技术的发展趋势，紧密结合高职教育的特点，围绕行业产业人才培养需求，以推动应用型、技术技能型人才的培养为目标，依据岗位能力要求，以项目化的形式重构课程内容。书中选择日常生活中容易接触的、实际工作中经常遇到的、各类大赛中曾使用过的传感器典型应用为任务载体，通过力的检测、温度的检测、环境量的检测、液位的检测、位移的检测、速度的检测等项目，带领学生了解传感器在工业生产、日常生活中的应用与价值，掌握传感器选型、电路调试、测量数据分析等方面的知识和技能，为今后从事工程技术领域工作奠定基础。

为突出高职教材的实用性、趣味性，更好地达到"教师便于教，学生易于学"的目的，本书采用项目化的形式编写，共设置了 8 个项目、20 个任务、8 个设计与制作，其中每个项目基本上都由项目概述、项目目标、教学指导、项目实施、项目实训、项目总结、项目考核等模块组成；各项目以任务作为载体，根据内容需要，针对各任务设计了任务描述、相关知识、任务实施、能力拓展等环节；设计与制作属于项目实训环节，主要介绍如何利用典型传感器来设计简单电子产品，旨在培养学生的实践动手能力。

本书建议学时数为 56~96 学时，参考学时分配如下：项目一为 4~6 学时，项目二为 8~16 学时，项目三为 12~18 学时，项目四为 8~12 学时，项目五为 6~12 学时，项目六为 6~12 学时，项目七为 8~14 学时，项目八为 4~6 学时。

本书为教师和学生提供了大量的数字化教学和学习资源。读者可利用手机扫描二维码进行同步学习，亦可通过手机下载"学堂在线"APP 或者以电脑方式登录 https://www.xuetangx.com，进入"学堂在线-精品在线课程"学习平台，搜索"传感器及检测技术"课程（陕西工业职业技术学院）获取更全面的在线资源。

本书由陕西工业职业技术学院的杜晓岚任主编，罗瑜、吕晶任副主编，西北机电工程研究所的樊赫任参编。其中，项目一、项目二由罗瑜编写，项目三、项目五、项目七、项目八由杜晓岚编写，项目四、项目六由吕晶编写，樊赫提供了大量素材和案例。杜晓岚负责全书的组织、修改和定稿工作。

本书配套的微课教学视频、实训视频等多媒体资源由陕西工业职业技术学院的杜晓岚、罗瑜、吕晶、谢静、张琳等老师讲解、拍摄和制作，在此一并表示感谢。

由于传感器技术涉及的学科众多、发展迅速，加之编者经验和水平有限，书中难免存在疏漏和不妥之处，恳请广大读者批评指正。

编 者

2022 年 11 月

目　录

项目一

传感器及检测技术初识

项 目 概 述

　　进入 21 世纪以来，传感器技术作为获取自然领域中信息的主要途径与手段，已成为高度自动化系统及现代尖端科学技术不可或缺的关键环节与组成部分，广泛地应用于工业控制、航天航空、宇宙探测、海洋探测、环境保护、医学诊断、生物工程、汽车电子等多个领域。未来在产业化融合新兴技术的加速驱动下，传感器将进一步迈向微型化、数字化、智能化、系统化和网络化，持续推动国家乃至整个世界信息化产业的巨大进步。

　　本项目通过对传感器的定义、分类及基本特性的介绍，并结合常用传感器的选型、测量误差的分析与处理，使读者进一步了解常用传感器及检测技术，同时初步具备常用传感器选用与质量检测的能力。

项 目 目 标

　　(1) 了解传感器及检测技术的作用和地位。

　　(2) 掌握传感器的定义、组成及分类。

　　(3) 掌握传感器的基本特性。

　　(4) 了解传感器的选用原则。

　　(5) 了解误差的相关知识。

　　(6) 能够对误差进行计算、分析与处理。

教 学 指 导

　　建议从传感器与人体机能对比示意图(图 1－1)入手，了解传感器及检测技术的作用和地位，传感器的组成、分类和基本特性，并逐步掌握传感器选型原则和测量误差的分析处理方法。本项目的知识难点在传感器选型和测量误差的分析与处理环节，可以通过课下查阅资料、课上分析与讨论等方法加深理解，以提高综合运用能力。

　　本项目建议学时数为 4～6 学时。

项目实施

任务一　传感器初识

任务描述

传感器的概念来自"感觉"(Sensor)一词。传感器的基本功能是检测信号和实现信号的转换,因此传感器总是处于检测与控制系统的最前端,相当于系统的感官。传感器主要用来获取外部信息,其性能直接影响整个检测与控制系统。传感器与检测技术是自动化和信息化的基础与前提。

传感器应用现状及发展趋势

本任务主要学习传感器的定义、组成、分类及特性等知识,并了解传感器技术的应用现状和发展趋势。

相关知识

人类社会已迈入瞬息万变的信息时代,信息的交换和利用存在于各种生产、科学研究和社会活动中,人们需要实时获取各种信息。

人类通过"眼、耳、鼻、舌、皮肤"这五种感觉器官所具有的"视、听、嗅、味、触"功能来感知外界事物,而检测系统对来自生产过程和自然界的各种信息的检测是通过传感器进行的。在各种系统中,通常人们把传感器比作人的五官,它是自动检测和控制系统、智能化系统的"感觉"器官。如果把计算机比作大脑,那么传感器则相当于五种感觉器官,如图1-1所示。

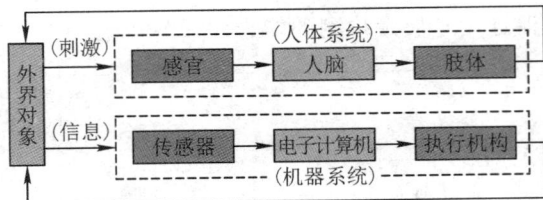

图1-1　传感器与人体机能对比示意图

如今,传感器技术遍布各行各业、各个领域,如工业生产、科学研究、现代医学、现代农业生产、国防科技、家用电器,甚至儿童玩具也少不了传感器。传感器能正确"感受"被测量并将其转换成相应输出量,对系统的质量起决定性作用。自动化程度越高,系统对传感器的要求也就越高。

一、传感器的定义与分类

1.传感器的定义

国家标准GB 7665—1987对传感器的定义是:"能感受规定的被测量并按照一定的规律转换成可用信号的器件或装置,通常由敏感元件和转换元件组成。"也就是说,传感器是一种检测装置,能"感受"到被测量的信息,并能将检测到的信息按一定规律变换成电信号或其他所需形式的信号输出,以满足信息的传输、处理、存储、显示、记录和控制等要求。

传感器是实现自动检测和自动控制的首要环节,有时也可以称为换能器、检测器和探头等。常用传感器的输出信号多为易于处理的电量,如电压、电流、频率和数字信号等。

传感器主要由敏感元件、转换元件、测量转换电路组成，如图1-2所示。

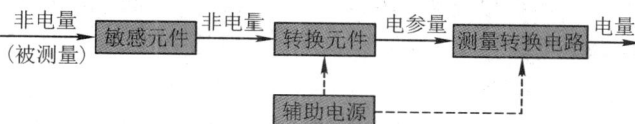

图1-2　传感器组成框图

图1-2中的敏感元件是在传感器中直接感受被测量的元件，即被测量通过传感器的敏感元件转换成与被测量有确定关系、更易于转换的非电量；这一非电量通过转换元件后就被转换成电参量；测量转换电路的作用通常是将转换元件输出的电参量转换成易于处理的电压、电流或频率。不是所有的传感器都有敏感元件和转换元件之分，有些传感器是将两者合二为一的。转换元件和测量转换电路一般还需要辅助电源供电。

图1-3为一台测量压力用的电位器式压力传感器结构简图。当被测压力 P 增大时，弹簧管撑直，通过齿条带动齿轮转动，从而带动电位器 R_{RP} 的电刷产生角位移 α。电位器电阻的变化量反映了被测压力 P 值的变化。在这个传感器中，弹簧管为敏感元件，它将压力 P 转换成角位移 α。电位器为转换元件，它将角位移 α 转换为电参量电阻的变化 ΔR。当电位器的两端加上电源后，电位器就组成分压比电路，它的输出量是与压力成一定关系的电压 U_o。在这个例子中，电位器又属于分压比式测量转换电路。

图1-3　电位器式压力传感器结构简图

综合上述工作原理，可将图1-2中的内容具体化，如图1-4所示。

图1-4　电位器式压力传感器原理框图

2. 传感器的分类

传感器的种类繁多，分类不尽相同，常用的分类方法有：

1）按被测量分类

按被测量分类，传感器可分为位移、力、力矩、转速、振动、加速度、温度、压力、流量、流速等类型的传感器。

2)按测量原理分类

按测量原理分类,传感器可分为电阻、电容、电感、光栅、热电偶、超声波、激光、红外、光导纤维等类型的传感器。

3)按输出信号的性质分类

按输出信号的性质分类,传感器可分为输出为开关量("1"、"0"或"开"、"关")的开关型传感器、输出为模拟量的模拟型传感器、输出为脉冲或代码的数字型传感器。

二、传感器的基本特性

在生产过程和科学实验中,要对各种各样的被测量和控制对象进行检测和控制,就要求传感器能感受被测非电量的变化,并能够不失真地变换成相应的电量。这些都取决于传感器的基本特性。传感器的特性一般指输入、输出特性,通常可以分为静态特性和动态特性。

1. 传感器的静态特性

传感器的静态特性是指被测量的值处于稳定状态时,输出与输入之间的关系。如果被测量是一个不随时间变化或随时间变化缓慢的量,可以只考虑其静态特性。这时,传感器的输入量与输出量之间在数值上一般具有一定的对应关系,关系式中不含有时间变量。下面介绍传感器静态特性的常见衡量指标。

1)测量范围与量程

(1)测量范围。传感器所能测量到的最小输入量与最大输入量之间的范围($x_{min} \sim x_{max}$),称为传感器的测量范围。

(2)量程。传感器测量范围的上限值与下限值的代数差 $x_{max} - x_{min}$,称为量程,如图1-5所示。

例如,某一温度传感器测量的下限温度为 $-30℃$,上限温度为 $150℃$,那么该传感器的测量范围为$-30 \sim 150℃$,其量程为 $180℃$。

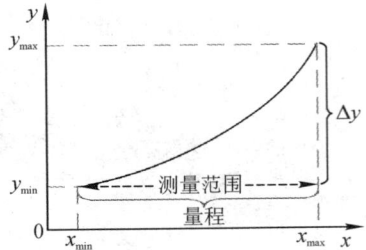

图1-5　传感器测量范围与量程

2)灵敏度

灵敏度是指传感器在稳态下输出变化值与输入变化值之比,用 K 表示,即

$$K = \frac{dy}{dx} \approx \frac{\Delta y}{\Delta x} \tag{1-1}$$

式中:Δx 为输入量的变化值;Δy 为输出量的变化值。

对线性传感器而言,灵敏度为一常数;对非线性传感器而言,灵敏度随输入量的变化而变化。从输出曲线看,曲线越陡,灵敏度越高,可以通过作该曲线的切线的方法,即作图法求得曲线上任一点的灵敏度,如图1-6所示。

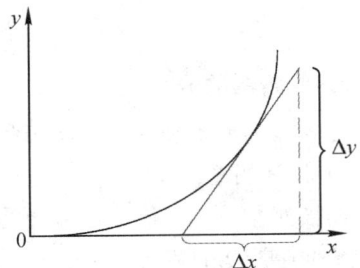

图1-6　传感器灵敏度曲线

3）分辨力和分辨率

（1）分辨力。分辨力指传感器能检出的被测信号的最小变化量 $\Delta_{\min}$，是具有量纲的数。当被测量的变化小于分辨力时，传感器对输入量的变化无任何反应。对数字仪表而言，如果没有其他附加说明，可以认为该表的最后一位所表示的数值就是它的分辨力。

（2）分辨率。将分辨力除以仪表的满度量程就是仪表的分辨率，它通常以百分比或几分之一表示，是量纲为 1 的数。

4）线性度

传感器的输入与输出关系或多或少地存在非线性，在不考虑迟滞、蠕变、不稳定性等因素的情况下，其静态特性可以用下列多项式代数方程表示：

$$y = a_0 + a_1 x + a_2 x^2 + a_3 x^3 + \cdots + a_n x^n \qquad (1-2)$$

式中：y 为输出量；x 为输入量；a_0 为零点输出；a_1 为理论灵敏度；$a_2, a_3, \cdots, a_n$ 为非线性项系数，上述各项系数决定了传感器特性曲线的具体形式。

传感器的线性度又称为非线性误差，是指传感器实际特性曲线与拟合直线之间的最大偏差与传感器量程范围内的输出之百分之。传感器的线性度示意图如图 1-7 所示。传感器的线性度可以表示为

$$\gamma_L = \frac{\Delta L_{\max}}{y_{\max} - y_{\min}} \times 100\% \qquad (1-3)$$

式中：$\Delta L_{\max}$ 为实际特性曲线与拟合直线的最大偏差；$y_{\max} - y_{\min}$ 为传感器的满量程输出值，即输出范围。

拟合直线的选取方法很多，图 1-7 是将传感器的输出起始点和满量程点连接起来的直线作为拟合直线，这条直线也称为端基理论直线，按上述方法得出的线性度称为端基线性度。

设计者和使用者总是希望非线性误差越小越好，也希望仪表的静态特性接近于直线。这是因为线性仪表的刻度是均匀的，容易进行标定，不容易引起读数误差。大多数传感器的输出为非线性，直接用一次函数拟合的结果将产生较大的误差。这时可采用多种方法，如硬件或软件补偿，进行线性化处理等。

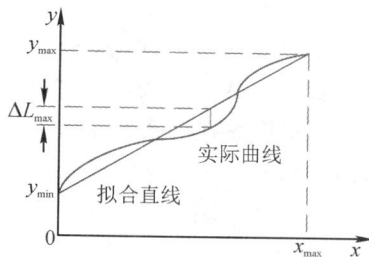

图 1-7　传感器线性度示意图

5）稳定性

稳定性包含稳定度和环境影响量两个方面。

（1）稳定度。稳定度是指在所有条件都恒定不变的情况下，仪表在规定的时间内能维持其示值不变的能力。稳定度一般以仪表的示值变化量和时间的长短之比来表示。例如，某仪表输出电压值在 10 h 内的最大变化量为 1.5 mV，则其稳定度表示为 1.5 mV/10 h。

（2）环境影响量。环境影响量仅指由外界环境变化而引起的示值变化量。示值的变化由两个因素构成，一是零漂，二是灵敏度漂移。零漂是指原先已调零的仪表在受外界环境影响后输出不再等于零，而有一定的漂移。零漂在测量前是可以发现的，并且可以用重新调零的方法来克服，但是在不间断测量过程中，零漂附加在仪表输出读数上，则是无法发现的。带微机的智能化仪表，通过软件可以定时地将输入信号暂时切断，测出此时的零漂

并存放在存储器中,当恢复正常测量后将测量值减掉零漂值,就相当于重新调零,这种方法称为软件调零。造成环境影响量的因素有温度、湿度、气压、电压、频率等。在这些因素中,温度变化对仪表的影响是最难克服的,必须予以特别重视。表示环境量时,必须同时写出示值偏差及造成这一偏差的影响因素。例如,$0.1\ \mu A/(U\pm5\%U)$ 表示电源电压变化 $\pm5\%$ 时,将引起示值变化 $0.1\ \mu A$;又如,$0.2\ mV/℃$ 表示环境温度每变化 $1℃$,将引起示值变化 $0.2\ mV$。

6) 电磁兼容性

所谓电磁兼容性,是指电子设备在规定的电磁干扰环境中能按照原计划要求正常工作的能力,而且也不向处于同一环境中的其他设备释放超过允许范围的电磁干扰。

随着科学技术、生产力的发展,高频、宽带、大功率的电气设备几乎遍布地球的所有角落,随之而来的电磁干扰也程度不同地影响着检测系统的正常工作,轻则引起测量数据上下跳动,重则造成检测系统内部逻辑混乱、系统瘫痪,甚至烧毁电子线路。因此,抗电磁干扰技术就显得越来越重要。自 20 世纪 70 年代以来,电子设备、检测及控制系统的电磁兼容性越来越被重视。对检测系统来说,主要考虑在恶劣的电磁干扰环境中,系统必须能正常工作,并且能取得精度等级范围内的正确测量结果。

7) 可靠性

可靠性是反映检测系统在规定的条件下、在规定的时间内是否耐用的一种综合性的质量指标。常用的可靠性指标有以下几种。

(1) 故障平均间隔时间。故障平均间隔时间是指两次故障间隔的时间。

(2) 故障平均修复时间。故障平均修复时间是指排除故障所花费的时间。

(3) 故障率 λ 或失效率。故障率的变化大体分成三个阶段:

① 初期失效期。这期间,开始阶段的故障率很高,失效的可能性很大,但随着使用时间的增加故障率迅速降低。有时为了加速度过这个危险期,会对产品先进行老化实验。老化实验是模拟产品在现实使用条件中涉及的各种因素,对产品产生老化的情况进行相应条件加强的过程。常见的老化实验项目主要有光照老化、湿热老化、盐雾老化、高低温循环等。进行过老化实验的系统,在现场使用的故障率大大降低。常用的老化实验设备见图1-8。

(a) 紫外线加速老化实验箱   (b) 盐雾实验箱   (c) 高低温循环老化实验箱

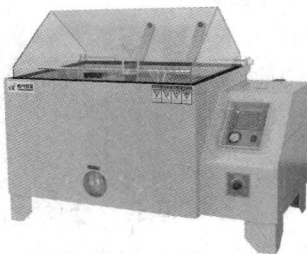

图 1-8 老化实验设备

② 偶然失效期。这期间的故障率较低,偶然失效期是构成检测系统使用寿命的主要部分。

③ 衰老失效期。这期间的故障率随时间的增加而迅速增大,仪器经常损坏,需要维修,

因为元器件老化了。因此，有的系统一旦超过使用寿命，即使还未发生故障，也被要求及时更换，以免造成更大的损失。

故障率曲线形如一个浴盆，故被称为"浴盆曲线"，如图 1-9 所示。

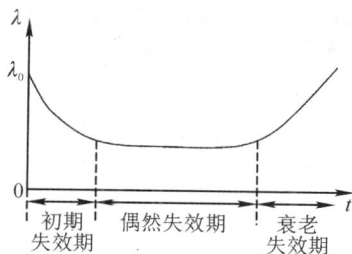

图 1-9 故障率曲线示意图

2. 传感器的动态特性

传感器的动态特性是指输入量随时间变化时传感器的响应特性，是传感器的主要特性之一。由于传感器的惯性和滞后，当被测量随时间变化时，传感器的输出往往来不及达到平衡状态，而是处于动态过渡过程之中，所以传感器的输出量也是时间的函数，其间的关系要用动态特性来表示。一个动态特性较好的传感器，其输出随时间变化的规律（输出变化曲线）能够再现输入随时间变化的规律（输入变化曲线），即输出和输入具有相同的时间函数。实际的传感器的输出信号不会与输入信号具有相同的时间函数，这种输出与输入之间的差异就是所谓的动态误差。

通常，研究动态特性是根据标准输入特性来考虑传感器的响应特性的。对于传感器的动态特性，可以从时域和频域两方面着手，分别采用瞬态响应法和频率响应法来进行分析。在时域内研究传感器的响应特性时，通常研究特定的输入时间函数，如阶跃函数、脉冲函数等；在频域内研究动态特性时，一般采用正弦函数。

三、传感器应用现状及发展趋势

随着科学技术的进步与发展，传感器技术早已渗透到诸如工业生产、宇宙开发、海洋探测、环境保护、资源勘探、医学诊断、生物工程甚至文物保护等极其广泛的领域中。从茫茫的太空到浩瀚的海洋，各种复杂的工程系统，几乎每一个现代化项目都离不开各式各样的传感器。

传感器的应用也大量出现在了人们的生活中，为人们的生活带来了极大的便利，比如空调、冰箱、电子秤、遥控器、燃气报警器、各类家用机器人、安检系统、汽车中的无人驾驶技术、智能穿戴设备、智能家居、智能安保、智能运输、智能医疗、智慧城市等。

1. 传感器在机器人中的应用

机器人之所以具备类似于人类的视觉功能、运动协调和触觉反馈能力，能对工作对象进行检测或在恶劣环境中工作，主要是因为其上装备了触觉传感器、视觉传感器、力觉传感器、光敏传感器、超声波传感器和声学传感器等，如图 1-10 所示。

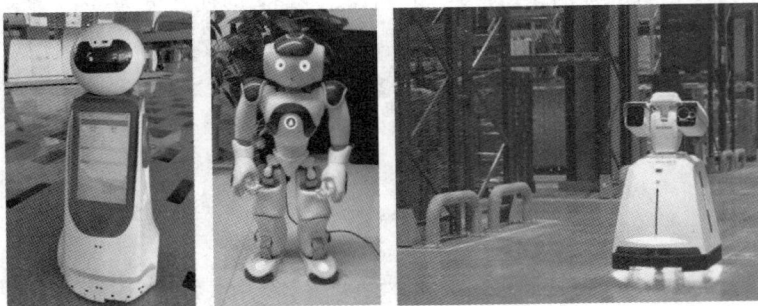

图 1-10　生产、生活中的机器人

传感器为机器人提供更为详细的外界环境信息,进而促使机器人对外界环境变化做出实时、准确、灵活的行为响应。根据传感器在机器人中应用的不同,传感器可分为机器人内部检测传感器和机器人外部探测传感器。

1) 机器人内部检测传感器

机器人内部检测传感器主要是用于检测机器人自身的工作状态,如调整前进速度和方向的传感器,多为检测速度和角度的传感器。

2) 机器人外部探测传感器

机器人外部探测传感器是检测机器人外部工作环境及工作状态的传感器,主要包括视觉传感器、力觉传感器、触觉传感器、声控传感器等。

视觉传感器是机器人所装备的最为重要的传感器之一。视觉一般包括图像获取、图像处理和图像理解三个过程。超声波传感器作为其中的一种视觉传感器,主要作用有:实时检测自身所处空间的位置,用以进行自身定位;实时检测障碍物,为行动决策提供依据;检测目标姿态以及进行简单形体的识别;跟踪导航目标等。

力觉传感器就安装部位来讲,可以分为关节力传感器、腕力传感器和指力传感器。关节力传感器装在机器人关节驱动器上,用于控制中的力反馈。腕力传感器装在机器人末端执行器和机器人最后一个关节之间。指力传感器装在机器人手爪指关节(或手指)上。

触觉传感器作为视觉的补充,能感知目标物体的表面性能和物理特性,如柔软性、硬度、弹性、粗糙度和导热性等。一般认为,触觉包括接触觉、压觉和滑觉。

2. 传感器在智能可穿戴设备中的应用

智能可穿戴设备是未来传感器应用的主要领域之一。常见的智能可穿戴产品如图1-11所示。

智能可穿戴设备中传感器的应用主要包括以下几个方面:

1) 生物型传感器

生物型传感器包括血糖传感器、血压传感器、心电传感器、体温传感器、脑电波传感器、肌电传感器等。生物型传感器主要用于医疗电子设备,例如电子血压计等。借助这些智能医疗设备,可以提高诊断水平,也可以更好地与

图 1-11　常见智能可穿戴产品

患者进行沟通。

2）运动型传感器

运动型传感器包括陀螺仪、加速度计、压力传感器和磁力计，主要用在手环等设备中，其主要功能是在智能设备中完成运动监测、导航和人机互动。运动型传感器可随时随地记录和分析人体的活动情况，使用户可以了解自己跑步的步数、骑车的距离、睡眠时间和消耗的能量等信息。

3）环境传感器

环境传感器包括温湿度传感器、噪声监测传感器、颗粒物传感器、光照度传感器、气压传感器等。通过测试环境数据，可实现环境监测、天气预报和健康提醒。

3. 传感器在汽车（无人驾驶）中的应用

汽车的电子化和智能化离不开各种传感器的应用。在普通汽车上，一般都安装有几十甚至几百个不同功能的传感器，如图 1-12 所示。

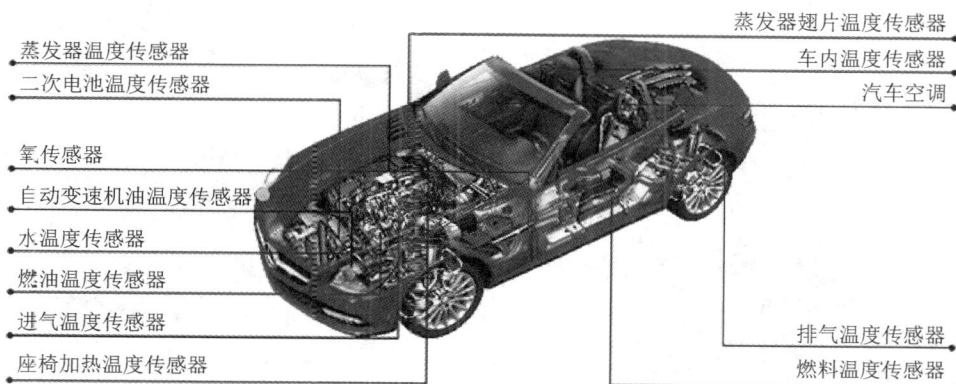

图 1-12　传感器在汽车中的应用

在汽车发动机控制系统中，分别安装有温度传感器、压力传感器、水温度传感器、燃油温度传感器、机油温度传感器、转速传感器、车速传感器、氧传感器、流量传感器等。

在底盘控制系统中，分别安装有变速器控制传感器、动力转向系统传感器、防抱死制动系统传感器、悬架系统控制传感器等。

近几年，随着科学技术的进步与发展，智能化辅助驾驶和无人驾驶技术获得重大突破，对传感器技术的应用也相应提出了更高的要求。传感器是环境感知硬件，在无人驾驶的各环节中都不可或缺。在智能化辅助驾驶和无人驾驶汽车中应用的传感器，除常规汽车用传感器外，还需要配置摄像头、毫米波雷达、激光雷达以及红外传感器等较为重要的传感器。

4. 传感器在物联网中的应用

物联网就是物-物相连的互联网，是新一代信息技术的重要组成部分。物联网通过智能感知、识别技术与普适计算等通信感知技术，广泛应用于网络的融合中，因此也被称为继计算机、互联网之后世界信息产业发展的第三次浪潮。

物联网架构分为三层：感知层、网络层和应用层。其中，感知层由各种传感器构成，用于识别物体、采集信息。物联网的关键技术有三项：传感器技术、RFID技术、嵌入式技术。

智能家居是物联网影响之下的新型智能家居的体现，如图1-13所示。智能家居通过物联网技术将家庭中的各种设备(如音视频设备、照明系统设备、窗帘控制设备、空调、安防系统设备、网络家电以及三表抄送设备等)连接到一起，提供家电控制、照明控制、窗帘控制、电话远程控制、室内外遥控、防盗报警、环境监测、暖通控制、红外转发以及可编程定时控制等多种功能。与普通家居系统相比，智能家居系统不仅具有传统的家居功能，还兼备网络通信、信息家电、设备自动化，集系统、结构、服务、管理于一体，为人们提供高效、舒适、安全、便利、环保的居住环境及全方位的信息交互功能，帮助家庭与外部保持信息交流畅通，优化人们的生活方式，帮助人们有效安排时间，增强家居生活的安全性，甚至节约各种能源费用。

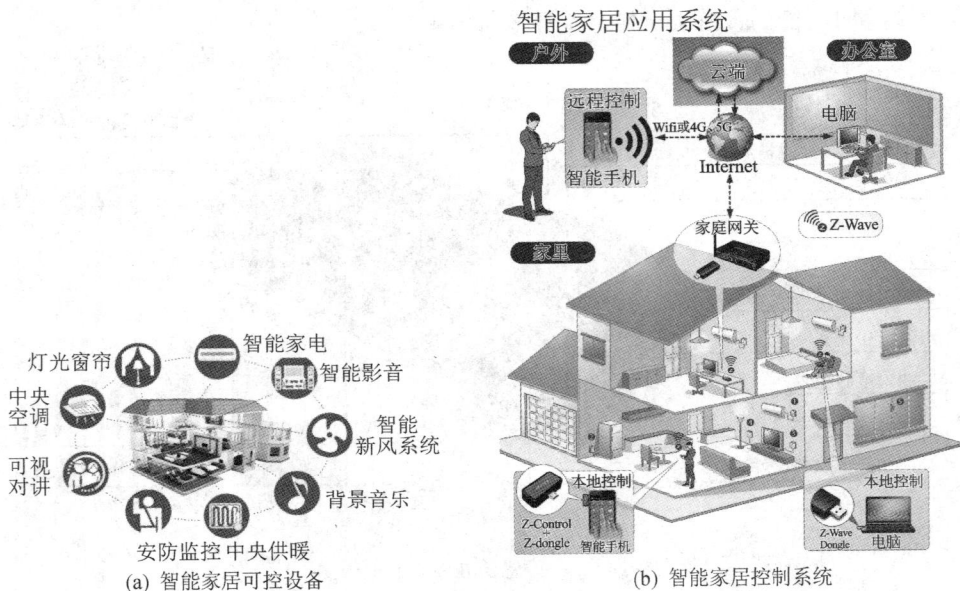

图1-13　智能家居示意图

未来，随着基础研究的不断深入、新材料的不断开发、新工艺的不断提升，拥有新效应的敏感功能材料的新型传感器也将被开发出来，从而进一步实现传感器的高性能、低成本和小型化。另一方面，传感器也将进一步实现集成化、多功能化、智能化和网络化。比如，将几种不同的传感器或敏感元件集成在一起，从而实现一个传感器同时测量几种不同被测量的功能。又比如，加速推进传感器的网络化、智能化发展，使传感器技术在物联网、人工智能等方面得到更充分的应用。

能力拓展

常用传感器辨识

图1-14列举了几款生产、生活中较为常见的传感器。

(a) 气敏传感器　　　　　　　　(b) 称重传感器　　　　　　　　(c) 光电传感器

(d) 电容式接近开关　　　　　(e) 热电偶测温传感器　　　　　(f) 热敏电阻

图 1-14　常用传感器外形结构

任务二　传感器的选用

任务描述

传感器技术作为现代科技的前沿技术，被认为是现代信息技术的三大支柱之一，也是国内外公认的最具有发展前途的高技术产业之一。传感器技术对于自动化产业，乃至整个国家工业建设的重要性是不言而喻的。伴随着传感器技术的飞速发展，各式各样的传感器应运而生了。传感器在原理与结构上千差万别，即使是测量同一个物理量也有多种原理的传感器可供选用。

传感器的选用

本任务主要学习传感器常用性能指标、选用原则等知识，从而使读者初步具备传感器的选型能力。

相关知识

一、传感器的常见指标

在进行传感器选型时，往往要对传感器进行评估，在传感器进行评估的过程中会涉及很多指标，传感器的参数指标与传感器的基本特性具有一定的关联性，传感器的基本特性在本项目任务一中已做介绍，此处不再赘述。下面将列举一些传感器的常见指标。

1. 基本参数指标

（1）量程指标：主要涉及传感器的量程范围、过载能力等。

（2）精度指标：主要涉及传感器的精度（误差）、线性度、迟滞性、重复性、稳定性、漂移、阈值等。

（3）灵敏度指标：主要涉及传感器的灵敏度、分辨率、输入与输出阻抗等。

（4）动态性能指标：主要涉及传感器的频率响应范围、频率特性、时间常数、阻尼系数、过冲量等。

2．环境参数指标

（1）温度指标：主要涉及传感器的工作温度范围、温度误差、温度漂移、热滞后等。

（2）抗冲振指标：主要涉及传感器在各项冲振容许频率、振幅值、加速度、冲振等因素下所引起的误差。

（3）其他环境参数：主要涉及传感器抗潮湿、抗介质腐蚀、抗电磁场干扰的能力等。

3．可靠性指标

可靠性指标主要涉及传感器的工作寿命、平均无故障时间、耐压性能等。

4．其他指标

（1）检测系统方面的相关指标：主要涉及传感器的供电方式（如交直流、波形等）、电压频率范围及稳定度、功耗等。

（2）安装接线方面的相关指标：主要涉及传感器的安装方式、接线电缆要求、接线方式等。

（3）结构方面的相关指标：主要涉及传感器的外形尺寸、质量、材料、结构特点等。

二、传感器的选用原则

由于传感器在原理与结构上千差万别，即使是测量同一物理量，也有多种原理的传感器可供选用。如何合理选择传感器是应用时首先要解决的问题。一般传感器的选择应根据测量对象与测量环境，从测试条件与目的、传感器的性能指标、传感器的使用条件、数据采集和辅助设备配套情况，以及价格、配件和售后服务等多种因素综合考虑，具体如下：

（1）根据测量目的和测量对象以及测量环境要求确定传感器种类。

① 根据测量目的选择传感器，例如可以根据测量目的是要直接得到被测量，还是将测量结果作为过程控制量或是其他用途等因素，选择合适的传感器种类。

② 根据测量对象特性选择传感器，例如可以根据测量对象是固体还是液体，测量方式属于静态测量还是动态测量，采用接触式测量还是非接触式测量等因素，选择合适的传感器种类。

③ 根据测量环境要求选择传感器，例如可以根据安装现场条件、环境条件（温度、湿度、振动等）、有无过载保护、信号传输距离等因素，选择合适的传感器类型。

（2）根据传感器技术指标确定传感器种类。

① 根据静态特性要求选择传感器。常见的传感器静态特性指标有测量范围、测量精度、灵敏度、分辨率等，可以根据测量需求筛选出能够满足静态特性要求的传感器。

② 根据动态特性要求选择传感器。常见的传感器动态特性指标有快速性、稳定性等，可以根据测量需求筛选出能够满足动态特性要求的传感器。

（3）根据测量系统要求确定传感器种类。

① 根据测量系统中信息传递要求选择传感器，例如测量系统中常常对信号形式、信号传输距离等因素有要求，可以评估相关指标，从而选择合适的传感器。

② 根据测量系统过载能力要求选择传感器，例如测量系统中常常对机械、电气和热过载能力等有要求，可以评估相关指标，从而选择合适的传感器。

（4）根据使用环境确定传感器种类。传感器作为检测设备，常常需要直接暴露在检测环境中，因此测量环境也是传感器选型时起的重要考量因素，比如可以根据环境温度、湿度、大气压力、振动、磁场、电场、加速度、倾斜、附近有无大功率用电设备等因素选择合适的传感器类型。另外，在极端测量环境下，也要考虑到传感器是否具备防火、防爆、防化学腐蚀等能力。

（5）根据电源的要求确定传感器种类。可以评估传感器相关指标是否满足测量系统中电源电压形式、等级、功率、波动范围、频率及高频干扰等要求，从而确定传感器种类。

（6）根据安全要求确定传感器种类。从安全方面考虑，可以评估传感器相关指标在绝缘电阻、耐压强度及接地保护等方面是否满足要求，从而确定传感器种类。

（7）根据可靠性要求确定传感器种类。可以评估传感器在抗干扰能力、使用寿命、无故障工作时间等方面的相关指标，从而确定传感器种类。

（8）根据管理要求确定传感器种类。在管理要求方面，可以评估传感器是否具备结构简单、模块化等特点，是否具备自诊断、故障显示等功能，从而确定传感器种类。

（9）根据购买与维修要求确定传感器种类。在购买与维修要求方面，可以考虑传感器的价格、交货方式与日期、保修期限、售后服务和零配件供应等是否满足需求，从而确定传感器种类。

总体说来，传感器的选型要求一般分为两大类：一类属于共性要求，如测量范围、精度、工作温度范围等；另一类属于特殊要求，如湿度、防爆、防火及防化学腐蚀要求等。对于一个具体用途的传感器，满足上述部分要求即可。如果要求一个传感器具有全面良好的性能指标，不仅可能给设计和制造带来困难，在实际应用中也没有必要。因此，应根据实际需要，在确保主要指标能够实现的基础上，放宽对次要指标的要求，以达到高性价比。也就是说，在满足检测系统对所需传感器所有要求的情况下，兼顾价格低廉、工作可靠、易于维修即可。

一般对传感器进行选择时，可按下列步骤进行：

（1）借助于传感器分类表，按被测量的性质，从典型应用中初步确定几种可供选用的传感器类别；

（2）借助于常用传感器比较表，按被测量的范围、精度要求、环境要求等确定传感器的类别；

（3）借助于传感器的产品目录、选型样本，最后确定传感器的规格、型号、性能和尺寸。

能力拓展

常用传感器质量检测

1. 热电偶质量检测

在常温下用万用表电阻挡测量热电偶的电阻值，正常状态下所测量的电阻值应该在 5 Ω 以下。另外，也可以用万用表直流毫伏挡测量热电偶输出热电动势的大小，通过改变热电偶热端的温度，观察热电偶电动势的变化情况。若热电动势大小随温度的升高而增大，则说明该热电偶质量良好。

2. 热电阻质量检测

通过万用表电阻挡测量 Pt100 电阻阻值，在室温下测量得到的电阻值应该在 110 Ω 左右。提高热电阻测量端的温度，观察 Pt100 电阻的变化情况，若所测电阻值随温度的升高而变大，且温度每升高 10 ℃，电阻值增大 3.9 Ω 左右，则说明该热电阻质量是好的。

3. 热敏电阻质量检测

通过万用表电阻挡测量热敏电阻的阻值，在常温下测量正温度系数热敏电阻的阻值，再用手捏住热敏电阻使其升温；正常情况下，正温度系数热敏电阻阻值应随温度的升高而增大，负温度系数热敏电阻的阻值应随温度的升高而减小。符合上述变化规律的热敏电阻其质量基本是良好的。

4. 光敏电阻质量检测

在常温下用万用表电阻挡测量光敏电阻的阻值，改变光敏电阻表面的光照强度，用手遮挡即可，观察电阻的阻值是否会随光照强度的减弱而增大，随光照强度的增大而减小。若符合这种变化规律，则说明该光敏电阻质量完好。

任务三　检测技术初识

▣ 任务描述

自动检测技术是自动化学科技术的一个重要分支，是在仪器仪表的使用、研制、生产的基础上发展起来的一门综合性技术。由自动检测控制技术构成的自动化系统是现代化的重要标志之一，自动控制系统的控制精度在很大程度上取决于检测系统的精度。测量系统的合理构成、仪器和测量方法的合理选择，可以在最经济的条件下得到最理想的结果；对误差性质的正确认识以及对原因误差产生的分析，可以一定程度上降低误差的产生。

自动检测与控制
系统概述

本任务主要学习测量的基本概念和方法，了解自动检测系统的组成，并要求掌握误差的计算、分析及处理方法。

▣ 相关知识

一、检测技术概述

检测是指在生产、科研、生活等各个领域，人们采取一系列技术措施对被测对象所包含的信息进行定性了解和定量掌握的过程。用于自动完成整个检测处理过程的技术又称为自动检测与转换技术。

检测的核心是测量技术。人类生产力的发展促进了测量技术的进步。随着科技的发展，测量的方法日新月异，现代社会也要求测量达到更高的精准度、更小的误差、更快的速度、更高的可靠性。

对于测量方法，从不同角度出发，有不同的分类方式，具体如下：

1．静态测量和动态测量

根据被测量是否随时间变化，测量方法分为静态测量和动态测量。例如，用激光干涉仪对建筑物的缓慢下沉进行长期监测，就属于静态测量。又如，用光导纤维陀螺仪测量火箭的飞行速度、方向，就属于动态测量。

2．直接测量和间接测量

根据测量手段的不同，测量方法可分为直接测量和间接测量。用标定的仪表直接读取被测量的测量结果的方法称为直接测量。例如，用游标卡尺直接测量工件的直径就属于直接测量。间接测量的过程比较复杂，首先要对与被测量有确定函数关系的量进行直接测量，然后将测量值代入函数关系式，经过计算从而求得被测量。

3．接触式测量和非接触式测量

根据测量时是否与被测对象接触，可将测量方法分为接触式测量和非接触式测量。例如，用多普勒雷达测速仪测量汽车超速与否就属于非接触式测量。非接触式测量不影响被测对象的运行工况，是目前发展的趋势。

4．模拟式测量和数字式测量

根据测量结果的显示方式，测量方法可分为模拟式测量和数字式测量。

5．在线测量和离线测量

为了监视生产过程，或在生产流水线上监测产品质量的测量称为在线测量，反之称为离线测量。例如，现代自动化机床采用达加工边测量的方式，就属于在线测量，它能保证产品质量的一致性。离线测量虽然能测量出产品的合格与否，但无法实时监控产品质量。

二、测量误差

人们认识客观世界，不仅要进行定性的观察，还必须通过各种测量进行定量描述。但由于人们认识能力的不足和科学水平的限制，测量设备、测量对象、测量方法和测量者本身都会受到各种因素的影响；同时，测量系统的加入也会改变被测对象原有的状态。因此，被测量的真值实际上是测不到的，这种测量值与真值的不一致在数值上表现为误差。一切测量都具有误差，误差自始至终存在于所有科学实验的过程之中。

1．测量误差的来源

在测量过程中，误差的来源主要有以下几个方面：

1）测量装置误差

测量装置误差是指传感器和测量仪器仪表的误差、标准件的误差以及装卡附件的误差。传感器和测量仪器仪表的误差包括设计、制造误差；标准件的误差包括标准量块、标准线纹尺、标准电池、标准电阻、标准砝码等所体现量值的误差；装卡附件的误差指装卡定位等造成的误差。

2）测量方法误差

测量方法误差是指测量方法不完善或测量所依据的理论公式本身的近似性引起的误差。

3）环境误差

环境误差是指各种环境因素与规定的标准状态不一致而引起的测量装置和被测量本身的变化所造成的误差，如温度、湿度、气压、振动、照明电、磁场等引起的误差。

4）人员误差

人员误差是指因测量人员技术能力、工作疲劳、固有习惯等因素引起的误差。它的大小取决于测量人员的操作技术和其他主观因素。

2．测量误差的定义

1）真值

真值是在确定的时间、地点和状态下，被测量表现出来的实际大小。真值是客观存在的，是不可测得的，通常称为"理论真值"。在实际工作中往往会采用"约定真值"或"相对真值"来替代"理论真值"。

"约定真值"是根据国际计量委员会通过并发布的各种物理参量单位的定义，利用最先进科学技术复现这些实物单位基准，并被公认为国际或国家基准的值。在计算传递过程中，用约定真值代替理论真值进行量值传递。

"相对真值"是指若高一级检测器具的误差小于低一级检测器具误差的 1/3，则可认为前者是后者的相对真值。

2）示值

示值是由测量仪器给出或提供的量值，也称测量值。

3）测量误差

测量误差是检测结果与被测量的真值之间的差值。

3．测量误差的表示方法

1）绝对误差

绝对误差 Δx 是指被测量的测量值 x 与真值 A_0 之间的差值：

$$\Delta x = x - A_0 \tag{1-4}$$

由于真值是未知的，实际应用时用标准表的测量值（相对真值）代替理论真值。绝对误差是一个有符号、大小、单位的物理量。有时绝对误差不足以反映测量值偏离真值程度的大小，为此需要引入相对误差的概念。

2）相对误差

相对误差能够更好地表达测量结果的可靠程度。相对误差 δ 是用绝对误差 Δx 与真值 A_0 比值的百分数来表示的：

$$\delta = \frac{\Delta x}{A_0} \times 100\% \tag{1-5}$$

相对误差比绝对误差能更好地说明测量的精确程度。但是相对误差也有局限性，它只能说明不同测量结果的准确程度，不适用于衡量测量仪表本身的精度。同一台仪表在整个测量范围内，相对误差 δ 不是一个定值，会随着被测量 x 的减小而变大。为了更合理地评价仪表质量，可以采用引用误差这个概念。

3）引用误差（或满度相对误差）

引用误差 γ 是绝对误差 Δx 与仪器仪表量程 x_m 比值的百分数：

$$\gamma = \frac{\Delta x}{x_{\mathrm{m}}} \times 100\% \tag{1-6}$$

4）最大引用误差

最大引用误差 γ_{m} 是最大绝对误差 Δx_{m} 与仪器仪表量程 x_{m} 比值的百分数：

$$\gamma_{\mathrm{m}} = \frac{\Delta x_{\mathrm{m}}}{x_{\mathrm{m}}} \times 100\% \tag{1-7}$$

最大引用误差常被用来确定仪表的精度等级。用最大引用误差去掉正负号和百分号后的数字来表示精度等级，用符号 K 表示。我国电工仪表常见的精度等级有0.1级、0.2级、0.5级、1.0级、1.5级、2.5级和5.0级七个等级，精度等级与最大引用误差的关系见表1-1。从仪表面板上可以看到仪表精度等级的标志，精度等级数值越小，仪表精度越高，价格也越贵。

表1-1　精度等级与最大引用误差的关系

精度等级 K	0.1	0.2	0.5	1.0	1.5	2.5	5.0
最大引用误差 γ_{m}	±0.1%	±0.2%	±0.5%	±1.0%	±1.5%	±2.5%	±5.0%

一台合格的测量仪表，在规定的工作条件下，最大引用误差应小于其标注的精度等级，即

$$|\gamma_{\mathrm{m}}| \leqslant K\% \tag{1-8}$$

例如，量程为 $0 \sim 100\ ℃$ 的测温仪表，若在整个量程中，它的最大绝对误差为 $0.12℃$，则最大引用误差为

$$\gamma_{\mathrm{m}} = \frac{\Delta x_{\mathrm{m}}}{x_{\mathrm{m}}} \times 100\% = \frac{0.12℃}{100℃} \times 100\% = 0.12\%$$

那么此仪表的精度等级应标注为0.2级，而不是0.1级。

假如已知某一仪表的精度等级及量程，测量中它可能产生的最大绝对误差也就可知了。

例如用精度等级为0.5级、量程为 $100\ \mathrm{kg}$ 的电子秤称重，则在使用时它的最大引用误差不会超过 $±0.5\%$，可能产生的最大绝对误差为

$$\Delta x_{\mathrm{m}} = ±0.5\% \times 100\ \mathrm{kg} = ±0.5\ \mathrm{kg}$$

4．测量误差的分类

从不同的角度，测量误差可有不同的分类方法。

1）按测量误差产生的原因、出现的规律及对测量结果的影响分类

测量误差按其产生的原因、出现的规律及其对测量结果的影响，可分为系统误差、随机误差和粗大误差三类。

（1）系统误差。在相同条件下多次重复测量同一量时，误差的大小和符号保持不变，或在条件改变时遵循一定规律变化的误差称为系统误差。系统误差的产生原因一般是由测量仪器、量具本身制造、安装、调整不当，测量方法不完善，操作人员示读方式不当等造成的。系统误差表明测量结果的准确度，即仪表指示值有规律地偏离真实值的程度。系统误差越小，测量结果准确度越高。

（2）随机误差。在相同条件下多次重复测量同一量时，误差的大小和符号均无规律变

化的误差称为随机误差。随机误差的产生是由周围环境等随机因素造成的。随机误差的大小表明测量结果重复一致的程度,即分散性。误差通常用精密度表示,随机误差越大,测量结果越分散,精密度就越低。测量的精密度和准确度的综合反应可用精确度(简称精度)来表示。准确度、精密度和精确度三者的示意图 1-15 所示。一般来说,系统误差和随机误差两者是同时存在、难以严格区分的。

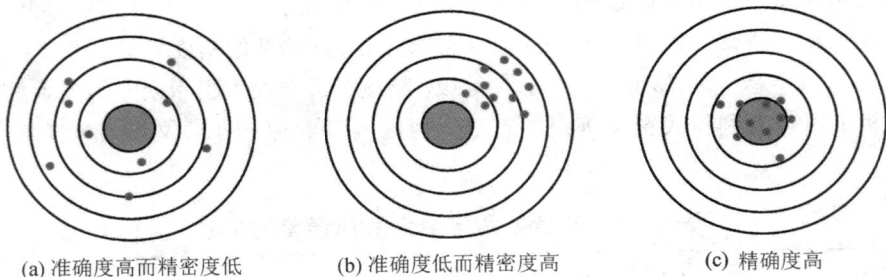

      (a) 准确度高而精密度低   (b) 准确度低而精密度高   (c) 精确度高

图 1-15　准确度、精密度和精确度示意图

(3) 粗大误差。粗大误差是明显歪曲测量结果的误差。粗大误差的产生原因是外界重大干扰、仪器仪表故障或人为因素等,含有粗大误差的测量值称为坏值或异常值,应予以剔除。

2) 按被测量与时间的关系分类

测量误差按被测量与时间的关系,可分为静态误差与动态误差两大类。

(1) 静态误差。静态误差是当被测量不随时间变化时,检测系统所产生的测量误差。

(2) 动态误差。动态误差是当被测量随时间而变化时,检测系统输出值跟不上输入的变化所产生的测量误差。

5. 误差的分析与处理

1) 系统误差的处理

系统误差的特点是其出现的规律性,因此对系统误差的处理可通过理论分析和实验方法来进行。一般来说,消除或减小系统误差的方法有如下几种。

(1) 从产生误差根源上消除。在测量前,通过分析比较,尽量消除或减小产生系统误差的来源,如按测量规程调整仪器,选择合理的定位面,测量前后检查仪表零位等。

(2) 采用修正方法来消除。在测量前,送计量部门鉴定或通过标准的仪器设备比对得到修正值。在测量中,只要在测量值中加入修正值,就可以消除或减小系统误差。

(3) 测量中采用一些测量技术和方法来消除,一般有以下几种方法。

① 交换法。在测量中将引起系统误差的某些条件互相交换,并保持其他条件不变,使引起系统误差的因素对测量结果起相反的作用,从而抵消系统误差。例如,用等臂天平称量时,由于天平左右两个臂长的微小差别会引起称量的系统误差,如果将被称物与砝码在天平左右秤盘上交换,分别称量两次后取平均值,就能消除不等臂引起的系统误差。

② 抵消法。改变测量中的某些条件导致前后两次测量结果的误差相反,可以取其平均值以消除系统误差。例如,用电流表测量电流时,为消除恒定磁场对读数的影响,可以将电流表旋转 180° 后再测量一次,取两次测量结果的平均值。

③ 替代法。在测量条件不变的情况下，用已知量替换被测量，达到消除系统误差的目的。例如，用天平测量时，先使被测物 X 与砝码 A 平衡，再取下被测物 X，放上能与砝码 A 平衡的砝码 B，则砝码 B 的重量就是被测物 X 的重量，而与天平的精度无关。

④ 补偿法。在系统中采取补偿措施，自动消除系统误差。例如，用热电偶测温时，冷端温度的变化会引起系统误差，在测温系统中采用补偿电桥就可以自动消除误差。

2）随机误差的处理

存在随机误差的测量结果中，虽然单个测量值误差的出现是随机的，但就误差的整体而言则是服从一定统计规律的。因此，通过增加测量次数，利用概率论的一些理论和统计学的一些方法，就可以掌握看似毫无规律的随机误差的分布特性，并进行测量结果的数据统计处理。

多数随机误差服从正态分布规律，测量结果符合正态分布曲线。对正态分布曲线进行分析，发现随机误差对于单次测量虽然具有随机性，但当多次重复测量时，会具备对称性、有界性、抵偿性、单峰性等特点。

正是由于随机误差具备上述特点，在算术平均值处随机误差的概率密度最大，即算术平均值与被测量的真值最为接近。随着测量次数的增加，算术平均值就越趋向于真值。因此，随机误差尽管不能被消除，但在等精度重复测量次数足够多时，可用算术平均值替代真值，并用统计分析的方法估算出它可能的取值范围。

3）粗大误差的处理

在测量数据中发现有异常数据时，一般从以下两方面来考虑处理：

（1）定性分析。对测量设备、测量条件、测量步骤进行分析，看是否存在问题而导致出现异常数据，这种判断无严格规则，属于定性判断。

（2）定量判断。用概率统计和误差理论知识建立的粗大误差判断准则为依据进行定量判断，以确定该异常值是否应剔除。

三、自动检测与控制系统的组成

自动检测是指在测量和检验过程中，完全不需要或仅需要很少的人工干预而自动进行并完成检测任务。自动检测的任务主要有两种：一种是将被测参数直接测量并显示出来；另一种是用作自动控制系统的前端系统，以便根据参数的变化情况作出相应的控制决策，实施自动控制。自动检测与控制系统通常由传感器、信号调理电路、数据处理装置、显示器、执行机构等部分组成，如图 1-16 所示。

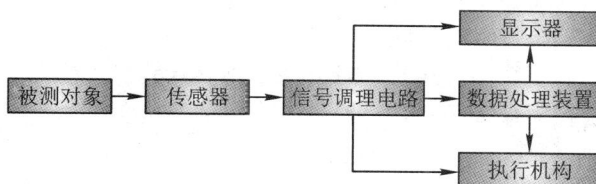

图 1-16 自动检测与控制系统组成框图

（1）传感器：用于感觉外界信息，并能按一定的规律，将这些信息转换成有用的输出信号。

（2）信号调理电路：也称为信号处理电路，包括程控放大器、A/D 转换器、滤波电路、隔离电路等。其作用是把传感器输出的电量进行选取、放大、模/数转换等处理后送给显示器或数据处理装置或执行机构。

（3）数据处理装置：用于对有用信号进一步处理（运算、逻辑判断或线性变换）与存储等，以推动后级的显示器或执行机构。

（4）显示器：目前常用的显示器有模拟显示、数字显示、图像显示及记录仪等。

（5）执行机构：通常是指各种继电器、电磁铁、电磁阀门、电磁调节阀和伺服电动机等。它们在电路中起通断、控制、调节和保护等作用。许多检测系统能输出与被测量有关的电流或电压信号，作为自动控制系统的控制信号，去驱动这些执行机构。

能力拓展

控制系统的作用是使被控对象趋于某种需要的稳定状态。按控制原理的不同，控制系统主要可分为开环控制系统与闭环控制系统两大类。

一、开环控制系统

开环控制系统的输出量不对系统的控制产生任何影响，输出量仅受输入量控制，输入量到输出量之间是单向传输的，其控制精度和抑制干扰的特性都比较差，主要应用于机械、化工、物料装卸等过程的控制。开环控制系统通常由传感器、信号处理电路、控制器、执行机构、被控对象等组成，如图 1-17 所示。

图 1-17　开环控制系统组成框图

（1）输入量：控制系统的给定量。

（2）输出量：控制系统所要控制的量。

（3）传感器：用于检测被控的参数，将被控参数转化为电量的变化。

（4）信号处理电路：又称变送器，用于将检测元件送来的反映被测量变化的电信号进行放大处理，变换为标准的电信号输出到控制单元。

（5）控制器：将信号处理电路输出的控制信号进行功率放大，并发出控制命令的装置或元件。

（6）执行机构：对控制对象实施控制的装置或元件，通常是指各种继电器、电磁铁、电磁阀门、电磁调节阀、伺服电动机等，其功能是驱动电气或机械设备动作，以调节被控参量。

（7）被控对象：所要控制的装置或生产过程。

例如，在自动门控制系统中，其输入量为感应到的人体红外信号，控制器为控制电路，执行机构为电动机，被控对象为自动门，输出量为门的开与关。

二、闭环控制系统

闭环控制系统建立在反馈原理基础之上，利用输出量与期望值的偏差对系统进行控制，可获得比较好的控制性能。闭环控制系统又称反馈控制系统，其框图如图 1-18 所示。

图 1-18　闭环控制系统组成框图

例如在自动磨削测控系统中，传感器快速检测出工件的直径参数 D，计算机一方面对直径参数做一系列的运算、比较、判断等工作，并将有关参数送到显示器显示出来；另一方面发出控制信号，以控制研磨盘的径向位移量，直到工件加工到规定尺寸要求为止。该系统是一个较为典型的自动检测与控制闭环系统，如图 1-19 所示。

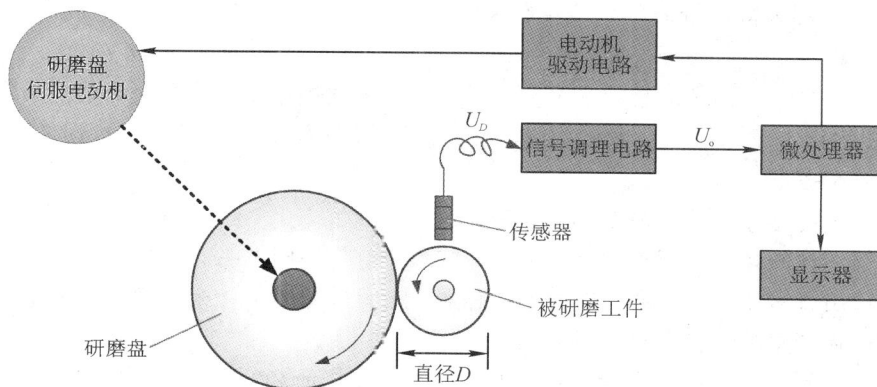

图 1-19　自动磨削测控系统

项目总结

本项目从传感器基础知识、传感器选型原则、检测技术及测量误差等方面入手，介绍了传感器及检测技术在生产、生活等诸多领域所处的重要地位。检测系统的精度在很大程度上决定着自动控制系统的控制精度。在现代工业生产，尤其是自动化生产过程中，要用到各种传感器来监视和控制生产过程中的各个参数，使设备工作在正常状态或最佳状态。测量系统的合理构成以及仪器和测量方法的合理选择，可以在最经济的条件下得到最理想的结果。

项目考核

1-1　判断题

(1) 所有的传感器都有独立的敏感元件和传感元件。　　　　　　　　　（　　）

(2) 传感器按被测量分类可分为位移、力、力矩、转速、振动、加速度、温度、压力、流量、流速等类型的传感器。　　　　　　　　　　　　　　　　　　　（　　）

(3) 一切测量都具有误差，误差自始至终存在于所有科学实验的过程之中。　（　　）

(4) 某温度传感器测量的下限温度为 −40℃，上限温度为 150℃，那么该传感器的测量

范围为 190℃。　　　　　　　　　　　　　　　　　　　　　　　　（　　）

（5）利用额温枪测量人体温度属于接触式测量方法。　　　　　　　（　　）

1-2　单选题

（1）若将计算机比喻成人的大脑，那么传感器则可以比喻为（　　）。

A. 眼睛　　　　　　B. 手　　　　　　C. 皮肤　　　　　　D. 感觉器官

（2）衡量传感器静态特性的指标中，不包括（　　）。

A. 线性度　　　　　B. 灵敏度　　　　C. 量程　　　　　　D. 频率响应

（3）常用传感器的输出信号多为易于处理的电量，其中不包括（　　）。

A. 电压　　　　　　B. 电流　　　　　C. 浓度　　　　　　D. 频率

（4）在选购线性仪表时，需要在同一系列的仪表中选择出量程合适的仪表。应尽量使选购的仪表量程为待测量的（　　）左右为宜。

A. 3 倍　　　　　　B. 1.5 倍　　　　C. 10 倍　　　　　　D. 0.75 倍

（5）按测量误差出现的规律来分类，下列哪一种误差不属于该分类方法？（　　）。

A. 粗大误差　　　　B. 静态误差　　　C. 系统误差　　　　D. 随机误差

1-3　简答题

（1）简述传感器与检测技术的作用和地位。

（2）描述检测系统的组成，说出各部分的作用，并举例说明。

（3）说出日常生活中见到、用过的传感器，它们检测的是什么类型的非电量？

（4）简述传感器与检测技术的发展趋势。

（5）传感器的静态性能指标有哪些？各自的含义是什么？

1-4　计算题

（1）有一等级为 0.5 级的温度计，其测量范围为 0～200℃，试求：

① 该表可能出现的最大绝对误差。

② 当示值分别为 20℃和 100℃时的相对误差。

（2）已知待测拉力约为 70 N，现有两只测力仪表，一只为 0.5 级，测量范围为 0～500 N；另一只为 1.0 级，测量范围为 0～100 N。选择哪只测力仪表较为合理？

（3）有三台测温仪表，量程均为 0～800℃，精度等级分别为 2.5 级、2.0 级和 1.5 级。现要测量 500℃的温度，要求相对误差不超过 2.5%，选择哪台仪表较为合理？

项目二

力的检测

《《《《《　　　　　　　　》》》》》

项 目 概 述

　　无论在工业生产中，还是在日常生活中，都存在着对于各种力的检测。在工业生产中，各种力敏传感器被广泛用来对压力、振动、加速度、液位、流量等物理量进行测量。在日常生活中，力敏传感器被广泛应用于电子秤、地磅、弹簧秤、电梯等系统中。

　　本项目介绍力敏传感器的基础知识，结合生活中常见的厨房秤测重、汽车发动机进气压力检测以及玻璃破碎报警系统三个应用实例，使读者对力敏传感器的分类、特性、工作原理以及测试方法有一定的理解，并初步具备电子产品设计和故障排查的能力。

项 目 目 标

　　(1) 了解应变效应、压阻效应、正压电效应和逆压电效应相关知识。
　　(2) 理解金属应变片、半导体应变片、压电材料的主要特点及分类。
　　(3) 掌握应变式传感器工作原理和测量电路。
　　(4) 掌握压阻式传感器工作原理和测量电路。
　　(5) 掌握压电式传感器工作原理和测量电路。
　　(6) 能够根据测量需求完成传感器选型工作。

教 学 指 导

　　从工作任务入手，通过对生活中常见力敏传感器的应用实例进行分析，了解电阻应变式传感器、压阻式传感器、压电式传感器的工作原理和测量电路等知识，逐步具备对常见力敏传感器的分析、选型、应用及维护等能力。本项目介绍的"电桥电路"是传感器技术中较为常见的测量转换电路。

　　本项目建议学时数为8~16学时。

项目实施

任务一　厨房秤称重

▍任务描述

电阻应变式力敏传感器作为目前应用最为广泛的传感器之一，无论是在日常生活中，还是在工业生产上都发挥着极其重要的作用。日常生活中所使用的各种厨房秤、电子秤、弹簧秤都是基于电阻应变片来进行称重的。图 2-1 为常见的家用厨房秤。

本任务主要学习电阻应变式传感器的相关知识以及测量电路，并完成"简易厨房秤"的设计。

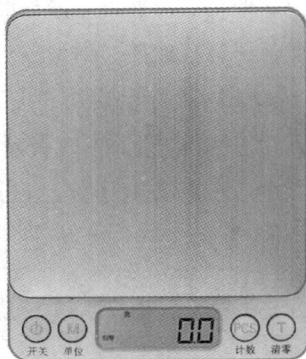

电阻应变式力
敏传感器概述

图 2-1　家用厨房秤

▍相关知识

电阻应变式传感器是目前应用最广泛的传感器之一，它的发展具有悠久的历史。1856年，人们在敷设海底电缆时发现，电缆由于敷设时被拉伸，电阻值增大了，继而对铜丝和铁丝进行拉伸试验并得出金属的应变效应：金属丝的电阻与其应变呈函数关系。1936 年，基于金属的应变效应，制成了纸基丝式电阻应变片；1952 年制出了箔式应变片；1957 年制出了第一批半导体应变片，并利用应变片制作了各种传感器。它们除了广泛地用于力、压力等参数的测量外，还可用于位移、加速度等各种参数的测量。现在，各种电阻应变片和应变传感器的品种、规格已达数万种之多。就工业领域来说，电阻应变式传感器至今还保持着强大的生命力，无论在数量上还是在应用领域，与其他传感器相比仍占有重要的地位。

一、应变效应

导体材料在外界力的作用下，会产生机械变形，其电阻值也将随着机械变形发生变化，这种现象就称为应变效应。

如图 2-2 所示，设有一长度为 L、截面积为 A、半径为 r、电阻率为 ρ 的金属单丝，它

的电阻值 R 可以表示为

$$R = \rho \frac{L}{A} = \rho \frac{L}{\pi r^2} \tag{2-1}$$

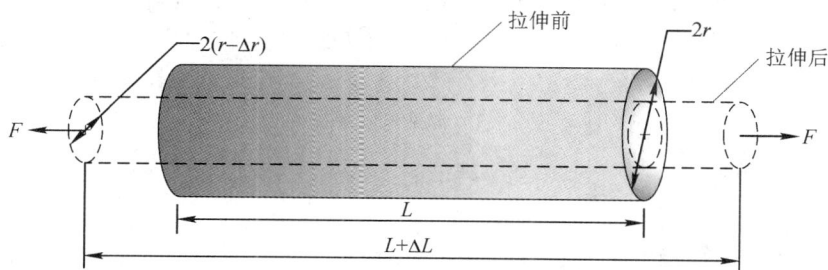

图 2-2 金属丝的机械变形

当沿着金属丝的长度方向作用一均匀拉力(或压力)时,金属单丝的 ρ、L、A 都会发生变化,从而导致电阻发生变化。当金属丝受到拉力作用时,长度 L 将增大、半径 r 将变小,所以导致 R 变大。又如,当某些半导体受到拉力作用时,ρ 将变大,导致 R 变大。

实验证明,在金属丝变形的弹性范围内,对于一定的金属材料而言,在温度恒定和材料的线弹性范围内,电阻的相对变化量 $\Delta R/R$ 与轴向应变 ε_x 是成正比的,即

$$\frac{\Delta R}{R} = K \varepsilon_x \tag{2-2}$$

式中,K 为金属材料的灵敏度。对于不同的金属材料,K 略有不同,一般为 2 左右。但半导体材料的 K 远大于金属材料的,这是因为在感受到应变时半导体材料电阻率 ρ 会发生很大的变化,所以灵敏度比金属材料大几十(50~80)倍。

在材料力学中,$\varepsilon_x = \Delta L/L$,为电阻丝的轴向应变(或称为纵向应变),其量纲为 1。ε_x 通常很小,常用 10^{-6} 来表示。例如,当 ε_x 为 0.000001 时,在工程中常表示为 1×10^{-6} 或 $\mu m/m$,在应变测量中,也常将之称为微应变($\mu\varepsilon$)。对金属材料而言,当它受力之后所产生的轴向应变最好不要大于 1000 $\mu\varepsilon$,即 1000 $\mu m/m$,否则有可能超过材料的极限强度而导致断裂。

由材料力学可知,$\varepsilon_x = F/(AE)$,所以 $\Delta R/R$ 又可以表示为

$$\frac{\Delta R}{R} = K \frac{F}{AE} \tag{2-3}$$

如果金属材料的灵敏度 K 和试件的横截面积 A 以及弹性模量 E 均为已知,则只要设法测出 $\Delta R/R$ 的数值,即可获知试件受力 F 的大小。

二、电阻应变片

电阻应变式传感器(Resistance Strain-gage Transducer)主要由电阻应变片及测量转换电路等组成。

电阻应变片也称电阻应变计或应变计,或应变片,它基于应变效应工作,是一种能将机械构件上应变的变化转换为电阻变化的传感元件,如图 2-3 所示。

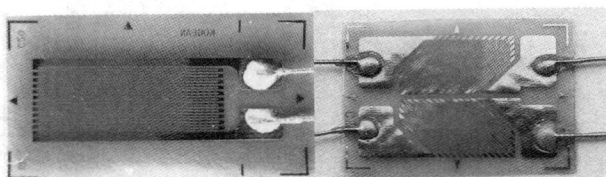

图 2-3　常见电阻应变片

1. 应变片结构

1) 应变片结构

金属应变片种类繁多、形式各样，但基本构造大体相同，现以丝式应变片为例进行说明。丝式应变片由敏感栅、基底、覆盖层以及引线组成，如图 2-4 所示。敏感栅为电阻应变丝弯曲成的栅状电阻体，通过黏结剂粘贴在基底和覆盖层之间，再由引线与外部电路相连。

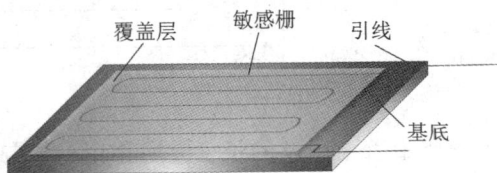

图 2-4　电阻应变片结构

（1）敏感栅。敏感栅由金属丝绕成栅状。金属丝的直径 $d = 0.015 \sim 0.05$ mm。电阻应变片的电阻值为 60 Ω、120 Ω、200 Ω 等多种规格，其中以 120 Ω 最为常用。应变片栅长的大小关系到所测应变的准确度，应变测得的应变大小是应变片栅长和栅宽所在面积内的平均轴向应变量。

（2）基底及覆盖层。基底用于保持敏感栅以及引线的几何形状和相对位置，其厚度一般为 $0.02 \sim 0.04$ mm，材料一般为纸质或胶质，基底的全长称为基底长，其宽度称为基底宽。覆盖层既能保持敏感栅以及引线的几何形状和相对位置，又起到了保护敏感栅的作用。

（3）引线。引线是从应变片的敏感栅中引出的细金属线，起到了敏感栅和测量电路之间过渡连接和引导的作用。对引线材料的性能要求是电阻率低、电阻温度系数小、抗氧化性能好、易于焊接。通常选取直径为 $0.1 \sim 0.15$ mm 的低阻金属线，大多数敏感栅材料都可用于制作引线。

（4）黏结剂。黏结剂将敏感栅固定于基底上，并将覆盖层与基底粘贴在一起。使用金属应变片时，有时也需用黏结剂将应变片基底粘贴在构件表面某个方向和位置上，以便将构件受力后的表面应变传递给应变片的基底和敏感栅。

2) 应变片规格

图 2-5 为电阻丝应变片示意图。为了获得高的电阻值，电阻丝排列成栅网状，并粘贴在绝缘基片上，线栅上面粘贴有具有保护作用的覆盖层，电阻丝两端焊有引出线。图中 l 称为应变片的标距或工作基长，b 称为应变片的基宽。$b \times l$ 为应变片的有效使用面积。应变片规格一般是用有效使用面积以及电阻值来表示，例如（3×10）mm^2、350 Ω 等。

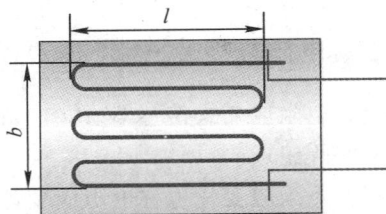

图 2-5　电阻丝应变片示意图

2. 应变片分类

金属应变片可分成金属丝式、金属箔式以及薄膜应变片三种。

1) 金属丝式应变片

金属丝式应变片又可分为回线式应变片和短接式应变片，如图 2-6 所示。

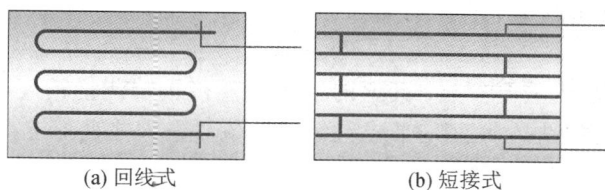

(a) 回线式   (b) 短接式

图 2-6 金属丝式应变片

（1）回线式应变片。回线式应变片是一种常用的应变片，它是将电阻丝绕成敏感栅粘结在各种绝缘基底上制成的，其制作工艺简单、性能稳定、价格便宜、易于粘贴。敏感栅的直径为 0.012～0.05 mm，以 0.025 mm 最为常用。它的基底很薄，一般在 0.03 mm 左右。其引线多用 0.15～0.30 mm 直径的镀锡铜线。回线式应变片可适应不同的温度，寿命较长，但横向效应大。

（2）短接式应变片。短接式应变片是将敏感栅平行安放，两端用直径比敏感栅直径大 5～10 倍的镀银丝短接起来而构成的。短接式应变片克服了回线式应变片的横向效应，但由于焊点多，在冲击振动条件下，易在焊接处出现疲劳损坏，制造工艺要求较高。

2) 金属箔式应变片

金属箔式应变片的工作原理与金属丝式应变片的基本相同，不同之处在于金属箔式应变片的电阻敏感元件不是金属丝栅，而是通过照相制版、光刻腐蚀等工序制成的薄金属箔栅，故称箔式电阻应变片，其内部结构如图 2-7 所示。金属箔的厚度一般为 0.001～0.010 mm，它的基片和覆盖层多为胶质膜，基片厚度一般为 0.03～0.05 mm。

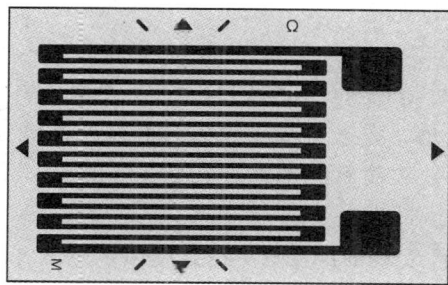

图 2-7 金属箔式应变片的内部结构

金属箔式应变片与丝式应变片相比，具有蠕变小、测量精度高、测量灵敏度高、生产率高等优点，在测试中日益得到了广泛的应用，在常温条件下已逐步取代了金属丝式应变片。

3) 薄膜应变片

薄膜应变片是薄膜技术发展的产物，其厚度在 1000 埃（0.1 μm）以下。它是采用真空蒸发或真空沉积等方法，将电阻材料在基底上制成一层各种形式的敏感栅而形成的应变片。它的灵敏系数高，易于实现工业化生产，但受温度影响较大。

3. 应变片主要参数

1) 应变片电阻值

应变片电阻值是指未安装的应变片且未受外力的情况下，在室温条件下测定的电阻值，也称原始阻值，单位为 Ω。应变片电阻值已趋于标准化，有 60 Ω、120 Ω、350 Ω、600 Ω和 1000 Ω 等阻值，其中以 120 Ω 最为常用。

2) 灵敏系数

灵敏系数是应变片的重要参数，其值的准确性直接影响测量精度，误差的大小是衡量应变片质量优劣的主要标志，使用时要求灵敏系数值尽量大并且稳定。

3) 最大工作电流

应变片接入电路中，当电流超过某一规定值后，将使应变片的温度不断升高，严重影响其工作特性甚至烧坏应变片的敏感栅。应变片的最大工作电流是指允许通过应变片而不影响其工作特性的最大电流值。该电流值与应变片本身、试件、黏结剂和环境有关。金属丝式应变片允许通过的最大电流一般为 25 mA；但在动态测量时，允许电流可达 75～100 mA。金属箔式应变片的允许电流较大。

4) 应变极限

温度一定时，应变片的指示应变值与真实应变值的相对误差不超过规定数值(一般为10%)，真实应变值称为应变片的应变极限。

5) 疲劳寿命

对于已安装好的应变片，在一定幅值的交变应力作用下，连续工作到产生疲劳损坏时的循环次数称为应变片的疲劳寿命。它反映了应变片对于动态应变的适应能力，一般情况下循环次数可达 10^6～10^7。

6) 绝缘电阻

已安装的应变片引线与被测试件之间的电阻值称为绝缘电阻。它是检查应变片的粘贴质量以及黏结层固化程度和是否受潮的标志，绝缘电阻下降会带来零漂和差量误差。在常温下，应变片的绝缘电阻值为 500～5000 MΩ。

7) 机械滞后、零漂和蠕变

(1) 机械滞后。机械滞后是指对已安装的应变片，在温度恒定时，加载和卸载过程中同一载荷下指示应变的最大差值。敏感栅基底和黏结剂材料性能或使用中的过载、过热，都会使应变片产生残余变形，导致输出的不重合。实际测量中，可在测试前通过多次重复预加、卸载来减小机械滞后产生的误差。

(2) 零漂。零漂是指对已安装的应变片，在温度恒定且试件不受力的条件下，指示应变随时间的变化。

(3) 蠕变。蠕变是指对已安装的应变片，在温度恒定并承受恒定的机械应变时，指示应变随时间的变化。

三、常见应变式传感器

应变效应的应用范围十分广泛，它可以用来测量应变应力、扭矩、弯矩、加速度以及位移等众多物理量。电阻式应变片的应用可分为两大类：

(1) 将应变片直接粘贴在被测试件上，然后将其连接到应变仪上，就可直接从应变仪上读取被测试件的应变量。

（2）将应变片粘贴在某些弹性体上，并将其接到测量转换电路上，这样就构成了测量各种物理量的专用应变式传感器。

在专用应变式传感器中，敏感元件一般为各种弹性体，传感元件就是应变片本身，测量转换电路一般为桥路。用应变片测试应变时，需将应变片用黏结剂牢固地粘贴在试件表面。当试件受力变形后，应变片上的电阻丝也随之变形，并且将应变转换成电阻的变化，通过测量转换电路最终转换成电压或电流的变化。

新型传感器不断涌现，为测试技术开拓了新的领域。但是，由于电阻应变测试技术具有以下优点，可以预见，今后它仍将是一种主要的测试手段：

（1）结构简单，使用方便，性能稳定、可靠；

（2）易于实现自动化测量，如多点同步测量、远距离测量和遥测；

（3）灵敏度高，测量速度快，适合静态、动态测量；

（4）可以测量多种物理量。

1. S形力敏传感器

S形力敏传感器如图2-8所示，采用S形结构，由于其载荷的作用点和支撑点在同一轴线上，因此它的受力稳定，称重时利用其弯曲变形产生信号。这种传感器拉压均可使用，应用于高湿度环境，具有优越的抗扭、抗侧、抗偏载能力，输出对称性好，精度高，结构紧凑等，适用于配料秤、吊钩秤、机电结合秤、料斗秤等场所。

图2-8　S形力敏传感器

2. 悬臂梁

悬臂梁是一端固定、一端自由的弹性敏感元件。它的特点是灵敏度比较高，所以多用于较小力的测量。例如，电子秤中就多采用悬臂梁。当力 F 以图示方向作用于悬臂梁末端时，梁的上表面产生拉应变，下表面产生压应变，上、下表面的应变大小相等、符号相反。图2-9为悬臂梁式电子秤。

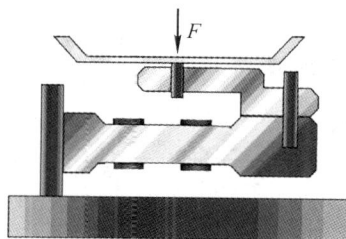

图2-9　悬臂梁式电子秤

3．荷重传感器

测力和称重传感器有较大一部分采用的是应变式荷重传感器，如图 2 - 10 所示。它将箔式应变片粘贴在钢制圆柱(等截面轴，可以是实心圆柱，也可以是空心薄壁圆筒)的表面。在力的作用下，等截面轴产生应变，R_1、R_3 感受到的应变与等截面轴的轴向应变相同，为压应变；R_2、R_4 感受到拉应变。

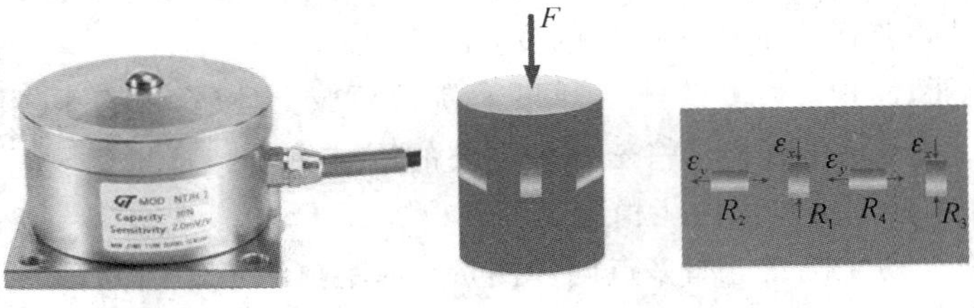

(a) 实物图　　　　　　(b) 结构示意图

图 2 - 10　荷重传感器

等截面轴的特点是加工方便，但在相同力作用下产生的应变比悬臂梁低，即灵敏度比悬臂梁低，适用于载荷较大的场合。空心轴在同样的截面积下，轴的直径可加大，可提高轴的抗弯能力。

四、测量电路

金属应变片的电阻变化范围很小，如果直接用欧姆表测量其阻值的变化量，将是很困难的，并且误差很大。在实际工程应用中，可以采用不平衡电桥来测量这一微小的电阻变化。不平衡电桥电路能够把微小的电阻变化转换成电压或者电流的变化，再通过后续电路对信号进行调理与放大，最终提供给电测仪表进行测量。

1．电桥电路

测量应变变化的电桥有直流电桥和交流电桥两种，下面以直流电桥电路为例进行介绍。

如图 2 - 11 为直流电桥电路，其中 E 为直流电源，R_1、R_2、R_3、R_4 为四个桥臂的电阻，U_o 为输出电压。当负载趋于无穷大时，输出可视为开路，电桥输出电压可表示为

$$U_o = E\left(\frac{R_2}{R_1 + R_2} - \frac{R_4}{R_3 + R_4}\right) = E\frac{R_2 R_3 - R_1 R_4}{(R_1 + R_2)(R_3 + R_4)} \tag{2-4}$$

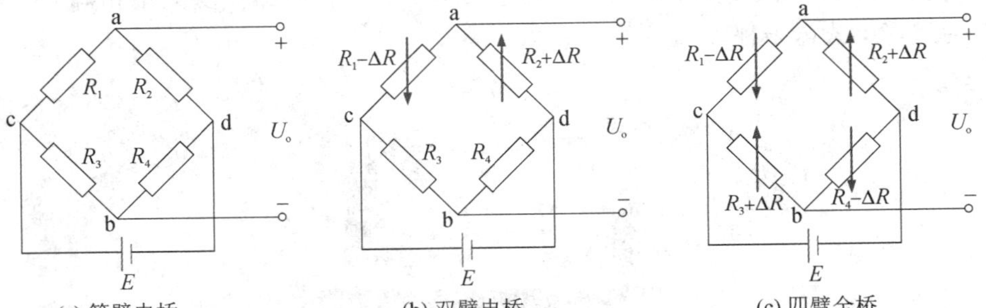

(a) 等臂电桥　　　　　(b) 双臂电桥　　　　　(c) 四臂全桥

图 2 - 11　直流电桥电路

当电桥平衡时，$U_。= 0$。此时，$R_1 \cdot R_4 = R_2 \cdot R_3$。当 $R_1 = R_2 = R_3 = R_4 = R$ 时，称为等臂电桥，如图 2-11(a)所示。

1）单臂电桥

在实际应用中，如果将其中一个电桥的桥臂用电阻应变片替代，其他三个桥臂均为固定电阻，则称为单臂电桥。当应变发生时，R_1 减小为 $R_1 - \Delta R$，对于单臂电桥，此时的输出电压为

$$U_, \approx \frac{E}{4} \cdot \frac{\Delta R}{R} \qquad (2-5)$$

由此可见，单臂电桥输出电压和输入电阻的相对变化之间具有近似线性的关系。

2）双臂电桥

若 R_3、R_4 采用固定电阻，R_1、R_2 采用电阻应变片，则称为双臂电桥或者差分半桥，如图 2-11(b)所示。此时，当应变产生时，R_1 减小为 $R_1 - \Delta R$，R_2 增大为 $R_2 + \Delta R$，对于双臂电桥，输出电压为

$$U_。= \frac{E}{2} \cdot \frac{\Delta R}{R} \qquad (2-6)$$

由此可见，双臂电桥的电压输出与电阻的相对变化之间为线性关系，其灵敏度是单臂电桥的 2 倍。

3）四臂全桥

若 R_1、R_2、R_3、R_4 均为电阻应变片，则称为四臂全桥。当应变产生时，R_2、R_3 应变片受拉，应变阻值增大；R_1、R_4 应变片受压，应变阻值减小，此时输出电压为

$$U_, = E \cdot \frac{\Delta R}{R} \qquad (2-7)$$

由此可见，四臂全桥的电压输出与电阻的相对变化之间为线性关系，其灵敏度是单臂电桥的 4 倍，是双臂电桥的 2 倍。

2. 电桥驱动电路

力敏传感器电桥电路通常有两种驱动方式：恒压驱动与恒流驱动。

1）恒压驱动方式

恒压驱动方式就是直接利用恒压源（直流稳压电源）接入力敏传感器的电源供电端子。恒压驱动方式容易受电源电压波动而影响传感器的测量精度。图 2-12 为一款压力传感器的恒压驱动电路，传感器采用的是绝对压力传感器 KP100A，因传感器内部晶体管在额定电压输入范围内起作用，所以由运放电源为晶体管提供 7.5 V 电压。如果需要温度补偿电路，可以在传感器的 1 脚处加上 5 V 电压。该电路中，电位器 R_{P1} 用于调零，电位器 R_{P2} 用于调增益。

图 2-12　恒压驱动电路

2) 恒流驱动方式

恒流驱动方式可以解决因电源电压波动等影响传感器的测量精度问题。图 2-13 为力敏传感器常用的两种恒流源驱动电路。

在图 2-13(a)中，TL431 稳压管的输出电压为 2.5 V。因此，流过力敏传感器的恒定电流为 $2.5/R_6$。

在图 2-13(b)中，假设稳压管的稳定电压为 U_Z，那么由于集成运算放大器的虚短与虚断的特点，电位器 R_P 两端的电压也恒定为 U_Z，这样就可以得到流经力敏传感器的恒定电流为 U_Z/R_6。

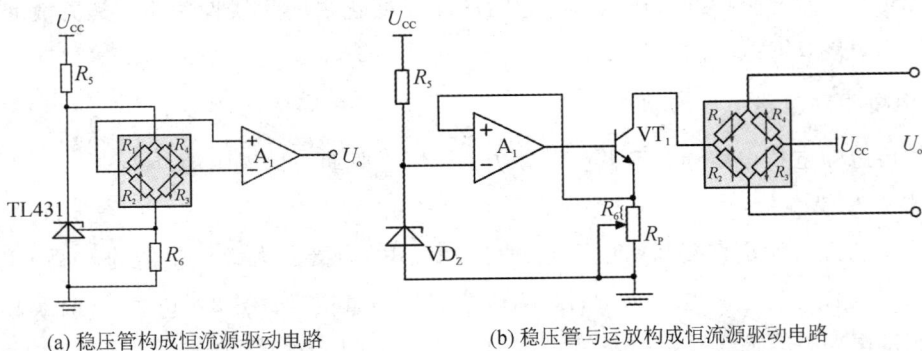

(a) 稳压管构成恒流源驱动电路　　　(b) 稳压管与运放构成恒流源驱动电路

图 2-13　恒流源驱动电路

3. 信号处理电路

电阻应变式压力传感器经过电桥电路将力的变化转换为电压输出量后，通常利用仪表放大器对信号做进一步的处理，并显示在显示器上。由于仪表放大器与一般运算放大器相比，具有输入阻抗高、共模抑制比高、增益调节方便等特点，在压力传感器测量电路中获得了广泛的应用。

图 2 - 14 为仪表放大器的典型应用电路。

A_1、A_2 均为同相输入放大器，具有双端输入、双端输出形式。A_3 为差分组态放大器，用于实现减法运算。仪表放大器的输出电压为

$$U_。= -\frac{R_2}{R_1}\left(1 + \frac{2R_f}{R_P}\right)(u_{11} - u_{12})　　(2-8)$$

可见，仪表放大器的输出与输入之间呈线性放大关系。调节电位器 R_P，即可改变放大器的增益。

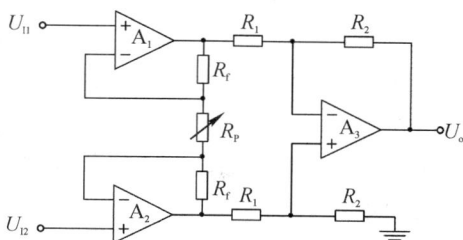

图 2 - 14　仪表放大器电路

任务实施

一、传感器选型

1. 选型依据

选择电阻应变片需要考虑环境因素、适用范围以及精度要求。选用的电阻应变片一般工作在满量程的 30%～70%，在使用中最大载荷不能超过满量程的 120%。使用时，传感器和仪表应当定期进行标定，以确保其使用精度。同时，电桥电压要稳定，温漂、时漂要小，否则会引起测量误差。

金属箔式应变片与金属丝式应变片相比，具有以下特点：

(1) 金属箔栅很薄，它所感受到的应力状态与试件表面的应力状态更为接近。另外，当箔材和丝材具有同样的截面积时，与黏结层的接触面积比丝材大，使其能更好地和试件共同工作。同时，由于箔栅的端部较宽，横向效应较小，因而提高了应变测量的精度。

(2) 箔材表面积大，散热条件好，故允许通过较大电流，可以输出较大信号，提高了测量灵敏度。

(3) 箔栅的尺寸准确、均匀，且能制成任意形状，特别是能制成栅长很小（如 0.2 mm）或敏感栅图案特殊的应变片，扩大了应变片的使用范围。

(4) 便于成批生产，生产率高。

(5) 电阻值分散性大，需要做阻值调整；生产工序较为复杂，因引出线的焊点采用锡焊，因此不适于高温环境下测量；此外，价格较贵。

2. HX711

HX711 是一款专为高精度称重传感器而设计的 24 位 A/D 转换器芯片，引脚图如图 2 - 15 所示，引脚描述如表 2 - 1 所示。该芯片集成了包括稳压电源、片内时钟振荡器等外围电路，具有集成度高、响应速度快、抗干扰性强、可靠性高等优点。芯片与后端 MCU 芯片的接口和编程简单，所有控制信号均由引脚驱

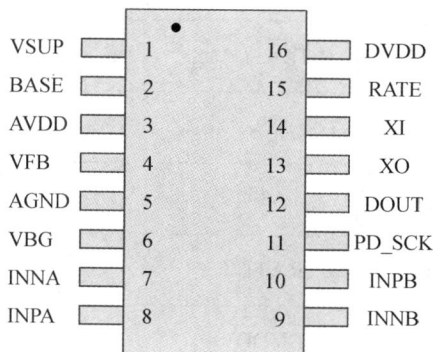

图 2 - 15　HX711 引脚图

动，无须对芯片内部的寄存器编程。输入选择开关可任意选取通道 A 或通道 B，与其内部的低噪声可编程放大器相连。通道 A 可编程增益为 128 或 64，对应的满额度差分输入信号幅值分别为±20 mV 或±40 mV。通道 B 则为固定的 64 增益，用于系统参数检测。芯片内提供的稳压电源可以直接向外部传感器和芯片内的 A/D 转换器提供电源，无须外接模拟电源。芯片内的时钟振荡器不需要任何外接器件。同时，上电自动复位功能简化了开机的初始化过程。

表 2－1　HX711 31 脚描述

引脚号	名　称	性　能	描　述
1	VSUP	电源	稳压电路供电电源：2.6～5.5 V（不用稳压电路时应接 AVDD）
2	BASE	模拟输出	稳压电路控制输出（不用稳压电路时为无连接）
3	AVDD	电源	模拟电源：2.6～5.5 V
4	VFB	模拟输入	稳压电路控制输入（不用稳压电路时应接地）
5	AGND	地	模拟地
6	VBG	模拟输出	参考电源输出
7	INNA	模拟输入	通道 A 负输入端
8	INPA	模拟输入	通道 A 正输入端
9	INNB	模拟输入	通道 B 负输入端
10	INPB	模拟输入	通道 B 正输入端
11	PD_SCK	数字输入	断电控制（高电平有效）和串口时钟输入
12	DOUT	数字输出	串口数据输出
13	XO	数字输入输出	晶振输入（不用晶振时为无连接）
14	XI	数字输入	外部时钟或晶振输入：0——使用片内振荡器
15	RATE	数字输入	输出数据速率控制：0——10 Hz，1——80 Hz
16	DVDD	电源	数字电源：2.6～5.5 V

二、应用实例

1. 电路设计

简易厨房秤电路如图 2-16 所示。

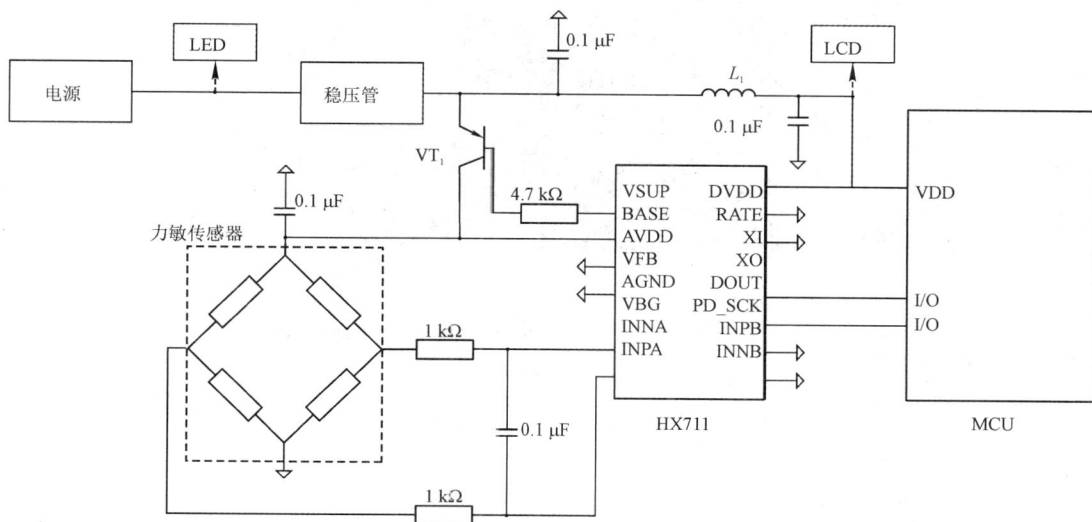

图 2-16 简易厨房秤电路

2. 原理分析

在图 2-16 所示的简易厨房秤电路中，将箔式应变片粘贴在弹性元件上，称重时，当弹性元件受力而产生相应的应变时，应变片感受到应变并转化成电阻变化，四片应变片连接成电桥电路，将电阻值的变化转换为测量电路的电压变化；由于桥式传感器输出的信号较小，使用 HX711 对其进行放大处理，转换为数字信号发送给单片机处理后，将具体数值显示在显示器上。

电路使用内部时钟振荡器；电源直接取用与 MCU 芯片相同的供电电源；片内稳压电源电路通过三极管与分压电阻向传感器以及 A/D 转换器提供稳定的低噪声模拟电源；L_1 用于隔离模拟与数字电源；VT_1 用于关断传感器和 ADC 电源。

三、调试总结

（1）弹性元件为悬臂梁，黏结剂选择时需考虑基片材料、工作温度、潮湿程度、稳定性等诸多因素。

（2）因传感器的应变非常微小，所以在安装、使用过程中需要特别注意不要超载，若在外力撤除后不能恢复原形状，发生塑性变形，则说明传感器已损坏。

（3）传感器有四根线连接外电路，如图 2-17 所示。红线为电源正极输入，黑线为电源负极输入，白线为信号输出 1，绿线为信号输出 2。为保证测量精度，不可随意调整线长。

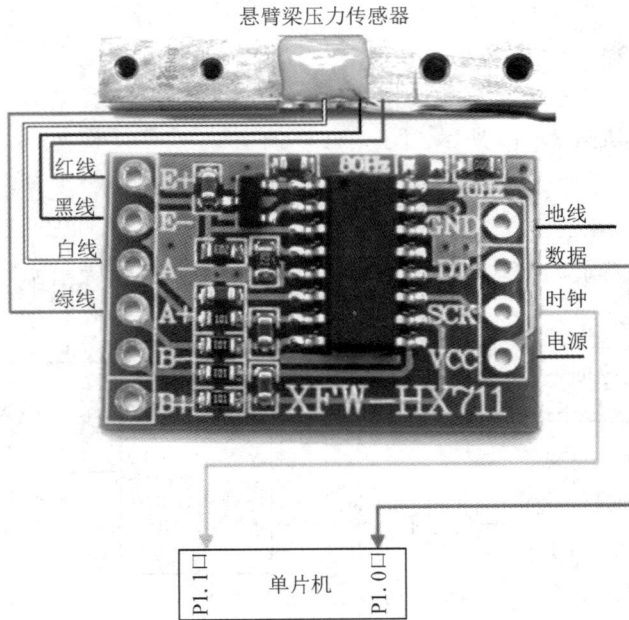

图 2-17　传感器接线图

能力拓展

一、横向效应

直线金属丝被拉伸时，在任一段上所感受到的应变都是相同的。等分多段金属丝时，每段产生的电阻增量相同，各段电阻增量之和构成总的电阻增量。但是，将同样长度的金属丝绕成敏感栅制作成应变片之后，其弯曲部分的应变与直线部分就不相同了。如图 2-18 所示，敏感栅是由 n 条长度为 l 的直线段(纵栅)和直线段端部的 $n-1$ 个半径为 r 的半圆圆弧组成(横栅)的，若该应变片承受轴向应力而产生纵向拉应变 ε_x 时，各线段的电阻将增加，但在半圆弧段则受到从 $-\varepsilon_x$ 到 $-\mu\varepsilon_x$ 之间变化的应变，其电阻的变化将小于沿轴向安放的同样长度电阻丝电阻的变化。

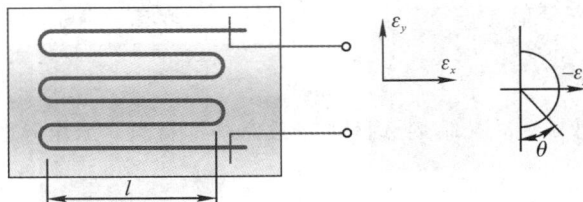

图 2-18　横向效应示意图

因此，将直的金属丝绕成敏感栅之后，虽然长度相同，但应变片敏感栅的电阻变化要比直的金属丝小，从而其灵敏度要比直的金属丝灵敏度小，这种现象称为应变片的横向效应。

横向效应给测量带来了误差，其大小与敏感栅的构造和尺寸有关，敏感栅的纵栅越窄、越长，而横栅越宽、越短，则横向效应的影响就越小。

二、电阻应变片的温度补偿

作为测量应变的电阻应变片，希望它的电阻值仅随被测应变而发生改变，不受任何其他因素的影响。但实际上，应变片的电阻变化受温度影响很大，由于外界环境温度发生变化而引起的电阻变化与试件应变所造成的电阻变化几乎具有相同的数量级，若不采取必要的措施，克服温度的影响，将无法保障电阻应变片的测量精度。

将应变片直接粘贴于试件上，使试件不受任何外力的作用，此时若环境温度发生变化，则应变片的电阻值随之变化，那么对于这种由于环境温度改变而使应变片的输出改变称为"热输出"，即"温度误差"，这种误差造成了虚假应变。产生温度误差的原因主要有两个：应变片敏感栅的温度系数和敏感栅材料与试件材料线膨胀系数不同。由于两种材料的线膨胀系数不同，当环境温度改变时，两种材料受热膨胀的程度也不同，而应变片与试件是粘贴在一起的，若敏感栅的线膨胀系数比试件的线膨胀系数小，那么敏感栅就被迫被试件拉长，产生虚假的信号输出。温度补偿的目的就是消除由于温度变化引起的附加应变，以计算出仅由作用力引起的真实应变。温度补偿的方法有两种：桥路补偿法和应变片补偿法。

1. 桥路补偿法

应变片的信号调节电路通常是采用电桥的形式，应变片作为电桥的一个臂。所以，若在电桥的相邻臂加一个补偿片，如图 2-19 所示，即为桥路补偿法。工作片 R_1 粘贴在需要测量应变的地方，补偿片 R_2 采用与 R_1 同一类型的应变片，将其粘贴在与试件相同的材料上，但此材料不受力，仅为补偿而设置，并将材料自由地放在试件附近，使它与试件感受相同的温度场。这样，当环境温度发生变化时，虽然工作片 R_1 的阻值发生了变化，但同时 R_2 的阻值也发生了变化，且由于 R_1 与 R_2 为相同类型的应变片，粘贴在相同的材料上，又处于相同的温度场，故而温度变化引起的电阻变化在桥路中相互抵消，起到了温度补偿的作用。

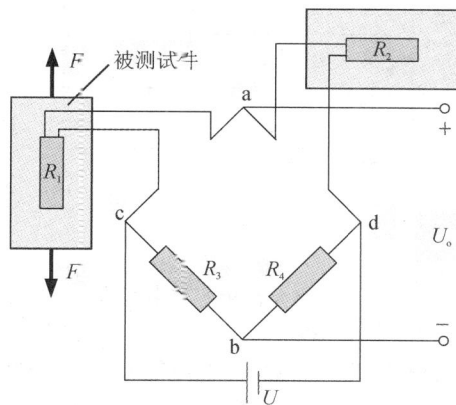

图 2-19　桥路补偿法电路

桥路补偿法的优点是简单、方便，在常温下补偿效果较好，但当温度梯度变化较大时，工作片与补偿片的温度难以一致，就会影响补偿效果。

2. 应变片补偿法

应变片补偿法是将应变片制作成一种特殊的应变片，其本身能够补偿由于温度变化带来的误差。这类特殊的应变片可分为选择式自补偿应变片和双金属敏感栅自补偿应变片。

三、简易电子秤的设计

基于金属箔式电阻应变片的电子秤电路如图 2-20 所示。电路主要部分为电阻应变式传感器 R_1 以及 U_1、U_2 组成的测量放大电路，以及 ICL7126 与外围元件组成的数显面板表。传感器 R_1 采用 E350-2AA 金属箔式电阻应变片，其常态阻值为 350 Ω，测量电路将 R_1 产生的电阻应变量转换成电压信号输出。U_2 将转换后的弱电压信号进行放大，作为 A/D 转换器的模拟电压输入。采用微功耗稳压二极管 LM385 提供 1.2 V 基准电压，同时经 R_5、R_6 及 R_{P2} 分压后作为 A/D 转换器的参考电压。$3\frac{1}{2}$ 位 A/D 转换器 ICL7126 的参考电压输入正端由 R_{P2} 中间触头引入，负端则由 R_{P3} 中间触头引入。两端参考电压可对传感器非线性误差进行适量补偿。电路中各电阻元件宜选用精密金属膜电阻；R_{P1} 选用精密多圈电位器；R_{P2}、R_{P3} 经调试后可分别用精密金属膜电阻代替；电容 C_1 选用云母电容或瓷介电容。

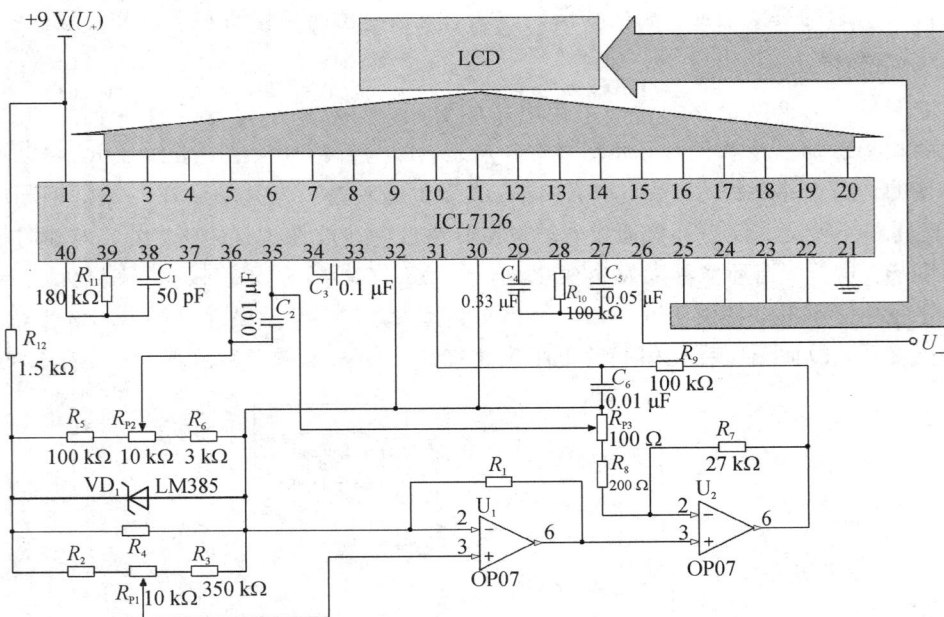

图 2-20 基于金属箔式电阻应变片的电子秤电路

在调试时，应准备 1 kg 及 2 kg 标准砝码各一个，过程如下：

(1) 调零。首先在秤体自然下垂无负载时调整 R_{P1}，使显示器准确显示零。

(2) 调满度。调整 R_{P2}，使秤体承担满量程重量(2 kg)时显示满量程值。

(3) 校准。在秤钩下悬挂 1 kg 的标准砝码，观察显示器是否显示 1.000。若有偏差，对 R_{P3} 进行调整，使之准确显示 1.000。

(4) 反复调整。重新进行第(2)、(3)步，使之均满足要求为止。

（5）电路定型。最后准确测量 R_{P_2}、R_{P_3} 的电阻值，并用固定精密电阻予以代替。

任务二　汽车发动机进气压力检测

任务描述

　　压阻式力敏传感器是利用半导体材料的压阻效应制成的压力传感器。压阻式传感器在航天航空、生物医学、汽车工业、军事、力学、石油等领域中应用广泛。汽车发动机工作是靠燃油爆燃产生的能量，而燃油爆燃需要清洁的空气助燃，在电控多点燃油喷射系统中，精确测量进入发动机的空气量的大小是非常重要的，该信号是电控单元精确计算喷油量的主要依据。目前汽车发动机进气压力检测是检测汽车发动机进气量大小最常用的检测方法之一。而汽车发动机进气量检测就可通过压阻式力敏传感器来实现。常见压阻式传感器如图 2-21 所示。

压阻式传感器概述

　　本任务主要学习压阻式传感器的相关知识以及测量电路，并掌握汽车发动机进气压力检测的原理及方法。

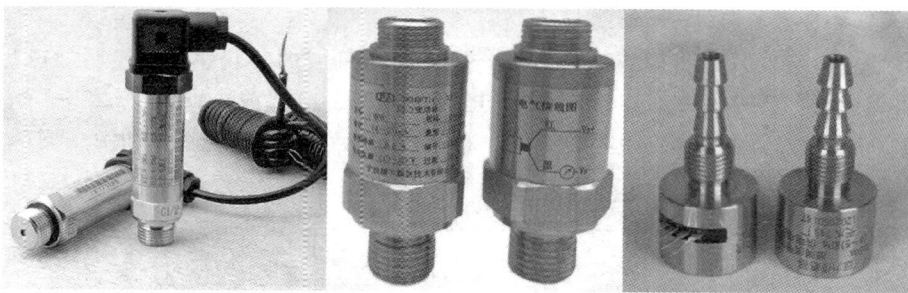

图 2-21　常见压阻式传感器

相关知识

一、压阻效应

　　当半导体沿某一轴向施加一定的应力而产生应变时，它的电阻率会发生一定的变化，这种现象称为半导体的压阻效应。压阻式力敏传感器就是基于半导体材料的压阻效应工作的，它也属于电阻式传感器。

　　对于金属应变片而言，在受到力的作用产生应变时，电阻率的相对变化很小，即 $\Delta\rho/\rho$ 非常小，因而可以忽略不计，所以金属应变片的电阻变化主要由金属材料的几何尺寸所决定。但半导体应变片受轴向力作用时，由于材料几何尺寸变化而引起电阻的变化很小，可忽略不计，但电阻率的相对变化很大，即 $\Delta\rho/\rho$ 很大，也就是说，半导体材料受力后电阻的变化主要由其电阻率的变化所造成，其电阻变化可表示为

$$\frac{\Delta R}{R} = \frac{\Delta\rho}{\rho} = \pi_l\sigma = \pi_l E\varepsilon \qquad (2-9)$$

式中，π_l为半导体晶体纵向压阻系数；σ为所受应力；E为半导体材料弹性模量；ε为应变。

压阻效应有各向异性特征，即沿不同的方向施加应力和沿不同方向通过电流，其电阻率变化会不相同。此外，不同半导体材料的压阻系数也不同。

二、压阻式传感器

利用半导体单晶硅的压阻效应制成的一种敏感元件，又称半导体应变片。半导体应变片需要粘贴在试件上测量试件应变或粘贴在弹性敏感元件上间接地感受被测外力。利用不同构形的弹性敏感元件可测量各种物体的应力、应变、压力、扭矩、加速度等机械量。

半导体应变片与金属应变片相比，具有灵敏系数高、机械滞后小、体积小、耗电少等优点。P型和N型硅的灵敏系数符号相反，适于接成电桥的相邻两臂测量同一应力。

1. 压阻式传感器的分类

早期的半导体应变片采用机械加工、化学腐蚀等方法制成，称为体型半导体应变片。它的缺点是电阻和灵敏系数的温度系数大、非线性大和分散性大等。自20世纪70年代以来，随着半导体集成电路工艺的迅速发展，相继出现扩散型、外延型和薄膜型半导体应变片，上述缺点得到一定克服。半导体应变片主要应用于飞机、导弹、车辆、船舶、机床、桥梁等各种设备的机械量测量。

1）体型半导体应变片

体型半导体应变片是将硅或锗晶体按一定方向切割成的片状小条，经腐蚀压焊粘贴在基片上而制成的。其主要由基片、敏感栅、电极引线等部分组成，如图2-22所示。基片一般为绝缘胶膜；敏感栅由硅或锗等半导体材料构成；内引线是连接基片和敏感栅的金属线，带状电极引线又称外引线，一般由康铜箔等制成。

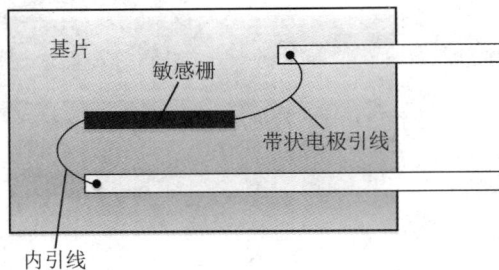

图2-22　体型半导体应变片结构示意图

2）薄膜型半导体应变片

薄膜型半导体应变片是利用真空沉积技术将半导体材料沉积在带有绝缘层的试件上或蓝宝石上制成的。它通过改变真空沉积时衬底的温度来控制沉积层电阻率的高低，从而控制电阻温度系数和灵敏度系数。因而能制造出适于不同试件材料的温度自补偿薄膜应变片。薄膜型半导体应变片吸收了金属应变片和半导体应变片的优点，并避免了它们的缺点，是一种较理想的应变片。

3）扩散型半导体应变片

扩散型半导体应变片是将P型杂质扩散到一个高电阻N型硅基底上，形成一层极薄的P型导电层，然后用超声波或热压焊法焊接引线而制成的。它的优点是稳定性好，机械滞后和蠕变小，电阻温度系数也比一般体型半导体应变片小一个数量级。其缺点是由于存在 PN 结，当温度升高时，绝缘电阻大为下降。新型固态压阻式传感器中的敏感元件硅梁和硅杯等就是用扩散法制成的。

4）外延型半导体应变片

这种应变片是在多晶硅或蓝宝石的衬底上外延一层单晶硅而制成的。它的优点是取消了 PN 结隔离，使工作温度大为提高（可达 300℃以上）。

2. 压阻式传感器的特性

1）应变-电阻特性

以硅压阻式传感器为例，其应变-电阻特性曲线如图 2-23 所示。由特性曲线可知，N 型半导体受压时，阻值将减小；P 型半导体受压时，阻值会变大。且在微应变内呈线性，在较大的应变范围内则呈非线性。

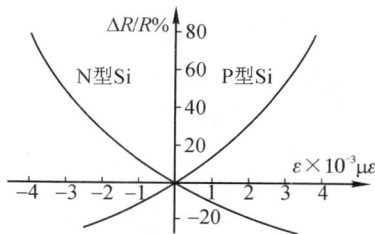

2）电阻-温度特性

粘贴在试件上的压阻式传感器与金属丝电阻应变片一样会受温度的影响，由温度变化而导致的电阻值变化为

图 2-23 应变-电阻特性曲线

$$\left(\frac{\Delta R}{R}\right)_t = \left(\frac{\Delta R}{R}\right)_{t1} + \left(\frac{\Delta R}{R}\right)_{t2} = \alpha \Delta t + S(\beta_g - \beta_s)\Delta t \qquad (2-10)$$

式中：α 为敏感栅电阻温度系数；β_g 为试件材料线膨胀系数；β_s 为敏感栅材料线膨胀系数；S 为敏感栅灵敏度系数；Δt 为温度变化值。

3. 压阻式传感器主要参数

压阻式传感器的主要参数包括量程、灵敏度、线性度、重复性、迟滞等。

（1）量程。量程是压阻式传感器在达到要求指标的前提下，可以测得的压力范围。在量程范围内进行压力测量时，不仅可以达到标定的灵敏度，而且传感器可以正常使用；如果超过了量程范围，传感器的灵敏度和线性度就不会得到保障，并且有可能会受到损坏。

（2）灵敏度。灵敏度是指压阻式传感器在施加的单位压力下输出电信号的变化量。

（3）线性度。线性度指压阻式压力传感器的输出特性曲线与校准曲线之间的偏差量。

（4）重复性。重复性是压阻式传感器经过多次的压力与温度的测量，在某一温度下压力量程内任何压力输出值的一致性。

（5）迟滞。迟滞是指压阻式传感器在压力或者温度上升和下降时输出信号不一致的程度。

4. 压阻式传感器性能要求

对压阻式传感器的性能主要有以下几方面要求：

（1）对被测压力有较高的灵敏度，能够有效地检测被测压力，并能及时给出比较、显示与控制信号；

（2）工作可靠、抗干扰性好；

（3）性能稳定，重复性好；

（4）使用寿命长，安装、使用、维修方便；

（5）制造成本低。

三、测量电路

由于环境温度对半导体材料影响较大，所以压阻式传感器的温度稳定性和线性度比金属电阻应变片差得多。因此，压阻式传感器的温度误差较大，需要进行温度补偿。

压阻式传感器的测量电路仍然使用平衡电桥。由于制造、温度等原因的影响，电桥存在失调、零位温漂、灵敏度漂移和非线性等问题，为避免由此使得传感器准确性下降，必须采取减小与补偿误差的措施。

1. 恒流源供电电桥

恒流源供电的全桥差动电路如图 2−24 所示。

假设 ΔR_r 为温度引起的电阻变化，而

$$I_{ABC} = I_{ADC} = \frac{1}{2}I \qquad (2-11)$$

即电桥的输出为

$$
\begin{aligned}
U_o &= U_{BD} \\
&= \frac{1}{2}I(R + \Delta R + \Delta R_r) - \frac{1}{2}I(R - \Delta R + \Delta R_r) \\
&= I\Delta R
\end{aligned}
$$

$$(2-12)$$

因此，电桥的输出电压与电阻变化及恒源电流成正比，而与温度无关，即测量不受温度的影响。

图 2−24　恒流源供电差动全桥电路

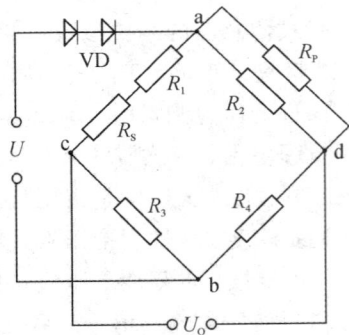

2. 温度补偿电路

由于环境温度变化，会引起传感器零漂和灵敏度漂移。零漂产生的原因是扩散电阻的阻值随温度变化而变化，灵敏度漂移产生的原因是压阻系数随温度的变化而变化。

采用图 2−25 所示的零漂及灵敏度漂移补偿电路，可以有效地解决由于环境温度变化而引起的传感器零漂和灵敏度漂移的问题。

图 2−25 中，并联电阻 $R_p /\!/ R_2$，串联电阻 R_s、R_1 用于抑制零漂；R_s 起调零作用；R_p 起补偿作用。串联二极管 VD 用于灵敏度的温度补偿。

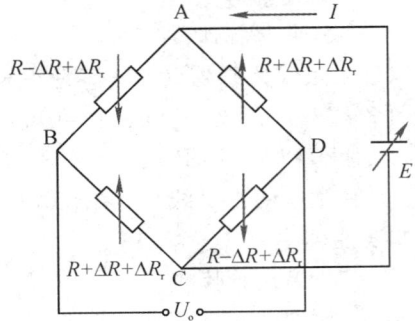

图 2−25　零漂及灵敏度漂移补偿电路

四、压阻式传感器的应用

压阻式传感器是基于半导体材料的压阻效应制成的，可将压力以及与压力有关的非电信号(如压力、应力、应变、速度、加速度等)转换为电信号，并根据电信号获得与被测量有关的信息，从而进行检测、监控、报警，还可以通过接口电路与计算机或单片机组成自动检测、控制和报警系统。

压阻式传感器具有灵敏度高、工作温度范围宽、线性度好、可靠性高、稳定性好、价格

便宜等优点，广泛应用于航空、化工、航海、动力和医疗等部门。

1. 压阻式加速度传感器

利用半导体应变片可以制作加速度传感器，该传感器的悬臂梁直接用单晶硅制成，在悬臂梁的自由端装有敏感质量块，扩散电阻安装在悬臂梁根部，如图 2-26 所示。

当传感器装在被测物体上随之运动时，传感器具有与被测件相同的加速度，质量块按牛顿定律（第二定律）产生力作用于悬臂梁（硅梁）上形成应力，使电阻桥受应力作用而引起其电阻值变化。把输入与输出导线引出传感器，可得到相应的电压输出值。该电压输出值表征了物体的加速度。

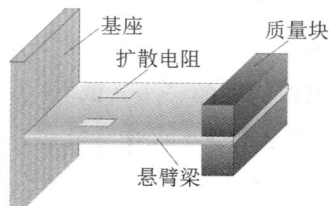

图 2-26　压阻式加速度传感器

2. 压阻式固态压力传感器

压阻式固态压力传感器是利用半导体材料的压阻效应和集成电路工艺制成的传感器，由于它没有可动部分，所以有时也称为固态传感器。在工业中多用于与应变有关的力、重力、压力、压差、真空度等物理量的测量。经过适当的换算，也可用于液位、流量、加速度、振动等参量的测量。

压阻式固态压力传感器由外壳、硅膜片以及引线等组成，结构示意图如图 2-27 所示。其核心部分是一块方形的硅膜片，在硅膜片上利用集成电路工艺制作了四个阻值相等的电阻，如图 2-28 所示。

图 2-27　压阻式固态压力传感器结构示意图

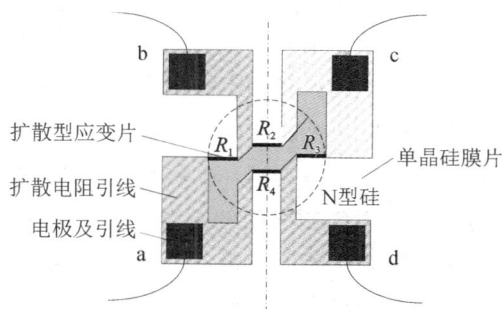

图 2-28　压阻式固态压力传感器硅膜片及应变片

对于硅膜片来说等截面薄片沿直径方向上各点的径向应变是不同的，图中的虚线圆内为硅杯承受压力的区域。由于 R_2、R_4 距圆心较近，所以它们感受到的应变为正，即拉应变；而 R_1、R_3 处于膜片的边缘区，所以它们感受到的应变为负，即压应变。四个电阻之间利用面积相对较大、阻值较小的扩散电阻引线连接，构成全桥。硅片的表面用二氧化硅薄膜加以保护，并用超声波焊上金丝，作为全桥的引线。硅膜片底部被加工为中间薄周边厚的杯形，中间较薄区域用于产生应变、周边较厚区域起支撑作用。硅杯在高温下用玻璃黏结剂黏结在热胀冷缩系数相近的玻璃基板上，再将硅杯和玻璃基板紧密地安装在壳体中就制成了压力传感器。

硅膜片两边有两个压力腔，一个是和被测压力相连接的高压腔，另一个为低压腔，低压腔通常和大气相通。在测量时，被测压力引入高压腔，压力膜片两边由于存在压力差而产生变形，膜片上各点产生应力。四个电阻在应力作用下，阻值发生变化，导致电桥失去平衡，输出电压与膜片两边的压力差成正比。

压阻式固态压力传感器与其他压力传感器相比有许多突出的优点：由于四个应变电阻是直接制作在同一硅片上的，所以工艺一致性好，灵敏度相等，电阻初始值相等，温度引起的电阻值漂移能够相互抵消；由于半导体压阻系数很高，所以制成的压力传感器灵敏度较高、输出信号大；又由于硅膜片本身就是很好的弹性元件，而四个扩散型应变电阻又是直接制作在硅片上的，所以迟滞、蠕变都非常小，动态响应快。

随着半导体技术的发展，还可将信号调理电路、温度补偿电路等一起制作在同一硅片上，所以传感器性能将越来越好。目前，压阻式固态压力传感器因其体积小、集成度高、性能好等优点，在工业中得到越来越广泛的应用，如投入式液位计、燃油压力传感器、润滑油压力传感器等。

任务实施

一、发动机进气压力测量原理

进气压力传感器通过测量进气管中的绝对压力来获知空气的密度，配合发动机的转速，即可计算出进入的空气量。除增压型发动机外，普通发动机从节气门到进气门之间的歧管一般处于真空状态，发动机的进气动力来自活塞的抽吸，即活塞端是主动端，而节气门平常是关闭的，需求多于供给，于是歧管就会产生真空。即使节气门完全打开，由于空气的流动存在的阻力，有一定的滞后性，主动端为活塞，所以还是会产生真空，但真空度较低。涡轮增压发动机能产生更大的功率，主要原因在于空气是被主动灌入而非被动吸入的，空气量增大、压缩率提高，功率增大。发动机工作时，歧管压力传感器测量进气歧管内的绝对压力和环境大气压之间的差值，使其转变为电压信号。计算机根据这个信号计算出精确的进气量，进而使喷油嘴输出一定宽度的喷油脉冲信号，使混合气浓度为最佳空燃比。也就是说进气压力传感器检测的是节气门后方的进气歧管的绝对压力，根据发动机转速和负荷的大小检测出歧管内绝对压力的变化，然后转换成信号电压送至 ECU(电子控制单元)，ECU 依据信号电压的大小，控制基本喷油量的大小。

发动机进气压力测量原理如图 2 - 29 所示，图中压阻传感器 R_1、R_2、R_3、R_4 构成电桥电路并与硅膜片粘连在一起，硅膜片在歧管内的绝对压力作用下产生形变，从而引起压阻传感器电阻值变化，歧管内的真空度越大，硅膜片的形变也就越大，压阻传感器的阻值变化也越大，即把硅膜片机械式的变化转变成了电信号，再由集成电路放大输出至 ECU。

发动机工作时，随着节气门开度的变化，进气歧管的真空度、绝对压力以及输出信号特性曲线均在变化：发动机工作，节气门开度越小，进气歧管的真空度越大，歧管内的绝对压力就越小，输出电压也越小；节气门开度越大，进气歧管的真空度越小，歧管内的绝对压力就越大，输出信号也越大，输出信号与歧管内绝对压力的大小成正比。

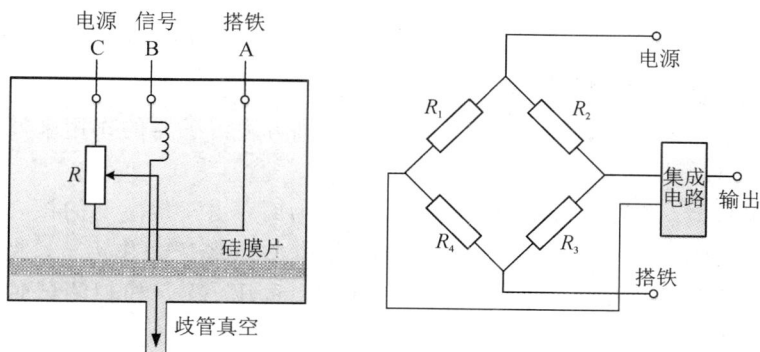

图 2-29　发动机进气压力测量原理图

二、传感器选型

由于压阻式力敏传感器型号众多,因此应根据电路的具体要求来选择合适的传感器,MPX2050GP 硅压阻式力敏传感器的额定压力范围为 $0 \sim 0.5 \ kg/cm^2$ 或 $0 \sim 1 \ kg/cm^2$(过压值为最大值的 2 倍),基准电源为直流 1.5 mA,额定输出电压为 $100 \pm 30 \ mV$,失调电压为 $\pm 3 \ mV$,电桥电阻为 $4700(1 \pm 3\%) \Omega$。

三、应用实例

1. 电路设计

汽车发动机进气压力检测电路如图 2-30 所示。

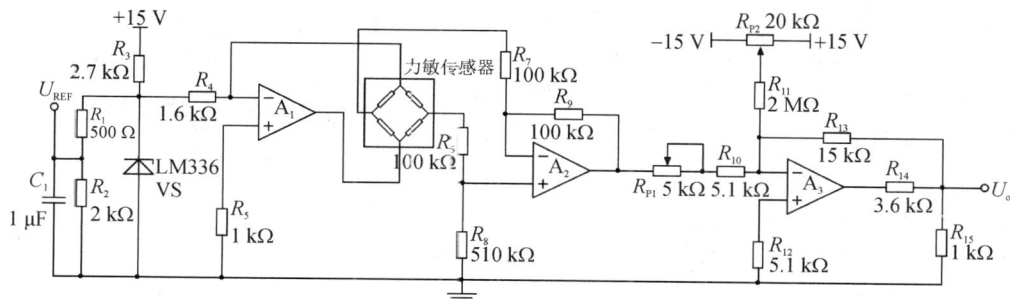

图 2-30　汽车发动机进气压力检测电路图

2. 原理分析

图 2-30 中,A_1 为电压/电流变换器件向电桥提供 1.5 mA 基准电流;A_2 为差动变压器;A_3 为调零、压力/比例调整器件。A_1 及 A_3 可用 F4558 或 F741 等运算放大器;A_2 为主放大器,要求稳定性好、漂移小、失调小、共模抑制比高,如 OP07 等运算放大器,在要求精度不太高的应用中,也可使用 F741 运算放大器。压阻式力敏传感器输出电压为 $0 \sim 0.1 \ V$,经 A_2 放大后为 $-0.5 \sim 0 \ V$,与基准电压 $U_{REF} = 2 \ V$ 一起送到 A/D 转换器就可以取得对立的数字量,后接数字表头则称为数字压力计,送入计算机就可构成压力系统;R_{P1} 用于调整比例关系;R_{P2} 用于调零。

三、调试总结

（1）需要重复多次调整零位；

（2）实验室模拟测试时，可利用电风扇对压阻式力敏传感器的作用来模拟发动机进气系统的进气量检测；

（3）用电风扇对压阻式力敏传感器施加气场压力时，由于传感器的核心是在一块圆形膜片上安装着四个阻值相等的半导体电阻构成电桥，在气场压力作用下，膜片两侧产生压力差，四个电阻阻值发生变化，电桥失去平衡并输出电压信号，模拟测试时若毫伏表有指示，说明电路正确；

（4）在用不同的风力进行调试时，注意观察毫伏表的示值变化是否同步。

能力拓展

一、数字式压力测量仪

数字式压力测量仪也称为智能压力传感器，它是把敏感元件（常用的压力传感器）和信号处理电路集成在一起，并把被测压力以数字的形式输出或显示的仪器。例如，可选用摩托罗拉 MPX700DP 压差传感器作为敏感元件，设计成测量并显示压力的测量装置。

1. 压力传感器的基本结构和特性

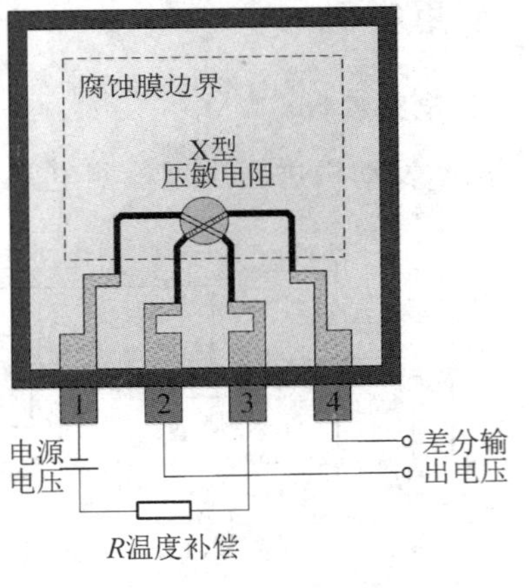

图 2-31 为压力传感器硅片的俯视图，应变电阻呈对角状置于膜片边缘，电源电压由交叉引脚 1 和 3 接入，敏感电阻（其电阻值随被测压力大小的变化而变化）上形成的电压由交叉的 2、4 脚输出。MPX700DP 传感器的电源电压为 3 V，在任何情况下不要超过 6 V。当压力端口的压力高于真空端口的压力时，出现在 2、4 脚的压差电压为正。当采用 3 V 电源供电，满量程时电压输出为 60 mV。当零压力加于传感器上时，仍存在输出电压，此电压称为零点偏差。对于 MPX700DP 传感器，零点偏差电压在 $0 \sim 35$ mV 范围内，零点偏差电压可由合适的仪表放大器通过调零解决。输出电压随输入压力而进行变化。

图 2-31　压力传感器硅片结构示意图

2. 温度补偿

MPX700DP 传感器的输出电压受环境温度影响，为此需进行一定补偿。温度补偿的方法较多，最简单的方法是在传感器与电源之间串联电阻，外接电阻 R 可起到温度补偿的作用。图 2-32 为数字式压力测量仪电路图，图中 R_5 和 R_{13} 为温度补偿电阻。由于传感器的桥驱动电压为 3 V，而稳压电源为 15 V，所以在电路串联电阻后，既起到温度补偿的作用，又可满足传感器的电压要求。需要注意的是，由于传感器的输出电压与电源电压具有比例关系，所以 15 V 的电压必须稳定，一般由 15 V 稳压芯片提供。

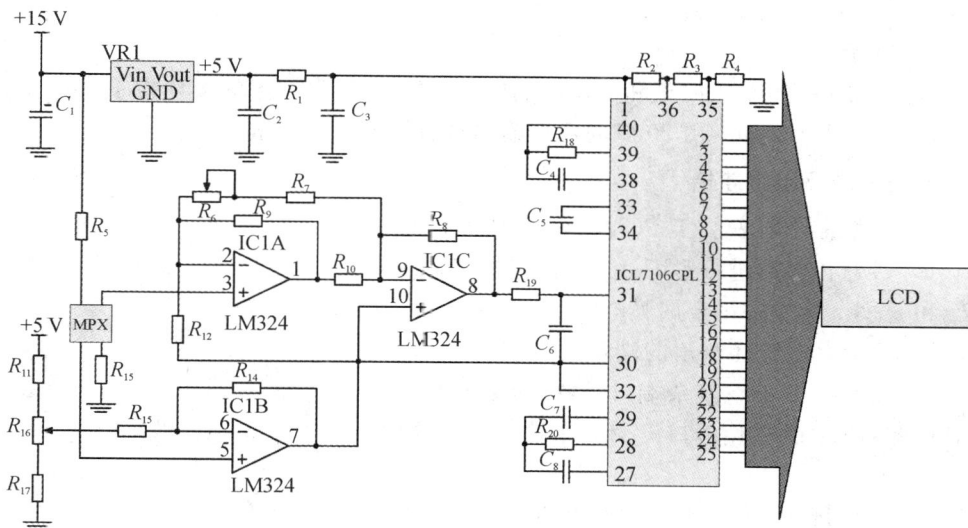

图 2-32　数字式压力测量仪电路图

用串联电阻法进行温度补偿时，其中一个电阻的值需为传感器电桥输入电阻的 3.577 倍（25℃），而传感器的电桥输入电阻为 400～500 Ω，这样补偿的电阻将为 1431～1967 Ω。若需要补偿的量大于 ±0.5% 或使用温度低于 80℃，那么 400～500 Ω 中的任意一个值都可用于对补偿电阻的换算。

3. 信号调理电路

由于 MPX700DP 传感器的输出电压为 mV 级，为了将传感器的输出电压进行放大以驱动后续的电路，在测量电路中必须使用放大器。放大器除了放大传感器的输出电压外，还提供零压力情况下传感器零点偏差电压，电路采用了三个运算放大器（LM324），具有高输入阻抗的运放 IC1A 和 IC1B 可保证不会增加基本传感器的负载。放大器的增益可通过电位器 R_6 进行调节，以满足满量程时应达到的输出。

分压器由电阻 R_{15}、R_{16} 和 R_{17} 构成，以提供 IC1B 同向输入端的可调节电压。由于 IC1B 的增益小于 1，从而使得电压幅度减小。再将其加到 A/D 转换器上，可减小由于传感器误差电压带来的不良影响，同时当电压力为零时，可以使显示装置显示为零。放大器的差分输出取自 LM324 的 7 脚和 8 脚，输出信号经 A/D 转换器后形成相应的数字输出。

4. A/D 转换器

A/D 转换器采用一块高性能的 ICL7106 CPL 型 A/D 转换器芯片（IC2），将运算放大器差分输出的模拟电压转换成相应的数字量；显示部分采用两块 LCD 显示器。

IC2 内有 7 段数字译码器、显示驱动电路、频率传声器、参考电压和时钟。芯片可直接驱动 $3\frac{1}{2}$ 的 LCD，而不需要多路选择式的显示方式。

如果 IC2 的 30 脚和 31 脚的模拟差分输入等于 35 脚和 36 脚参考电压的两倍，IC2 可达到满量程输出。分压网络由 R_2、R_3 和 R_4 组成，通过对 5 V 电压分压以提供合适的参考电压（238 mV）。当压力为 100 Pa 时，应出现最大数字显示，所以 IC2 最大模拟输入电压为

238 mV，所以放大电路的增益必须为238/60，即大约为4。当压力超过100 Pa时，低两位数字被读出并予以显示。

IC2还可以对模拟输入的正和负作出响应，由20脚产生相应的极性指示。电路亦可用于正、负不同的压力测量，用20脚的极性输出对负压力进行指示。

5. 电路装调及压力连接

压力传感器需小心安装于PC板上，并使用合适的工具和零件对传感器进行紧固。为了保证稳定，除R_5、R_{11}和R_8外，均应采用金属膜电阻。

压力测量时，最靠近4角的端口接入待测压力，如图2-33所示的P_1口，其余端口开放(即接入大气压)；真空测量时，则使用端口P_2，其余端口开放(即接入大气压)。

进行压差测量时，两个端口均要用到。当端口P_1的压力高于端口P_2的压力时，压力读数为正，其值为两端口压力差，同时A/D转换器的20脚将输出其极性指示。端口与端口的连接必须采用夹子夹紧压力管，如果夹具不可靠则可能导致压力管突然脱落。

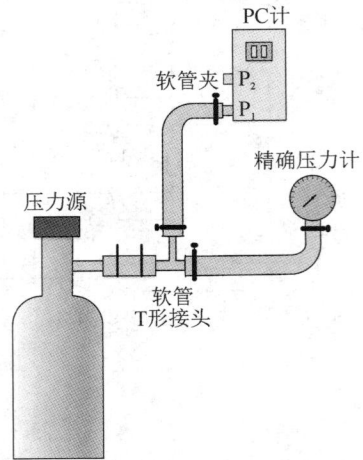

图2-33　测量仪的连接方式

任务三　玻璃破碎报警系统

任务描述

利用压电材料各种物理效应构成的传感器都可以称为广义上的压电式传感器。压电式传感器在各种动态力、机械冲击与振动测量以及声学、医学、力学、航天航空等领域中得到了广泛应用。例如用压电式传感器对发动机内部燃烧压力与真空度的测量、测量枪炮子弹在膛中击发的一瞬间膛压的变化以及炮口的冲击波压力测量。压电式传感器既可以用来测量较大的压力、也可以用来测量非常微小的压力。压电式传感器也广泛地应用在生物医学测量中，比如心室导管室微音器就是由压电式传感器制成的。常见压电传感器如图2-34所示。

压电式传感器概述

图2-34　常见压电传感器

本任务主要学习压电式传感器的相关知识以及测量电路，并完成玻璃破碎报警系统的设计。

相关知识

一、压电效应

某些电介质在沿一定方向上受到外力的作用而变形时，其内部会产生极化现象，同时在它的两个相对表面上出现正负相反的电荷。当外力去掉后，它又会恢复到不带电的状态，这种现象称为正压电效应。正压电效应示意图如图2-35所示，当作用力的方向改变时，电荷的极性也随之改变。

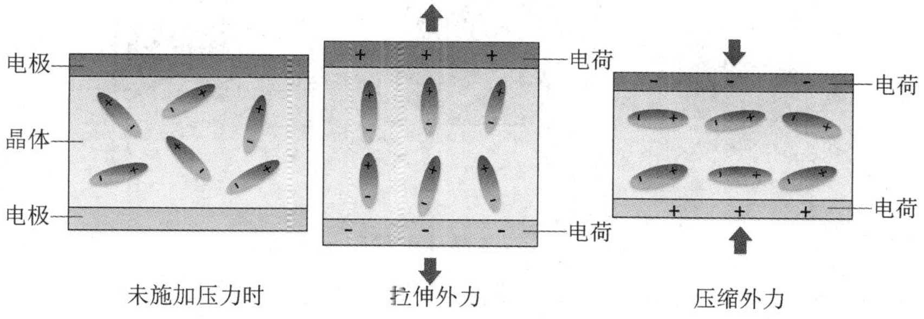

图2-35 正压电效应示意图

相反，当在电介质的极化方向上施加电场，这些电介质也会发生变形，电场去掉后，电介质的变形随之消失，这种现象称为逆压电效应。逆压电效应示意图如图2-36所示，依据电介质压电效应研制的一类传感器称为压电传感器。

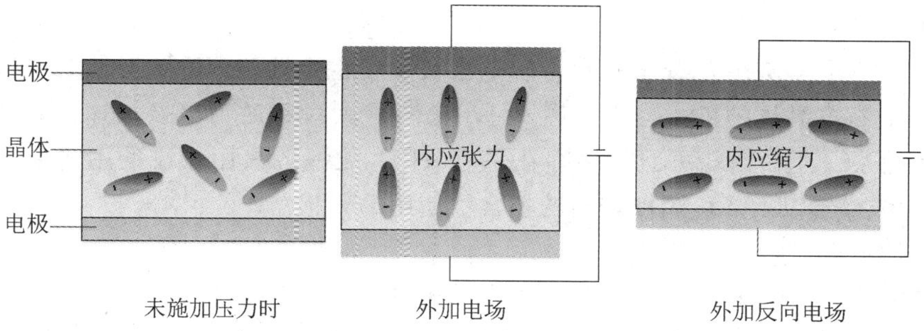

图2-36 逆压电效应示意图

二、压电材料

1. 压电材料分类

具有压电效应的材料称为压电材料，压电材料可以实现机械能-电能之间的转换。在自然界中大多数晶体都具有压电效应，但压电效应十分微弱。常见的压电材料可分为四大类：压电晶体、压电陶瓷、压电聚合物以及压电复合材料。

1）压电晶体

压电晶体主要有石英、铌酸锂（$LiNbO_3$）、钽酸锂（$LiTaO_3$）等。石英晶体有天然与人工之分，是最常用的压电材料之一；铌酸锂晶体为人工制成，居里点高达1200℃，适合用作高温传感器,但其质地脆、抗冲击性差、价格较贵。铌酸锂和钽酸锂大量用作表面声波(SAW)器件,如 SAW 滤波器、振荡器、延迟线以及 SAW 相关器和卷积器等。

石英晶体是一个正六面体,有左旋晶体与右旋晶体之分,外形互为镜像对称。图 2-37 为晶体外形、坐标轴与切割晶片示意图。晶体各个方向的特性是不同的。在直角坐标系中,它的三个轴分别是:电轴、机械轴与光轴。

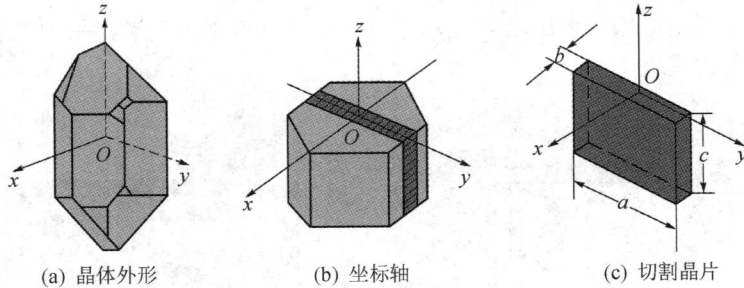

(a) 晶体外形　　　(b) 坐标轴　　　(c) 切割晶片

图 2-37　石英晶体结构图示意图

石英晶体的电轴(x 轴)平行于相邻柱面内夹角的等分线棱线,垂直于此轴面上的压电效应最强;机械轴(y 轴)垂直于棱柱面,在电场作用下,沿该轴方向的机械变形最大;光轴(z 轴)垂直于 xy 轴,光线沿该轴通过石英晶体时,无折射,在此方向施加外力,无压电效应。通常把沿电轴方向的力作用下产生电荷的压电效应称为"纵向压电效应",在垂直于电轴的表面上产生电荷,产生的电荷量与几何尺寸无关;而把沿机械轴方向的力作用下产生电荷的压电效应称为"横向压电效应",产生的电荷量与几何尺寸有关;而沿光轴方向受力时不产生压电效应。

石英晶体的优点是它的介电常数与压电系数温度稳定性好,适用于作工作温度范围较宽的传感器;石英晶体的机械强度很高,可用来测量大量程的力以及加速度;天然石英晶体的稳定性很好,但资源少并且大多存在一些缺陷,故一般只用在校准用的标准传感器或精度很高的传感器以及环境温度较高的场合中使用的传感器。

2) 压电陶瓷

压电陶瓷是一种经极化处理后的人工多晶压电材料。钛酸钡($BaTiO_3$)是使用最早的压电陶瓷,它具有较高的压电常数(约为石英晶体的 50 倍),但居里点低(约为 120℃),机械强度和温度稳定性不如石英晶体。$PbTiO_3$ 压电陶瓷是一种钙钛矿结构的材料,它具有居里点温度高(约为 490℃)、各向异性大以及介电常数小等特点,是一种非常有前景的高温高频压电材料。用 Mn、W、Ca、Bi、La 和 Nb 改性的 $PbTiO_3$ 压电陶瓷都具有良好的压电性能,是生产高频压电滤波器的优良材料。锆钛酸铅压电陶瓷简称 PZT 陶瓷,是压电陶瓷材料中用的最多最广的一种。PZT 陶瓷的机电耦合系数高、温度稳定性好且有较高的居里点温度(约为 300℃)。

压电陶瓷内部的晶粒有无数细微的电畴,这些电畴实际上是分子自发极化的小区域。在无外电场作用时,各个电畴在晶体中杂乱分布,它们的极化效应被相互抵消了,因此原始的压电陶瓷呈中性,不具有压电性质。为了使压电陶瓷具有压电效应,必须在一定温度下做极化处理。极化处理之后,压电陶瓷材料内部存在有很强的剩余极化强度,当压电陶瓷受外力作用时，其表面也能产生电荷，所以压电陶瓷也具有压电效应。图2-38为压电陶瓷的极化处理示意图。

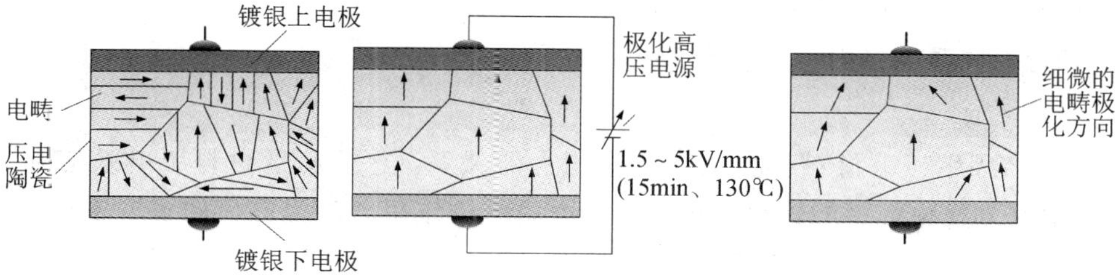

图2-38 压电陶瓷的极化

压电陶瓷的制造工艺成熟，通过改变配方或掺杂微量元素可使材料的技术性能有较大改变，以适应各种要求。它还具有良好的工艺性，可以方便地加工成各种需要的形状，通常情况下，压电陶瓷比石英晶体的压电系数高得多，但是制造成本却较低，因此目前国内外生产的压电式传感器中的压电元件绝大多数都采用压电陶瓷。压电晶体与压电陶瓷的对比表如表2-2所示。

表2-2 压电晶体与压电陶瓷的对比

类型	压 电 晶 体	压 电 陶 瓷
典型材料	石英晶体	锆钛酸铅、钛酸钡、铌酸盐、铌镁酸铅等
性能	压电常数变化率极小、膨胀系数极小、线性范围宽、性能稳定、重复性好、固有频率高、动态特性好；但压电常数较小	压电常数远大于石英晶体，工艺特性良好、可按需制成各种形状，成本低
应用	标准传感器、高精度传感器以及环境温度较高的场合	为大多数压电式传感器所采用

3）压电聚合物

压电聚合物以聚偏二氟乙烯（PVDF）为代表，其压电性强、柔性好，特别是其声阻抗与空气、水和生物组织很接近，因此PVDF在许多技术领域都有适用性。特别是用它制作液体、生物体以及气体的换能器，可获得比用其他压电材料制作的换能器更好的阻抗匹配。用PVDF材料可制成各种换能器，如微音器、耳机和扬声器等，用于固体、液体和气体的超声换能器，以及医用换能器和开关器件等。

4）压电复合材料

压电复合材料有多种复合方式。就结构而言，有混合状、层状、梯形以及蜂窝形；就材料而言，有PZT/聚合物、PZT/PZT（两种PZT的组分不同）、PZT（致密）/PZT（多孔）以及其他压电材料与聚合物的复合材料等。利用复合技术不仅能提高材料的压电性能、热电性能，还可以提高材料的耐压性以及抗去极化性。

压电复合材料有两个发展趋势：一是开发连接类型压电复合材料，按压电陶瓷相和聚合物相在复合材料中的分布状态，可将压电复合材料分成十种连续类型；二是改进成型工艺,成型工艺直接影响压电复合材料的性能,脱模法、注模成型法、遗留法、层压法、纤维编制法、共挤法可以获得精度在 $50\sim100~\mu m$ 甚至 $20~\mu m$ 左右的精细结构,为生产更精密的压电复合材料提供了可能。

2. 压电材料特性指标

1）压电系数

压电系数表示压电材料产生电荷与作用力的关系。它是衡量材料压电效应强弱的参数,直接关系到压电元件的输出灵敏度。一般用单位作用力产生电荷的多少来表示,单位为 C/N(库仑/牛顿)。压电系数越大,压电效应越明显。

2）介电常数

压电材料的介电常数是决定压电晶体固有电容的主要参数,对于一定形状、尺寸的压电元件,其固有电容与介电常数有关,而固有电容影响传感器工作频率的下限值。

3）机械耦合系数

机械耦合系数是衡量压电材料机电能量转换效率的重要参数。其值等于转换输出能量(如电能)与输入能量(如机械能)之比的平方根。

4）绝缘电阻

压电材料的绝缘电阻决定着电荷泄漏的快慢,是决定压电式传感器低频特性的主要参数。

5）居里点

压电材料的温度达到某一值时,便开始失去压电特性,这一温度称为居里点或居里温度。

三、压电式传感器

压电式传感器是一种典型的自发电式传感器。它以某些电介质的压电效应为基础,在外力作用下,电介质表面将产生电荷,从而实现非电量的电测目的。压电传感元件是力敏感元件,它可以测量最终可变换为力的非电物理量,比如压力、加速度、力矩等,但压电式传感器不能用于静态参数的测量。

压电式传感器具有灵敏度高、频带宽、质量小、信噪比大、结构简单、工作可靠等优点。尤其是随着电子技术的发展,与之配套的转换电路以及低噪声、小电容、高绝缘电阻电缆的相继出现,使压电式传感器的使用更加方便,因而在微压力测量、振动测量、生物医学、电声学等方面得到了广泛的应用。

1. 压电式传感器的结构及工作原理

压电式力敏传感器在直接测量拉力时,通常采用双片或多片石英晶体做压电元件。压电式单向测力传感器的结构图如图 2-39 所示,由石英晶片、底座、电极、传力上盖、绝缘套组成。传感器上盖为传力元件,当外力作用时,它将产生弹性变形,将力传递到石英晶片上。两块石英晶片采用并联方式作为传感元件,以提高其灵敏度。被测力通过传力上盖使石英晶片沿电轴方向受压力作用,由于纵向压电效应使石英晶片在电轴方向上出现电荷,两块晶片沿电轴方向叠加,负电荷由片形电极输出,压电晶片正电荷一侧与基底连接。压力元件弹性变形部分的厚度较薄,其厚度由测力大小决定。这种结构的单向传感器体积小、质量小(仅 10 g)、固有频率高(约为 50~60 kHz),可检测高达 5000 N 的动态力,需要注意的是传力上盖与石英晶片间应有一定的预压力。

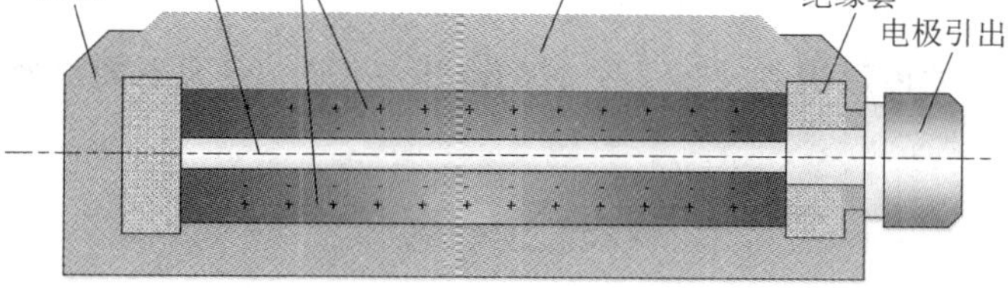

图 2-39 压电式单向测力传感器结构图

2. 压电传感器主要参数

压电式传感器的主要参数包括电荷灵敏度、电压灵敏度、最大横向灵敏度比、频率响应、非线性度等。

1）电荷灵敏度

压电式传感器采用具有压电效应的电介质材料制成，由于电介质在承受一定方向的应力或形变时，其极化面会产生与应力相应的电荷，压电元件表面产生的电荷 Q 正比于作用力 F，因此有

$$Q = d \times F \tag{2-13}$$

式中，d 为压电元件的压电常数。

压电式传感器的电荷灵敏度则是其输出的电荷量 Q 与其输入的加速度 a 之比：

$$S_q = \frac{Q}{a} \tag{2-14}$$

电荷量的单位为 pC（微微库仑），加速度的单位为 m/s^2，因此电荷灵敏度的单位为 pC/s^2。

2）电压灵敏度

电压灵敏度是压电式传感器输出的电压值 V 与其输入的加速度 a 之比：

$$S_v = \frac{V}{a} \tag{2-15}$$

其中，电压的单位为 mV，加速度的单位为 m/s^2，因此电荷灵敏度的单位为 mV/s^2。

电荷灵敏度和电压灵敏度的换算公式为

$$S_v = \frac{S_q}{C} \tag{2-16}$$

式中，C 为传感器、输出电缆以及电荷放大器输入端电容值之和。

3）最大横向灵敏度比

压电式加速度传感器受到垂直于安装轴线的振动时，仍有信号输出，即垂直于轴线的加速度灵敏度与轴线加速度之比称为横向灵敏度。

4）频率响应

谐振频率是指压电式传感器安装时的共振频率。

频率响应一般采用谐振频率的 1/5~1/3。压电式加速度传感器频率响应在 1/3 谐振频率时，频率响应与参考灵敏度偏差≤1 dB（误差＜10%）。频率响应在 1/5 谐振频率时，频率响应与参考灵敏度≤0.5 dB（误差＜5%）。

5）非线性度

压电式传感器在加速度为 a_i 时的非线性度 δ_i 为

$$\delta_i = \frac{\overline{S} - S_i}{\overline{S}} \times 100\% \qquad (2-17)$$

式中，S_i 为压电式加速度传感器加速度为 a_i 时的电压灵敏度；$\overline{S}$ 为不同加速度下灵敏度平均值，计算为

$$\overline{S} = \sum_{i=1}^{n} \frac{S_i}{n} \qquad (2-18)$$

3. 压电式传感器性能要求

对压电式传感器的性能主要有以下几个方面的要求：

（1）对被测量有较高的灵敏度，测量精度高；

（2）性能稳定，重复性好；

（3）工作可靠、抗干扰性好；

（4）动态特性好，对检测信号响应迅速；

（5）使用寿命长，安装、使用、维修方便；

（6）制造成本低。

四、测量电路

1. 压电元件的等效电路

压电元件在承受沿敏感轴方向的外力作用时，将产生电荷，因此它相当于一个电荷发生器，当压电元件表面聚集电荷时，它又相当于一个以压电材料为介质的电容器，两电极板间的电容 C_a 为

$$C_a = \frac{\varepsilon_r \varepsilon_0 A}{\delta} \qquad (2-19)$$

式中，A 为压电元件电极表面面积；δ 为压电元件厚度；ε_r 为压电材料的相对介电常数；ε_0 为真空的介电常数。

因此，可以把压电元件等效为一个电荷源与一个电容相并联的电荷等效电路，如图 2-40 所示，如果忽略阻值较大的漏电阻 R_a，则压电元件间的端电压的有效值为

$$U_o \approx \frac{Q}{C_a} \qquad (2-20)$$

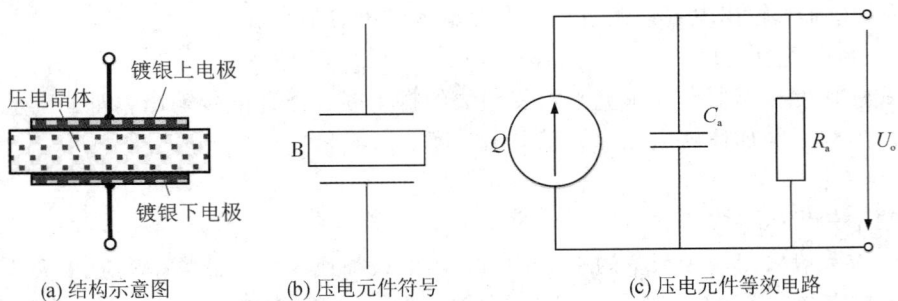

(a) 结构示意图   (b) 压电元件符号   (c) 压电元件等效电路

图 2-40 压电元件的结构、图形符号以及等效电路

压电式传感器与二次仪表配套使用时，还应考虑到连接电缆的分布电容 C_c、放大器的输入电阻 R_i、输入电容 C_i 等的影响。R_a、R_i 越小，C_c、C_i 越大，压电元件的输出电压 U_O 就越低。

由于外力作用在压电元件上产生的电荷只有在无泄漏的情况下才能保存，即需要二次仪表的输入测量回路具有无限大的输入电阻，这实际上是不可能的，因此压电传感器不能用于静态测量。压电元件在交变力的作用下，电荷才可以不断补充，给测量回路以一定的电流，故而只适用于动态测量。

2. 测量转换电路

压电传感器产生的电荷很少，信号微弱，而自身又要有极高的绝缘电阻，因此须经测量电路进行阻抗变换和信号放大，并且要求测量电路输入端必须有足够高的阻抗和较小的分布电容，以防止电荷迅速泄漏而引起测量误差。

图 2-41 为常见压电式传感器的测量电路框图。前置放大器的作用有两个：① 放大压电元件输出的微弱信号；② 将传感器的高阻抗输出变换为低阻抗输出。

图 2-41　压电式传感器测量电路框图

在前置放大器电路设计中，通常有两种形式：电压放大器（又称阻抗变换器）和电荷放大器。

1）电压放大器

图 2-42 为常用压电式传感器连接电压放大器的等效电路图与简化电路图。

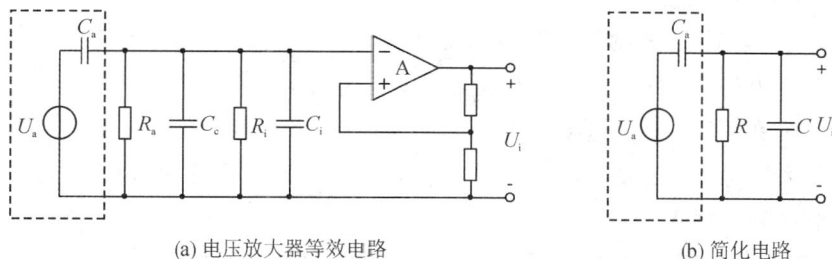

(a) 电压放大器等效电路　　　(b) 简化电路

图 2-42　电压放大器等效电路

在图 2-42(a) 所示的等效电路中，R_a 为压电元件的绝缘电阻，C_c 为连接导线的等效电容，R_i 为前置放大器的输入电阻，C_i 为输入电容；在图 2-42(b) 所示的简化电路中的 R 为 R_a 与 R_i 的并联电阻，C 为 C_c 与 C_i 的并联电容。

经理论分析可知,传感器灵敏度 k_u 为

$$k_u = \frac{D}{C_a + C_c + C_i} \qquad (2-21)$$

式中,D 为压电元件的压电系数。

以上分析表明由于电缆电容和放大器输入电容的存在,使灵敏度减小。如果更换电缆,则必须重新校正灵敏度,以保证测量精度。

2)电荷放大器

压电式传感器配用电压放大器时,其电压灵敏度随电缆的分布电容变化而变化,因而更换不同长度的电缆时要对灵敏度重新进行校正。而采用电荷放大器可以避免此麻烦。电荷放大器实际上是一种具有深度负反馈的高增益运算放大器。需要注意的是,电荷放大器能将压电式传感器输出的电荷转换为电压(Q/U 转换器),但并无放大电荷的作用,称为电荷放大器只是一种习惯叫法。

电荷放大器由一个反馈电容与高增益运算放大器组成,电路结构如图 2-43 所示。电荷放大器的输出电压可表示为

$$U_o = \frac{-AQ}{C_i + C_c + C_a + (1+A)C_f} \qquad (2-22)$$

由于放大器的输入阻抗很高,在放大器的输入端几乎没有分流。因此,当 $A \gg 1$,而 $(1+A)C_f \gg C_i + C_c + C_a$ 时,放大器输出电压可以表示为

$$U_o = -\frac{Q}{C_f} \qquad (2-23)$$

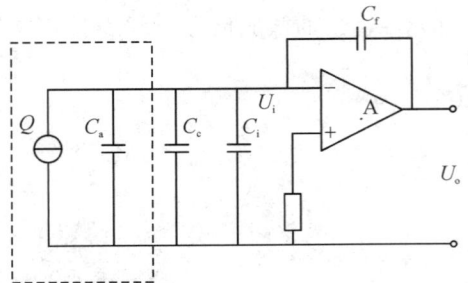

图 2-43　电荷放大器

可见,由于引入了电容负反馈,电荷放大器的输出电压仅与传感器产生的电荷及放大器的反馈电容有关,电感电容等其他因素对灵敏度的影响可以忽略不计。

五、压电式传感器的应用

1. 大气压力测量仪

大气压力是大气层中的物体受到空气分子撞击产生的压力,气压随大气高度而变化,海拔越高大气压力越小;两地的海拔相差越悬殊,气压差也就越大。气象科学上的气压,是指单位面积上所受大气柱的重量(大气压强),也就是大气柱在单位面积上所施加的压力。天气的变化与大气压力、湿度和温度有关,尤其与气压的关系更为密切,因此可以通过对大气压力的监测来预报天气。

一个标准大气压相当于 101.325 kPa。因此,对大气压力的测量可采用满量程为 200 kPa 的绝对压力传感器。可选择 HS20 型压电式压力传感器,工作电压为 5 V,它能将气压的变化直接转换为输出电压的变化,并且具有温度漂移小、使用方便等特点,其输出电压随大气压力变化的线性较好。由 HS20 压电式传感器构成的大气压力测量仪测量电路如图 2-44 所示。

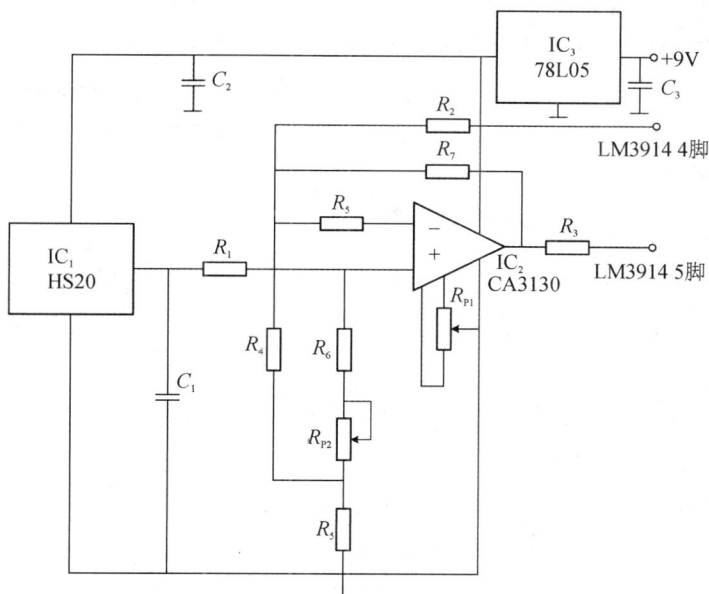

图 2-44 大气压力测量仪测量电路图

图 2-44 中，压力传感器 IC_1（HS20）的 2 脚输出与大气压力成正比的信号电压，送入放大器 IC_2 进行放大。HS20 由 IC_3（78L05）集成稳压器提供稳定的 5 V 电源电压供电，以减小其测量误差。放大器 IC_2 采用高输入阻抗的运放 CA3130，接成同相放大器形式。失调电压由电位器 R_{P1} 调节，因此调整 R_{P1} 可使 IC_2 的输出为零。放大倍数由电位器 R_{P2} 调整，故 R_{P2} 可用于校准调节。IC_2 的输出电压送至显示驱动器 LM3914 的输入端 5 脚。

2. 周界报警系统

周界报警系统又称线控报警系统，用于对重要区域的边界进行警戒，当入侵者进入防范区之内系统就会发出报警信号。

周界报警器最常见的是安装有报警器的铁丝网，但在民用部门常使用隐蔽的传感器。常用传感器有以下几种形式：地音式、高频辐射漏泄电缆、红外激光遮断式、微波多普勒式以及高分子压电电缆等。高分子压电电缆周界报警系统如图 2-45 所示。

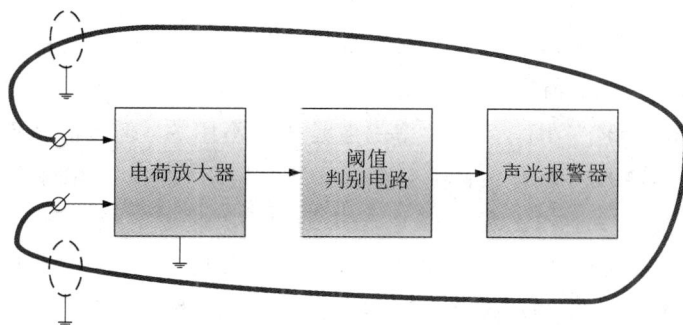

图 2-45 高分子压电电缆周界报警系统原理框图

在警戒区域的四周埋设多根以高分子压电材料为绝缘物的单芯屏蔽电缆,屏蔽层接地并且与电缆芯线之间以 PVDF 为介质而构成分布电容。当入侵者踩到电缆上的地面时,压电电缆受到挤压,产生压电脉冲,引起报警。通过编码电路,还可以判断入侵者的大致方位。压电电缆可长达数百米,形成较大的警戒区域,并且不易受电、光、雾、雨水等干扰,费用也比微波等方法便宜。

3. 单向动态力传感器

图 2-46 为利用单向动态力传感器测量刀具切削力的示意图,压电动态力传感器位于车刀前端的下方。

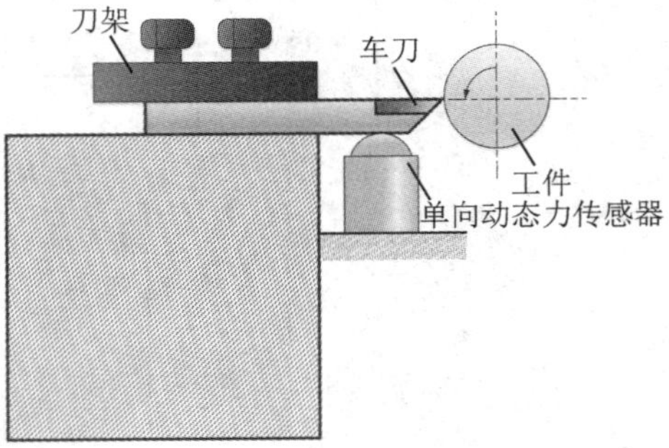

切削前,虽然车刀紧压在传感器上,压电片在紧压的瞬间也会产生出很大的电荷,但几秒之后,电荷就通过电路的泄漏电阻中和掉了。切削过程中,车刀在切削力的作用下上下剧烈颤动,将脉动力传递给单向动态力传感器。传感器的电荷变化量由传感器放大器转换成电压,再用记录仪记录下切削力的变化量。

图 2-46 刀具切削力测量示意图

六、压电式传感器的选用原则

压电式传感器因其具有频率响应宽、动态范围大、可靠性高、使用方便等优点,受到了广泛应用。在一般通用测量时,主要关注的技术指标为:灵敏度、频率范围、内部结构、内置电路型与纯压电型的区别、现场环境与后续仪器配置等。

1. 灵敏度的选择

制造商在产品介绍或说明书中一般都会给出传感器的灵敏度和参考量程范围,目的是让用户在选择不同灵敏度的压电式传感器时能够方便地选出合适的产品,最小测量值也称最小分辨率,考虑到后级放大电路噪声问题,应尽量远离最小可用值,以确保最佳信噪比。最大测量极限要考虑压电式传感器自身的非线性影响和后续仪器的最大输出电压。

2. 频率选择

制造商给出的加速度传感器的频率响应曲线是由螺钉刚性连接安装测得的。

一般将曲线分为两段:谐振的频率和使用频率。使用频率是按灵敏度偏差给出的,有 $\pm 10\% dB$、$\pm 5\% dB$、$\pm 3\% dB$。谐振频率一般是避开不用的,但也有特例,如轴承故障检测。选择加速度传感器的频率范围应高于被测试件的振动频率。有倍频分析要求的加速度传感器频率响应应更高。土木工程一般是低频振动,加速度传感器频率响应范围可选择 $0.2\ Hz \sim 1\ kHz$;机械设备一般是中频段,可根据设备转速、设备刚度等因素综合估算振动频率,选择 $0.5\ Hz \sim 5\ kHz$ 的加速度传感器,如发电机转速在 $3000\ r/s$ 时,则它的主频率为 $50\ Hz$。碰撞、冲击测量则高频居多。

3. 内部结构

内部结构是指敏感材料晶体片感受震动的方式以及安装形式。中心压缩型的频率响应高于剪切型，剪切型对环境的适应性优于中心压缩型。如配用积分型电荷放大器测量速度、位移时，一般选用剪切型产品，获得的信号波动小、稳定性好。

4. 内置电路

内置的概念是将放大电路置于压电式传感器内，成为具有电压输出功能的传感元件。内置电路可分为双电源（四线）和单电源（二线、带偏置，又称ICP）两类。目前，内置电路传感器一般是与数据采集仪配套，国内在机械故障、桩基检测以及一些在线监测项目等使用较多。ICP型加速度传感器的供电和信号输出共用一根线，具有低阻抗输出、抗干扰、噪声小、性价比高、安装方便等优点，适用于多点测量，具有稳定可靠、抗潮湿、抗粉尘、抗有害气体等特点。

5. 环境影响

一些测试现场的环境较为恶劣，需要考虑的因素较多，例如防水、高温、传感器的安装位置、强磁电场以及地电回路等，这些因素均会给测量带来较大的影响。

6. 配套仪器

压电式加速度传感器若为电荷输出，可与任何一种高阻输入的电荷放大器或具有电荷前置功能的采集器配合使用，电荷放大器种类较多，有单台、多路、积分、准静态，均需根据测量要求来确定。

任务实施

一、传感器选型

玻璃破碎报警装置利用压电式传感器对振动敏感的特性制成，广泛应用于文物保管、贵重商品保管等场合。使用时将玻璃破碎报警装置牢固地贴在玻璃上，当玻璃被撞击或破碎时，将产生几千赫兹甚至几万赫兹的振动波。报警装置内的压电式传感器（压电薄膜）感受到剧烈的振动波，在表面产生一定量的电荷，输出窄脉冲报警信号。带通滤波器滤除其他频段的信号，保留玻璃振动频率范围内的信号，通过比较器比较后利用高于设定阈值的传感器信号驱动执行机构工作，进行声光报警。

玻璃破碎产生的振动波频率处于10～15 kHz之间，LC0111为内装微型IC放大器的压电式传感器，主要参数见表2-3，它将传统的压电式传感器与电荷放大器集于一体，能够直接与记录和显示仪器相连接，简化了测试系统，提高了测试精度和可靠性，广泛应用于核爆炸、航空航天、铁路、桥梁、建筑、车船等领域。其优点是：具有低阻抗输出、抗干扰、噪声小；性价比高、安装方便，尤其适用于多点测量；稳定可靠、抗潮湿、抗粉尘、抗有害气体等。而且它的非线性误差较小，温度适应范围大等特点符合玻璃破碎报警装置设计要求。

表 2-3　LC0111 压电式传感器主要参数

参　数	指　标
灵敏度和分辨能力	灵敏度：500 nV/g 分辨率：0.00004 g 量程：10 g
抗干扰能力	非线性度：≤1% 横向灵敏度：≤5%　（典型值：≤3%）
输出电学特性	输出偏压：8～12V DC 输出阻抗：<150 Ω 放电时间常数：≥0.2 s
频率特性	频率范围：0.5～2000 Hz 谐振频率：8 kHz
工作条件	恒定电流：2～20 mA（典型值：4 mA） 激励电压：18～30V DC（典型值：24V DC） 温度范围：-40～+120℃
其他参数	重量：100 g 抗冲击能力：300 g 壳绝缘电阻：大于 10^8 Ω 安装力矩：约 20～30 kgf・cm（M5 螺纹）

LC01 系列压电式传感器主要技术参数见表 2-4。

表 2-4　LC01 系列压电式传感器主要技术参数

型号	灵敏度/mV/g	量程/g	频率范围/Hz($\pm$10%)	安装谐振点/kHz	分辨率/g	重量/g	用　途
LC0101	100	50	0.5～15000	45	0.0002	8	模态实验
LC0102(T)	5	1000	2～13000	50	0.004	11	大振动、冲击测量
LC0103(T)	50	100	0.35～10000	32	0.0004	14	通用测振
LC0104(T)	100	50	0.5～9000	27	0.0002	28	通用测振
LC0105(T)	250	20	0.35～6000	23	0.0001	25	低频、小 g 测振
LC0106(T)	1000	5	0.04～1500	6	0.00002	120	超低频、小 g 测振
LC0107(T)	100	50	0.5～6000	22	0.0002	46	TNC 接头、长期监测
LC0108(T)	500	10	0.35～4000	15	0.00004	48	低频、小 g 测振
LC0109	100	50	0.5～6000	22	0.0002	33	二向测振
LC0110	100	50	0.5～5000	20	0.0002	95	三向测振
LC0111	500	10	0.5～2000	8	0.00004	100	三向测振

二、应用实例

1. 电路设计

玻璃破碎报警电路如图 2-47 所示。

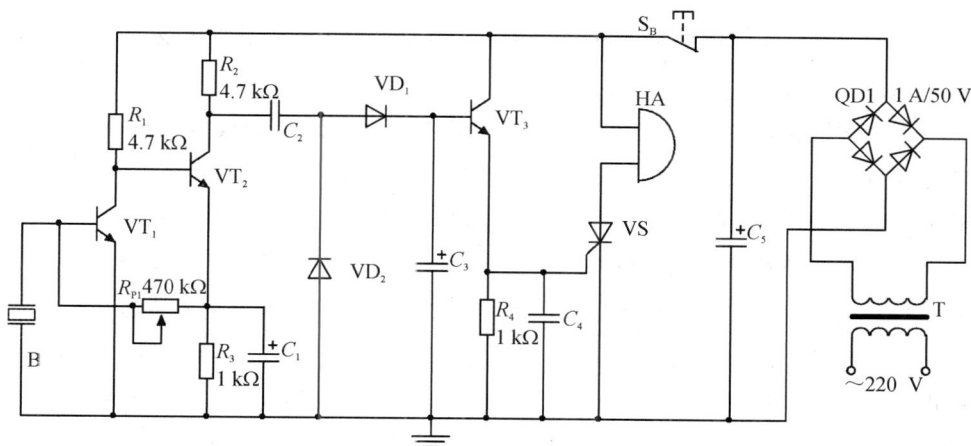

图 2-47 玻璃破碎报警电路图

2. 原理分析

在图 2-47 所示的玻璃破碎报警电路设计中，LC0111 压电式传感器将玻璃破碎发出的振动信号转换为电信号，而此窄脉冲信号经过由三极管 VT_1 和 VT_2 构成的直接耦合式放大器放大后，利用 C_2 从 VT_2 的集电极上取出放大信号，经过二极管 VD_1 和 VD_2 倍压整流后，使得 VT_3 导通；从而在 R_4 两端产生的压降使单向可控硅 VS 导通并锁存，驱动语音报警系统发出警报声，此时要按下 S_B 方可解除警报声；电源部分由变压器 T 将市电降压为 12 V，经 QD 全桥整流、滤波后提供给装置。

三、调试总结

（1）传感器用户手册给出的上限频率为 +10% 频响，大约为安装谐振频率的 1/3。如果要求上限频率误差为 +5%，大约为安装谐振频率的 1/5；

（2）在满足频响和量程要求的条件下，灵敏度越大越好，这样可以降低信号调理器的增益，提高系统的信噪比；

（3）安装时传感器与玻璃接触的表面要清洁、平滑，不平度应小于 0.01 mm。用快速黏合剂安装前，需将安装部位用砂纸和溶剂清除干净；粘贴部位滴适量的快速黏合剂后将传感器按压几秒，待初步固化除去压力即可，为了达到一定黏合强度，静置十几分钟后再进行测试。

能力拓展

压电式加速度传感器

加速度传感器是测量运动物体加速度的传感器。根据牛顿第二定律，若已知物体质量，测得其加速度，就可以知道该物体的受力状态。因此，在许多测量物体受力运动的场合，都需要用到加速度传感器。

压电式加速度传感器依据电介质的压电效应对加速度这一物理量进行测量，又可称为压电加速度计，也属于惯性式传感器。惯性传感器是一种能检测和测量加速度、倾斜、冲击、振动、旋转和多自由度运动的传感器，是解决导航、定向和运动载体控制的重要部件，其应用范围从航天飞机到汽车、机器人等，具有非常广阔的应用前景。压电式加速度传感器是基于压电效应而制成的，当受到振动时，质量块加在压电元件上的力也随之发生变化，当被测振动频率远低于加速度传感器的固有频率时，则力的变化与被测加速度成正比。

压电式加速度传感器具有良好的频率特性、量程大、结构简单、工作可靠、安装方便等一系列优点，目前已成为振动与冲击测试技术中使用最为广泛的一种传感器，在各种冲击、振动传感器中，约占总数的80%以上。目前世界各国用作为加速度量值传递标准的高频和中频标准加速度传感器都是压电式的。

目前压电式加速度传感器广泛地应用于航空航天、兵器、造船、纺织等各个领域的振动、冲击测试、信号分析、环境模拟实验、模态分析、故障诊断以及优化设计等方面。例如一架航天飞机中就有 500 多个加速度传感器用于冲击振动监测。

1. 常见压电式加速度传感器

1) 机械式压电加速度传感器

压电元件一般由两片压电片组成，压电片的两个表面上有镀银电极并焊接输出引线，输出端的另一根引线直接与传感器的基座相连。在压电片上放置一个质量块(一般采用比重较大的金属钨或高比重合金制成，在保证所需质量的前提下可使体积尽可能小)，为了消除质量块与压电元件之间以及压电元件本身间因加工造成的接触不良所引起的非线性误差，并且保证传感器在交变力的作用下能够正常工作，装配时应利用硬弹簧、螺栓、螺帽等对压电元件施加预压缩载荷。静态与载荷的大小应远大于传感器在振动、冲击测试中可能承受的最大动应力。这样，当传感器向上运动时，质量块产生的惯性力使压电元件上的压力增加；反之向下运动时，压应力减小。

整个组件装在一个厚基座的金属壳中，为了隔离试件的应变传递到压电元件上产生假信号输出，一般要加厚基座或选用刚度较大的材料来制造基座，壳体和基座的重量差不多占传感器总重量的50%。

测量时，将传感器基座与试件刚性固定在一起。当传感器感受振动时，由于弹簧的刚度相当大并且质量块的质量相对较小(即质量块的惯性很小)，所以质量块感受到与传感器基座相同的振动,并受到与加速度方向相反的惯性力的作用,就有一正比于加速度的交变力作用在压电元件上,由于压电效应,其两个表面上就会产生交变电荷(电压),当振动频率远低于传感器的固有频率时,传感器的输出电荷(电压)与作用力成正比,即与试件的加速度成正比。输出电量由传感器输出端输入到前置放大器后就可以用测量仪器测出试件的加速度。

2)MEMS 压电式加速度传感器

微机电系统(MEMS)是以半导体制造技术为基础发展起来的一种先进的制造技术平台。MEMS 采用了半导体技术中的光刻、腐蚀、薄膜等一系列的现有技术和材料,因此从制造技术本身而言,MEMS 中基本的制造技术是成熟的。但 MEMS 更侧重于超精密机械加工,并主要涉及微电子、材料、力学、化学、机械学等诸多学科领域。

MEMS 压电式加速度传感器由于采用了微机电系统技术,使得其尺寸大大缩小,一个MEMS 加速度传感器只有几毫米大小,具有体积小、重量轻、能耗低等优点。图 2-48 为MEMS 压电式加速度传感器实物图。

图 2-48　MEMS 压电式加速度传感器

MEMS 压电式加速度传感器采用悬臂梁构造,结构简单。压电材料制作的悬臂梁上下两层附着了导电材料用于引出电极,被测的加速度将带动悬臂梁结构振动,使悬臂梁相应上下弯曲并在导电层中产生电信号,该电信号可以被信号处理电路获取并处理为可以识别的电压输出信号。

2. 行业相关标准

压电式加速度传感器作为一项应用广泛的成熟产品,根据不同行业应用已经制定了多项标准,不同标准对加速度传感器选型和应用制定了一些具体的指标和要求。在压电式加速度传感器实际选型和应用过程中,首先需要根据实际应用需求,选择满足需求且性价比高的传感器;其次,所选择的传感器必须符合实际应用的国家标准、行业标准以及企业标准的指标和要求。

现列出压电式加速度传感器部分现行行业相关标准:

JB/T 6822—1993《压电式加速度传感器》

JC/T 2025—2010《铌镁钛酸铅(PMNT)压电单晶材料》

JB/T 7482—2008《压电式压力传感器》

SJ 20487—1995《压电角速度传感器总规范》

JB/T 5516—1991《加速度计校准仪技术条件》

JJG 233—2008《压电加速度计检定规程》

GB/T 12633—1990《压电晶体性能测试术语》

GB/T 12634—1990《压电晶体电弹常数测试方法》

GB/T 13823.20—2008《振动与冲击传感器校准方法加速度计谐振测试通过方法》

GB 11309—1989《压电陶瓷材料性能测试方法纵向压电应变常数 d_{33} 的准静态测试》

以下节选了行业推荐性标准 JB/T 6822—1993《压电式加速度传感器》的部分内容,其中从压电式加速度传感器的灵敏度、分辨能力、频率特性、抗干扰能力、工作条件等方面对其选型和参数分析及制作进行了约定。

4 技术条件

4.1 正常工作条件

传感器应在下列条件下正常工作:

A. 温度:−40～+100℃

B. 相对湿度:≤85%

C. 周围环境中无影响性能的电磁场和腐蚀性气体

4.2 参考灵敏度

传感器应给出参考灵敏度值。

4.3 最大横向灵敏度比

传感器的最大横向灵敏度比不大于5%。

4.4 灵敏度的年稳定度

传感器的灵敏度的年稳定度不大于3%。

4.5 频率响应误差

传感器的频响误差(不含系统误差),在小于1/5的谐振频率时,参考灵敏度偏差不大于0.5 dB;在小于1/3的谐振频率时,参考灵敏度偏差不大于1 dB。

4.6 非线性度

传感器的非线性度,用振动测量法时不大于5%;用冲击测量法时不大于10%。

4.7 电容

应分别给出传感器及电缆的电容值。

4.8 极限加速度

传感器应给出极限振动和冲击加速度值。

4.9 输出绝缘电阻

传感器输出极间绝缘带电阻应大于 $1 \times 10^{10} \ \Omega$。

4.10 气密性

A. 传感器在95℃热水中,5分钟内不得出现五个断续气泡;

B. 传感器在水中处于15000 Pa负压下,不得有一连串气泡出现。

4.1℃ 安装谐振频率

传感器应给出安装谐振频率。

4.12 乱真响应

传感器应给出正常工作条件下的温度响应、声、磁、基座应变、安装力矩以及温度瞬变灵敏度值。

4.13 外观

A. 传感器外观不得有显见划、碰伤；字迹清晰；安装基面表面粗糙度应小于 R_a 1.6 μm；

B. 插头、座位接触良好，装卸灵活。

4.14 保用期限

在用户遵守保管使用规定的条件下，产品自出厂之日起 18 个月内，确因制造不良而发生损坏或不能正常工作时，制造厂应免费为用户修理或更换。

项 目 总 结

力在工业自动化生产过程中是重要的工艺参数之一，用于检测力的传感器较多。本项目通过三个任务介绍了测量力的传感器——金属应变片式力敏传感器、压阻式力敏传感器以及压电式力敏传感器的工作原理、主要特性、典型应用。

（1）金属应变式力敏传感器是利用金属的应变效应来工作的，应变片的主要参数包括灵敏度系数、横向效应、机械滞后、温度补偿、零漂及蠕变等。应变式力敏传感器常用的测量电路是电桥电路，分为单臂电桥、双臂电桥以及四臂全桥。

（2）压阻式力敏传感器是利用半导体应变片的压阻效应来工作的，其主要特性是应变-电阻特性、电阻-温度特性，常用的测量电路仍然使用平衡电桥，主要包括恒流源供电电桥和恒压源供电电桥。

（3）压电式传感器是基于某些电介质的压电效应工作的，是典型的自发电式传感器，常用于动态力的检测。压电效应是可逆的，即存在着逆压电效应。具有压电效应的材料主要包括压电晶体、压电陶瓷、压电聚合物和压电复合材料等。其信号变换电路主要有两种形式：电压放大器和电荷放大器。

目前应变片式传感器、压阻式传感器以及压电式传感器主要用于力、压力、加速度等物理量的测量。

项 目 考 核

2-1 判断题

（1）压电传感器可以进行静态测量，不能进行动态测量。 （　）

(2) 电阻应变式传感器是通过弹性元件将外部的应变转换成电阻的变化量。（ ）

(3) 半导体应变片比金属丝式应变片的灵敏度低。（ ）

(4) 应变片工作时，电阻值的相对变化很小，需要测量转换电路进行放大。（ ）

(5) 压电效应是不可逆的，即晶体在外加电场的作用下不能发生形变。（ ）

2-2　单选题

(1) 如图 2-49 所示为实心柱体上粘贴的应变片，下列说法正确的是（ ）。

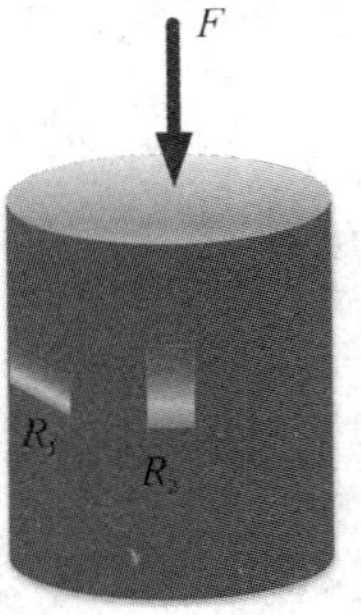

图 2-49　应变片粘贴示意图

A. R_1 为拉应变　　　　　　　　　　B. R_2 为拉应变

C. R_1 为压应变　　　　　　　　　　D. R_2 无应变

(2) 金属丝应变片在测量构件的应变时，电阻的相对变化主要由（ ）来决定。

A. 贴片位置的温度变化　　　　　　　B. 电阻丝几何尺寸的变化

C. 电阻材料的电阻率变化　　　　　　D. 外接导线的变化

(3) 使用压电陶瓷制作的力或压力传感器可测量（ ）。

A. 人的体重　　　　　　　　　　　　B. 车刀的压紧力

C. 车刀在切削时感受到的切削力的变化　　D. 自来水管中水的压力

(4) 应变测量中，希望灵敏度高、线性好、有温度自补偿功能，应选择（ ）测量转换电路。

A. 单臂半桥　　　B. 双臂半桥　　　C. 四臂全桥　　　D. 独臂

(5) 半导体应变片的工作原理是基于（ ）。

A. 压阻效应　　　B. 热电效应　　　C. 压电效应　　　D. 压磁效应

2-3　简答题

(1) 什么是应变效应？举例说明应变效应的应用情况。

(2) 说明应变式力敏传感器和压阻式传感器的异同点以及各自的优点？

(3) 简述金属丝式应变片的工作原理。

(4) 粘贴在试件上的电阻应变片，环境温度变化会引起电阻的相对变化，产生虚假应变，这种现象称为温度效应，简述产生这种现象的原因。

(5) 什么是压电效应？压电效应有哪些应用案例？

(6) 压电材料的主要特性参数有哪些？

（7）为什么压电式传感器通常用来测量动态或瞬态参量？

（8）压电式传感器的前置放大器的作用是什么？压电式与电荷式前置放大器各有何特点？

2-4　分析题

图 2-50 为一款振动式黏度计的原理示意图，试分析其工作原理。

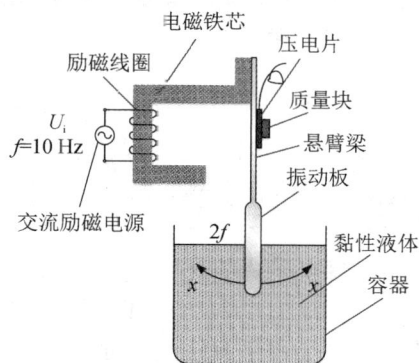

图 2-50　振动式黏度计原理示意图

项目三

温度的检测

◄◄◄◄◄ ◄◄◄◄◄　　　　►►►►► ►►►►►

项 目 概 述

　　在工业生产和日常生活中,温度都是需要测量和控制的重要参数之一,各种类型的温度传感器是这个过程的重要环节。工业生产、汽车、医疗卫生、家用电器以及食品存储等各个领域中,温度传感器根据需要被广泛用于测量、监测、控制等场合。在日常生活中,我们也离不开温度的测量,气象台每天发布气象预报,以协助农业、海洋、军事以及人们的日常生活。在家用电器中,大量设备如电冰箱、电热水器、电饭煲、电熨斗、洗衣机等,都需要对温度进行测量。

　　本项目通过对温度传感器基础知识描述,利用生活中常见的冰箱温度检测、室内温度检测、烧结炉温度检测以及红外测温四个应用实例,让读者对温度传感器的特性、分类、工作原理以及测试方法有一定的理解,并初步具备电子产品设计和故障排查的能力。

项 目 目 标

　　(1) 了解温度与温标的相关知识。
　　(2) 理解热电阻和热敏电阻的结构、分类和主要参数。
　　(3) 掌握热电阻和热敏电阻的测温原理和测量电路。
　　(4) 掌握常见集成温度传感器的工作原理和测量电路。
　　(5) 了解热电效应相关知识。
　　(6) 理解热电偶的结构、分类和主要参数。
　　(7) 掌握热电偶传感器的工作原理和测量电路。
　　(8) 了解红外辐射相关知识。
　　(9) 理解红外测温原理及应用。
　　(10) 能够根据测量需求完成传感器选型工作。

教 学 指 导

　　从工作任务入手,通过对生活中常见的测温实例进行分析,逐步理解和掌握热电阻、热敏电阻、集成温度传感器、热电偶传感器、红外辐射传感器等测温型传感器的结构、工作原理、测量电路，并具备对常见测温型传感器的分析、选型、应用及维护的能力。

本项目建议学时数为 12 ～ 18 学时。

项 目 实 施

任务一 冰箱温度的检测

■ 任务描述

对温度的检测，已经是工业生产和日常生活中不可或缺的手段，温度传感器在其中发挥着极其重要的作用。在日常生活中，冰箱要求的保鲜功能越来越精确，对温度控制的要求也更高，这就需要我们对其温度进行检测，这里使用的温度传感器要求体积小、重量轻、价格低，可以选用热电阻或热敏电阻作为测温传感器。

常见电阻式温度传感器如图 3-1 所示。

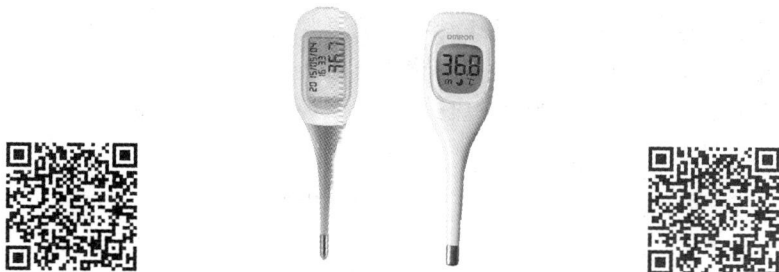

热电阻温度传感器概述　　　图 3-1　电阻式温度传感器　　热敏电阻温度传感器概述

■ 相关知识

温度是与人们生活环境有密切关系的物理量，也是一种在生产、科研、生活中需要测量和控制的重要物理量，它是国际单位制七个基本量之一。

一、温度与温标

温度是表征物体冷热程度的物理量。温度概念是以热平衡为基础的：如果两个互相接触的物体温度不相同，它们之间就会产生热交换，热量将从温度高的物体向温度低的物体传递，直到两个物体达到相同的温度为止。温度的微观概念是：温度标志着物质内部大量分子的无规则运动的剧烈程度。温度越高，表示物体内部分子热运动越剧烈。

温标是衡量温度高低的标尺，是描述温度数值的统一表示方法。温标明确了温度的单位、定义、固定点的数值等参数。各类温度计的刻度均由温标确定。国际上规定的温标有：摄氏温标、华氏温标以及热力学温标等。

1. 摄氏温标

摄氏温标把在标准大气压下冰的熔点定为零度（0℃），把水的沸点定为一百度

(100℃)。在这两固定点间划分 100 个等分(1990 年国际温标规定是 1/99.971 等分),每 1 等分为一摄氏度,符号为 t。

1990 年国际温标(ITS-90)对摄氏温标和热力学温标进行了统一,规定摄氏温标由热力学温标导出,$t_{90}/℃ = T_{90}/K - 273.15$。冰点和水的沸点并不严格等于 0℃ 和 100℃(0.01 级测温仪表才有区别),但温差间隔 1K 仍然等于 1℃。

2. 华氏温标

华氏温标规定在标准大气压下,冰的熔点为 32℉,水的沸点为 212℉,两固定点间划分 180 个等分,每一等分为华氏一度,符号为 θ。它与摄氏温标的关系式为

$$\theta/℉ = 1.8t/℃ + 32 \tag{3-1}$$

例如,20℃ 时的华氏温度 $\theta = (1.8 \times 20 + 32)℉ = 68℉$。现在一些西方国家在日常生活中仍然使用华氏温标。

3. 热力学温标

热力学温标是建立在热力学第二定律基础上的温标,是由开尔文(Kelvin)根据热力学定律总结出来的,因此又称开氏温标。它的符号是 T,单位是开(K)。

热力学温标规定分子运动停止(即没有热存在)时的温度为绝对零度,水的三相点(气态、液态、固态三态同时存在且进入平衡状态)时的温度为 273.16 K,把从绝对零度到水的三相点之间的温度均匀分为 273.16 格,每格为 1 K。

由于以前曾规定冰点的温度为 273.15 K,所以现在沿用这个规定,用下式进行热力学温标与摄氏温标的换算:

$$t/℃ = T/K - 273.15 \tag{3-2}$$

或

$$T/K = t/℃ + 273.15 \tag{3-3}$$

例如,100℃ 时的热力学温度 $T = (100 + 273.15)K = 373.15$ K。

4. 1990 国际温标(ITS-90)

国际计量委员会在 1968 年建立了一种国际协议性温标,即 IPTS-68 温标。这种温标与热力学温标基本吻合,其差值符合规定的范围,而且复现性好(在全世界用相同的方法,可以得到相同的温度值),所规定的标准仪器使用方便、容易制造。

在 IPTS-68 温标的基础上,根据第十八届国际计量大会的决议,从 1990 年 1 月 1 日开始在全世界范围内采用 1990 年国际温标,简称 ITS-90。

ITS-90 定义了一系列温度的固定点、测量和重现这些固定点的标准仪器以及计算公式。

例如,规定了氢的三相点为 13.8033 K、氧的三相点为 54.3584 K、汞的三相点为 234.3156 K、水的三相点为 273.16 K(0.01℃)等。

以下的特定点用摄氏温度(℃)来表示:镓的熔点为 29.7646℃、锡的凝固点为 231.928℃、银的凝固点为 961.78℃、金的凝固点为 1064.18℃、铜的凝固点为 1084.62℃ 等。

ITS-90 规定了不同温度段的标准测量仪器。例如在极低温度范围,用气体体积热膨胀温度计来对温度进行定义和测量;在氢的三相点和银的凝固点之间,用铂热电阻温度计来定义和测量;而在银的凝固点以上,用光学辐射温度计来定义和测量等。

二、温度传感器概述

公元 1593 年，伽利略发明了气体温度计。约 100 年以后，酒精温度计和水银温度计问世。随着现代工业技术发展的需要，金属丝电阻、温差电动势元件、双金属温度计相继出现。1950 年以后，人们又研制出半导体热敏电阻温度传感器。随着新型材料问世、加工工艺飞速发展，又陆续出现各种类型的温度传感器。

温度传感器是将温度的变化转换为电量变化的材料、器件或装置，利用敏感元件电参数随温度变化而变化的特征达到测量目的。

1. 温度传感器的分类

温度传感器的分类方法很多，例如按照用途可分为基准温度计和工业温度计；按照测量方法可分为接触式温度传感器和非接触式温度传感器；按照工作原理可分为膨胀式、电阻式、热电式、辐射式等温度传感器；按照输出信号类型可分为模拟式和数字式温度传感器。

1）按测量方法分类

按照敏感元件是否与被测量接触，温度传感器可分为接触式和非接触式两类。

（1）接触式温度传感器。

在进行温度测量时，传感器直接与被测物体接触的温度传感称为接触式温度传感器。接触式温度传感器具有体积小、准确度高、复现性好、稳定性好等优点，但测量上限受感温元件耐温程度的限制，测温范围一般为 $-270 \sim 1800$ ℃。

典型的接触式温度传感器有热电阻、热敏电阻、热电偶以及集成温度传感器等。测温时，由于被测物体的热量传递给传感器，降低了被测物体温度，尤其是被测物体热容量较小时，测量精度较低。因此采用这种方式精确测温的前提条件是被测物体热容量足够大。

以下为一些接触式温度传感器主要特性参数：

① 常用热电阻。测温范围为 $-260 \sim +850$ ℃；分辨力为 0.001 ℃。改进后可连续工作 2000 h，失效率小于 1%，使用期限一般为 10 年。

② 热敏电阻。适用于在高灵敏度的微小温度测量场合，经济性好、价格便宜。

③ 管缆热电阻。测温范围为 $-20 \sim +500$ ℃；最高上限为 1000 ℃，精度为 0.5 级。

④ 陶瓷热电阻。测温范围为 $-200 \sim +500$ ℃；精度为 0.3、0.15 级。

⑤ 超低温热电阻。超低温热电阻包括两种碳电阻，可分别测量 $-268.8 \sim +253$ ℃、$-272.9 \sim +272.99$ ℃的温度。

（2）非接触式温度传感器。

在进行温度测量时，传感器不与被测物接触的温度传感器称为非接触式温度传感器。非接触式温度传感器主要利用对被测物体热辐射发出的红外线进行测量，从而测量物体的温度，可进行遥测。

非接触式温度传感器的优点在于测温上限不受感温元件耐温程度的限制，理论上可测温度没有上限；在进行温度测量时，此类传感器不会从被测物体上吸收热量，即不会干扰被测对象的温度场，连续测量不会产生温度的消耗，反应快；但是制造成本较高，测量精度较低。因此对于上千摄氏度的高温（工业应用环境居多），主要采用非接触式测温方法，如红外温度传感器。

以下为一些非接触式温度传感器主要特性参数：

　　① 辐射高温计。用来测量 1000℃ 以上的高温,分为 4 种类型:光学高温计、比色高温计、辐射高温计和光电高温计。

　　② 光谱高温计。前苏联研制的 YCI-I 型自动测温通用光谱高温计,测温范围为 400~6000℃,采用电子化自动跟踪系统保证有足够准确的精度进行自动测量。

　　③ 超声波温度传感器。特点是响应快(约为 10 ms)、方向性强。目前国外有可测到 5000℉ 的产品。

　　④ 激光温度传感器。适用于远程温度测量或特殊环境下的温度测量。如 NBS 公司运用氦氖激光源作光反射计可测很高的温度,分辨率为 1%。美国麻省理工学院在研制一种激光温度计,最高温度可达 8000℃,专门用于核聚变研究。瑞士 Browa Borer 研究中心用激光温度传感器可测几千开尔文的高温。

　　2) 按照物理工作原理分类

　　按照物理工作原理进行分类,温度传感器可以细分为以下各类,如表 3-1 所示。

表 3-1　温度传感器分类(按照物理现象)

物理现象	种　类
体积热膨胀	气体温度计,玻璃制水银温度计 玻璃制有机液体温度计,双金属温度计, 液体压力温度计,气体压力温度计
电阻变化	铂测温电阻,热敏电阻
温差电现象	热电偶
磁导率变化	热铁氧体,Fe-Ni-Cu 合金
电容变化	$BaSrTiO_3$ 陶瓷
压电效应	石英晶体测温仪
超声波传播速度变化	超声波温度计
物质颜色	示温涂料,示温液晶
PN 结电动势	半导体二极管
晶体管特性变化	晶体管半导体集成电路温度传感器
可控硅动作特性变化	可控硅
热光辐射	辐射温度传感器,光学高温计

　　3) 按测温范围分类

　　按照测量的温度范围,温度传感器可分为极低温用传感器、低温用传感器、中温用传感器、中高温用传感器、高温用传感器以及超高温用传感器等,不同类型温度传感器的特征与典型传感器如表 3-2 所示。

表 3 - 2 温度传感器分类(按照测温范围)

分类	测温范围	传感器名称
超高温用传感器	1500℃以上	光学高温计,辐射传感器
高温用传感器	1000～1500℃	光学高温计,辐射传感器,热电偶
中高温用传感器	500～1000℃	光学高温计,辐射传感器,热电偶
中温用传感器	0～500℃	热电偶,测温电阻器,热敏电阻,感温铁氧体,石英晶体测温仪,双金属温度计,压力式温度计,玻璃制温度计,辐射传感器,晶体管,二极管,半导体集成电路传感器,可控硅
低温用传感器	−250～0℃	晶体管,热敏电阻,压力式玻璃温度计
极低温用传感器	−270～−250℃	$BaSrTiO_3$陶瓷

4) 按测温特性分类

按照不同的测温特性,温度传感器可分为开关型、指数型、线性型三大类,如表 3 - 3 所示。

表 3 - 3 温度传感器分类(按照测温特性)

分类	特征	传感器名称
开关型	特定温度,输出大	感温铁氧体,双金属温度计
指数型	测温范围窄,输出大	热敏电阻
线性型	测温范围宽,输出小	测温电阻器,晶体管,热电偶,半导体集成温度传感器,可控硅,石英晶体测温仪,压力式温度计,玻璃制温度计

开关型温度传感器:输出信号只有一个值,由厂家或者用户设定。如电热水壶的双金属片温度计只输出100℃的温度值,当温度到达 100℃后发出报警,然后自动断电停止加热。指数型温度传感器:温度传感器输入量温度的变化值与输出量变化值在数学上是指数关系。线性型温度传感器:温度传感器输入量温度的变化值与输出量变化值在数学上是线性关系。

此外,还有微波测温温度传感器、噪声测温温度传感器、温度图测温温度传感器、热流计、射流测温计、核磁共振测温计、穆斯堡尔效应测温计、约瑟夫逊效应测温计、低温超导转换测温计、光纤温度传感器等。

2. 温度传感器的主要参数

温度传感器的主要参数包括电阻温度系数、线性度、精度、时间常数、迟滞、重复性等。

1) 电阻温度系数

电阻温度系数指当温度每改变1℃时,电阻值的相对变化。电阻温度系数是温度传感器的重要性能指标之一。

2) 线性度

温度传感器在工作范围内实际输出量与理想曲线的接近程度被称为线性度。当温度上升时,输出信号也会随之发生变化,若输出信号与温度变化之间的关系呈现理想的线性变化,表明传感器具有良好的线性度。但由于受到制备工艺、敏感材料自身缺陷等因素影响,一般不可能完全保持线性变化。实际曲线与拟合直线的最大偏差可以视为衡量传感器线性度的标准。

3) 精度

精度在温度传感器中常用允差描述,允差为允许公差的简写,它指定了测量值的允许范围。在温度传感器有效工作范围内,测试的温度值与真实温度值的最大偏差为温度传感器的误差值,其最大误差为精度。

4) 时间常数

温度传感器在温度变化时的响应能力(即动态特性)十分重要,一般用时间常数来说明温度传感器随外界温度变化的能力。

5) 迟滞

当温度传感器升温过程与降温过程中的特性曲线无法重合时,表明其具有迟滞。一般使用迟滞误差形容迟滞的大小程度,迟滞误差以满量程输出的百分数表示。

6) 重复性

重复性指温度传感器在正常使用范围内其性能保持不变的能力。当温度传感器在工作一段时间后,由于内部敏感元件老化与外部环境的影响,输出信号值会不可避免地产生波动。其重复性越好,在长期测试中的测试结果就越趋于稳定。

3. 温度传感器的性能要求

对温度传感器的性能主要有以下几个方面的要求:

(1) 对被测量温度有较高的灵敏度,能够有效地检测允许测量范围内的温度变化,并能及时给出比较、显示与控制信号;

(2) 对被测温度以外的其他环境量不敏感;

(3) 性能稳定,测量范围宽,重复性好;

(4) 动态特性好,对检测信号响应迅速;

(5) 使用寿命长,安装、使用、维修方便;

(6) 制造成本低。

4. 温度传感器的发展趋势

温度传感器的发展主要有以下趋势:

(1) 超高温与超低温传感器,如+3000℃以上和-250℃以下的温度传感器;

(2) 提高温度传感器的精度和可靠性;

(3) 研制家用电器、汽车以及农畜业所需要的价廉的温度传感器;

(4) 发展新型传感器,扩展和完善管缆热电偶与热敏电阻、发展薄膜热电偶、研究节省镍材和贵金属以及厚膜铂热电阻、研制系列晶体管测温元件、快速高灵敏 CA 型热电偶以及各类非接触式温度传感器;

(5) 发展适应特殊测温要求的温度传感器;

　　（6）发展数字化、集成化和自动化的温度传感器。

三、热电阻温度传感器

　　热电阻是利用金属导体的电阻随温度变化而变化的特性制成的测温元件，具有正的温度系数，即电阻值随温度的升高而增大。在实际温度测量时，可以利用万用表测量出热电阻的阻值变化，从而得到与电阻值对应的温度值。

1. 热电阻的结构

　　普通型热电偶由感温元件（金属电阻丝）、支架、引出线、保护套管以及接线盒等基本部分组成。为避免电感分量，电阻丝常采用双线并绕，制成无感电阻。热电阻的内部结构如图 3-2 所示。

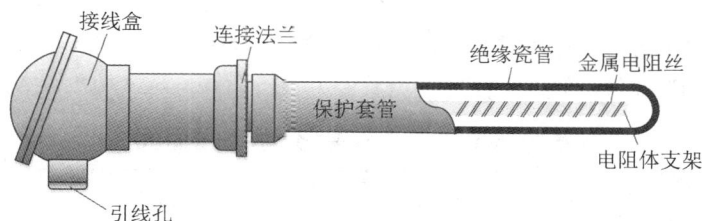

图 3-2　热电阻的内部结构

2. 热电阻的工作原理

　　对热电阻温度传感器，当金属导体两端施加电压后，在其内部杂乱无章的自由电子会形成有规律的定向运动，从而使导体导电。当温度升高时，自由电子会获取更多能量而从定向运动中挣脱出来，使定向运动被削弱，导电率降低，电阻率增大。

　　对于大多数金属导体，其温度特性（即热电阻电阻值随温度变化而变化的特性）关系可表达为

$$R_T = R_0(1 + \alpha_1 T + \alpha_2 T^2 + \cdots + \alpha_n T^n) \tag{3-4}$$

式中，R_T 为温度为 T 时的电阻值；R_0 为温度为 0℃时的电阻值；α_1，α_2，$\cdots$，α_n 为由材料和制造工艺所决定的系数。

3. 热电阻的分类

　　热电阻按照使用材料可分为金属铂热电阻和金属铜热电阻两大类；按照封装形式又可分为普通型、铠装型、端面型和防爆型等多种类型。

　　热电阻主要是利用金属的电阻值随温度升高而增大这一特性来进行温度的测量。目前较为广泛应用的热电阻材料是铂和铜，它们的电阻温度系数在 $(3 \sim 6) \times 10^3$ /℃范围内。作为测温用的热电阻材料，希望其具有电阻温度系数大、线性好、性能稳定、使用温度范围宽、加工容易等特点。在铂和铜两种材料中，铂的性能最好，采用特殊的结构可以制成标准温度计，它的适用温度范围为 $-200 \sim 850$℃；铜热电阻价廉并且线性较好，但高温下易氧化，故只适用于温度较低 $-50 \sim 150$℃的环境中，目前已逐渐被铂热电阻所取代。

　　铂热电阻在氧化性介质甚至在高温情况下，物理、化学性能稳定，电阻率大，精确度高，能耐较高的温度。工业采用的铂热电阻测温传感器，测温范围为 $-200 \sim 850$℃。其中，

在$-200 \sim 0℃$范围内的温度特性为

$$R_T = R_0 \left[1 + \alpha_1 T + \alpha_2 T^2 + \alpha_3 (T - 100℃) T^3 \right] \tag{3-5}$$

在$0 \sim 850℃$范围内的温度特性为

$$R_T = R_0 (1 + \alpha_1 T + \alpha_2 T^2) \tag{3-6}$$

式中，温度系数$\alpha_1 = 3.97 \times 10^{-3}$，$\alpha_2 = -5.85 \times 10^{-7}$，$\alpha_3 = -4.22 \times 10^{-12}$。

由此可见，由于不同热电阻初始值R_0不同，即使被测温度T为同一值，所得电阻值R_T也不同。

目前我国全面施行"1990 国际温标"，按照 ITS-90 标准，国内统一设计的工业用铂热电阻在 0℃时的阻值R_0有 25Ω、100Ω 等数种，分度号分别用 Pt25、Pt100 等表示，薄膜型铂热电阻有 100Ω、1000Ω 等数种。

因为金属热电阻的阻值R_T与温度T之间呈非线性关系，因此必须每隔一度测出铂热电阻与铜热电阻在规定的测温范围内不同温度时的R_T，并列成表格，该表称为热电阻的分度表。表 3-4 为 Pt100 的分度表。

表 3-4   铂热电阻 Pt100 分度表(分度号：Pt100 $R_0 = 100$ Ω)

温度 /℃	0	10	20	30	40	50	60	70	80	90
	电阻/Ω									
-100	60.25	56.19	52.11	48.00	43.87	39.71	35.53	31.32	27.08	22.80
-0	100.00	96.09	92.16	88.22	84.31	80.31	76.33	72.33	68.33	64.30
+0	100.00	103.90	107.79	111.67	115.54	119.40	123.24	127.07	130.89	134.70
100	138.50	142.29	146.06	149.82	153.58	157.31	161.04	164.76	168.46	172.16
200	175.84	179.51	184.17	186.82	190.45	194.07	197.69	201.29	204.88	208.45
300	212.02	215.57	219.12	222.65	226.17	229.67	233.17	236.66	240.13	243.59
400	247.04	250.48	253.90	257.32	260.72	264.11	267.49	270.86	274.22	277.56
500	280.90	284.22	287.53	290.83	294.11	297.39	300.65	303.91	307.15	310.38
600	313.59	316.80	319.99	323.18	326.35	329.51	332.66	335.79	338.92	342.03
700	345.13	348.22	351.30	354.37	357.37	360.47	363.50	366.52	369.53	372.52
800	375.51	378.48	381.45	384.34	387.34	390.26				

铂热电阻虽然性能较好，但其价格较贵，在测量精度要求不高并且所测温度较低的情况下，通常会选择用铜热电阻作为测温元件。

在$-50 \sim 150℃$的温度范围内，铜热电阻电阻值与温度呈近似线性关系，可表示为

$$R_T = R_0 (1 + \alpha T) \tag{3-7}$$

式中，α为 0℃时铜热电阻的温度系数，$\alpha = 4.28 \times 10^{-3}$。

铜热电阻具有温度系数大、线性好、价格便宜等优点，但其电阻率较低，热惯性较差，稳定性不如铂热电阻好，并且在高于 100℃以上的温度时容易氧化，因此铜热电阻只能用于低温及没有侵蚀性的介质中。铜热电阻在 0℃时的阻值R_0为 50Ω、100Ω 两种，分度号分别为 Cu50、Cu100。表 3-5 为 Cu50 的分度表。

表 3-5　铜热电阻 Cu50 分度表(分度号：Cu50　$R_0 = 50\ \Omega$)

温度/℃	0	10	20	30	40	50	60	70	80	90
	电阻/Ω									
—0	50.00	47.85	45.70	43.55	41.40	39.24				
+0	50.00	52.14	45.28	56.42	58.56	60.70	62.84	64.98	67.12	69.26
100	71.40	73.54	75.68	77.83	79.98	82.13				

表 3-6 为热电阻的主要技术性能。

表 3-6　热电阻主要技术性能

材　料	铂(WZP)	铜(WZC)
使用温度范围/℃	−200～850℃	−50～150℃
电阻率×10^{-6}/(Ω·m)	0.0981～0.106	0.017
0～100℃ 电阻温度系数 α (平均值)/(1/℃)	0.00385	0.00428
化学稳定性	在氧化性介质中较稳定，不能在还原性介质中使用，尤其在高温情况下	超过 100℃ 易氧化
特性	近似线性，性能稳定，准确度高	性能较好，价格低廉，体积大
应用	适于较高温度的测量，可作标准测温装置	适于测量低温，无水分，无腐蚀性介质的温度环境

热电阻按照封装形式又可分为普通型、铠装型、端面型和防爆型等多种类型。图 3-3 为普通型热电阻外形结构，图 3-4 为铠装型热电阻外形结构。

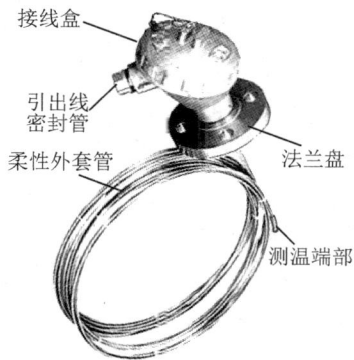

此外还有利用真空镀膜法或糊浆印刷烧结法使铂金属薄膜附着在耐高温基底上制成的薄膜型铂热电阻，外形结构如图 3-5 所示。薄膜型热电阻具有尺寸小、热容量小、反应快等特点，尺寸可以小到几平方毫米，在测温时将其粘贴在被测高温物体上进行局部温度测量。

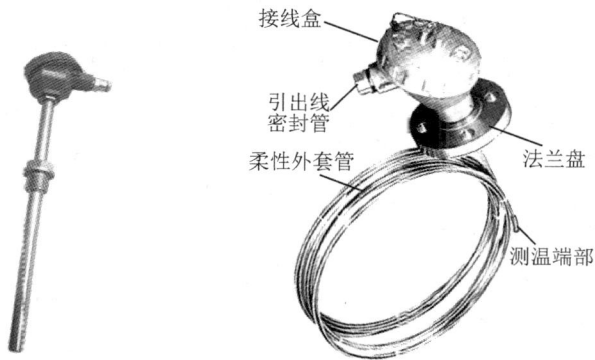

接线盒
引出线密封管
柔性外套管
法兰盘
测温端部

图 3-3　普通型热电阻　　　　图 3-4　铠装型热电阻　　　　图 3-5　薄膜型热电阻

四、热敏电阻温度传感器

热敏电阻是由一些金属氧化物(如锰、钴、镍、铁、铜等的氧化物),按照不同比例配方,经高温烧结而成的半导体,同时利用半导体的电阻值随温度变化这一特性来进行温度的测量。

热敏电阻具有以下特点:

(1)电阻温度系数大、灵敏度高,比一般金属热电阻大 10～100 倍;

(2)结构简单、体积小,可以测量点温度;

(3)电阻率高、热惯性小,适宜于动态测量;

(4)阻值与温度变化呈非线性关系;

(5)稳定性和互换性较差。

常用热敏电阻的外形结构与电路符号如图 3-6 所示。

图 3-6　常用热敏电阻的外形结构与电路符号

1. 热敏电阻分类

按照半导体电阻的温度特性,可将热敏电阻分为三大类:正温度系数(Positive Temperature Coefficient,PTC)热敏电阻、负温度系数(Negative Temperature Coefficient,NTC)热敏电阻和临界温度系数热敏电阻(Critical Temperature Resistors,CTR),其中以负温度系数热敏电阻的应用最为普遍。

三种类型热敏电阻的温度特性曲线如图 3-7 所示。

由图 3-7 可知,在工作温度范围内,PTC 热敏电阻具有电阻值随温度升高而升高的特性;NTC 热敏电阻具有电阻值随温度升高而显著减小的特性;CTR 热敏电阻具有在某一特定温度下电阻值发生突变的特性。

1)正温度系数热敏电阻

电阻值随温度升高而增大的热敏电阻称为正温度系数热敏电阻,简称为 PTC 热敏电阻。它的主要采用微量稀土元素掺杂的 $BaTiO_3$ 半导体陶瓷制成,最高测量温度一般不超过 140℃。具有当温度超过某一数值时,电阻值随温度继

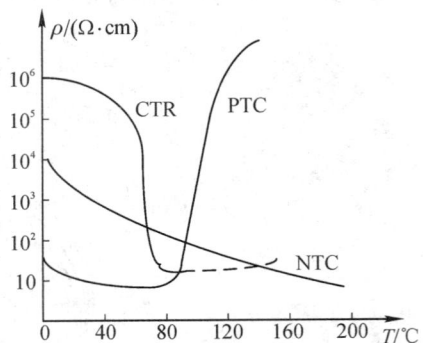

图 3-7　热敏电阻温度特性

续升高而快速增加的特性。主要应用于各种电气设备的过热保护、发热源的定温控制，也可作为限流元件使用。

2）负温度系数热敏电阻

电阻值随温度升高而下降的热敏电阻称为负温度系数热敏电阻。它的材料主要是一些过渡金属氧化物半导体陶瓷，一般用于$-50 \sim 300℃$的温度测量。在点温、表面温度、温差以及温场等测量中得到广泛的应用，同时也广泛地应用在自动控制及电子线路的热补偿线路中。

3）临界温度系数热敏电阻

此类热敏电阻的电阻值在某特定温度范围内随温度升高而降低 $3 \sim 4$ 个数量级，即具有负的温度系数，简称为 CTR 热敏电阻。其主要材料是二氧化钒（VO_2）并添加一些金属氧化物，由于其电阻变化只在临界温度附近，因此不适于较宽范围的温度测量。主要用作温度开关以及在报警系统中使用。

2. 热敏电阻的主要参数

热敏电阻的主要技术参数包括标称阻值、温度系数、额定功率、时间常数、温度范围、最大电压等，各参数的主要含义如表 3-7 所示。

表 3-7　热敏电阻主要参数含义

主要参数	含　义
标称阻值	热敏电阻在 25℃ 时的电阻值
温度系数	当温度变化时将会导致电阻的相对变化值
额定功率	允许热敏电阻正常工作的最大功率
时间常数	当温度变化时，热敏电阻的阻值变化到最终值的 63.2% 时所需的时间
温度范围	允许热敏电阻正常工作的温度范围。一般工作温度范围为 $-55 \sim 315℃$
最大电压	在规定的环境温度下，热敏电阻正常工作时所允许连续施加的最高电压值

任务实施

一、传感器选型

在电冰箱的正常使用中，温度的检测与控制极其重要。在数字节能电冰箱中有四个感温探头，其中两个感温探头对冷藏室上部和下部的温度进行测量，一个感温探头对冷冻室的温度进行测量，另一个感温探头位于冰箱外部台面，对环境温度进行测量。通过四个感温探头对环境、冷藏室以及冷冻室的温度进行测量，再将测量数据传输到控制系统进行处理，根据结果精确控制电冰箱工作。

感温探头的测量范围一般在$-30 \sim +50℃$，并且要求体积小、价格低，因此可选用热敏电阻作为测温传感器。热敏电阻是一种半导体测温元件，它的测温范围在$-55 \sim 315℃$，并且具有灵敏度高、热惯性小、反应速度央、体积小、使用方便、制作简单、价格低廉、易于大批量生产等优点。结合热敏电阻的相关知识，可选用负温度系数热敏电阻作为感温探头。

二、应用实例

1. 电路设计

采用负温度系数热敏电阻对电冰箱温度进行检测,其电路原理图如图3-8所示。

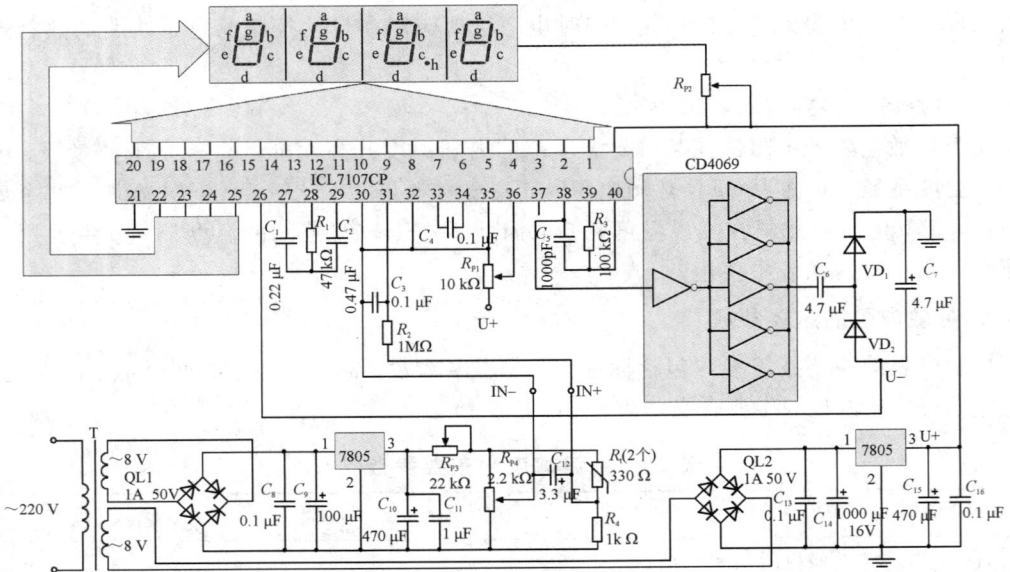

图 3-8 热敏电阻数显温度计电路

2. 原理分析

图 3-8 热敏电阻数显温度计电路中使用 330 Ω 的负温度系数热敏电阻,温度检测是由两个 330 Ω 热敏电阻与 R_{P4}、R_4 共同组成的电桥来实现。ICL7107CP 是 3 位半积分 A/D 转换器,内含 BCD 7 段译码显示驱动电路,输出及驱动四个共阳极数码管显示温度,采用 ±5 V 双电源供电,反向器 CD4069 以及 C_6、C_7、VD_1、VD_2 倍压电路为 ICL7107CP 提供 −5 V 电源,供给检测电路的 +5 V 电压由 7805 三端集成稳压块、桥堆 QL1 以及电容 C_8 ~ C_{11} 组成。

三、调试总结

(1)调节 R_{P2} 可改变数码管亮度,但需注意的是,亮度过大会影响 ICL7107CP 的使用寿命;

(2)将 ICL7107CP 的 31 脚连接的电阻 R_2 输出端 IN+ 接 +U,调节 R_{P1} 使数码管显示 1.;

(3)将 IN+ 接 −U(即 ICL7107CP 的 26 脚),调节 R_{P1} 使数码管显示 −1.;

(4)将 IN+ 接 ICL7107CP 的 36 脚,调节 R_{P1} 使数码管显示 100.;

(5)将 R_t 用绝缘材料封装好后插入冰水混合物,调节 R_{P1}、R_{P3} 使数码管显示 00.0;

(6)将 R_t 用绝缘材料封装好后插入沸水中,调节 R_{P3} 使数码管显示 100.0。

能力拓展

一、热敏电阻的应用

PTC 热敏电阻、CTR 热敏电阻主要用于检测元件、电路保护元件。例如用作温度补偿元件、限流开关、温度报警以及定温加热器等。因此目前热敏电阻被广泛应用于军事、通信、航空航天、医疗、自动化设施的温度计以及控温仪等装置。

1. 用于温度补偿

利用 NTC 热敏电阻可对晶体管电路和其他电子线路以及电子器件进行温度补偿。如图 3-9 所示，热敏电阻 R_t 接入晶体管电路中，当环境温度变化时，维持输出电压 U_{sc} 保持不变。例如当环境温度升高时，根据三极管的特性，集电极电流 I_c 上升，相当于三极管等效电阻下降，U_{sc} 将增大；要使其维持不变，需提高基极电位，故而选择 NTC 热敏电阻。

图 3-9 NTC 热敏电阻温度补偿电路

2. 用于过热保护

在小电流场合，可把 PTC 热敏电阻直接与负载串接，防止被保护器件过热损坏。图 3-10 为电机过热保护电路图，用 PTC 热敏电阻对电机进行过热保护。

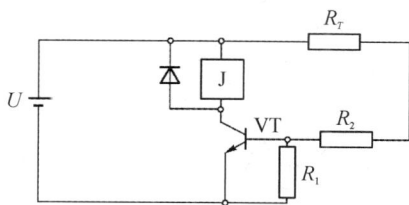

图 3-10 PTC 热敏电阻电机过热保护电路图

当电机正常运行时，温度较低，三极管截止，继电器不动作；当电机过负荷工作时，温度迅速升高，当温度超过临界温度点后热敏电阻阻值迅速减小，三极管导通，继电器吸合，实现对电机的过热保护。

3. 用于延迟开关

图 3-11 为时间延迟电路。接通电源，经过一段时间后当热敏电阻的温度上升到足够高，其电阻值发生跃变，继电器断开。

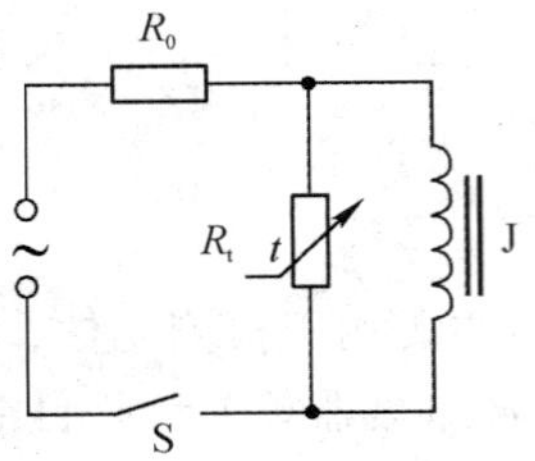

图 3-11　NTC 热敏电阻延迟开关电路图

NTC 热敏电阻可以通过与二极管、开关的串联对浪涌电流进行限制。

二、热电阻的测量电路

工业用热电阻安装在测量现场,离控制室较远,因此热电阻的引线对测量结果有较大的影响。金属热电阻与仪表或放大器连接有三种方式:两线制、三线制以及四线制。但是由于金属电阻本身的阻值很小,所以导线电阻值及其变化就不能忽略,为此测量电路常采用三线和四线连接法。

1. 三线制

三线制适用于工业上一般精度的测量,电路原理图如图 3-12 所示。其中,G 为检流计;R_1、R_2、R_3 为固定电阻;R_a 为零位调节电阻;热电阻 R_t 通过电阻为 r_1、r_2、R_g 的三根导线和电桥连接;R_g 与电流表相连,指示仪表 G 具有很大的内阻,故流过 R_g 的电流近似为0,对电桥的平衡没有影响;r_1、r_2 分别接在相邻的两臂内,当环境温度发生变化时,只要它们的长度和电阻温度系数相等,那么它们电阻的变化就不会影响到电桥的状态。一般引线一致,$r_1 = r_2$。

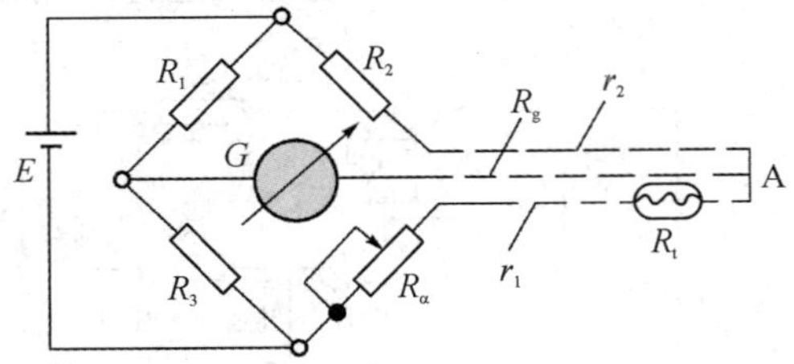

图 3-12　测温电桥三线连接法

当电桥平衡时,有

$$R_1(R_a + r_1 + R_t) = R_3(R_2 + r_2) \tag{3-8}$$

若 $R_3 = R_1$,说明三线连接法导线电阻 r 对热电阻的测量毫无影响。

需要注意的是,以上结论只在 $R_3 = R_1$,并且平衡状态下才成立。为了消除从热电阻感温体到接线端子间的导线对测量结果的影响,一般要求从热电阻感温体的根部引出导线,并且要求引出线一致,以保证它们的阻值相等。

2. 四线制

图 3-13 为四线连接法电路图。图中接入了
恒流源，测量仪表一般用电位差计，热电阻引出
的四根线，两根接在电流回路上，则该导线上引
起的电压降不在测量范围内；另外两根接在电压
回路上，这两根导线上虽有电阻但无电流，而电
位差计测量时不取电流，认为电阻无穷大；所以
四根导线的电阻对测量都没有影响。

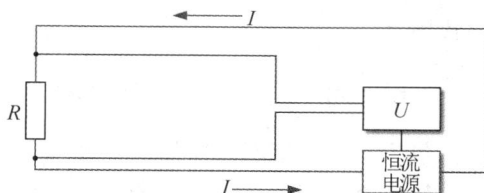

图 3-13 测温电桥四线连接法

三、Pt100 热电阻测温电路

图 3-14 为 Pt100 热电阻测温电路，电路中选用三线单臂电桥可以消除和减小引线电
阻的影响。热电阻 R_t 用三根导线引至测温电桥。其中两根引线的内阻（r_1、r_4）分别串入测量
电桥相邻两臂的 R_1、R_4 上，$(R_1+r_1)/R_2=(R_4+r_4)/R_3$。引线的长度变化不影响电桥的平
衡，所以可以避免因连接导线电阻受环境影响而引起的测量误差。

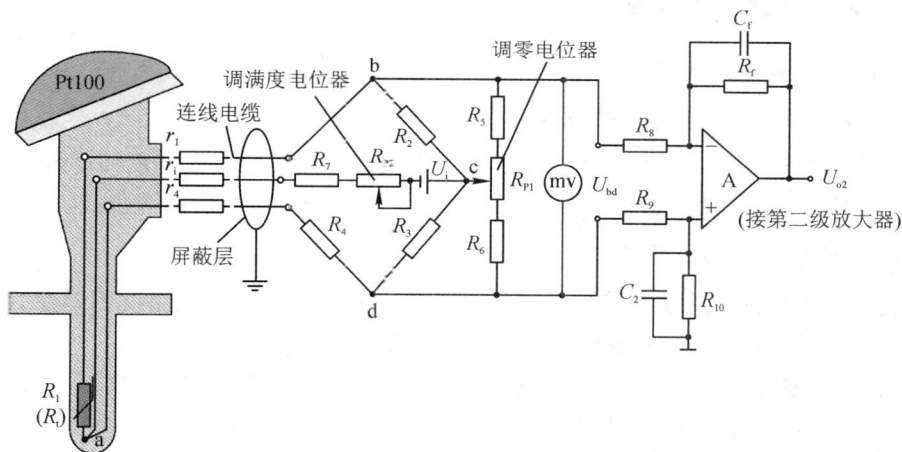

图 3-14 Pt100 热电阻测温电路

任务二 室内温度检测

任务描述

在空调、精密数字温度计、复印机以及热电偶的冷端补偿等很多应用场合，要求测温
精度高、线性好、能直接与数字电路相连接。以变频空调的室内温度
检测为例。空调温度的控制精度取决于温度信号的检测，检测系统中
有多个感温探头分别安装在空调室内蒸发器进风口、室内蒸发器管
道、室外散热器、室外散热器盘管、室外压缩机上，用以检测室内环
境温度、制冷系统蒸发温度、室外环境温度、室外管道温度以及压缩

集成温度传感器概述

机排气管温度。多个感温探头精确检测到的温度送入控制器处理后，可精确控制空调的运行。使用的温度传感器要求体积小、重量轻、性能高，因此可以选用集成温度传感器作为测温传感器。

相关知识

集成温度传感器是将温度敏感元件和放大电路、运算电路以及补偿电路采用微电子技术和集成工艺集成在一片芯片上，从而构成集测量、放大、电源供电回路于一体的高性能温度传感器，又称温度 IC。图 3-15 为集成温度传感器 AD590 外形图。

图 3-15　AD590

因为集成温度传感器是利用半导体 PN 结的电流电压特性将各个功能单元集成在一块极小的半导体芯片内，构成一个专用集成电路。所以与传统的热敏电阻、热电阻等温度传感器相比，具有测量精度高、线性好、灵敏度高、使用方便、外围电路简单、性能稳定可靠以及输出信号大等优点，在测温技术中应用越来越广泛。但由于受到 PN 结耐热性能和特性范围的限制，一般只适用于 -50~150℃ 范围内温度的测量。

一、集成温度传感器的分类

集成温度传感器的分类方法很多，具体如下：

1. 按传感器照输出信号类型分类

按照传感器输出信号类型分类，集成温度传感器可分为模拟式温度传感器和数字式温度传感器。其中，模拟式集成温度传感器又可分为电流型和电压型两大类。

2. 按照传感器输出信号形式分类

集成温度传感器按照输出信号形式的不同又可分为电压型集成温度传感器、电流型集成温度传感器、频率输出型集成温度传感器三大类。

常用的集成温度传感器型号有 LM35、AD590、AD592、LM56、LM335/336、AN6701、DS18B20 等。下面介绍几款较为常见的集成温度传感器。

二、电流输出型集成温度传感器

电流型集成温度传感器输出阻抗高，可用于远距离温度遥感和遥测，而且不用考虑接线引入损耗和噪声。

AD590 是由美国哈里斯(Harris)与模拟器件公司(ADI)等生产的恒流源式集成温度传感器，其输出电流与环境绝对温度成正比。AD590 输出电流是以绝对零度(-273℃)为基准，温度每增加 1 K，输出电流会增加 1 μA，即温度灵敏系数为 1 μA/K。AD590 具有测温误差小、动态阻抗高、响应速度快、传输距离远、体积小、微功耗等优点，适合远距离测温控温，不需要进行非线性校准。

1. AD590 的主要参数

不同公司产品的分档情况及基础指标可能会有差异，由 ADI 公司生产的 AD590 有 AD590 I/J/K/L/M 五档。该系列产品实物如图 3-15 所示，其引脚排列如图 3-16 所示，该元件共有 3 个引脚。

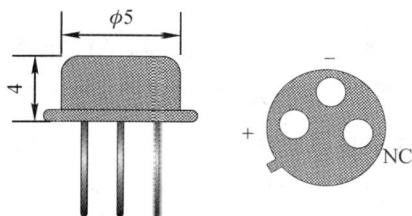

图 3-16 AD590 引脚排列

表 3-8 为 AD590 的主要技术参数表。

表 3-8 AD590 主要技术参数

参 数	I	J	K	L	M
工作电压	+4~+30 V				
25℃电流输出	298.2 μA				
温度系数	1 μA/K				
25℃可校正误差	±10℃	±5℃	±2.5℃	±1.0℃	±0.5℃
非线性误差	±3.0℃	±1.5℃	±0.8℃	±0.4℃	±0.3℃
长期漂移	±0.1℃				
输出阻抗	>10 MΩ				
+4~+5V	0.5 μA/V				
+5~+15 V	0.2 μA/V				
+15~+30 V	0.1 μA/V				
最大正向电源	+44 V				
最大反向电源	−20 V				

2. AD590 的测量电路

1)基本转换电路

AD590 工作时,只要在其两端加上一定的工作电压,它的输出电流就会随温度的变化而变化,线性电流输出为 1 μA/K,经过电流电压转换电路,输出 10 mV/K,如图 3-17 所示。

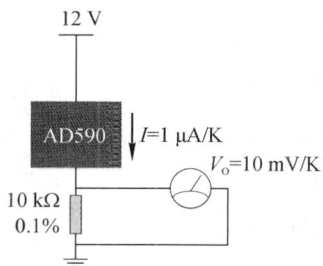

图 3-17 AD590 基本转换电路

2) 典型测温电路

AD590 典型的测温电路如图 3-18 所示。图中，AD590 的 1 脚接 +5 V，2 脚经 1/4W、1 kΩ 电阻接地，测量电阻两端电压即为环境温度对应的电压，并分析计算出对应温度值。室温下，补偿电位器 R_{P1}(1 kΩ)，使 A3 输出为零，调节放大倍数，用手指捏住 AD590 外壳，调节 R_{P2}(2 kΩ)，使 A3 输出变化明显增加。A1、A2、A3 均为集成运算放大器 μA741，采取 ±12 V 双电源供电方式。

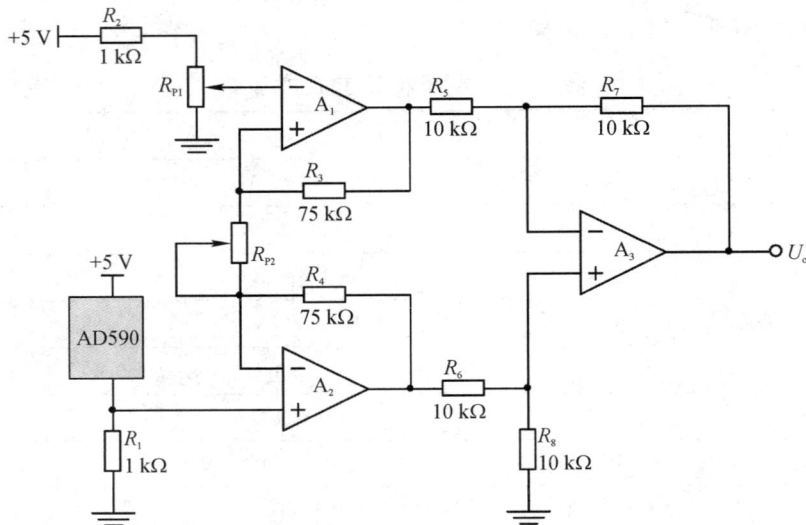

图 3-18　AD590 典型测温电路

3) 温度补偿电路

AD590 的测温误差主要有校准误差和非线性误差。其中校准误差是系统误差，可以通过软件或硬件处理加以消除。如果配合可调零与调满度(两点可调)的电路，可以使上述两项误差降到最低。常用的补偿方法有单点调整和双点调整两种。

(1) 单点调整。单点调整是一种最简单的方法，电路如图 3-19 所示，只要在外接电阻中串联一个可变电阻 R_P 即可。在 25℃ 时，调节可变电阻，使电路输出电压值为 298.2 mV。由于此方法仅仅是对某一温度点进行调整，所以在整个温度范围内仍然存在误差。调整点所选温度值需要根据使用范围来进行确定。

(2) 双点调整。双点调整电路如图 3-20 所示，这种方法不仅能够调整校正误差的大小，而且还能够对斜率误差进行调整，以提高测量精度。图中 AD581 是 10V 的基准电压源，在 0℃ 与 100℃ 两点进行调整，通过运算放大器，使输出电压的温度系数为 10 mV/℃。先使 AD590 处于 0℃ 环境中，调节 R_{P1} 使输出 $U_o = 0$ V；再将 AD590 放置于 100℃ 环境中，调节 R_{P2} 使输出 $U_o = 10$ V。

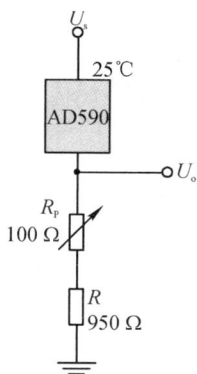

图 3 - 19　单点调整电路　　　图 3 - 20　双点调整电路

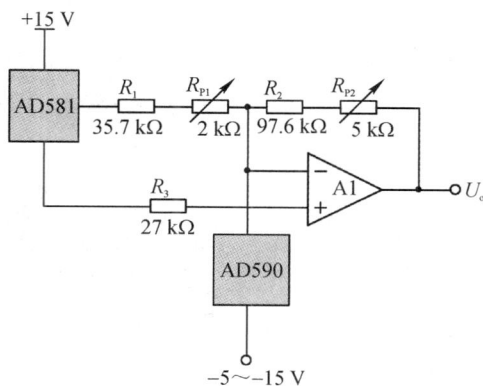

三、电压输出型集成温度传感器

电压型集成温度传感器输出阻抗低，易于同信号处理电路连接。

1. LM35 集成温度传感器

LM35 是一款电压输出型精密温度传感器，测温范围为 $0 \sim 100℃$，其输出电压与摄氏温度呈线性关系，转换公式如下

$$U_{out}(T) = 10 \text{ mV/℃} \times T℃ \tag{3-9}$$

在温度为 0℃ 时 LM35 输出电压为 0 V，随着温度升高电压将增加，温度每升高 1℃ 输出电压将增加 10 mV。

LM35 有多种不同的封装方式，如图 3 - 21 所示。图 3 - 22 为 TO - 92 封装引脚图。在常温下，LM35 不需要额外的校准处理即可达到 ±0.25℃ 的准确率。

图 3 - 21　LM35 常见分装类型　　　图 3 - 22　TO - 92 封装引脚图

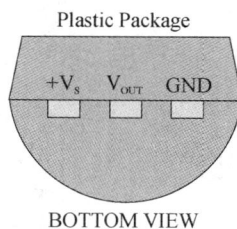

因为温度传感器 LM35 的输出在 0～1000 mV 变化，所以输出端可以直接接入数字显示表。

2. AN6701S 集成温度传感器

AN6701S 是日本松下公司生产的电压输出型集成温度传感器，其输出电压与环境绝对温度成正比。AN6701S 有 8 个引脚，外形封装如图 3 - 23 所示。

图 3 - 23   AN6701S 外形封装

AN6701S 工作温度范围为－10～＋80℃；灵敏度为 105～114 mV/℃；额定输出电流 ±100 μA；工作电压范围为 5～15 V。引脚功能如表 3 - 9 所示。

表 3 - 9   AN6701S 引脚功能

引脚	符号	功　能
1	V_{CC}	电源正极
2	U_o	电压输出
3	GND	接地
4	外接 R_C	改变 R_C 可改变工作温度范围和灵敏度
5～8	NC	空脚

AN6701S 共有三种连线方式，如图 3 - 24 所示。图 3 - 24(a)为正电源供电，(b)为负电源供电，(c)为输出极性颠倒。电阻 R_C 用来调整 25℃下的输出电压，使其等于 5 V，R_C 的阻值在 3～30 kΩ 范围内，这时灵敏度可达 109～110 mV/℃，在－10～＋80℃ 范围内基本误差不大于±1℃。

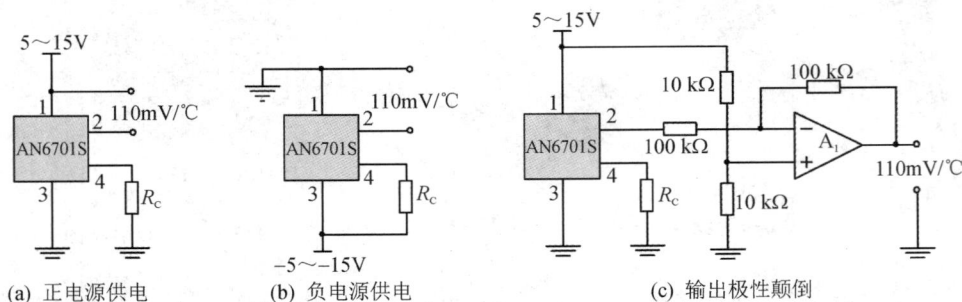

图 3 - 24   AN6701S 连线方式图

四、数字输出型集成温度传感器

DS18B20 是美国 DALLAS 半导体公司推出的单线数字温度传感器，是 DS1820 的更新产品。可将温度信号直接转换成串行数字信号供计算机处理。温度变换功率来源于数据总线，总线本身也可以向所挂接的 DS18B20 供电，从而不需要额外电源。因此 DS18B20 可使系统结构更趋简单、灵活并且可靠性更高。广泛应用于军事、民用、工业等领域的温度测量及控制。DS18B20 常见封装及引脚图如图 3-25 所示。

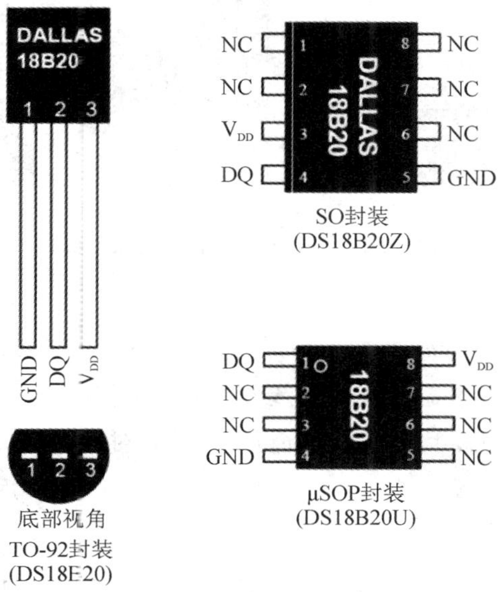

图 3-25 DS18B20 常见封装及引脚图

DS18B20 具有以下特点：

（1）单线接口，只有一根信号线与 CPU 连接，可实现微处理器与 DS18B20 的双向串行通信，不需要任何外部元件；

（2）不需要备份电源，可直接用数据线进行供电，电压范围为 +3.3～+5.5 V；

（3）测温范围为 -55～+125℃，最大误差不超过 ±2℃，在 -10～+85℃ 温度范围内，精度为 ±0.5℃；

（4）通过编程可实现 9～12 位的数字读数方式，在 93.75 ms 和 750 ms 内将温度值转化为 9 位和 12 位的数字量；

（5）用户可自行定义、设定报警上下限值，存在非易失存储器中；

（6）支持多点组网功能，多个 DS18B20 可以并联使用，实现多点测温；

（7）具有电源反接保护电路，当电源极性接反时，能保护芯片不会因发热而被烧毁，但此时芯片不能正常工作。

五、集成温度传感器的应用

1. 智能温控报警系统

图 3-26 为智能温控报警系统硬件结构图。电路中选用数字集成温度传感器 DS18B20 作为温度检测器件；采用以 STC89C51 为核心的最小系统作为控制核心，将温度传感器 DS18B20 测得的数字温度值输入单片机中并与程序中预设温度值进行比较，然后根据比较

结果控制指示灯和蜂鸣器;同时采用 LCD 1602 液晶屏作为显示模块,实时显示当前所测温度值。

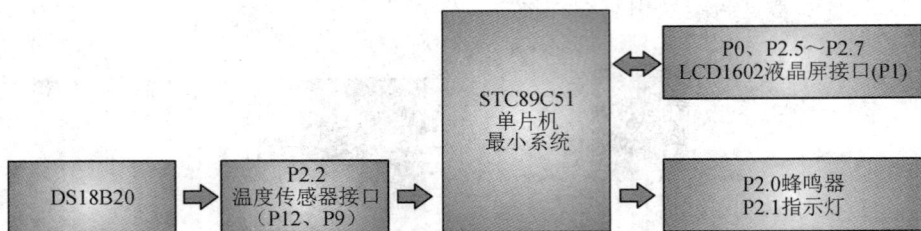

图 3-26   智能温控报警系统硬件结构

2. 温度频率转换器

采用 LM334 的温度-频率转换电路如图 3-27 所示。LM334 是三端电流输出型集成温度传感器,其输出电流与环境温度变化呈线性关系。工作电压范围较宽,为 0.8~40 V,但工作电压高时自身发热较大,因此建议低电压使用。连接在 LM334 的电阻 R_9(137 Ω)为基准电阻,所以必须选用温度系数小的电阻。25℃时,输出电流为 494 μA。

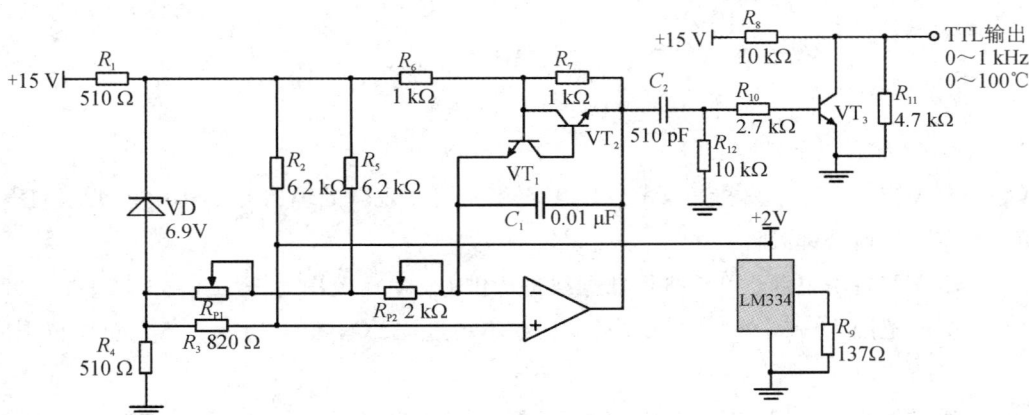

图 3-27   温度-频率转换电路

任务实施

一、传感器选型

本任务要求设计一款室内温度检测装置,考虑到电压输出型集成温度传感器的灵敏度一般为 10 V/℃,电流输出型集成温度传感器的灵敏度一般为 1 μA/℃,并且具有绝对零度输出电量为零的特性,因此选取电流输出型集成温度传感器。

AD590 是电流输出型温度传感器的典型产品,其利用电路产生一个与绝对温度成正比的电流作为输出,温度灵敏系数为 1 μA/K,测温范围为 $-55\sim+150$℃,供电电压范围为 $+4\sim+30$ V。

二、应用实例

1. 电路设计

该室内温度检测装置的电路设计如图 3 - 28 所示。

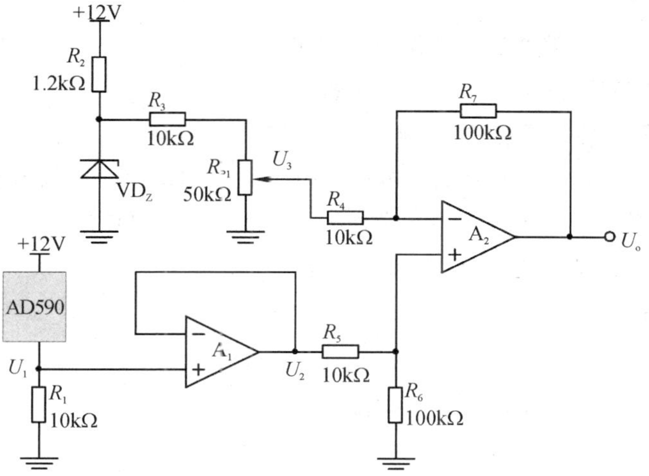

图 3 - 28　室内温度测量电路图

2. 原理分析

图 3 - 28 中，采用 AD590 电流输出型温度传感器作为测温元件。AD590 的灵敏度为 1 μA/K，输出电流是以绝对零度(-273.15℃)为基准的，每增加 1 K，输出电流会增加 1 μA。该器件在温度为 298.2 K(25℃)时，输出电流约为 298.2 μA。其输出电流表达式为

$$I \approx (273 + t)\mu A$$

其中，t 为摄氏温度。故电路中，U_1 处电压为

$$U_1 = (273 + t) \times R_1 = (273 + t)\mu A \times 10\ k\Omega$$

当室温为 0℃时，则 $U_1 = 2.73$ V。A_1 为电压跟随器，$U_2 = U_1$。电路使用运放 A_2 做减法运算，其输出电压为

$$U_o = \frac{100\ k\Omega}{10\ k\Omega} \times (U_1 - U_3)$$

将 R_{P1} 处电压 U_3 调整到 2.73 V，则在 0℃时 U_o 输出 0 V。假设所测温度为 25℃，则输出电压为 2.5 V，即输出电压与温度呈线性正比关系。若将输出电压 U_o 通过 A/D 转换器送入单片机处理，配合数码管或 LCD 显示，就能更加直观地检测到室内温度的变化。

三、调试总结

(1) 使用中可将齐纳二极管作为稳压元件。

(2) 为方便数据处理，调节可调电阻 R_{P1}，使在 0℃时 U_3 处电压为 2.73 V。

(3) 测量 U_o 时，不可分出任何电流，否则测量值会不准。

能力拓展

一、PN 结温度传感器测室内温度

1. PN 结的温度特性

采用不同的掺杂工艺,通过扩散作用将 P 型半导体与 N 型半导体制作在同一块半导体基片上,在它们的交界面形成的空间电荷区称为 PN 结。

PN 结最主要的特性是具有单向导电性,即 PN 结加正向电压时导通,加反向电压时截止。但晶体二极管或三极管 PN 结的结电压也具有随温度变化而变化的特性。例如硅管 PN 结的结电压在温度每升高 1℃时大约下降 -2 mV。因此可以利用这种温度特性来进行温度的测量。图 3-29 是典型的硅材料 PN 结温度特性曲线。

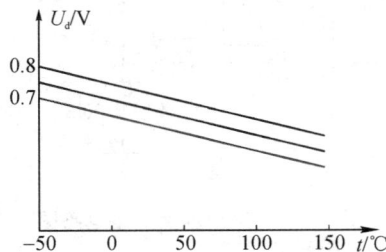

图 3-29 PN 结温度特性曲线

利用 PN 结的温度特性,可以直接采用二极管(例如玻璃封装的硅开关二极管 1N4148)或三极管(可将集电极和基极短接)接成二级形式来做 PN 结温度传感器。

2. PN 结温度传感器的特点

PN 结温度传感器具有较好的线性度、尺寸小、热时间常数小、灵敏度高(约为 -2 mV/℃)等特点,测温范围为 $-50 \sim +150$℃。但相同型号的二极管或三极管相应的特性不同,因此互换性较差。此外,通过 PN 结的电流不宜过大,否则会因为电流过大引起自身温度升高而影响测量精度。

3. PN 结温度传感器测量电路

PN 结温度传感器可作为温度报警电路使用,也可与数字显示表头结合构成数字显示温度测量仪表,还可与单片机组合(须接入 A/D 转换电路)构成温度自动测量与控制系统。

标准大气压下水的沸点为 100℃,冰水混合物的温度为 0℃,因此,PN 结温度传感器在使用时可将 0℃和 100℃两个温度值作为标准温度来标定温度与二极管管压降之间的定量关系,即确定 PN 结温度传感器的测温灵敏度。这一过程中,为了避免二极管两引脚在水中导电影响测量精度,可预先将引脚用绝缘材料封装好后再放入水中。

图 3-30 为 PN 结温度传感器测量电路。

图 3-30　PN 结温度传感器测量电路

测量电路由 PN 结温度传感器、信号调理电路、显示模块等组成。

其中，温度传感器选用硅开关二极管 1N4148。由 R_1、R_2、VD_1、R_{P1} 组成测温电桥，其输出信号接差分放大器 U1A；U1B 接成电压跟随器，与 R_{P2} 配合可调节放大器 U1A 的增益。经过放大后的信号输入数字式万用表（或温度显示仪表）进行显示。

二、数显温度计的设计

AD590 集成温度传感器配以 ICL7106 模数转换电路，即构成 $3\frac{1}{2}$ 位液晶显示数字温度计，如图 3-31 所示。

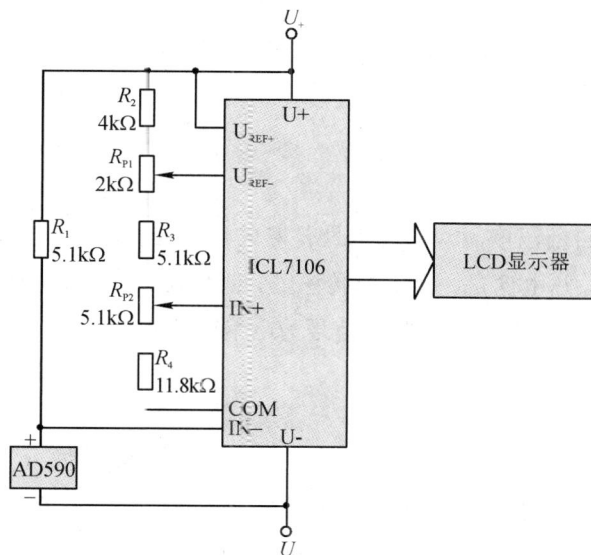

图 3-31　液晶显示数字温度计

图 3-31 中，电位器 R_{P1} 使基准电压 $U_{REF} = 500.0$ mV。校正温度计时，只要选择一只精密水银温度计测得温度，再调整电位器 R_{P2} 使数字温度计显示与被测温度相同即可。受

AD590 的测温范围限制，该温度计测温上限不能超过 150℃。

任务三　烧结炉温度检测

任务描述

　　在陶瓷产品的烧制过程中，温度的控制极其重要。传统的陶瓷烧制需要人工负责整个烧制过程温度的控制，这不仅需要经验的积累，更需要天赋。现代工艺的陶瓷烧制都是靠先进的自动化设备来进行温控的，这些设备通过测量外炉壁的温度来判断炉内温度。陶瓷烧制炉外炉壁的表面温度大概为几十摄氏度到一千摄氏度之间，能否有效地控制陶瓷烧结炉的温度，将会直接影响所烧制的陶瓷的质量和成本，因此需要选择一款合适的热电偶对烧结炉温度进行精确测量，并对所选择的热电偶按照标准的相关要求进行参数分析。

热电偶温度
传感器概述

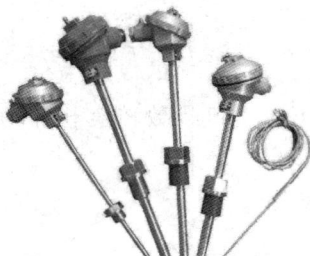

　　常见热电偶传感器外形如图 3-32 所示。

图 3-32　常见热电偶传感器外形图

相关知识

　　热电偶传感器是目前温度测量中使用最普遍的传感元件之一，它可以将温度变化转变成微小的电动势变化。热电偶是一种有源传感器，测量时不需要外加电源，具有结构简单、测量范围宽、准确度高、热惯性小、输出信号为电信号便于远距离传输或信号转换等优点，能用来测量流体、固体的温度。

一、热电效应

　　两种不同导电材料 A 和 B 组成的闭合回路中，当两个接触点温度不相同时，回路中将产生电动势，这一现象就是著名的塞贝克效应，又称为第一热电效应。

　　塞贝克效应发现之后，人们就为它找到了应用场所。利用塞贝克效应，可以制成热电偶传感器来测量温度。只要选用适当的金属作热电偶材料，就可轻易测量到从 -180～+2000℃ 的温度，现在通过采用铂和铂合金制作的热电偶温度计，甚至可以测量高达

+2800℃的温度。

二、热电偶的热电动势

　　热电偶传感器是一种工业上常用的能够直接测量温度的传感器，它可以将温度信号转换成热电动势，通过测量热电动势的大小，实现温度的测量。

　　热电偶是两种不同导体组成的闭合回路，当两个接触点存在温度梯度时，回路中就会有电流通过，两接触点之间存在电动势。热电偶所产生的电动势称为"热电动势"，组成热电偶的导体称为"热电极"。在图3-33热电效应示意图中，热电偶有两个结点：放置于温度为 T 的被测对象处的结点称为测量端，又称为工作端或热端；而放置于参考温度为 T_0 处的另一结点称为参考端，又称为自由端或冷端。

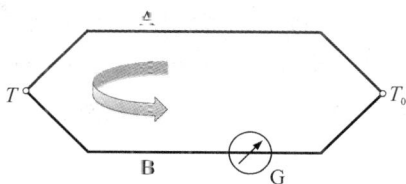

图3-33　热电效应示意图

物理学表明，热电偶热电动势由接触电动势和温差电动势两部分组成。

1. 接触电动势

　　接触电动势是指由两种不同导体 A 和 B 的自由电子密度不同而在接触处形成的电动势。当两种不同的金属材料接触在一起时，由于各自的自由电子密度不相同，在 A 和 B 的接触处会发生自由电子的扩散现象。自由电子从密度大的 A 金属导体向密度小的 B 金属导体扩散。金属 A 失去电子在接触面附近累积正电荷，金属 B 得到电子在接触面附近累积负电荷，从而在接触处便形成了电位差，这个电位差称作接触电动势，又可称为珀尔帖电势。该电动势将阻碍电子的进一步扩散，当电子扩散与电场的阻力平衡时，接触处的电子扩散就达到了动态平衡，接触电动势也就达到了一个稳态值。图3-34为接触电动势形成示意图。

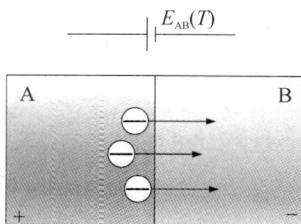

图3-34　接触电动势形成示意图

接触电动势的大小与导体的材料、结点的温度有关。接触电动势可表示为

$$E_{AB}(T) = \frac{kT}{e} \ln \frac{N_A(T)}{N_B(T)} \qquad (3-10)$$

式中，$E_{AB}(T)$ 为导体 A、B 在结点温度 T 时形成的接触电动势；k 为玻尔兹曼常数，$k=1.38 \times 10^{-23}$ J/K；e 为单位电荷，$e=1.6 \times 10^{-19}$ C；$N_A(T)$、$N_B(T)$ 分别为导体 A、B 在温度为 T 时的电子密度。

由此可见，接触电动势的大小与温度高低及导体的自由电子密度有关，而与导体的直径、几何形状、长度等没有关系。温度越高，接触电动势越大；两种导体自由电子密度的比值越大，接触电动势也越大。

2. 温差电动势

对单一金属导体，如果将导体两端分别置于不同的温度场 T、T_0（$T > T_0$）中，在导体内部，热端的自由电子具有较大的动能，将会向冷端移动并在冷端聚积起来，导致热端失去电子带正电，冷端得到电子带负电。这样，在导体两端将会产生一个热端指向冷端的电动势，这一电动势称为温差电动势。该电动势将阻止电子从热端向冷端移动，当此电场对电子的作用力与扩散力相平衡时，达到动态平衡，温差电动势达到稳态值，温差电势的大小与导体材料和导体两端温度差有关。图 3-35 为温差电动势形成示意图。

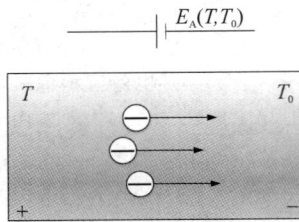

图 3-35　温差电动势形成示意图

温差电动势的大小可表示为

$$E_A(T, T_0) = \int_{T_0}^{T} \sigma_A dT \qquad E_B(T, T_0) = \int_{T_0}^{T} \sigma_B dT \qquad (3-11)$$

式中，$E_A(T, T_0)$、$E_B(T, T_0)$ 分别为导体 A、B 两端温度为 T、T_0 时形成的温差电动势；T、T_0 分别为热端和冷端的温度；σ_A 和 σ_B 为汤姆逊系数（表示导体 A、B 两端温度差为 1℃时所产生的温差电动势）。

由导体材料 A、B 组成的闭合回路，其结点温度分别为 T、T_0（$T > T_0$），则必然存在两个接触电动势和两个温差电动势如图 3-36 所示。

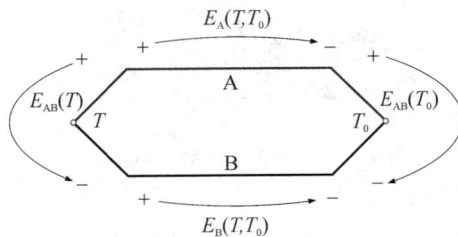

图 3-36　热电偶总电动势

回路总电动势为

$$E_{AB}(T, T_0) = E_{AB}(T) - E_{AB}(T_0) - E_A(T, T_0) + E_B(T, T_0)$$

$$= \frac{kT}{e} \ln \frac{N_A(T)}{N_B(T)} - \frac{kT_0}{e} \ln \frac{N_A(T_0)}{N_B(T_0)} - \int_{T_0}^{T} \sigma_A dT + \int_{T_0}^{T} \sigma_B dT \qquad (3-12)$$

由此可以得出如下结论：

(1) 如果热电偶两电极材料相同，即 $N_A = N_B$，$\sigma_A = \sigma_B$，即使两结点温度不同，热电偶回路的总电动势为零。因此，热电偶必须采用两种不同的材料作为电极。

(2) 如果热电偶两结点温度相同，即使导体材料不同，热电偶回路的总电动势也为零。因此，热电偶的热端和冷端必须处于不同的温度场中。

(3) 当热电偶电极材料确定后，总的热电动势为两结点的温度 T、T_0 的函数。

三、热电偶基本定律

1. 均质导体定律

由一种均质导体组成的闭合回路，不论其导体是否存在温度梯度，回路中也没有电流（即不产生电动势）；反之，回路中如果有电流流动，则此材料一定是非均质的，即热电偶必须采用两种不同材料作为电极。

2. 中间导体定律

一个由几种不同导体材料连接成的闭合回路，只要它们彼此连接的结点温度相同，则此回路各结点产生的热电动势的代数和为零，如图 3-37 所示，是由 A、B、C 三种材料组成的闭合回路，则有

$$E_{总} = E_{AB}(T) + E_{BC}(T) + E_{CA}(T) = 0 \qquad (3-13)$$

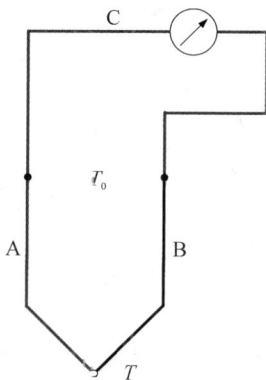

图 3-37 中间导体定律

中间导体定律说明可以在回路中接入电气测量仪表，而且也允许采用任意的方式对热电偶进行焊接。

依据中间导体定律，在热电偶实际测温应用中，常采用热端焊接、冷端开路的形式，冷端经连接导线与显示仪表连接构成测温系统。

3. 中间温度定律

中间温度定律是制定热电偶分度表的理论依据。

热电偶回路两结点(温度分别为 T、T_0)间的热电动势,等于热电偶在温度为 T、T_n 时的热电动势与在温度为 T_n、T_0 时的热电动势的代数和,如图 3-38 所示,即

$$E_{AB}(T,T_0) = E_{AB}(T,T_n) + E_{AB}(T_n,T_0) \qquad (3-14)$$

若 $T_n = 0℃$,则有

$$E_{AB}(T,0) = E_{AB}(T,T_0) + E_{AB}(T_0,0) \qquad (3-15)$$

式中,$E_{AB}(T,0)$、$E_{AB}(T_0,0)$ 分别为热电偶冷端温度为 $0℃$,而热端温度分别为 T、T_0 时的热电动势,可从热电偶分度表中查出。

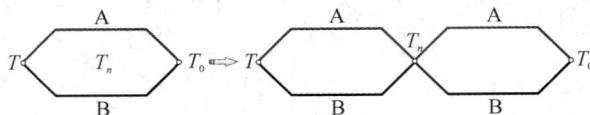

图 3-38 中间温度定律

中间温度定律是工业上运用延长导线进行温度测量的理论基础,也为制定分度表奠定了理论基础。根据该定律,我们可以在冷端温度为任一恒定温度时,利用分度表求出热端的被测温度。

四、热电偶传感器

1. 热电偶传感器的结构

1) 装配型热电偶

图 3-39 为典型工业用热电偶结构示意图,由热电极、绝缘套管、保护套管以及接线盒等部分组成。在实验室使用时,也可以不安装保护套管,以减小热惯性。

图 3-39 工业用热电偶结构示意图

2) 铠装型热电偶

铠装型热电偶是为了适应复杂工况的使用情况而设计的,它是将热电偶的双金属电极装入金属管内,用无机物进行电气隔离的一种热电偶,如图 3-40 所示。铠装型热电偶具有外径细、温度响应快;柔韧性强,可进行一定程度的弯曲;机械性能好,结实可靠、耐振动、耐冲击等优点。

由于铠装型热电偶的热端形状不同,又可分为碰底

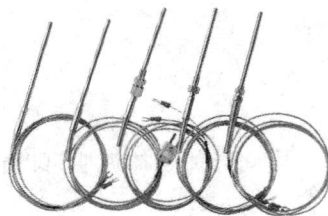

图 3-40 铠装型热电偶

型、不碰底型、露头型和帽型四种形式。

碰底型和不碰底型又称为接壳式，该型铠装型热电偶元件与保护套管顶端接触，具有反应速度快、不适于有干扰的场合等特点。

露头型又称为露端式，该型铠装型热电偶元件从保护套管内伸出，具有反应速度快、便于测量（如发动机排气温度）等特点，但机械强度相对其他测量结构要差。

帽型又称绝缘式，该型铠装型热电偶元件与保护套管顶端不接触，虽然反应速度较接壳式慢，但使用寿命长、抗干扰能力较强。

3）薄膜热电偶

薄膜热电偶是采用真空蒸镀等工艺使两种电极材料沉积在绝缘板上而形成的热电偶，如图 3-41 所示。由于采用蒸镀工艺，其热电极及结点极薄（0.01～0.1 μm），热电偶尺寸也很小。因此结点的热容量小，反应时间非常短。测温时将薄膜热电偶用黏结剂黏结在被测物体表面，薄膜热电偶热损失小、测量准确度高，适宜于

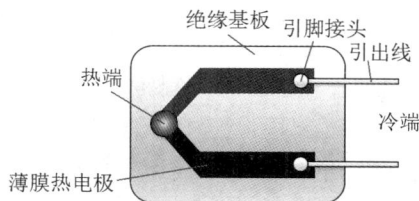

图 3-41　薄膜热电偶结构示意图

微小面积上的温度测量，同时因其响应速度快，故可测量瞬变的表面温度。目前我国试制的薄膜热电偶有铁-镍、铁-康铜和铜-康铜三种，尺寸为 60 mm×6 mm×0.2 mm，绝缘基板用云母、陶瓷片、玻璃基酚醛塑料纸等；测温范围在 300℃ 以下；反应时间仅为几毫秒。

4）快速消耗微型热电偶

快速消耗微型热电偶为一种测量钢水温度的热电偶，它是用直径为 0.05～0.1 mm 的铂铑10-铂铑30 热电偶装在 U 形石英管中，注以高温绝缘水泥，外面再套上保护钢帽制作而成。这种热电偶使用一次就焚化，但它的特点是热惯性小，只要注意它的动态标定，测量精度可达±5～7℃。

2. 热电偶传感器的种类

由于温度测量对热电偶有如下要求：物理性能稳定，热电特性不随时间改变；化学性能稳定，以保证在不同介质中测量时不被腐蚀；热电动势高，导电率高，且电阻温度系数小；便于制造；复现性好，便于成批生产。因此，典型的热电偶采用合金材料制作，分为标准热电偶和非标准化热电偶两大类。

（1）标准热电偶：标准热电偶是指国家标准规定了其热电动势与温度的关系、允许误差，并有统一的标准分度表的热电偶，它有与其配套的显示仪表可供选用。

（2）非标准化热电偶：在使用范围或数量级上均不及标准化热电偶，一般也没有统一的分度表，主要用于某些特殊场合的测量。

目前，国际电工委员会（IEC）推荐了 8 种类型作为标准化热电偶，即 T 型、E 型、J 型、K 型、N 型、B 型、R 型以及 S 型。其中，B 型、R 型、S 型属于贵金属热电偶，T 型、E 型、J 型、K 型以及 N 型属于廉金属热电偶。表 3-10 为 8 种标准热电偶特性表，所列热电偶中，写在前面的热电极为正极，写在后面的热电极为负极。对于每一种热电偶，还制定了相应的分度表，并有相应的线性化集成电路与之对应。所谓分度表，就是热电偶冷端温度为 0℃ 时，反应热电偶热端温度与输出热电动势之间的对应关系的表格。

表 3 - 10　8 种标准热电偶特性表

名称	分度号	测温范围/℃	100℃时的热电动势/100 mV	1000℃时的热电动势/100 mV	特　点
铂铑 30 - 铂铑 6①	B	50～1820	0.033	4.834	熔点高,测温上限高,性能稳定,准确度高,100℃以下热电动势极小,所以可不必考虑冷端温度补偿;价昂,热电动势小,线性差;只适用于高温域的测量
铂铑 13 - 铂	R	-50～1768	0.647	10.506	使用上限较高,准确度高,性能稳定,复现性好;但热电动势较小,不能在金属蒸气和还原性气氛中使用,在高温下连续使用时特性会逐渐变坏,价昂;多用于精密测量
铂铑 10 - 铂	S	-50～1768	0.646	9.587	优点同 R 型;但性能不如 R 型热电偶;长期以来曾经作为国际温标的法定标准热电偶
镍铬-镍硅	K	-270～1370	4.096	41.276	热电动势大,线性好,稳定性好,价廉;但材质较硬,在 1000℃以上长期使用会引起热电动势漂移;多用于工业测量
镍铬硅-镍硅	N	-270～1300	2.744	36.256	是一种新型热电偶,各项性能均比 K 型热电偶好,适宜于工业测量
镍铬-铜镍(康铜)	E	-270～800	6.319	—	热电动势比 K 型热电偶大 50%左右,线性好,价廉;但不能用于还原性气氛;多用于工业测量
铁-铜镍(康铜)	J	-210～760	5.269	—	价格低廉,在还原性气体中较稳定;但纯铁易被腐蚀和氧化;多用于工业测量
铜-铜镍(康铜)	T	-270～400	4.279	—	价廉,加工性能好,离散性小,性能稳定,线性好,准确度高;铜在高温时易被氧化,测温上限低;多用于低温域测量;可作 -200～0℃温域的计量标准

注: ① 铂铑 30 表示该合金含 70%的铂、30%的铑,以下类推。

下面介绍几种特殊用途的热电偶。

① 铱和铱合金热电偶:如铱铑 50 -铱钌 10 热电偶,它能在氧化气氛中测量高达2100℃的高温。

② 钨铼热电偶:20 世纪 60 年代发展起来,是目前一种较好的高温热电偶,可使用在真空惰性气体介质或氢气介质中,但高温抗氧能力差。国产钨铼-钨铼 20 热电偶使用温度范围为 300～2000℃,分度精度为 1%。

③ 金铁-镍铬热电偶:主要用在低温测量,可在 -271.15～0℃范围内使用,灵敏度约

为 10 μV/℃。

④ 钯-铂铱 15 热电偶：是一种高输出性能的热电偶，在 1398℃ 时的热电动势为 47.255 mV，因而可配合灵敏度较低的指示仪表使用，常应用于航空工业。

图 3-42 列出了几种常用热电偶的热电动势与温度之间的关系曲线。由图中可以看出，每一条关系曲线均过原点，也就是在 0℃ 时它们的热电动势均为 0，这是因为绘制热电动势-温度曲线或制定分度表时，总是将冷端置于 0℃ 这一规定环境中。

由图中还可以看出，B 型、R 型、S 型以及 WRe5 - WRe26（钨铼 5 -钨铼 26）等热电偶在 100℃ 的热电动势几乎为零，只适合于高温测量。

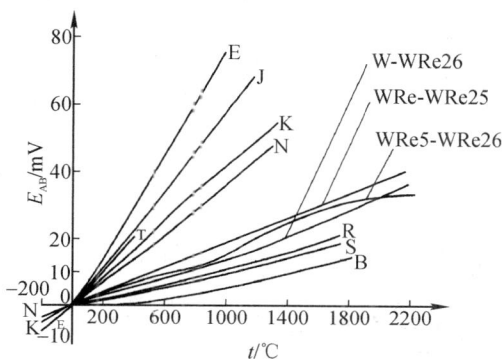

图 3-42 常用热电偶热电动势-温度曲线

3. 热电偶分度表

热电偶的热电动势与温度对应关系通常使用热电偶分度表来进行查询，分度表的编制是在冷端温度为 0℃ 时进行的，根据不同的热电偶类型，分别制成表格形式。利用分度表可以查出 $E_{AB}(t, 0℃)$，即冷端温度为 0℃ 热端温度为 t 时回路的热电动势。

1) S 型热电偶的分度表

S 型热电偶的分度表如表 3-11 所示。

表 3-11 铂铑 10 -铂(S 型)热电偶分度表(ITS - 90)   (冷端温度为 0℃)

温度/℃	0	10	20	30	40	50	60	70	80	90
	热电动势/mV									
0	0.000	0.055	0.113	0.173	0.235	0.299	0.365	0.432	0.502	0.573
100	0.645	0.719	0.795	0.872	0.950	1.029	1.109	1.190	1.273	1.353
200	1.440	1.525	1.611	1.698	1.785	1.873	1.962	2.051	2.141	2.232
300	2.323	2.414	2.506	2.599	2.692	2.786	2.880	2.974	3.069	3.164
400	3.260	3.356	3.452	3.549	3.645	3.743	3.840	3.938	4.036	4.135
500	4.234	4.333	4.432	4.532	4.632	4.732	4.832	4.933	5.034	5.135
600	5.237	5.339	5.442	5.544	5.648	5.751	5.855	5.960	6.065	6.169
700	6.274	6.380	6.486	6.592	6.699	6.805	6.913	7.020	7.128	7.236
800	7.345	7.454	7.653	7.672	7.782	7.892	8.003	8.114	8.255	8.335

续表

温度/℃	0	10	20	30	40	50	60	70	80	90
	热电动势/mV									
900	8.448	8.560	8.673	8.786	8.899	9.012	9.126	9.240	9.355	9.470
1000	9.585	9.700	9.816	9.932	10.048	10.165	10.282	10.400	10.517	10.635
1100	10.754	10.872	10.991	11.110	11.229	11.348	11.467	11.587	11.707	11.827
1200	11.947	12.067	12.188	12.308	12.429	12.550	12.671	12.792	12.912	13.034
1300	13.155	13.276	13.397	13.519	13.640	13.761	13.883	14.004	14.125	14.247
1400	14.368	14.489	14.610	14.731	14.852	14.973	15.094	15.215	15.336	15.456
1500	15.576	15.697	15.817	15.937	16.057	16.176	16.296	16.415	16.534	16.653
1600	16.771	16.890	17.008	17.125	17.243	17.360	17.477	17.594	17.711	17.826
1700	17.942	18.056	18.170	18.282	18.394	18.504	18.612	—	—	—

2) K 型热电偶的分度表

K 型热电偶的分度表如表 3-12 所示。

表 3-12　镍铬-镍硅(K 型)热电偶分度表(ITS-90) （冷端温度为 0℃）

温度/℃	0	−10	−20	−30	−40	−50	−60	−70	−80	−90
	热电动势/mV									
−200	−5.8914	−6.0346	−6.1584	−6.2618	−6.3438	−6.4036	−6.4411	−6.4577		
−100	−3.5536	−3.8523	−4.1382	−4.4106	−4.6690	−4.9127	−5.1412	−5.3540	−5.5503	−5.7297
0	0	−0.3919	−0.7775	−1.1561	−1.5269	−1.8894	−2.2428	−2.5866	−2.9201	−3.2427

温度/℃	0	10	20	30	40	50	60	70	80	90
	热电动势/mV									
0	0	0.3969	0.7981	1.2033	1.6118	2.0231	2.4365	2.8512	3.2666	3.6819
100	4.0962	4.5091	4.9199	5.3284	5.7345	6.1383	6.5402	6.9406	7.3400	7.7391
200	8.1385	8.5386	8.9399	9.3427	9.7472	10.1534	10.5613	10.9709	11.3821	11.7947
300	12.2086	12.6236	13.0396	13.4566	13.8745	14.2931	14.7126	15.1327	15.5536	15.9750
400	16.3971	16.8198	17.2431	17.6669	18.0911	18.5158	18.9409	19.3663	19.7921	20.2181
500	20.6443	21.0706	21.4971	21.9236	22.3500	22.7764	23.2027	23.6288	24.0547	24.4802
600	24.9055	25.3303	25.7547	26.1786	26.6020	27.0249	27.4471	27.8686	28.2895	28.7096
700	29.1290	29.5476	29.9653	30.3822	30.7983	31.2135	31.6277	32.0410	32.4534	32.8649
800	33.2754	33.6849	34.0934	34.5010	34.9075	35.3131	35.7177	36.1212	36.5238	39.9254

4. 热电极的材料要求

任何两种导体(或半导体)都可制成热电偶,当两个结点温度不同时就能产生热电动势,但是作为实用测温传感器,并非所有材料都适合于制作热电偶,对热电极的材料的基本要求是:

（1）热电特性稳定，即热电动势与温度的对应关系不会发生变动；

（2）在相同的温差下，产生的热电动势要足够大；

（3）热电动势与温度为单值关系，最好成线性关系或简单的函数关系；

（4）熔点要足够高，物理、化学性能稳定；

（5）有良好的导电性和抗氧化性能；

（6）机械强度高，复现性好。

五、热电偶的冷端延长

实际测温时，由于热电偶长度有限，热端温度将直接受到被测物体温度和周围环境温度的影响。例如，热电偶安装在电炉壁上，而冷端放置于接线盒内，电炉壁周围温度不稳定，波及接线盒内的冷端，造成测量误差。虽然可以将热电偶做得非常长，但这将提高测量系统的成本，是非常不经济的。工业上一般采用补偿导线延长热电偶的冷端，使之远离高温区。

补偿导线测温电路如图 3-43 所示。补偿导线（A′、B′）是两种不同材料并且相对比较便宜的金属（多为铜与铜的合金）导体。它们的自由电子密度之比与所配接型号的热电偶两个电极自由电子密度之比相等，所以补偿导线在一定的环境温度范围内（比如 0～100℃）与所配接的热电偶具有相同的灵敏度，也就是具有相同的温度-热电动势关系。

$$E_{A'B'}(t,t_o) = E_{AB}(t,t_o) \tag{3-16}$$

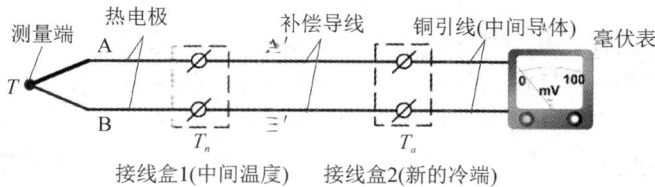

图 3-43 补偿导线测温电路接线图

使用补偿导线有以下几点好处：

（1）它将冷端从温度波动区（接线盒 1）延长到温度相对稳定区（接线盒 2），使指示仪表的示值（即毫伏数）变得稳定起来；

（2）购买补偿导线比使用相同长度的热电极（A、B）便宜许多，可以节约大量贵金属；

（3）补偿导线多是用铜及铜的合金制作，所以单位长度的直流电阻比直接使用很长的热电极小得多，可以减小测量误差；

（4）由于补偿导线通常用塑料（聚氯乙烯或聚四氟乙烯）作为绝缘层，自身材料又为比较柔软的铜合金多股导线，所以易弯曲，便于敷设。

然而必须指出的是，使用补偿导线仅仅能延长热电偶的冷端，虽然总的热电动势在多数情况下会比不用补偿导线时有所提高，但从本质上看，这是因为使冷端远离高温区、冷端和热端的温度差变大的缘故，而并不是因为温度补偿引起的，所以将其称作"补偿导线"仅仅只是一种习惯用语。

使用补偿导线的时候，必须注意以下四个问题：

（1）两根补偿导线与热电偶的两个热电极的接点必须具有相同的温度；

（2）各种补偿导线只能与相对应型号的热电偶配用；

（3）必须在规定的温度范围内使用；

（4）使用时极性切勿接反。

表 3-13 列出了常用热电偶补偿导线。

表 3-13　常用热电偶补偿导线

补偿导线型号	配用热电偶	补偿导线材料		补偿导线绝缘层颜色	
		正极	负极	正极	负极
SC	S	铜	铜镍合金	红色	绿色
KC	K	铜	铜镍合金	红色	蓝色
KX	K	镍铬合金	铜硅合金	红色	黑色
EX	E	镍硅合金	铜硅合金	红色	棕色
JX	J	铁	铜镍合金	红色	紫色
TX	T	铜	铜镍合金	红色	白色

六、热电偶的冷端补偿

由热电偶测温原理可知，热电偶的输出电动势是热电偶两节点温度 t 和 t_0 差值的函数。当冷端温度 t_0 不变时，热电动势与热端温度成单值函数关系。而热电偶分度表是以冷端温度为 0℃ 时作出的，因此用热电偶进行温度测量时，如果要直接应用分度表，就必须满足冷端温度 $t_0＝0℃$ 的条件。但是在实际测温中，冷端温度常随环境温度而变化，这样 t_0 不但不为 0℃，而且也不恒定，因此将会产生误差。一般情况下，冷端的温度都高于 0℃，所以测量出的热电动势总是偏小。为此，必须采取一些相应的措施进行补偿或修正，以消除冷端温度变化和不为 0℃ 所产生的影响。常用的方法有以下几种：

1. 冰点槽补偿法

将热电偶的冷端置于冰水混合物容器里，使 $t_0＝0℃$，如图 3-44 所示。这种方法适用于实验室中的精确测量和检定热电偶。为了避免冰水导电引起两个结点短路，必须把结点分别置于两个玻璃试管里，浸入同一冰点槽，使相互绝缘。

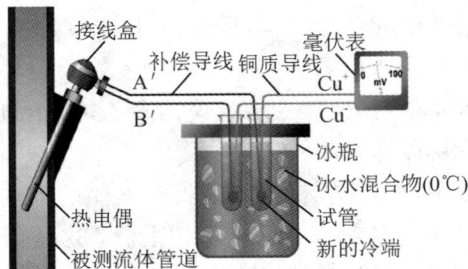

图 3-44　冰点槽补偿法

2. 计算修正法

当热电偶的冷端温度 $t_0 \neq 0℃$ 时，由于热端与冷端的温度差随冷端温度的变化而变化，所以测得的热电动势 $E_{AB}(t,t_0)$ 与冷端温度为 0℃ 时所测得的热电动势 $E_{AB}(t,0℃)$ 不相等。如果冷端温度高于 0℃，那么 $E_{AB}(t,t_0) < E_{AB}(t,0℃)$。可利用下式计算并修正测量误差：

$$E_{AB}(t,0℃) = E_{AB}(t,t_0) + E_{AB}(t_0,0℃) \qquad (3-17)$$

式中，$E_{AB}(t,t_0)$ 是用毫伏表直接测得的热电动势毫伏数。修正时，先测出冷端温度 t_0，然后从该热电偶分度表中查出 $E_{AB}(t_0,0℃)$（该值相当于损失掉的热电动势），并将其加到所测得的 $E_{AB}(t,t_0)$ 上。根据式(3-8)求出 $E_{AB}(t,0℃)$（该值是已得到补偿的热电动势），根据此值再在分度表中查出相应的温度值，即为热端的真实温度。计算修正法共需要查两次分度表。如果冷端温度低于 0℃，由于查出的 $E_{AB}(t_0,0℃)$ 为负值，所以仍可用公式(3-17)进行计算修正。

例 3-1　镍铬-镍硅（K 型）热电偶测炉温时，其冷端温度 $t_0 = 30℃$，在直流毫伏表上测得的热电动势 $E_{AB}(t,30℃) = 38.505\,\mathrm{mV}$，试求炉温为多少。

解　查 K 型热电偶分度表，得到 $E_{AB}(30℃,0℃) = 1.203\,\mathrm{mV}$。根据公式(3-8)可得

$$E_{AB}(t,0℃) = E_{AB}(t,30℃) + E_{AB}(30℃,0℃)$$
$$= 38.505\,\mathrm{mV} + 1.203\,\mathrm{mV} = 39.708\,\mathrm{mV}$$

再次查表，求得 $t = 960℃$。

需要注意的是，计算修正法适用于热电偶冷端温度较恒定的情况。在智能化仪表中，查表及运算过程均可由计算机完成。

3. 补正系数法

将冷端实际温度 t_0 乘以系数 k，叠加到由毫伏表直接测得的热电动势毫伏数 $E_{AB}(t,t_0)$ 上，即为被测温度 t：

$$t = t' + kt_0 \qquad (3-13)$$

式中，t 为热端温度；t' 为毫伏表直接测得的热电动势毫伏数 $E_{AB}(t,t_0)$ 在分度表上对应的温度；t_0 为室温；k 为补正系数，具体见表 3-14。

例 3-2　用 S 型热电偶进行测温，已知冷端温度 t_0 为 35℃，用毫伏表测得热电动势为 11.348 mV。根据 S 型热电偶的分度表，可以得到 11.348 mV 对应的温度 $t' = 1150℃$。再从表 3-14 中查出 1150℃ 对应的补正系数 $k = 0.53$。于是可得被测温度为

$$T = 1150℃ + 0.53 \times 35℃ = 1168.3℃$$

用补正系数法进行冷端温度补偿稍微简单一些，但是与计算修正法相比误差可能大一些，但误差不会大于 0.14%。

表 3-14　热电偶补正系数表

温度 $t'/℃$	补正系数 k	
	铂铑10-铂(S)	镍铬-镍硅(K)
100	0.82	1.00
200	0.72	1.00
300	0.69	0.98
400	0.66	0.98
500	0.63	1.00

续表

温度 $t'/℃$	补正系数 k	
	铂铑 10 -铂(S)	镍铬-镍硅(K)
600	0.62	0.96
700	0.60	1.00
800	0.59	1.00
900	0.56	1.00
1000	0.55	1.07
1100	0.53	1.11
1200	0.53	—
1300	0.52	—
1400	0.52	—
1500	0.53	—
1600	0.53	—

4.补偿电桥法

补偿电桥法是利用不平衡电桥产生的电动势,来补偿热电偶因冷端温度变化而引起的总电动势的变化,它是一种能够随冷端温度变化而自动补偿的方法。这种装置称为冷端温度补偿器,如图 3 - 45 所示。

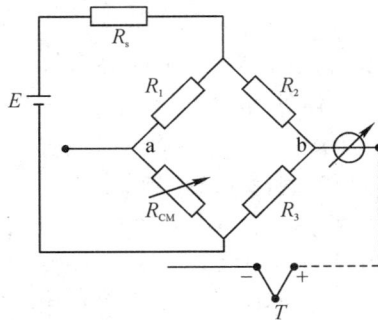

图 3 - 45   热电偶冷端温度补偿电桥

将热电偶冷端与电桥置于相同环境温度中,电桥的输出端串接在热电偶回路中。桥臂电阻 R_1、R_2、R_3 和限流电阻 R_s 均用锰铜丝绕制,其电阻温度系数很小(即阻值几乎不随温度变化),其中 $R_1 = R_2 = R_3 = 1\ \Omega$;另一桥臂电阻 R_{CM} 为由电阻温度系数较大的镍丝绕制的补偿电阻,其阻值随温度的升高而增大;电桥由直流稳压电源供电。

在某一温度下,电桥处于平衡状态,输出为 0,则该温度称为电桥平衡点温度或补偿温度。当环境温度发生变化时,冷端温度随之变化,热电偶的电动势将发生变化(ΔE_1),同时,补偿电阻 R_{CM} 的阻值也随环境温度发生变化,电桥失去平衡,产生一不平衡电压 ΔE_2,由于环境温度变化带来电动势总的变化量为 $\Delta E = \Delta E_1 + \Delta E_2$,若设计 ΔE_2 与 ΔE_1 的数值相等而极性相反,则热电偶的输出电动势的大小将不随冷端温度变化而变化。相当于将冷端的变化产生的对热电动势的影响被补偿电桥所补偿。在使用补偿电桥时应注意以下几点：第一，不同分度号的热电偶要配用与热电偶同型号的补偿电桥，因为不同的热电偶热电特性相同，所以相应补偿电桥的补偿特性也略有不同；第二，补偿电桥与热电偶、电源、测量仪表连接时，要注意正负极性，不可接反；第三，补偿电桥需要在规定的范围内使用，一般为 0～40℃。

5. 机械仪表零点调整法

当热电偶与动圈式仪表配套使用时，若热电偶的冷端温度比较恒定，对测量准确度要求又不太高的时候，可将动圈仪表的机械零点调整至热电偶冷端所处的 t_0 处，这相当于在输入热电偶的热电动势前就给仪表输入一个热电动势 $E_{AB}(t_0, 0℃)$。这样，仪表在使用时所指示的值约为 $E_{AB}(t, t_0) + E_{AB}(t_0, 0℃)$。

进行仪表机械零点调整时，首先必须将仪表的电源及输入信号切断，然后用螺钉旋具调节仪表面板上的螺钉，使指针指到 t_0 的刻度上。当环境温度发生变化时，应及时修正指针的位置。此法虽有一定的误差，但非常简便，在动圈仪表上经常使用。

6. 集成温度传感器补偿法

在计算修正法中，首先必须测出冷端温度 t_0，才有可能按公式进行计算修正。传统的电桥补偿电路体积大，使用也不够方便，需要调整电路的元件值。现在普遍使用半导体集成温度传感或热电偶冷端温度补偿专用芯片来进行补偿，具有体积小、集成度高、准确度高、响应速度快、外围电路简单、线性好、输出信号大、不需要进行温度标定和热容量小等优点。

适合冷端温度补偿用的模拟式集成温度传感器典型产品有 AD592、LM334、TMP35、LM315 等，补偿专用芯片的典型产品有 MAX6674、MAX6675、AC1226、AD594/595、AD596/597 等型号。此类芯片不仅性能好、功能强，而且使用非常简便，配用二次仪表还可直接读出结果，有些还具有智能化的特点，可以消除由热电偶非线性造成的测量误差。

▣ 任务实施

一、热电偶传感器的选型

1. 选型依据

1）测量精度及测温范围

测量温度高于 1800℃时，通常选用钨铼热电偶；测量温度在 1300～1800℃ 之间，要求精度又比较高时，一般选用 B 型热电偶；测量温度在 1000～1300℃ 之间，要求精度又比较高，可用 S 型热电偶和 N 型热电偶；测量温度在 1000℃ 以下，一般用 K 型热电偶和 N 型热电偶；低于 400℃ 一般用 E 型热电偶；0～250℃ 之间，测量一般用 T 型热电偶，在低温时 T 型热电偶性能稳定且测量精度高。

2）耐久性及热响应时间

通常线径大的热电偶耐久性好，但是热电偶热响应时间就会相应延长。对于热容量大的热电偶，响应较慢，测量梯度大的温度时，控温效果较差。如果对耐久性和热响应时间有较高的要求，一般选用铠装式热电偶，其具有安装简单、精度高、测量范围大、经济效益好等众多优点。

3）使用环境

一般而言，B 型、S 型、K 型热电偶适合用于强的氧化气氛以及弱的还原气氛中，J 型和 T 型热电偶适合用于弱氧化气氛和还原气氛中。但是如果热电偶保护套管密封性能比较好，则对此方面要求不太高。

4）测量介质的情况

介质若腐蚀性较强，或是运动的、振动的、高压容器环境中的、防爆场所使用的、测温要求机械强度高的、要求耐磨的等等，则在热电偶选型时都应该给予充分考虑。

5）防爆等级

防爆设备定义：在规定条件下不会引起周围爆炸性环境点燃的电气设备。防爆设备分 Ⅰ类和 Ⅱ类两大类：Ⅰ类，煤矿、井下电气设备；Ⅱ类，除煤矿、井下之外的所有其他爆炸性气体环境中使用的电气设备。Ⅱ类又可分为 ⅡA 类、ⅡB 类和 ⅡC 类，标志 ⅡB 类的设备可适用于 ⅡA 设备的使用条件；标志 ⅡC 类等设备可适用于 ⅡA、ⅡB 设备的使用条件。但 ⅡC 标志是较高的防爆等级，并不代表该设备性能最好。

2. 参数分析及选型

在陶瓷产品的烧制过程中，温度的控制极其重要。现代工艺的陶瓷烧制靠先进的自动化设备来进行控温，这些设备通过测量外炉壁的温度来判断炉内温度。陶瓷烧制炉外炉壁的表面温度大概为几十摄氏度到一千摄氏度之间。根据陶瓷烧结炉外炉壁的特点，表 3-15 列出测量其表面温度对热电偶传感器选型的要求。

表 3-15　热电偶选型要求表

序号	选型依据	性能要求
1	测量环境条件：正常的室温大气环境条件，属于一种氧化环境	工作环境：氧化环境 温度：0~40℃ 相对湿度：≤98% 大气压力：80~116kPa
2	测量温度范围：几十摄氏度到一千摄氏度之间	量程：0~1000℃
3	精度和响应时间要求都不是非常高	精度：$\pm2.5℃$ 或 $\pm0.85\%|t|$ 响应时间：$t_{0.5}<300$ s

根据上述要求进行分析并查阅相关资料，确定选型的热电偶为 WRN-122。WRN-122 镍铬-镍硅 K 型热电偶的测量温度范围为 0~1100℃，允许误差为 $\pm2.5℃$ 或 $\pm0.75\%|t|$，并且作为廉金属热电偶，价格便宜，适合用于强的氧化气氛以及还原气氛中，该热电偶性能特点符合陶瓷烧结炉外炉壁的测温要求。WRN-122 的具体参数如表 3-16 所示。

表 3-16　WRN-122 参数列表

参　数	指　标
量程	测量范围：0～1100℃
工作环境条件	适合在强的氧化气氛和弱的还原气氛环境中使用
精度	允许误差：±2.5℃或±0.75%$|t|$
接线盒类型	防溅式接线盒
常温绝缘电阻	100 MΩ·m
上限温度绝缘电阻	0.02 MΩ
热电动势稳定性	±2.5℃或±0.75%t_{max}
响应时间	热响应时间：$t_{0.5}<240$ s
热电偶公称压力	常压
其他参数	WRN-122 为镍铬-镍硅型无固定装置式 $\phi16$ mm 高铝质管

二、应用实例

1. 电路设计

选用合适的热电偶测量烧结炉温，其电路如图 3-46 所示。

2. 原理分析

测量时将热电偶热端接触陶瓷烧结炉外炉壁，冷端通过补偿导线与测量仪表的输入铜导线相连，插入绝缘油中确保冷端温度为 0℃，通过测量仪表测得热电动势，即可确定烧结炉的实际温度。

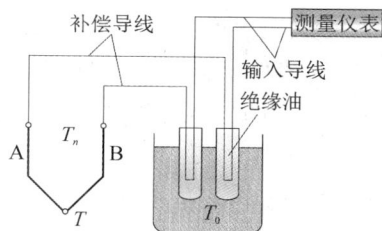

图 3-46　热电偶测温电路示意图

三、调试总结

（1）热电偶需定期校验，以确保其测温精度。校验的方法是用标准热电偶与被校验热电偶安装在同一校验炉中进行对比，误差若超过允许值则为不合格。

（2）热电偶测温过程中产生误差的原因还可能是由于热电偶长期处于高温环境下，已氧化变质或者测量仪表精度不高等。

（3）使用补偿导线要根据所使用的热电偶种类以及使用场合进行正确选择。并且由于热电偶的信号很小（微伏级），如果补偿导线长度过大，信号的衰减和环境中强电的干扰耦合，会使热电偶的信号失真，带来测量误差，所以一般情况下补偿导线的长度需控制在 15 米以内。

能力拓展

一、热电偶相关技术标准

热电偶作为一种成熟的传感器，根据不同的类型或行业应用已经制定了多项标准。不同标准对热电偶选型和应用制定了一些具体的指标和要求。在热电偶实际选型和应用过程中，首先根据实际应用需求，选择满足需求且性价比高的热电偶；其次所选择的热电偶必须符合实际应用的国家标准、行业标准以及企业标准的指标和要求。

现列出部分热电偶的相关技术标准：

GB 26786—2011《工业热电偶和热电阻隔爆技术条件》

GB/T 4990—2010《热电偶用补偿导线合金丝》

GB/T 1598—2010《铂铑10 -铂热电偶丝、铂铑13 -铂热电偶丝、铂铑30 -铂铑热电偶丝》

GB/T 2904—2010《镍铬-金铁、铜-金铁低温热电偶丝》

GB/T 2614—2010《镍铬-镍硅热电偶丝》

GB/T 4993—2010《镍铬-铜镍（康铜）热电偶丝》

GB/T 18034—2000《微型热电偶用铂铑细偶丝规范》

GB/T 17615—1998《镍铬硅-镍硅镁热电偶丝》

GB/T 2903—1998《铜-铜镍（康铜）热电偶丝》

GB/T 4994—1998《铁-铜镍（康铜）热电偶丝》

GB/T 16839.1—1997《热电偶 第 1 部分：分度表》

GB/T 16839.2—1997《热电偶 第 2 部分：允差》

GB/T 4989—1994《热电偶用补偿导线》

下面为 JB/T9283—1999《工业热电偶技术条件》部分节选，该标准从测量范围、工作环境条件、允许误差、常温绝缘电阻、上限温度绝缘电阻、热电动势稳定性以及热响应时间等方面对热电偶的选型制作进行了约定。

4 技术要求

4.1 外观

热电偶的外观应符合下列要求：

a.热电极测量端的焊接应光滑、牢固、无气孔和夹灰等缺陷，无残留助焊剂等污物；

b.各部分的装配正确，连接可靠，零件无损缺；

c.无断路、短路；

d.保护管内无残留污物及金属废弃；

e.在恰当部位正确地标明极性；

f.外表涂层均匀、牢固；

g.无显著锈蚀和凹痕、划痕。

4.2 允差

热电偶的允差应符合 GB/T 16839.2—1997 的规定。

注：

1.均差等级为 1 级的 S 型和 T 型热电偶，其热电极参比端温度应为 0℃。

2.对于带有不可拆卸的补偿导线的热电偶，其热电极-补偿导线组件应符合本规定。

4.3 绝缘电阻

4.3.1 常温绝缘电阻

热电偶的常温绝缘电阻应符合以下规定：

a.对于长度超过 1 m 的热电偶，它的常温绝缘电阻值与其长度的乘积不应小于 100 MΩ·m，即

$$R_r \cdot L \geqslant 100 \text{ M} \cdot \text{m } L > 1 \text{ m}(1)$$

式中，R_r 为热电偶的常温绝缘电阻值，单位为 MΩ；L 为热电偶的长度，单位为 m。

b. 对于长度等于或不足 1 m 的热电偶，它的常温绝缘电阻值应不小于 100 MΩ。

4.3.2　上限温度绝缘电阻

热电偶的上限温度绝缘电阻值应不小于表 1 规定。

表 1

上限温度 t_m/℃	试验温度 t/℃	电阻值/MΩ
$100 \leqslant t_m < 300$	$t = t_m$	10
$300 \leqslant t_m < 500$	$t = t_m$	2
$500 \leqslant t_m < 850$	$t = t_m$	0.5
$850 \leqslant t_m < 1000$	$t = t_m$	0.08
$1000 \leqslant t_m < 1300$	$t = t_m$	0.02
$t_m \geqslant 1300$	$t = 1300$	0.02

4.4　热电动势稳定性

热电偶(允差等级为 Ⅲ 级的 T、E、K 型除外)应置于制造厂规定的上限温度维持 250 h，试验前后最高检测温度点热电动势的变化量(换算成温度的变化量)应不超过表 2 规定。

表 2

热电偶代号	允差等级		
	Ⅰ	Ⅱ	Ⅲ
S	1℃ 或 $[1+(t_{max}-1100) \times 0.003]$℃	1.5℃ 或 $0.25\% t_{max}$	—
B	—	1.5℃ 或 $0.25\% t_{max}$	4℃ 或 $0.5\% t_{max}$
T	0.5℃ 或 $0.4\% t_{max}$	1℃ 或 $0.75\% t_{max}$	—
J、E、K	1.5℃ 或 $0.4\% t_{max}$	2.5℃ 或 $0.75\% t_{max}$	—

注：t_{max}——最高检验温度点，℃ 在同栏给出的两个允许值中取其中较大值。

4.5　运输基本环境条件

热电偶应能经受 JB/T 9329 规定的碰撞和自由跌落试验。

4.6　热响应时间

热电偶的热响应时间应符合制造厂在使用说明书中提供的数值。

二、基于 AD592 的热电偶冷端温度补偿电路设计

AD592 是美国模拟器件公司(ADI)推出的一款电流式模拟集成温度传感器，具有外围

电路简单、输出阻抗高、互换性强、长期稳定性好等优点,其主要性能指标如下:温度测量范围为-25~105℃;测量精度最高可达0.3℃;灵敏度为1 μA/℃;工作电压范围+4~+30 V。

K型热电偶在常温[(10~±20)℃]时的输出特性可看作线性关系,温度系数约为40.44 μA/℃。因此,要对K型热电偶进行冷端温度补偿,可采用另外一个温度传感器测量冷端的温度。此传感器产生0℃的电压与K型热电偶温度系数产生的热电动势相当,利用相反极性进行补偿。

图3-47为AD592构成的热电偶冷端温度补偿电路图,AD592对冷端温度进行测量,在补偿温度范围内,产生的电压与K型热电偶温度系数产生的热电动势相当。只要对AD592提供+4~+30 V的工作电压,就可获得与绝对温度成比例的输出电压。

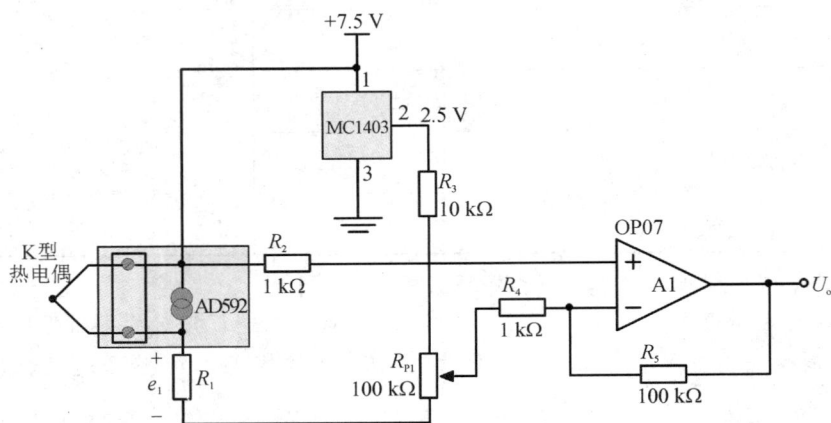

图3-47 热电偶冷端温度补偿电路

图中基准电阻R_1把AD592的输出电压电流转换成电压e_1,其极性为上端+,下端-,AD592在0℃时输出电流为273.2 μA,因此环境温度为T时,用电位器R_P调节R_1两端的电压,使

$$e_1 = -(1 \text{ μA/K}) R_1 T$$

如果取$R_1 = 40.44 \text{ }\Omega$,可实现冷端温度的完全补偿,使总热电动势不再随环境温度变化而变化。图中,R_4和R_5用来调节输出电压灵敏度。

任务四 红外测温

任务描述

在日常生活中,许多场合都要对人体温度进行测量,传统的水银温度计是典型的接触式温度传感器,因价格便宜、使用方便、测量准确等优点得到了广泛的应用。然而由于金属汞对人体与自然环境有着极大的危害,医疗无汞化逐渐成为国际医疗发展的方向。红外辐射温度计是基于红外辐

红外温度传感器概述

射测温的原理实现温度的测量，具有不被测温度场干扰、不影响温度场分布；不与被测对象接触，因而在测量体温时不会造成交叉感染；测量速度快，可进行动态测量；测温范围宽等优点而逐渐取代传统水银温度计。

相关知识

一、红外辐射

在自然界中，一切温度高于绝对零度（-273℃）的物体都在不停地向周围空间发出红外辐射。物体的红外辐射能量大小及其波长分布，与它的表面温度有着十分密切的关系。例如，人体温度约为37℃，红外辐射波长为9～10 μm（远红外区）；400～700℃的物体红外辐射波长为3～5 μm（中红外区）。物体的红外辐射俗称红外线，属于不可见光谱范畴。因此，通过将对物体发射的红外线的辐射能转变成电信号，便能准确地对它的表面温度进行测量。

红外线波长较可见光中红光长，其波长范围大约在0.73～1000 μm 的频谱范围之内。相对应的频率大致在（4×10^{14}）～（$3\times10^{-}$）Hz之间。一般将红外辐射分成四个区域，即近红外区（0.73～1.5 μm）、中红外区（1.5～10 μm）、远红外区（10～300 μm）以及远红外区（300 μm以上），这里的远近指红外辐射在电磁波谱中与可见光的距离。

辐射的物理本质是热辐射。物体的温度越高，辐射出的红外线越多，红外辐射的能量也就越强。温度较低时，辐射的是不可见的红外光，随着温度升高，短波长的光开始丰富起来。温度上升到500℃时，开始辐射一部分暗红色的光。500～1500℃，辐射光颜色逐渐从红色→橙色→黄色→蓝色→白色，即在1500℃时的红外辐射中已经包含了从几十 μm 至0.4 μm 甚至更短波长的连续光谱。若温度再继续升高，达到5500℃时，辐射光谱的上限已超过蓝光、紫光，进入紫外线区域。而研究表明，太阳光谱各种单色光的热效应从紫色到红色是逐渐增大的，且最大热效应出现在红外辐射的频率范围内，因此红外辐射又称为热辐射。红外辐射和所有电磁波一样，是以波的形式在空间中直线传播的。它在真空中的传播速度与光在真空中的传播速度相同，为 3×10^8 m/s。

红外辐射在大气中传播时，由于大气中的气体分子、水蒸气以及固体微粒、尘埃等物质的散射、吸收作用，使辐射在传输过程中逐渐衰减。仅在2～2.6 μm、3～5 μm、8～14 μm 三个波段能较好地穿透大气层。因此这三个波段称为"大气窗口"，一般红外传感器都工作在这三个波段。

二、红外辐射技术的应用

红外辐射的主要应用有红外探测器、红外测温仪、红外成像技术、红外无损检测，以及在军事上的红外侦察、红外雷达等。在工业上最主要的应用就是红外探测器、红外测温仪和红外热像仪。

1. 红外探测器

红外探测器是能将红外辐射转换成电信号变化的装置，是对于红外辐射的主要应用之一，红外技术发展的先导是红外探测器的发展。红外探测器按照其工作原理可分为红外热敏探测器和红外光电探测器两大类。

1）红外热敏探测器

红外热敏探测器是利用红外辐射的热效应制成的，探测器的敏感元件为热敏元件，它吸收辐射后引起温度升高，进而使有关物理参数发生相应变化，通过测量物理参数的变化，便可确定探测器所吸收的红外辐射。

红外热敏探测器主要有热释电型、热敏电阻型、热电阻型以及气体型四种。其中热释电型探测器应用最为广泛，它是根据热释电效应制成的，一些晶体受热时，在晶体表面产生电荷的现象称为热释电效应。

2）红外光电探测器

红外光电探测器又称光子探测器，其利用了光子效应。入射红外辐射的光子流与探测器材料中的电子相互作用，改变电子的能量状态，引起各种电学现象即为光子效应。常用的光子效应有光电效应、光电磁效应、光导效应。通过测量材料电子性质的变化，可以得到红外辐射的强弱。常用的红外光敏元件有 PbS 和 ZnSb 两种。

PbS 红外光敏元件对近红外光到 $3\ \mu m$ 红外光有较高灵敏度，可在室温下工作。当红外光照射在元件上时，因光导效应，其阻值发生变化，从而引起元件两电极间电压发生变化。

ZnSb 红外光敏元件是将杂质 Zn 等用扩散法渗入 N 型半导体中形成 P 层构成 PN 结，再引出引出线制成。当红外光照射在 ZnSb 红外光敏元件的 PN 结上的时候，因光生伏特效应，在 ZnSb 红外光敏元件两端产生电动势，该电动势的大小与光照强度成比例。ZnSb 红外光敏元件灵敏度高于 PbS 红外光敏元件，可在室温以及低温下工作。

红外热敏探测器与红外光电探测器对比，在测量时有以下几点区别：

(1) 红外热敏探测器对各种波长都能响应，红外光电探测器只对一段波长区间有响应；

(2) 红外热敏探测器不需要冷却，红外光电探测器需要冷却；

(3) 红外热敏探测器响应时间长；

(4) 红外光电探测器容易实现规格化。

2. 红外测温仪

温度在绝对零度以上的物体，都会因自身的分子运动而辐射出红外线。通过红外探测器将物体辐射的功率信号转换成电信号后，成像装置的输出信号就可以完全一一对应地模拟扫描物体表面温度的空间分布，经电子系统处理，传至显示屏上，得到与物体表面热分布相应的热像图。运用这一方法，便能对目标进行远距离热状态图像成像和测温。

3. 红外热像仪

红外热像仪是利用红外探测器、光学成像物镜和光机扫描系统(先进的焦平面技术则省去了光机扫描系统)接受被测目标的红外辐射能量分布图形反映到红外探测器的光敏元件上，在光学系统和红外探测器之间，有一个光机扫描机构(焦平面热像仪无此机构)对被测物体的红外热像进行扫描，并聚焦在单元或分光探测器上，由探测器将红外辐射能转换成电信号，经信号放大处理、转换成标准视频信号通过电视屏或监测器显示红外热像图。这种热像图与物体表面的热分布场相对应。

红外测温仪和红外热像仪也被广泛应用于电厂、钢厂、大型机床以及电力巡检、森林防火等多个领域。

三、红外辐射传感器的特点

任何物体只要温度高于绝对零度，因其内部带电粒子的运动，便会以一定波长电磁波的形式向外辐射能量，在低温段的辐射能量较弱，在高温段的辐射能量较强。红外辐射测温传感器就是利用物体辐射的能量随温度变化而变化的原理制成的。红外辐射传感器是一种非接触式传感器，是将红外辐射的能量转换成电能的光电器件。日常生活中最常见的红外辐射传感器就是红外辐射温度计，如图 3 - 48 所示。

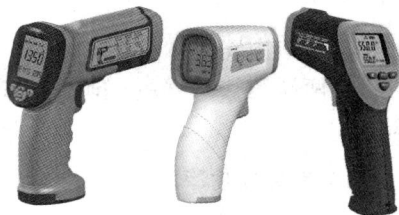

图 3 - 48　常见红外辐射温度计

红外辐射传感器具有以下特点：

（1）测量过程中不影响被测物体的温度分布，可用于对高速运动、带电、高压以及不能接触的物体进行测温；

（2）响应速度快，因为测量中不需要与物体达到热平衡的过程，只要接收到目标的红外辐射即可测量其温度，测量时间一般为毫秒级至微秒级；

（3）灵敏度高，物体的辐射能量与温度的四次方成正比，因此物体温度发生微小的变化，就会引起辐射能量较大的变化，红外辐射传感器即可迅速检测出来，因此可分辨微小的温度变化；

（4）测温范围宽（- 30 ～ 3000℃），可用于高温测量，也可用于冰点以下的温度测量，在测量 - 10 ～ 1300℃ 之间的温度时，采用比色（双波段）测温原理的比色温度计不需要修正读数；

（5）准确度高，由于是非接触测量，不会影响物体温度分布状况与运动状态，因此检测出的温度比较真实。其测量准确度可达到 0.1℃ 以上甚至更小。

四、红外辐射传感器的主要参数

红外辐射传感器的主要参数包括灵敏度、响应波长范围、噪声等效功率、响应时间、探测距离等。

1. 灵敏度（响应度）

灵敏度是指红外辐射传感器输出的电信号（电压信号或电流信号）与输入的辐射功率之比。具体又分为电流响应度和电压响应度。

（1）电流响应度：传感器的输出电流信号与入射光功率之比，单位为 A/W，可表示为

$$|R_i| = \frac{|I|}{W_0} \tag{3-19}$$

（2）电压响应度：传感器的输出电压信号与入射光功率之比，单位为 V/W，可表示为

$$|R_v| = \frac{V}{W_0}$$
(3-20)

2．响应波长范围

响应波长范围又称响应光谱，指响应度与波长的对应关系。

3．噪声

噪声包括传感器噪声和前置放大器噪声。其中，传感器噪声是指输出负载为无穷大时，从传感器两端测得的噪声；前置放大器的噪声是指在没有输入功率时，放大器电路自身产生的噪声。

4．噪声等效功率

噪声等效功率的物理含义是：信噪比为1时所需的入射红外辐射功率。即投射到红外辐射传感器上的红外辐射功率所产生的输出电压正好等于传感器自身的噪声电压，这个辐射功率被称为噪声等效功率。它表征了红外辐射传感器的分辨力。

5．响应时间

响应时间也称为时间常数，它表征红外辐射传感器对快速变化的辐射的反应能力。

6．探测距离

探测距离指红外辐射传感器响应度有效的距离范围。

五、红外辐射传感器的性能要求

对红外辐射传感器的性能主要有以下几个方面的要求：

（1）对被测量有较高的灵敏度，能够有效地检测允许波长范围内的红外线，并能及时给出比较、显示与控制信号；

（2）对被测量以外的物理量不敏感；

（3）性能稳定，重复性好；

（4）动态特性好，对检测信号响应迅速；

（5）使用寿命长，安装、使用、维修方便；

（6）制造成本低，易于生产。

▌ 任务实施

一、传感器选型

1．测温范围

红外辐射温度传感器既可用于高温测量，又可用于冰点以下的温度测量，市售的红外辐射温度计测温范围为$-50 \sim 3000℃$，其中不同规格有特定的测温范围。一般而言，测温范围越窄，则监控温度的输出信号分辨率越高，测量精度越高；测温范围过宽，则会降低测温精度。在红外辐射温度传感器设计选型时要根据现场实际测温要求进行，测量范围既不可过窄又不可过宽。

2. 光学分辨率

光学分辨率由 $D:S$ 确定，其中，D 为红外温度传感器探头到目标之间的距离，S 为标称光点直径。红外温度传感器 $D:S$ 范围一般从 $2:1$（低距离系数）到 $300:1$（高距离系数）。若红外温度传感器由于环境条件限制必须安装在远离目标之处，而同时又需要测量较小的目标，那么就应选择高光学分辨率的传感器。一般而言，光学分辨率越高，即 $D:S$ 比例越大，则传感器的成本也就越高。

3. 响应时间

响应时间表示红外温度传感器对被测温度变化的反应速度，电磁流量计定义为到达最后读数的 95% 流量所需要的时间，它与光电探测器、信号处理电路及显示系统的时间常数有关。新型红外温度传感器响应时间可达 1 ms，比接触式测温快得多。若目标的运动速度很快或测量快速加热的目标时，要选用快速响应红外温度传感器，否则达不到足够的信号响应度，会降低测量精度。对于静止的或目标热过程存在热惯性时，测温仪的响应时间就可以放宽要求了。因此，红外温度传感器响应时间的选择要和被测目标的情况相适应。

4. 信号处理功能

测量离散过程（如零件生产）不同于连续过程，要求红外温度传感器有信号处理功能（如峰值保持、谷值保持、平均值）。例如，对传送带上的玻璃进行测温时，就要用峰值保持，将其温度的输出信号传送至控制器内。

表 3-17 为 PT-3S 红外温度计技术参数。

表 3-17　PT-3S 技术参数

型　号	PT-3S
测量温度范围	$0\sim200℃(32\sim392℉)$
显示温度范围	$-30\sim230℃(-4\sim446℉)$
距离系数	$\phi2.5\ mm/25\ mm$
检测红外波长	$8\sim14\ \mu m$
响应时间	1.5 s/90%
测量精度	读取值的 $\pm1\%$ 或 $\pm2℃(\varepsilon=0.95)$
再现性	读取值的 $\pm1℃$
温标切换	℃/℉切换
模拟输出	1mV/℃(℉)
放射率修正	0.95/0.70 切换，可开关选择
保持功能	正常值/最大值，可开关选择
电源	7 号（AAA）电池 3 节
电池寿命	约 40 小时
重量	120 g

二、应用实例

进行温度测量时，按下手枪型红外辐射温度计的开关按钮，枪口即射出两束低功率的红外激光用以进行瞄准(见图 3-49)。被测物体发出的红外辐射能量就能够准确地聚焦在红外辐射温度计内部的红外光电元件(例如 InGaSa、α-Si)上。红外辐射温度传感器内部的CPU 根据距离、被测物体表面黑度辐射系数、水蒸气及粉尘吸收修正系数、环境温度以及被测物体辐射出来的红外光强度等诸多参数，计算出被测物体的表面温度。其反应速度只需 0.5 s，有峰值、平均值显示以及保持功能，可与计算机串行通信。

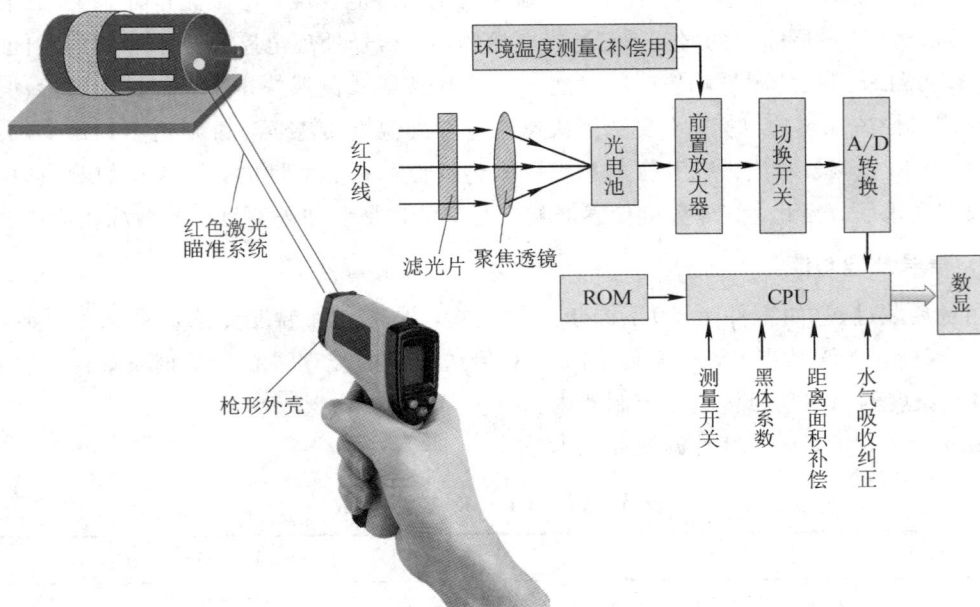

图 3-49   红外辐射温度计内部原理框图

三、调试总结

当被测物体不是绝对黑体时，在相同温度下，辐射能量将减小。比如十分光亮的物体只能发射或接收很少一部分光的辐射能量，因此必须根据预先标定过的温度，输入光谱黑度修正系数(或称发射本领系数)。同时在测量过程中，必须保证被测物体的热像充满光电池的整个视场。

能力拓展

一、热释电红外传感器

1. 热释电效应

某些电介质如锆钛酸铅(PZT)，当其表面温度发生变化时，这些介质表面会产生电荷，这种现象称为热释电效应。热释电效应与热电偶的温差电动势不同，温差电动势是由于热电偶热电极两端处于不同温度场引起热电动势,而热释电效应是由于某些电介质的自发极化随温度变化产生的。热释电效应只对温度的变化率有响应。使物体温度发生变化的热交换方式有传导、对流以及辐射,但经常使用的是利用辐射加热方式使热释电材料升温,所以热释电效应的主要应用是制作红外传感器(又称红外探测器)。该类传感器是以"光—热—电"的转换方式来检测发射红外线的物体,所以是一种热敏感型器件。

热释电材料是一种电介质,一般而言是一种不对称性很强的压电类晶体,由于分子间正负电荷中心不重合而自发电极化,即产生固有电偶极矩,铁电体是实现热释电现象的理想材料。常用的热释电材料有 TGS、$LiTaO_3$、$LiNbO_3$ 等单晶体,$PbTiO_3$、PZT 等陶瓷和偏聚氟乙烯等薄膜做成的驻极体。

热释电传感器应用相关的重要特性如下:

(1)热释电材料对其温度变化响应,而并非对温度本身响应;

(2)热释电传感器探测电磁波的范围宽,光波长探测范围可从 X 射线到远红外线;

(3)用光学滤波器可设计不同工作波长的传感器;

(4)热释电材料呈电容性,热损极小、无须制冷;

(5)因介质本身的热噪声占主导地位,因此有些热释电材料的信噪比较低。

2. 热释电红外传感器的结构及工作原理

利用热释电材料的自发极化强度随温度变化而变化的效应制成的红外传感器称为热释电红外传感器。热释电红外传感器在红外器件领域中占有十分重要的位置,除了具备经典温度传感器(如热敏电阻、热电偶)的共同优点:室温工作、宽光谱响应之外,还具有灵敏度较高、响应速度快等优点。理论上热释电红外传感器的响应速度可以做到小于纳秒的量级。由于热释电红外传感器具有无须散热、成本低廉、光谱响应宽等优点,目前已得到广泛的应用,如红外测温、红外报警、气体分析、激光测量以及卫星仪器等诸多方面。

热释电红外传感器的内部结构及内部电气接线如图 3-50 所示。由滤光片、热释电红外敏感元件、高输入阻抗放大器等构成。一般需在热释电红外传感器的正上方覆盖菲涅尔透镜,以增强勘测能力和探测距离,形成一个完整的热释电红外传感器模块。制作敏感元件时,先将热释电材料制成很小的薄片,再在薄片两侧镀上电极,将两个极性相反的热释电敏感元件做在同一晶片上并且反向串联。由于环境影响而使整个晶片温度变化时,两个元件产生的热释电信号相互抵消,所以它对缓慢变化的信号没有输出。但如果两个热释电元件的温度变化不一致,它们的输出信号就不会被抵消。因此,只要想办法使照射到两个热释电元件表面的红外线忽强忽弱,传感器就会有交变电压输出。

滤光片是一种对光的特定波段具有选择性吸收/透过性质的光学元件,又称滤色片或滤波片。常见的有染色胶片、有色玻璃或者充满颜色溶液的玻璃槽等几种形式。为了使热释电红外传感器只对红外光谱中某一段红外辐射敏感,必须在热释电材料前设置滤光片。人体具有约 37℃ 的恒定体温,所以会发出波长约 10 μm 左右的红外线,这是一种典型的近红外光。热释电红外传感器的波长敏感范围宽达 0.2~20 μm,当作为人体感应器设计时,热释电体表面需贴上波长为 7~10 μm 的滤光片接收人体辐射红外光,如此便可以避免太阳光的辐射和其他红外辐射的干扰,从而减少误报。

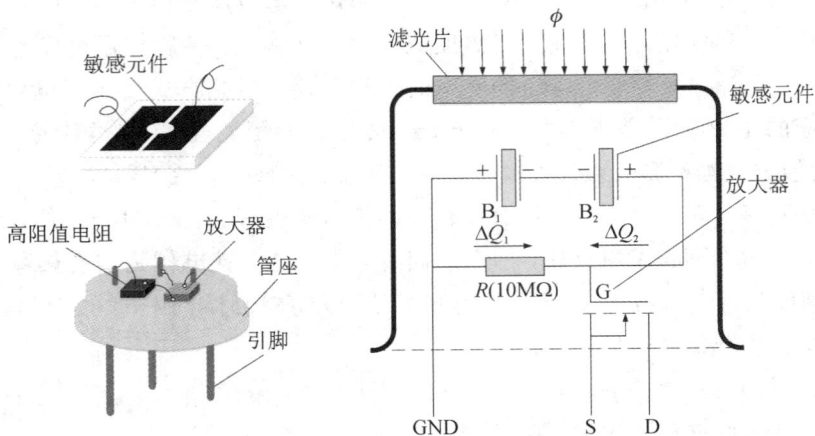

图3-50　红外热释电传感器内部结构及内部电气接线图

菲涅尔透镜又称螺纹透镜，多是由聚烯烃材料压铸而成的薄片，也有用玻璃制作。镜片表面一面为光面，而另一面刻录了由小到大的同心圆，它的纹理是根据光的干涉及衍射以及相对灵敏度和接收角度要求来设计的，如图3-51所示。

图3-51　菲涅尔透镜

在单个传感器的基础上，结合菲涅尔透镜和信号处理电路，构成热释电传感器模块，典型的热释电传感器模块外观如图3-52所示，此图为安装了菲涅尔透镜的传感器模块俯视图，热释电红外传感器在菲涅尔透镜下方。

图3-52　热释电传感器模块外观

菲涅尔透镜有两个作用：第一，聚焦作用，即将热释电红外信号折射汇聚在热释电敏感元件上；第二，利用其自身的特殊光学性质，当有人从透镜前走过时，人体辐射出的红外线透过透镜后在传感器上形成不断交替变化的阴影区(盲区)和明亮区(可见区)，这样就使接收到的红外信号以忽强忽弱的脉冲形式输入,从而增强其能量幅度。

　　信号处理电路中,热释电元件输出的交变电压信号由高输入阻抗的场效应管放大器放大,并转换为低输出阻抗的电压信号。人体运动速度不同,传感器输出信号的频率也会有所不同。在正常行走速度下,由菲涅尔透镜产生的光脉冲调制频率约为 6 Hz;当人体快速奔跑通过传感器面前时,可能高达 20 Hz。考虑到荧光灯的脉动频闪(人眼不易察觉)为 100 Hz,所以信号处理电路中的放大器带宽不应太宽,应为 0.1~20 Hz。放大器的带宽对灵敏度和可靠性有重要影响。带宽窄,则干扰小、误判率低;带宽大,则噪声电压大,可能引起误报警,但对快速和极慢速移动响应好。

　　热释电传感器用于红外防盗时,其表面必须罩上菲涅尔透镜。若从热释电元件来看,前面的每一透镜单元都只有一个不大的视场角,并且相邻的两个单元透镜的视场既不连续、也不重叠,相隔着一个盲区。当人体在透镜总的监视范围(视野约 70°)内运动时,顺次地进入某一单元透镜的视场,又走出这一视场,传感器晶片上的两个反向串联热释电元件轮流接收到红外信号,人体的红外辐射以光脉冲的形式不断改变两个热释电元件的温度,使它输出一串交变脉冲信号。但若人体静止不动站在热释电元件前面,它是"视而不见"的。

3. 热释电红外传感器的应用

　　利用热释电红外传感器设计的保密场所人体感应监测仪可以用于安保系统中,其系统结构图如图 3-53 所示。

　　热释电红外传感器的输出信号非常微弱,需要放大电路对其进行放大,之后通过处理电路将放大后的电压信号进行电位调节,对外输出高低电平。该电平可以直接用于控制红光 LED 的开关状态,当出现高电平时接通 LED 灯光示警;另一方面,该电平传送给单片机,单片机对电平进行判定后,通过显示器对外实时显示报警状态。

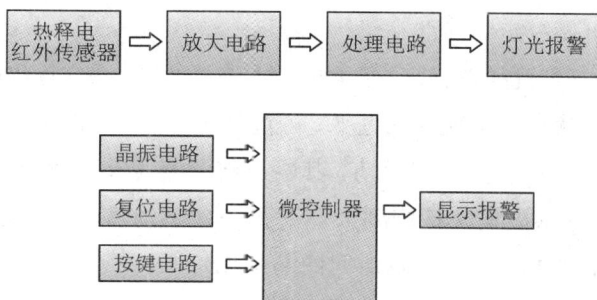

图 3-53　人体感应监测仪系统结构图

　　机场、政府大楼、保密室等场所安防级别高,人体感应监测仪需要具有报警和防止误报警的功能,同时要求在停电时也能继续使用,监测仪选择热释电红外传感器模块 HC-SR501 作为传感探头。

　　热释电红外传感器模块 HC-SR501 是基于集成电路芯片 BISS0001 的人体红外自动控制模块,具有灵敏度高、可靠性强、超低电压工作模式等特点,广泛应用于各类自动感应电气设备,尤其是干电池供电的自动控制产品。该模块有着良好的温度补偿电路设计,主要技术参数如表 3-18 所示。

表 3-18　HC-SR501 主要技术参数

参　数	指　标
工作电压范围	直流电压 4.5~20 V
静态电流	<50 μA
电平输出	高 3.3 V/低 0 V
触发方式	L 不可重复触发/H 重复触发
延时时间	5~200 s(可调)可制作范围为零点几秒至几十分钟
封锁时间	2.5 s(默认)可制作范围为几秒至几十秒
电路板外形尺寸	32 mm×24 mm
感应角度	<100°锥角
工作温度	-15~+70℃
感应透镜尺寸	23 mm(默认)

HC-SR501 的性能优点具体如下:

(1) 全自动感应。人进入其感应范围内,则输出高电平;人离开感应范围,则自动延时关闭高电平,输出低电平。

(2) 光敏控制(可选择,出厂时未设)。可设置光敏控制,白天或光线强时不感应。

(3) 温度补偿(可选择,出厂时未设)。在夏天,当环境温度升高至 30~32℃时,探测距离稍变短,温度补偿可做一定的性能补偿。

(4) 两种触发方式(可跳线选择)。不可重复触发方式,即感应输出高电平后,延时时间段一结束,输出将自动从高电平变成低电平。可重复触发方式,即感应输出高电平后,在延时时间段内,若有人体在其感应范围活动,其输出将一直保持高电平,直至人离开后才延时将高电平变为低电平(感应模块检测到人体的每一次活动后会以自动顺延一个延时时间段,并且以最后一次活动的时间为延迟时间的起始点)。

(5) 默认设置(2.5 s 封锁时间)。感应模块在每一次感应输出后(高电平变为低电平),可以紧跟着设置一个封锁时间段,在此时间段内感应器不接受任何感应信号。此功能可以实现"感应输出时间"和"封锁时间"两者的间隔工作,可应用于间隔探测产品;同时,此功能可有效抑制负载切换过程中产生的各种干扰(此时间可设置在零点几秒至几十秒钟)。

(6) 工作电压范围宽。默认工作电压为交流 4.5~20 V。

(7) 微功耗。静态电流小于 50 μA,特别适合干电池供电的自动控制产品。

(8) 输出高电平信号。可输出高电平信号,方便与各类电路实现对接。

项 目 实 训

设计与制作 1——超温监测自动控制电路的设计与制作

案例分析

热敏电阻常常作为电子线路元件，用于仪表线路温度补偿和温差电偶冷端温度补偿等。利用 NTC 热敏电阻的自热特性可实现自动增益控制，构成 RC 振荡器稳幅电路、延迟电路和保护电路。在自热温度远大于环境温度时，阻值还与环境的散热条件有关，因此在流速计、流量计、气体分析仪、热导分析中常利用热敏电阻这一特性，制成专用的检测元件。PTC 热敏电阻主要用于电气设备的过热保护、无触点继电器、恒温、自动增益控制、电极启动、时间延迟、彩色电视自动消磁、火灾报警和温度补偿等方面。随着近代军事技术，特别是空间技术的发展，对除了要求热敏电阻器高可靠、长寿命、超高温和超低温外，还需要灵敏度更高、不需制冷、性能优良的测辐射功率的热敏器件。

设计与制作 1——
热敏电阻超温监测
自动控制电路

本案例正是基于热敏电阻设计的一款简易超温监测自动控制电路。

设计与制作

一、电路功能介绍

超温监测自动控制电路由四 2 输入与非门数字集成电路 CD4011 和热敏电阻 R_T 组成测控报警电路。电路中，热敏电阻 R_T 作为测温传感器，继电器 K 作为执行电路，电位器 R_P 负责调节温度报警阈值。当温度超过设定温度后，通过三极管 VT_1 驱动继电器 K 产生动作，同时蜂鸣器和发光二极管进行声光报警。本电路可用于超温监测报警，后续还可通过继电器去驱动被控设备。

二、电路设计与制作

1. 电路设计

电路图 3-54 中，热敏电阻 R_T 接在 U1A 的输入端，它和电阻 R_2 及 R_P 负责分压调节，使 U1A 的输入电压为高电平，输出电压为低电平。当温度超过设定的温度限制时，由于热敏电阻 R_T 的阻值变小，通过分压电路的分压，使 U1A 输入端为低电平，经反向输出为高电平。该高电平一方面加至 U1C、U1D 与阻容电路组成的多谐振荡器的控制端的引脚 8，使多谐振荡器起振，通过三极管 VT_2 放大后，蜂鸣器发出报警声，同时也加至三极管 VT_1 的基极使其导通，继电器通电吸合；另一方面经 U1B 反向输出为低电平后，发光二极管 LED 发光指示。

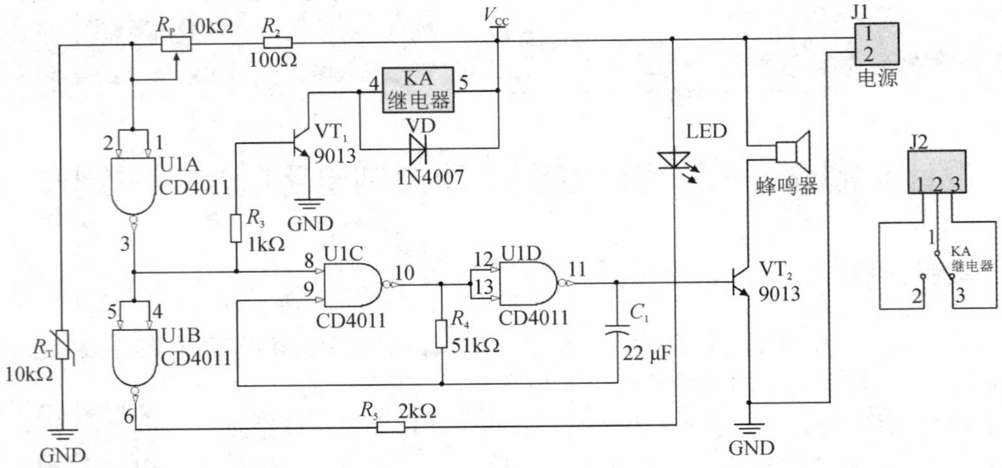

图 3-54 超温监测自动控制电路原理图

2. 元件清单

本案例中的超温监测自动控制电路所需的元件如表 3-19 所示。

表 3-19 超温监测自动控制电路元件清单

元 件 名 称	数量	元 件 名 称	数量
电阻 1 kΩ	1	二极管 1N4007	1
电阻 2 kΩ	1	三极管 9013	2
电阻 100Ω	1	LED	1
电阻 51 kΩ	1	热敏电阻 10 kΩ	1
电位器 10 kΩ	1	蜂鸣器	1
电解电容 22 μF	1	14P IC 底座	1
CD4011 直插芯片	1	DC5 V 继电器	1
2P 接线端子	1	3P 接线端子	1

3. 电路板制作与装配

超温监测自动控制电路实物图如图 3-55 所示。

图 3-55 超温监测自动控制电路实物图

三、设计总结

随着工农业生产以及科学技术的发展，热敏电阻已获得了广泛的应用，如温度测量、温度控制、温度补偿等；在日常生活中，热敏电阻也常用于空调、干燥器、电热水器、电烤箱中。

热敏电阻具有电阻温度系数大、灵敏度高（比一般金属热电阻大 10 到 100 倍）、结构简单、体积小等特点。

热敏电阻按其温度系数可分为负温度系数热敏电阻（NTC）、正温度系数热敏电阻（PTC）和临界温度系数热敏电阻三类。

在进行电路板装配时，对于元件引脚功能需要多加留意，避免装配错误，导致电路无法正常工作。注意事项如下：

① 注意 LED 的正负极，长脚一般为正极；
② 注意电解电容的正负极性，电解电容在负极引脚的一边通常有"－"极性标注；
③ 二极管 1N4007 在负极引脚边有白色色环标注；
④ 芯片缺口方向与底座缺口方向要跟板子上标识的缺口方向一致；
⑤ 电源正负极不要接反，供电电压为直流 4.5～5 V。

设计与制作 2——基于 DS18B20 数字温度计的设计与制作

案例分析

DS18B20 是一款改进型数字式集成温度传感器，测量范围为－55～＋125℃。采用单总线接口方式，仅需一条接口线就可以实现与微处理器的双向通信工作。直插式 TO-92 封装的 DS18B20 外观和三极管较为相似，敏感元件和转换电路都集成一起，使用过程中不需要任何外围元件；DS18B20 支持多点组网功能，多个 DS18B20 可以并联在唯一的单线上，实现多点测温。

DS18B20 应用非常广泛，适用于冷冻库、粮仓、电力机房、电缆线槽等测温和控制领域，也适用于缸体、纺机、空调等狭小空间的工业设备测温和控制，以及冰箱、冷柜、中低温干燥箱等应用场景。本案例是基于 DS18B20 的数字温度计的设计与制作。

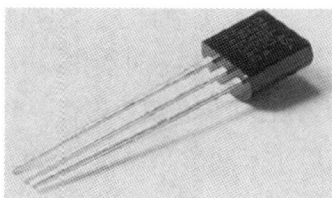

(a) DS18B20实物图　　(b) TO-92封装引脚及功能

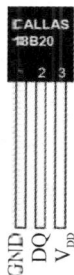

图 3-56　DS18B20 数字式集成温度传感器

设计与制作

一、电路功能介绍

DS18B20 数字温度计系统设计框图如图 3-57 所示,DS18B20 温度传感器将温度信号转换为电信号,电信号由单片机处理之后显示在显示器上,同时,当温度超过阈值时通过蜂鸣器和 LED 灯进行声光报警。

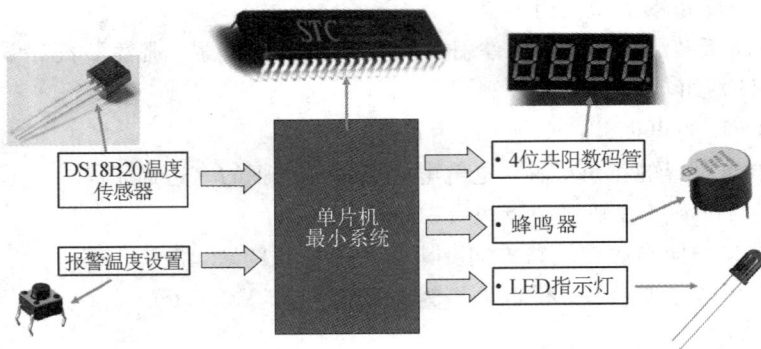

图 3-57 DS18B20 数字温度计系统设计框图

本温度计测温范围为 0~99.9℃。采用 8 位单片机 STC89C51、DS18B20 温度传感器、4 位共阳数码管、LED+蜂鸣器设计而成,如图 3-57 所示。电路功能如下:

(1) 温度计带有按键复位功能;

(2) 数码管显示当前环境温度值,温度值精确到小数点后一位;

(3) 当温度低于下限或者高于上限温度时,蜂鸣器和 LED 进行声光报警;

(4) 可以通过按键设置温度上下限值,且按键具有连加、连减的功能。

二、电路设计与制作

1. 电路设计

电路图 3-58 中,单片机正常工作需要最小系统,主要有电源电路、时钟电路和复位电路三个环节,按键 S1 可以对系统进行复位。DS18B20 数字温度传感器通过 P2.4 接口与单片机相连,二者相互通信,完成温度的检测与信号的收发工作。三个轻触开关 S2、S3、S4 与单片机相连,可以根据不同场合的需求,修改温度报警的阈值。4 位共阳数码管由单片机的 P1 口控制,可以通过程序完成数码管的段选工作;4 个 PNP 三极管的基极经过电阻分别与单片机数码管的 P3.4 ~ P3.7 相连,完成数码管的片选工作,从而显示出 DS18B20 测量的温度值。声光报警环节的蜂鸣器和 LED 由单片机 P2.3 口同时控制,完成温度超高报警工作。

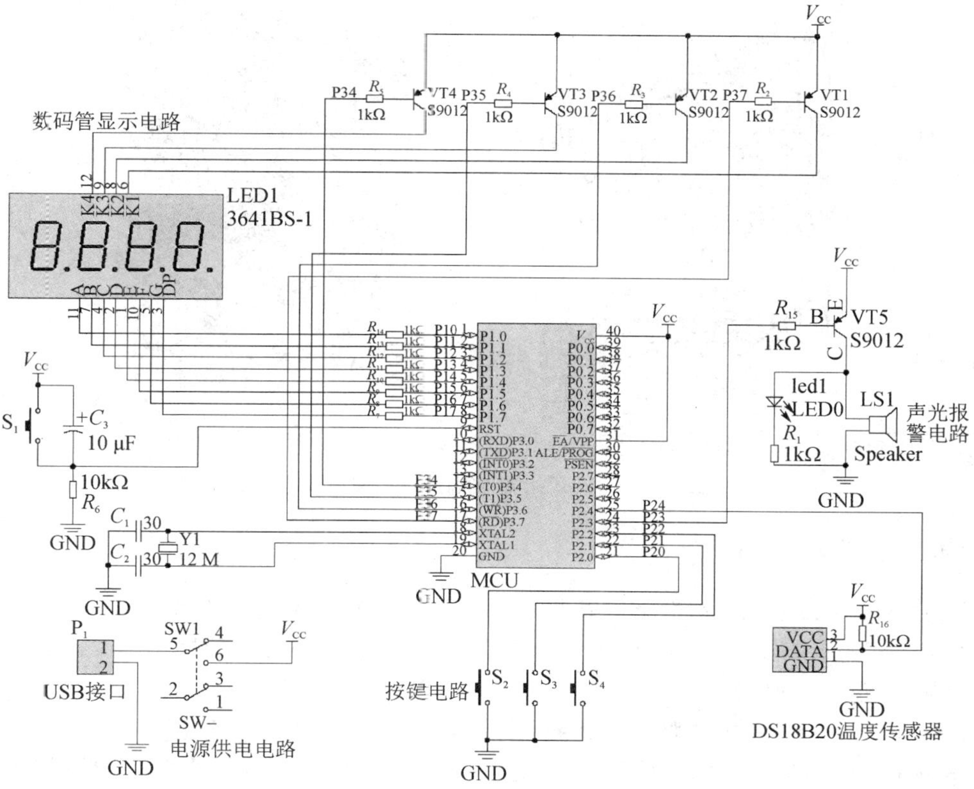

图 3-58　DS18B20 数字温度计电路原理图

2. 元件清单

表 3-20 为 DS18B20 数字温度计电路元件清单。

表 3-20　DS18B20 数字温度计电路元件清单

元 件 名 称	数量	元 件 名 称	数量
直插瓷片电容 30 pF	2	蜂鸣器	1
直插电解电容 10 μF	1	DC 电源插座	1
共阳数码管 3641BS-1	1	4 脚按键开关(6×6×5)mm	4
LED 灯 5 mm	1	色环电阻 1 kΩ	14
PNP 三极管(S9012)	5	色环电阻 10 kΩ	2
自锁开关	1	DS18B20 温度传感器	1
STC89C51 单片机	1	12 MHz 晶振	1
DC 电源接口	1	40P IC 底座	1

3. 电路板制作与装配

DS18B20 数字温度计电路装配实物图如图 3-59 所示。

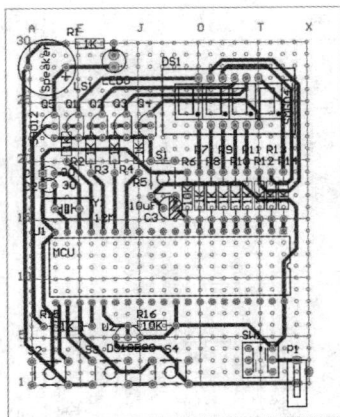

(a) 万用板布局图　　　　　　　　(b) 万用板实物焊接图

图 3 - 59　DS18B20 数字温度计电路装配实物图

三、设计总结

DS18B20 较为常见的封装形式有两种，分别为直插式 TO - 92 和表贴式 SOP8。在接线的时候，一定不要将引脚接错，否则会引起器件的迅速发热，导致传感器不能正常工作，从而直接影响到测温的结果。

DS18B20 可以通过电源脚使用外部电源供电，当电源脚接 3～5.5 V 的电压时，是使用外部电源来供电；当电源脚接地的时候，使用的是内部寄生电源。另外，如果配合使用 51 单片机来做控制的话，DS18B20 的信号线(DATA 引脚)需要接 4.7～10 kΩ 左右的上拉电阻，以保证高电平的正常输入/输出。

DS18B20 传感器的单线通信功能是分时完成的，该器件有严格的时隙概念，如果出现时序混乱，器件将不响应主机，因此读写时序非常重要。系统对 DS18B20 的各种操作必须按协议来进行。

项 目 总 结

温度是反映物体冷热程度的物理量，是物体内部分子无规则运动剧烈程度的标志。温度测量方法按照感温元件是否与被测温对象接触，分为接触式测量和非接触式测量两种。本项目通过四个工作任务的分析和详解，重点介绍了接触式测量方法中的热电阻、热敏电阻、热电偶、集成温度传感器以及非接触式测量方法中的红外测温等几种温度传感器的工作原理及其应用。

(1) 热电阻式传感器常用于对温度和与温度有关的参量进行检测，广泛用于测量中、低温度，它是利用半导体或导体的电阻随温度变化而变化的性质工作的。热电阻式传感器分为金属热电阻传感器和半导体热敏电阻传感器两类，前者称为热电阻，后者称为热敏电阻。热敏电阻按温度系数可分为负温度系数热敏电阻、正温度系数热敏电阻以及临界温度系数热敏电阻三大类，广泛应用于温度测量、电路的温度补偿以及温度控制等。

(2) 集成温度传感器将温度敏感器件、信号放大电路、温度补偿电路、基准电源电路等在内的各个单元集成在一块极小的半导体芯片内，因而具有测量精度高、线性度好、灵敏度高、体积小、稳定性好、输出信号大等优点。

（3）热电偶的测温范围广，测量温度上限可达 1500℃。热电偶回路产生的热电动势包括接触电动势和温差电动势，并以接触电动势为主。热电偶结构简单，可制成多种形式，如装配型热电偶、铠装型热电偶、薄膜热电偶等。为使热电偶热电动势与被测温度成单值函数关系，一般采用冰点槽补偿法、计算修正法、补正系数法、补偿电桥法、机械仪表零点调整法以及集成温度传感器补偿法等方法进行冷端温度补偿。

（4）红外温度传感器一般由光学系统、探测器、信号处理电路以及显示系统等组成，其中红外探测器是红外传感器的核心。常见的红外探测器有热探测器和光子探测器两大类。

项 目 考 核

3-1　判断题

（1）在实际的热电偶测温应用中，引用测量仪表而不影响测量结果是利用了热电偶的中间温度定律。　　　　　　　　　　　　　　　　　　　　　　　　　　　　（　　）

（2）在实验室中测量金属的熔点时，冷端温度补偿可以用延长导线法。　　（　　）

（3）热电偶产生的热电动势是由两种导体的接触电动势和单一导体的温差电动势组成的。　　　　　　　　　　　　　　　　　　　　　　　　　　　　　　　　（　　）

（4）集成温度传感器具有测量精度高、线性好、灵敏度高、体积小、稳定性好、输出信号大等优点。　　　　　　　　　　　　　　　　　　　　　　　　　　　　　（　　）

（5）热敏电阻按温度系数可分为负温度系数热敏电阻、正温度系数热敏电阻以及临界温度系数热敏电阻三大类。　　　　　　　　　　　　　　　　　　　　　　　　（　　）

3-2　单选题

（1）正常人的体温约为 37℃，对应的华氏温度约为（　　），热力学温度约为（　　）。

A. 32℉，100K　　　　B. 99℉，236K　　　　C. 37℉，310K　　　　D. 99℉，310K

（2）（　　）的数值越大，热电偶的输出热电动势就越大。

A. 热端直径　　　　　　　　　　　　　B. 热端和冷端的温差

C. 热端和冷端的温度　　　　　　　　　D. 热电极的电导率

（3）在车间，用带微机的数字式测温仪表测量炉膛的温度时，应采用（　　）较为妥当。

A. 计算修正法　　　　　　　　　　　　B. 仪表机械零点调整法

C. 冰浴法　　　　　　　　　　　　　　D. 电桥补偿法

（4）在热电偶测温回路中经常使用补偿导线的最主要的目的是（　　）。

A. 补偿热电偶冷端热电动势的损失　　　B. 起冷端温度补偿作用

C. 将热电偶冷端延长到远离高温区的地方　D. 提高灵敏度

（5）负温度系数热敏电阻具有（　　）的特性。

A. 电阻值随温度升高而下降　　　　　　B. 电阻值随温度升高而增大

C. 温度升高到临界点电阻值急剧下降　　D. 温度升高到临界点电阻值急剧增大

3-3　简答题

（1）常用的温标有哪几种？相互的关系是怎样的？

（2）常用的热敏电阻分为几大类？各自的特性是什么？

（3）简述热电阻测量温度的原理。常用的热电阻有哪几种？

（4）试比较热电阻与热敏电阻的异同。

（5）什么是热电效应？热电偶的热电动势由哪几部分组成？

（6）热电偶的热电动势与哪些因素有关？

（7）热电偶在测量温度时为什么需要进行冷端温度补偿？

（8）简述红外测温的特点。

3-4　计算题

（1）用 S 型（铂铑 10-铂）热电偶进行温度测量，已知冷端温度为 30℃，用高精度毫伏表测得此时的热电动势为 11.654 mV。热端温度为多少度？

（2）用一 K 型热电偶测钢水温度，形式如图 3-60 所示。已知 A、B 分别为镍铬、镍硅材料制成，A′、B′为延长导线。请问：

① 满足哪些条件时，此热电偶才能正常工作？

② A、B 开路是否影响装置正常工作？为什么？

③ 采用 A′、B′的好处是什么？

④ 若已知 $t_{01}=t_{02}=40℃$，电压表示数为 26.6777 mV，则钢水温度为多少？

⑤ 此种测温方法的理论依据是什么？

3-5　分析题

图 3-61 为汽车进气管道中使用的热丝式气体流速仪的结构示意图，已知 R_2 是与 R_1 相同的铂丝，试分析其工作原理。

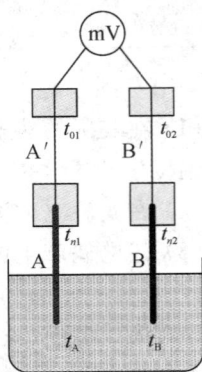

图 3-60　热电偶测温示意图

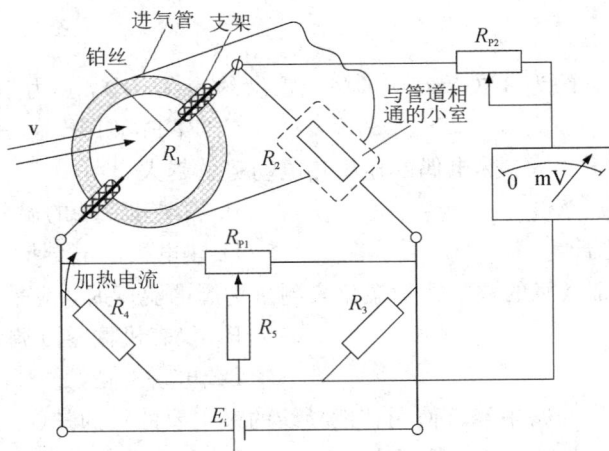

图 3-61　热丝式气体流速仪结构示意图

项目四
环境量的检测

项 目 概 述

在科学研究、工农业生产、环境保护和日常生活中，对环境量参数进行检测和控制得到了越来越广泛的重视和应用，而各种环境量检测传感器的准备是这个过程的首要环节。

工业废气、汽车尾气、室内有毒气体、易燃易爆气体以及其他有害气体直接威胁着人们的生命和财产安全。为了保护人类赖以生存的自然环境，避免不幸事故的发生，必须对各种有害气体或可燃性气体进行准确有效的检测与控制，这就要用到各种气敏传感器。

湿度是空气环境的一个重要指标，在工农业生产、环保、国防、科研等领域对湿度都有严格的要求。例如，在集成电路制造车间，当其相对湿度低于30％的时候，容易产生静电而影响生产。农业生产中植物要求高湿度环境，而粮仓则必须保持干燥的环境，否则粮食容易霉变。对湿度进行检测和控制，就要用到各种湿敏传感器。

本项目介绍气敏传感器和湿敏传感器的基础知识，并结合生活中常见的厨房可燃性气体检测和房间湿度检测两个应用实例，使读者对气敏传感器和湿敏传感器的特性、分类、工作原理及测量方法有一定的了解，同时初步具备产品设计和故障排查的能力。

项 目 目 标

（1）了解气敏传感器的主要特性及分类。
（2）掌握气敏传感器的工作原理和测量电路。
（3）了解湿敏传感器的主要特性和分类。
（4）掌握湿敏传感器的工作原理和测量电路。
（5）能够根据测量需求完成传感器的选型工作。

教 学 指 导

从"厨房燃气泄漏报警器""房间湿度检测"等生活应用实例入手，引入气敏传感器和湿敏传感器，了解它们在生产、生活中的重要地位。通过对具体工作任务进行分析，带领学生逐步了解不同类型气敏传感器和湿敏传感器的主要特性及分类，并理解和掌握气体检测、湿度检测的测量电路与工作原理，从而使学生具备对常见气敏传感器和湿敏传感器的分析、选型、应用及维护能力。

本项目建议学时数为 8～12 学时。

项 目 实 施

任务一　厨房可燃性气体检测

任务描述

在煤矿、石油化工、市政、医疗、交通运输、家庭等安全防护方面,气敏传感器常用于探测可燃、易燃、有毒气体的浓度或氧气的消耗量等;在电力工业等生产制造领域,也常用于定量测量烟气中各种成分的浓度,以判断燃烧情况和有害气体的排放量等;在大气环境监控领域,气敏传感器被用于判定环境污染状况等。

本任务通过设计一款厨房可燃性气体检测装置,介绍常见气敏传感器的性能指标及分类、工作原理及测量电路、选用原则等知识,使读者初步具备传感器选型、测量电路设计、器件调试与维护能力。厨房燃气泄漏报警器如图 4-1 所示。

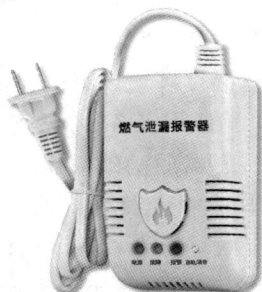

气敏传感器概述

图 4-1　厨房燃气泄漏报警器

相关知识

对气体的检测已经是保护和改善居住环境不可或缺的手段,气敏传感器在其中发挥着极其重要的作用。家庭厨房所用的热源有煤气、天然气、石油液化气等,这些气体的泄漏会造成爆炸、火灾、中毒等事故,从而对人身和财产的安全造成了威胁,因此采用气敏传感器对这些气体进行浓度检测十分必要。

一、常见气敏传感器

气敏传感器是能够感知环境中某种气体成分及浓度的一种传感器件。它将气体种类及与其浓度有关的信息转换成电信号,根据这些电信号的强弱,便可获得与待测气体在环境中存在情况有关的信息,从而可以进行检测、监控、报警;还可以通过接口电路与计算机或单片机组成自动检测、控制和报警系统。常见的气敏传感器如图 4-2 所示。

图 4-2　常见气敏传感器外形

气敏传感器种类繁多，特性各异，分类方法也不尽相同。气敏传感器按照工作原理可分为半导体式气敏传感器、接触燃烧式气敏传感器、电化学型气敏传感器、固体电解质气敏传感器、光学式气敏传感器、光纤气敏传感器等。

1．半导体式气敏传感器

半导体式气敏传感器是目前广泛应用的气敏传感器之一。按照敏感机理，半导体气敏传感器可分为电阻型和非电阻型。其检测原理和气敏元件材料如表 4-1 所示。

表 4-1　半导体式气敏传感器检测原理和气敏元件材料

类　　型	检 测 原 理	具有代表性的气敏元件及材料
电阻型	表面吸附控制型	SnO_2、ZnO、In_2O_3、V_2O_5、$\beta\text{-}Cd_2SnO_4$、有机半导体、金属酞等
	体电阻控制型	$\alpha\text{-}Fe_2O_3$、Co_3O_4、TiO_2、CoO、$CoO\text{-}MgO$ 等
非电阻型	二极管整流作用	Pd/Cds、Pd/TiO_2、Pd/ZnO、Pt/TiO_2、Au/TiO_2 等
	晶体管(FET)气敏元件	以 Pd、Pt、SnO_2 为栅极的 MOSFET
	电容型	$Pd\text{-}BaTiO_3$、$CuO\text{-}BaSnO_3$、$CuO\text{-}BaTiO_3$、$Ag\text{-}CuO\text{-}BaTiO_3$ 等

1）电阻型

电阻型气敏传感器是利用吸附作用引起的表面化学反应和体原子价态变化来识别化学物质的，即这类传感器是利用其电阻的改变来反映被测气体的含量的。电阻型气敏传感器根据检测原理的不同，又可分为表面吸附控制型和体电阻控制型。

（1）表面吸附控制型。此类传感器是利用半导体表面吸附气体引起电导率变化的气敏元件。这种传感器具有结构简单、造价低、检测灵敏度高、响应速度快等优点。

（2）体电阻控制型。此类传感器是气体反应时半导体组成产生变化而使电导率变化的气敏元件，主要包括复合氧化物系气体传感器、氧化铁系气体传感器和半导体型 O_2 传感器。

2）非电阻型

非电阻型半导体气敏传感器则是利用半导体敏感元件的电压或电流随气体含量变化的

原理工作的,主要包括三类:

(1) 具有二极管整流作用的气敏传感器,包括金属/半导体结型二极管传感器、金属氧化物半导体(MOS)二极管气敏传感器、Schottky 二极管传感器等。

(2) 具有场效应晶体管(FET)特性的气敏体传感器,其场效应管的电压阈值会随着气体浓度的变化而变化。

(3) 电容型气敏传感器,主要是以金属氧化物混合物作为电容器的介质,如 Pd-BaTiO$_3$、CuO-BaSnO$_3$ 做成的 CO$_2$ 传感器。

2. 接触燃烧式气敏传感器

接触燃烧式气敏传感器又称为载体催化气体传感器,可分类为直接接触燃烧式和催化接触燃烧式。其检测原理是气敏材料在通电状态下,可燃气体在表面或者在催化剂作用下燃烧,燃烧使气敏材料温度升高,从而使电阻发生变化。

接触燃烧式气敏传感器的检测元件一般为铂金属丝(也可表面涂铂、钯等稀有金属催化层),使用时对铂丝通以电流,保持 300～400℃ 的高温,此时若与可燃性气体接触,可燃性气体就会在稀有金属催化层上燃烧,因此铂丝的温度会上升,铂丝的电阻值也上升;通过测量铂丝电阻值变化的大小,就能知道可燃性气体的浓度。空气中可燃性气体浓度越大,氧化反应(燃烧)产生的反应热量(燃烧热)越多,铂丝的温度变化(增高)越大,其电阻值增加的就越多。但是使用单纯的铂丝线圈作为检测元件,其寿命较短。所以实际应用的检测元件都是在铂丝圈外面涂覆一层氧化物触媒,这样既可以延长其使用寿命,又可以提高检测元件的响应特性。用高纯的铂丝绕制成的线圈,为了使线圈具有适当的阻值(1～2 Ω),一般应绕十圈以上,在线圈外面涂以氧化铝或氧化铝和氧化硅组成的膏状涂覆层,干燥后在一定温度下烧结成球状多孔体,如图 4-3 所示。

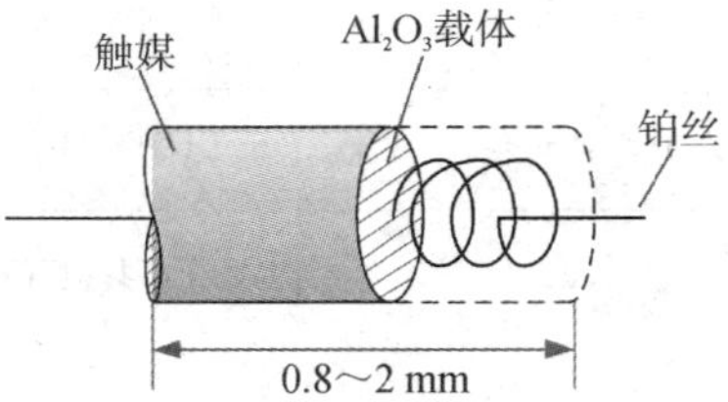

图 4-3 接触燃烧式气敏元件内部结构示意图

这种传感器只能测量可燃性气体,普遍用于石油化工厂、造船厂、矿井、隧道和厨房等场景中的可燃性气体泄漏检测和报警。

3. 电化学气敏传感器

电化学气敏传感器一般利用液体(或固体、有机凝胶等)电解质,通过与被测气体发生反应并产生与气体浓度成正比的电信号来进行工作,其输出形式可以是气体直接氧化或还原产生的电流,也可以是离子作用于离子电极产生的电动势。

典型的电化学气敏传感器由传感电极(或工作电极)和反电极组成,并由一个薄电解层隔开。气体首先通过微小的毛管型开孔与传感器发生反应,然后穿过疏水屏蔽层,最终到达电极表面。采用这种方法可以允许适量气体与传感电极发生反应，以形成电信号，同时防止电解质漏出传感器。穿过屏障扩散的气体与传感电极发生反应，传感电极可以采用氧化机理或还原机理。这些反应由针对被测气体而设计的电极材料进行催化，通过电极间连接的电阻器，与被测气体浓度成正比的电流会在正极与负极间流动，测量该电流即可确定气体浓度。由于该过程中会产生电流，所以电化学气敏传感器又常被称为电流气体传感器或微型燃料电池。

4. 固体电解质气敏传感器

固体电解质是一类介于普通固体与液体之间的特殊固体材料，由于其粒子在固体中具有类似于液体中离子的快速迁移特性，因此又称为快离子导体或超离子导体。目前研究发现的固体电解质气敏传感器主要以无机盐类化合物等为固体电解质，其中 ZrO_2 氧敏传感器是最具有代表性的固体电解质气敏传感器。固体电解质气敏传感器的具体检测原理和气敏材料如表 4-2 所示。

表 4-2　固体电解质气敏传感器检测原理和气敏材料一览表

检测原理	具有代表性的气敏元件及材料	检测气体
电池电动势	$CaO\text{-}ZrO_2$、$Y_2O_3\text{-}ZrO_2$、$Y_2O_3\text{-}TiO_2$ 等	O_2、卤素、SO_2、SO_3、CO、H_2O、H_2
混合电位	$CaO\text{-}ZrO_2$、有机电解质等	CO、H_2
电解电流	$CaO\text{-}ZrO_2$、YF_3、LaF_3	O_2
电流	$Sb_2O_3 \cdot nH_2O$	H_2

5. 光学式气敏传感器

光学式气敏传感器主要包括红外吸收型、光谱吸收型、荧光型等，常用的主要以红外吸收型为主。

红外吸收型光学式气敏传感器主要通过检测气体对光的波长和强度的影响，来确定气体的浓度。不同气体的分子化学结构不同，对于不同波长的红外辐射的吸收程度也不同，因此红外吸收型传感器通过测量和分析红外吸收峰来检测气体。当不同波长的红外辐射依次照射到样品物质时，某些波长的辐射能被样品物质选择性地吸收而变弱，产生红外吸收光谱，若能知道某种物质的红外吸收光谱，便能从中获得该物质在红外区的吸收峰，吸收强度与气体浓度成正比关系。由于不同气体的分子化学结构不同，因而对应于不同的吸收光谱，而每种气体在其光谱中对特定波长的光的吸收较强。

6. 光纤气敏传感器

光纤气敏传感器的检测方法的检测机理主要有以下三类：
（1）基于内电解质溶液的酸碱平衡理论；
（2）基于被测气体与固定化试剂直接发生反应的特性；
（3）基于膜上离子交换原理。

光纤气敏传感器可用于井下瓦斯气体的遥感分析，以及井下的小型光纤 CO 监测报警，还能用于监测空气中的 H_2S、SO_2 等有毒气体。

二、气敏传感器主要参数及性能要求

1. 气敏传感器的主要参数

气敏传感器的主要参数包括灵敏度、响应时间、选择性、稳定性、抗腐蚀性等。

(1) 灵敏度。灵敏度是指传感器输出变化量与被测输入变化量之比,主要依赖于传感器结构所使用的技术。大多数气敏传感器的设计原理都基于生物化学、电化学、物理学和光学。在实际应用中,传感器选型时首先要考虑的是选择一种敏感技术,保证传感器对目标气体的检测要有足够的灵敏性。

(2) 响应时间。响应时间主要是指气敏传感器对被测气体浓度的响应速度。

(3) 选择性。选择性是指在多种气体共存的条件下,气敏传感器区分气体种类的能力。

(4) 稳定性。稳定性主要取决于零点漂移和区间漂移。零点漂移是指在没有目标气体时,整个工作时间内传感器输出响应的变化。区间漂移是指传感器连续置于目标气体中的输出响应变化。理想情况下,一个传感器在连续工作条件下,每年漂移量应小于 15%。

(5) 抗腐蚀性。抗腐蚀性是指传感器暴露于高体积分数的目标气体中而能正常工作的能力。在具体设计时,传感器需要能够承受期望气体体积分数的十到二十倍。

2. 气敏传感器的性能要求

对气敏传感器的性能主要有以下几个方面的要求:

(1) 对被测量气体有较高的灵敏度,能够有效地检测允许范围内的气体浓度,并能及时给出比较、显示与控制信号。

(2) 对被测气体以外的共存气体或物质不敏感。

(3) 性能稳定,重复性好。

(4) 动态特性好,信号响应迅速。

(5) 使用寿命长,安装、使用、维修方便。

(6) 制造成本低。

三、气敏传感器的选用原则

气敏传感器在工业生产与人们的日常生活中获得了较为广泛的应用。针对不同的应用场合,对气敏传感器的选用主要应考虑以下几个方面:

1. 测量对象与测量环境

在选用气敏传感器时,首先要考虑的是测量对象与测量环境。被测气体的类型不同,传感器所处的测量环境不同,相应地,所选用的气敏传感器也不同。即使是测量同一物理量,也有多种原理的传感器可供选择,哪一种传感器更为适合,则需要根据被测量的特点和传感器的使用条件综合进行考虑。具体应考虑传感器量程的大小、体积大小、测量方法、信号引出方法等。

2. 灵敏度

通常情况下，在传感器的线性范围内，总是希望传感器的灵敏度越高越好，因为只有灵敏度高时，与被测量变化所对应的输出信号才比较大，有利于信号处理。但是传感器的灵敏度高时，与被测量无关的外界噪声也容易混入，也会被放大系统放大，影响测量精度。因此要求传感器本身具有较高的信噪比，尽量减少从外界引入的干扰信号。

3. 响应特性

传感器的频率响应特性决定了被测量的频率范围，传感器的频率响应高，可测信号的频率范围就宽，而由于受到结构特性的影响，机械系统的惯性较大，因而频率低的传感器，可测信号的频率较低。在动态测量中，应根据信号的特点（稳态、瞬态、随机等）选用适合的传感器，以免产生过大的误差。

4. 线性范围

传感器的线性范围是指输出与输入成正比的范围。传感器的线性范围越宽，其量程就越大，并且能够保证一定的测量精度。

四、气敏电阻的工作原理及测量电路

半导体电阻式气敏传感器一般称为气敏电阻，具有灵敏度高、体积小、价格便宜、使用维修方便等特点，因此被广泛使用。

气敏电阻一般由三部分组成：敏感元件、加热器和外壳。气体敏感元件大多以金属氧化物半导体为基础材料，因为许多金属氧化物具有气敏效应，这些金属氧化物都是利用陶瓷工艺制成的具有半导体特性的材料，因此称为半导体陶瓷，简称半导瓷。由于半导瓷与半导体单晶相比具有工艺简单、价格低廉等优点，因此常被制作成多种具有实用价值的敏感元件。在诸多的半导体气敏元件中，用氧化锡（SnO_2）制成的元件具有结构简单、成本低、可靠性高、稳定性好、信号处理容易等一系列优点，应用最为广泛。

1. 气敏电阻的工作原理

气敏电阻的敏感部分是金属氧化物微结晶粒子烧结体，当它的表面吸附有被测气体时，半导体微结晶粒子接触界面的导电电子比例就会发生变化，从而使气敏元器件的电阻值随被测气体浓度的改变而发生变化。

气敏元器件一般都附有加热器，它的作用是将附着在探测部分的油污、尘埃等烧掉，同时加速气体的氧化还原反应，从而提高元器件的灵敏度和响应速度；一般需要加热到 $200 \sim 400\,℃$。

2. 气敏电阻的结构及测量电路

气敏元器件的加热方式一般有直热式和旁热式两种，因而形成了直热式气敏元器件和旁热式气敏元器件。

下文中介绍的传感器引脚号、引脚功能以及接线方法，根据传感器型号的不同会稍有差异，在实际应用时需要提前查找资料进行确认。

1）直热式气敏元器件

（1）元器件的结构。

直热式气敏元器件如图 4-4 所示。直热式气敏元器件是将加热丝、测量丝直接埋入 SnO_2 或 ZnO 等粉末中烧结而成的。工作时加热丝通电，测量丝用于测量器件阻值。这类元器件的制造工艺简单、成本低、功耗小，可以在高压回路下使用，但其热容量小、易受环境气流的影响，且测量回路和加热回路间没有隔离而会相互影响。

(a) 结构图　　　　　(b) 实物图　　　　　(c) 引脚图

图 4-4　直热式气敏元器件

（2）基本测试电路。

直热式气敏元器件的基本测试电路如图 4-5 所示。直热式气敏电阻在工作时需要提供加热电压（U_H 为加热丝通电）和回路电压（U_C 为测量丝通电）。只要能够满足传感器的电学特性要求，U_C 和 U_H 可以共用一个供电电路。传感器在工作时，测量丝电阻 R_s 会随待测气体浓度变化而变化，从而引起回路输出电压 U_{OUT} 的变化。

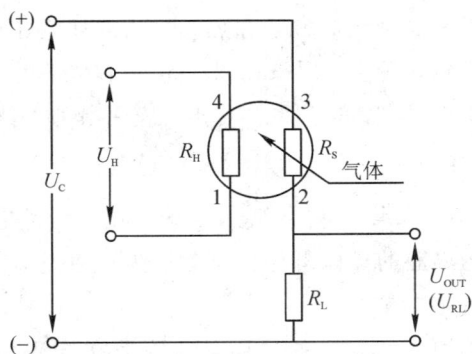

图 4-5　直热式气敏元器件基本测试电路

2）旁热式气敏元器件

（1）元器件的结构。

常见的旁热式气敏元器件如图 4-6(a) 所示。旁热式气敏电阻传感器克服了直热式结构的缺点，使测量极和加热极分离，而且加热丝不与气敏材料接触，避免了测量回路和加热回路的相互影响。器件热容量大，降低了环境温度对器件加热温度的影响，所以这类结构器件的稳定性、可靠性都比直热式器件好。

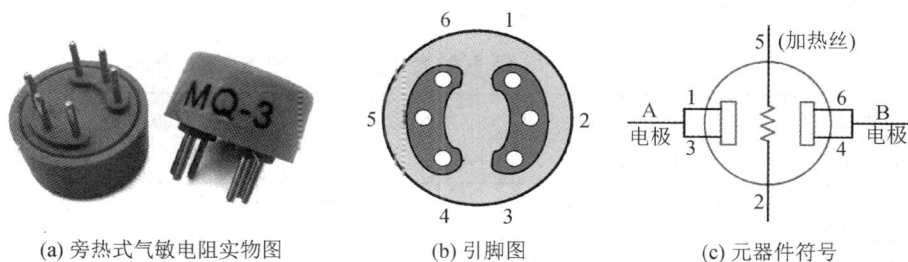

(a) 旁热式气敏电阻实物图　　　　(b) 引脚图　　　　(c) 元器件符号

图 4 - 6　旁热式气敏元器件

（2）基本测试电路。

旁热式气敏元器件的基本测试电路如图 4 - 7 所示。元件 2 脚和 5 脚为加热电极；1 脚、3 脚连接在一起，作为回路电极 A；4 脚、6 脚连接在一起，作为回路电极 B。同样，旁热式气敏电阻在工作时也需要提供加热电压 U_H 和回路电压 U_C。只要能够满足传感器的电学特性要求，U_C 和 U_H 可以共用一个供电电路。传感器在工作时，传感器电阻阻值会跟随待测气体浓度变化而变化，从而引起回路输出电压 U_{OUT} 的变化。

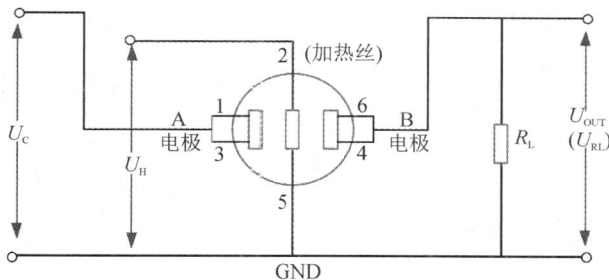

图 4 - 7　旁热式气敏元器件基本测试电路

电阻式气敏传感器具有成本低廉、制造简单、灵敏度高、响应速度快、寿命长、对湿度敏感低和电路简单等优点。其缺点是必须工作于高温下，对气体的选择性比较差，元件参数分散，稳定性不够理想，功率要求高等。

任务实施

一、传感器选型

本任务采用 QM-N5 型气敏传感器，该传感器适用于天然气、煤气、氢气、烷类气体、汽油、煤油、乙炔、氨气烟雾等的检测，是以金属氧化物 SnO_2 为主体材料的 N 型半导体气敏传感器。

当传感器接触还原性气体时，其导电率随气体浓度的增大而迅速升高。QM-N5 型气敏传感器的灵敏度较高、稳定性较好、输出信号大、响应和恢复时间短，被广泛使用。QM-N5 型气敏传感器属于旁热式气敏元件，元件有 6 个引脚，其引脚图可参考图 4 - 6(b)，基本使用电路可参考图 4 - 7。

QM-N5 型气敏传感器主要技术参数见表 4 - 3。

表 4 - 3   QM - N5 型气敏传感器主要技术参数表

加热电压	AC 或 DC 5±0.2 V	响应时间	≤10 s
回路电压	10V(Max. DC 24V)	恢复时间	≤30 s
洁净空气中的电阻	≤2000 kΩ	元件功耗	≤0.7 W

常用于检测可燃性气体浓度的气敏传感器还有 MQ - 4、MQ - 5、TGS2611、TGS813 等型号。其中,MQ - 4、MQ - 5 元件引脚和基本测量电路可参考旁热式气敏元器件; TGS2611、TGS813 元件引脚和基本测量电路可参考直热式气敏元器件。

二、应用实例

1. 电路设计

采用家用可燃性气体检测监控器可以对厨房可燃性气体进行检测,其电路原理图如图 4 - 8 所示。

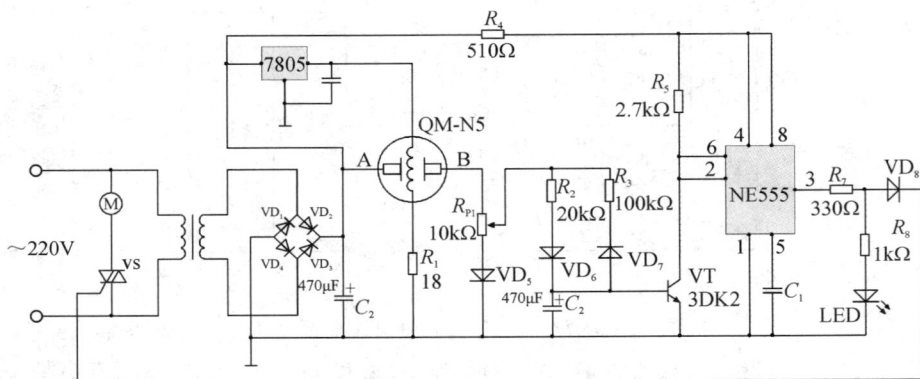

图 4 - 8   厨房可燃性气体检测监控电路

2. 原理分析

在图 4 - 8 所示的厨房可燃性气体检测监控电路中,QM-N5 型气敏传感器、R_1、R_{P1} 和 VD_5 组成气敏检测电路。

7805 提供稳定的 +5 V 电压,为 QM-N5 型气敏传感器加热电极。电路中 VD_5 起限幅作用,调节 R_{P1} 时使气敏传感器信号取值电压最低限制在 0.7 V。

当室内没有可燃性气体或者可燃性气体浓度很低的时候,QM-N5 传感器 A-B 极间的电阻 R_{AB} 非常大,VT 处于截止状态,NE555 器件输出低电平,LED 截止而不亮,VD_8 截止,双向晶闸管 VS 无法触发,排气扇电动机不转动;当室内可燃性气体浓度上升时, QM-N5 极间的电阻 R_{AB} 减小,可使 VT 导通,NE555 器件的 6 脚由高电平变为低电平,其 3 脚输出变为高电平,LED 导通、点亮报警,同时 VD_8 导通,双向晶闸管 VS 触发,导通排气扇电动机,排气扇工作,排出有害气体。

开始通电时，由于 QM-N5 型传感器的初期特性，系统会有一小段不稳定时间，达到稳定后方可正常使用。在设计电路时采用延时处理来解决这一问题，VD_6、VD_7、R_2、C_2 等共同组成延时电路，延时时间常数由 R_2、C_2、VD_6 正向电阻决定；当电源断开后，C_2 上的充电电压通过 R_3、VD_7 放电。

三、调试总结

（1）加热电压的改变会直接影响传感器的性能，所以在规定的电压范围内使用为佳。

（2）负载电阻可根据需要适当改动，不影响元件灵敏度。

（3）环境温湿度的变化会给传感器电阻带来影响，当传感器在精密仪器上使用时，应进行温度补偿，最简便的方法是采用热敏电阻进行补偿。

（4）要避免腐蚀性气体及油污污染，长期使用需防止灰尘堵塞气孔。

（5）使用条件：温度为 $-15 \sim 35\,℃$；相对湿度为 $45\% \sim 75\%$ RH；大气压力为 $80 \sim 106$ kPa。

（6）安装建议：如果厨房使用液化石油气，由于该类气体的主要成分为丙烷，比空气重，容易沉积到地面上，因此所制作的可燃性气体检测器要安装在接近地面的位置；如果厨房使用煤气和天然气，由于该类气体比空气轻，可将可燃性气体检测器安装在靠近天花板处，这样容易检测到上升积聚的气体。

能力拓展

一、气体烟雾检测报警电路设计

随着生活水平的提高，人们的日常生活中出现了许多容易燃烧的物品，为了提前发现并阻止火灾的发生、减少火灾引起的事故，常常会用到烟雾检测报警系统。图 4-9 为一款常用的气体烟雾检测报警电路。

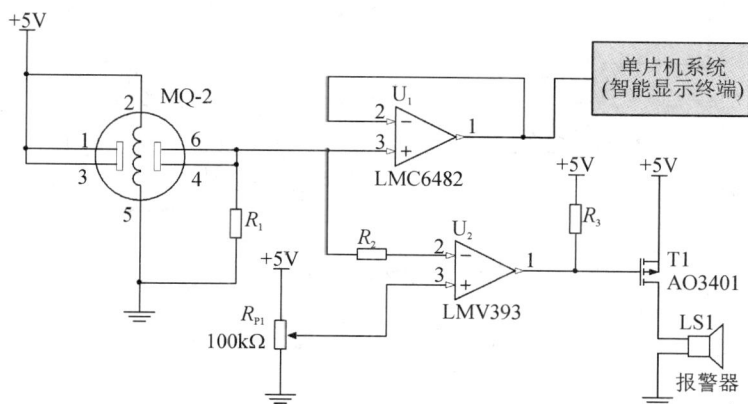

图 4-9　气体烟雾检测报警电路

该烟雾报警器是利用 MQ-2 型气敏传感器检测火灾烟雾的。MQ-2 型气敏传感器使用的是二氧化锡半导体气敏材料，属于表面离子式 N 型半导体。当 MQ-2 型气敏传感器与烟雾接触时，就会引起器件表面电导率的变化，利用这一点就可以获得这种烟雾存在的信息，烟雾浓度越大，电导率越大，输出电阻越低。MQ-2型气敏传感器的主要技术参数见表4-4。

表4-4　MQ-2型气敏传感器主要技术参数

加热电压	5±0.2 V	使用温度	−10～50℃
回路电压	≤15 V	相对湿度	≤95％RH
加热电阻	(31±3)Ω	元件功耗	≤0.9 W

　　当室内没有发生火灾或者烟雾浓度较低时，MQ-2型传感器的电阻值较大，其4、6引脚处电压大，LMV393输出低电平，MOS管截止，报警器不报警；当发生火灾时，室内烟雾浓度增大，MQ-2型传感器电阻值随之减小，其4、6引脚处电压也随之减小，当该电压小于LMV393同相端设置的阈值电压时，LMV393将输出高电平，MOS随之导通，报警器开始报警。

　　同时，MQ-2传感器4、6引脚处电压通过LMC6482构成的电压跟随器后，进入单片机系统中进行处理，并将烟雾浓度信息呈现在显示终端。

　　针对不同场合的需要，烟雾浓度报警阈值可通过R_{P1}进行修改或调节，适用范围更广泛，灵活性强。

二、简易酒精测试仪设计

　　随着我国经济的高速发展，人们的生活水平迅速提升，越来越多的人有了私家车，而酒后驾驶造成的交通事故也频频发生。人饮酒后，酒精通过消化系统被人体吸收，再随着血液的循环，一部分会通过肺部气体被排出，因此利用酒精测试仪测量人呼出气体中的酒精含量，就可以判断其醉酒程度。图4-10为一款简易酒精测试仪的电路原理图。

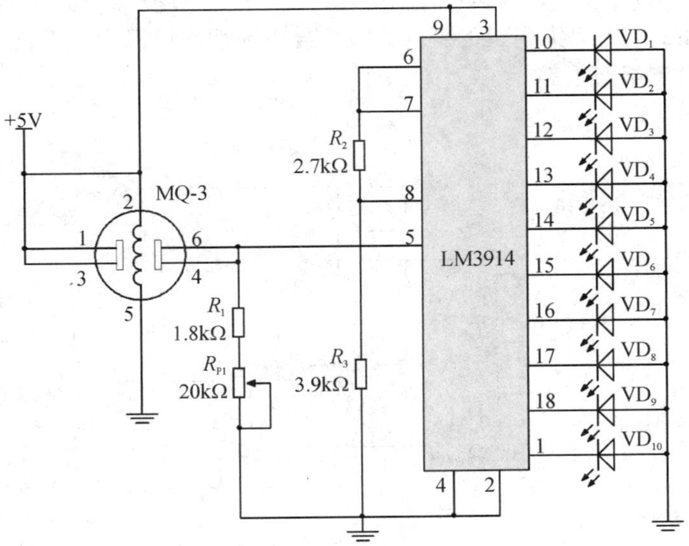

图4-10　简易酒精测试仪电路原理图

　　该设计主要利用MQ-3型气敏传感器检测酒精浓度。MQ-3型气敏传感器对乙醇蒸气具有较高的灵敏度和优秀的选择性，响应时间短并且恢复时间短。MQ-3型气敏传感器属于旁热式气敏元件，元件有 6 个引脚，由陶瓷管和二氧化硅敏感层、测量电极和加热电极构成。敏感元件固定在塑料或不锈钢的腔体内。当 MQ-3 探测不到酒精气体时，其阻值变得很大；当酒精气体浓度增加时，该气敏电阻阻值下降。MQ-3 型气敏传感器主要技术参数表见表 4-5。

表 4-5 MQ-3 型气敏传感器主要技术参数

加热电压	5±0.2 V	使用温度	-10~50℃
回路电压	≤24 V	相对湿度	≤70%RH
加热电阻	(31±3) Ω	响应时间	10 s
元件功耗	≤0.9 W	恢复时间	30 s

在本设计中，MQ-3 型气敏传感器的加热电源和工作电源均为 +5V 直流供电。传感器的负载为 R_1 和 R_{P1}，其输出连接到显示驱动器件 LM3914。LM3914 为一款 10 位 LED 驱动器，它可以把输入模拟量转换为数字量输出，从而驱动 10 位 LED 来进行点显示或柱显示。LM3914 内部引脚 4 和引脚 5 之间接有 10 个精密分压电阻，并配有 10 级电压比较器；引脚 9 为点/柱模式选择；引脚 7 和引脚 8 之间是一个参考电压源；引脚 5 为信号输入脚。

当室内没有发生火灾或者烟雾浓度较低时，MQ-3 型传感器电阻值较大，其引脚 4、6 处电压很小，该小电压通过 LM3914 器件的引脚 5 进入 LED 驱动器，经由内部 10 级比较器比较判断后，在 10 个输出引脚处均输出高电平，10 个 LED 不亮；当酒精气体浓度增加时，引发 MQ-3 阻值下降，经过 R_1 和 R_{P1} 分压后，其 4、6 引脚处电压变大，该模拟电压量送入 LM3914 后，将转换成相应的数字量在 10 个输出引脚进行输出，从而点亮相应数量的 LED。该电路工作时，点亮的 LED 数量与 LM3914 器件引脚 5 的输入电压成正比，即气体中酒精含量越高，点亮的 LED 数目就越多。在测试时，被测试者只要向传感器呼一口气，根据点亮的 LED 数目的多少就可以知道被测试者是否喝酒，大致了解被测试者的饮酒程度。

任务二 室内湿度检测

任务描述

随着社会的发展和人们生活水平的提高，湿度监测在日常生活中应用得越来越广泛，如在加湿、除湿、美容、自动控制、生物培养、室内检测等许多的设备中起着非常重要的作用。实验表明，当空气的相对湿度为 50%~60% 时，人体感觉最为舒适，也不容易引起疾病；当空气相对湿度高于 65% 或低于 35% 时，微生物繁殖滋生最快；当相对湿度在 45%~55% 时，病菌的死亡率较高。因此，对于湿度的检测和控制是十分必要的。

湿敏传感器概述

本任务通过设计一款室内湿度检测装置，介绍常见湿敏传感器的分类、工作原理、选用原则等知识，使读者初步具备传感器选型、测量电路设计、测试与维护的能力。

相关知识

在工业农业生产、气象、环保、国防、科研、航天等领域，经常需要对环境湿度进行测量及控制。但在常规的环境测量参数中，湿度是最难准确测量的一个参数，这是因为测量湿度要比测量温度复杂得多。温度是个独立的被测量，而湿度却受其他因素(大气压强、温度等)的影响。

一、湿度的定义

在我国江南的黄梅天，地面返潮，人们经常会感到闷热不适，这种现象的本质是空气中的相对湿度太大。湿度的检测与控制在现代科研、生产、生活中的地位越来越重要。例如，许多储物仓库在湿度超过某一限度时，物品易发生变质或霉变现象；纺织厂要求车间的湿度保持在 $60\% \sim 70\%$ RH；在农业生产中，温室育苗、食用菌培养、水果保鲜等都需要对湿度进行监测和控制。

所谓湿度，是指大气中水蒸气的含量，表征大气的干湿程度，通常用绝对湿度、相对湿度和露点来表示。目前的湿度传感器多数用于测量空气中的水蒸气含量。

1. 绝对湿度

地球表面的大气层是由 78% 的氮气、21% 的氧气、一小部分二氧化碳、水汽以及其他一些惰性气体混合而成的。由于地面上的水和植物会发生水分蒸发现象，因而大气中水汽的含量也会发生波动，使空气出现潮湿或干燥现象。大气中的水汽含量通常用大气中水汽的密度来表示，即以每 $1~m^3$ 大气所含水汽的克数来表示，称为大气的绝对湿度。

直接测量大气中的水汽含量是十分困难的，由于水汽密度与大气中的水汽分压强成正比，所以大气的绝对湿度又可以用大气中所含水汽的分压强来表示，常用单位是 mmHg 或 Pa。

2. 相对湿度

在许多与大气湿度有关的现象中，如农作物的生长、有机物的发霉、人的干湿感觉等等都与大气的绝对湿度没有太大的关系，而主要是与大气中的水汽离饱和状态的远近程度，即相对湿度有关。

所谓的水汽饱和状态，是指在某一压力、温度下，大气中水汽含量的最大值。相对湿度是空气的绝对湿度与同温度下的饱和状态空气绝对湿度的比值，它能准确说明空气的干湿程度。在一定的大气压力下，两者之间的数量关系是确定的，可以查表得到有关数据。

例如，同样是 $17~g/m^3$ 的绝对湿度，如果是在炎热的夏季中午，由于离当时的饱和状态尚远，人就感到干燥；如果是在初夏的傍晚，虽然水汽密度仍为 $17~g/m^3$，但气温比中午下降很多，大气中水汽密度接近饱和状态，人们就会感到汗水不易蒸发，因此觉得闷热。

在前面所举的例子中，在 $20℃$、一个大气压下，$1~m^3$ 的大气中只能存在 $17~g$ 的水汽，此时的相对湿度为 100%；若同样条件下，绝对湿度只有 $8.5~g/m^3$ 时，则相对湿度就只有 50%。然而，保持上述 $8.5~g/m^3$ 的绝对湿度，将气温降至 $10℃$ 以下时，相对湿度又可能接近 100%。这也是在阴冷的地下室中，人们会感到十分潮湿的原因。相对湿度给出了大气的潮湿程度，实际中常使用相对湿度这一参数。

3. 露点

在一定大气压下，将含有水蒸气的空气冷却，当温度下降到某一特定值时，空气中的水蒸气达到饱和状态，开始从气态变成液态而凝结成露珠，这种现象称为结露。降低温度可以使原先未饱和的水蒸气变成饱和水蒸气而产生结露现象。这一特定温度就称为露点温度（露点），因此，只要测出露点就可以通过查表得到当时大气的绝对湿度。

露点与农作物的生长有很大关系，结露也严重影响了电子仪器的正常工作，因此必须加以注意。

二、湿敏传感器

湿敏传感器又称湿度传感器，是一种能将被测环境湿度转换成电信号的装置，主要由两个部分组成，即湿敏元件和转换电路；除此之外，还包括一些辅助元件，如辅助电源、温度补偿输出、显示设备等。湿敏传感器广泛应用于钢铁、化学、食品及很多其他工业品的生产制造过程中以及人们的日常生活中。

湿度测量早在 16 世纪就有记载，有许多古老的测量仪器，如干湿球湿度计、毛发湿度计和露点计等至今仍被广泛使用。现代工业技术要求高精度、高可靠性和连续地测量湿度，因而陆续出现了种类繁多的湿敏传感器，如图 4-11 所示。

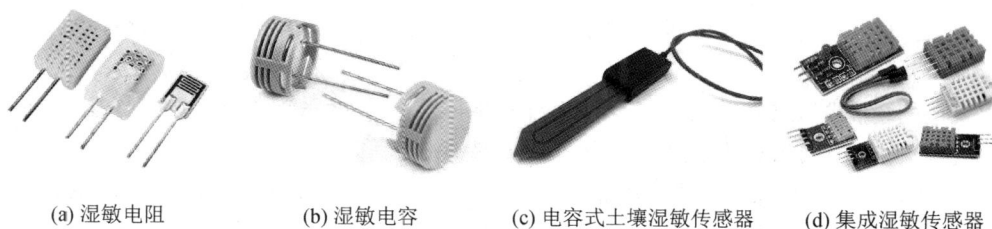

(a) 湿敏电阻　　(b) 湿敏电容　　(c) 电容式土壤湿敏传感器　　(d) 集成湿敏传感器

图 4-11　常见湿敏传感器外形

水是一种强极性的电解质，水分子极易吸附于固体表面并渗透到固体内部，从而引起固体的各种物理变化。湿敏传感器按元件输出的电学量可分为电阻式、电容式、频率式等；按其探测功能可分为相对湿度、绝对湿度、结露等；按其使用材料可分为陶瓷式、有机高分子式、半导体式、电解质式等多种类型。下面主要介绍电阻式、电容式和集成湿敏传感器。

1. 电阻式湿敏传感器

电阻式湿敏传感器是利用器件的电阻值随湿度变化而变化的基本原理来进行工作的，其感湿特征量为电阻值，故又称为湿敏电阻。湿敏电阻具有灵敏度高、体积小、寿命长、不需维护、可以进行遥测和集中控制等优点。

湿敏电阻按照材料，主要分为氯化锂湿敏电阻、半导体陶瓷湿敏电阻和有机高分子膜湿敏电阻。

1）氯化锂湿敏电阻

氯化锂湿敏电阻是典型的电解质湿敏元件，是利用吸湿性盐类潮解，离子电导率会发生变化的原理制成的测湿元件。典型的氧化锂湿敏传感器是浸渍式传感器,如图 4 - 12 所示,由引线、基片、感湿层与铂金电极组成。它是在聚碳酸酯基片上制作一对梳状铂金电极,然后浸涂溶于聚乙烯醇的氯化锂胶状溶液,其表面再涂上一层多孔性保护膜。氯化锂是潮解性盐,这种电解质溶液形成的薄膜能随着空气中水蒸气的变化而吸湿或脱湿。感湿膜的电阻值随着空气相对湿度的变化而变化,当空气湿度增加时,感湿膜中盐的浓度降低,电阻值减小。这类传感器的浸渍基片材料为天然树皮,由于它采用了面积较大的基片材料,并直接在基片材料上浸渍氯化锂溶液,因此具有小型化的特点,适用于微小空间的湿度检测。

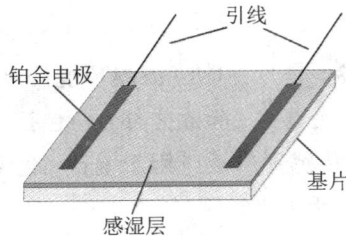

图 4 - 12　氯化锂湿敏电阻结构示意图

　　氯化锂浓度不同的湿敏电阻适用于不同相对湿度范围的检测。浓度低的氯化锂湿敏传感器对高湿度敏感;浓度高的氯化锂湿敏传感器对低湿度敏感。一般单片湿敏传感器的敏感范围仅在 30%RH 左右;为了扩大湿度测量的线性范围,可以将多个氯化锂含量不同的湿敏传感器组合使用。

　　在自动气象站的遥测装置中,常采用湿敏电阻完成湿度采集工作。湿敏电阻耗电量小,可以由蓄电瓶供电而长期自动工作,几乎不需要维护。图 4 - 13 为无线电遥测自动气象站的湿度测报原理框图,氯化锂湿敏电阻将被测湿度转换为电阻值 R,R-f 转换电路将此电阻值 R 转换为相应的频率 f,再经自校准器控制使频率 f 与相对湿度一一对应,最后经门电路记录在自动记录仪上。如果需要远距离传输数据,则还需要将得到的数字量编码,调制到无线电载波上发射出去。

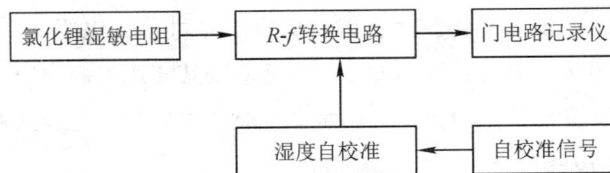

图 4 - 13　无线电遥测自动气象站的湿度测报原理框图

2) 半导体陶瓷湿敏电阻

　　半导体陶瓷湿敏电阻是一种电阻型的传感器,是根据微粒堆积体或多孔状陶瓷体的感湿材料吸附水分,从而改变其电导率这一原理检测湿度的。

　　制造半导体陶瓷湿敏电阻的材料主要是不同类型的金属氧化物。例如 $MgCr_2O_4$-TiO_2、ZnO-Li_2O-V_2O_5、Si-Na_2O-V_2O_5、Fe_3O_4 等。有一类半导体陶瓷材料的电阻率随湿度的增加而下降,称为负特性湿敏半导体陶瓷;还有一类半导体陶瓷材料的电阻率随湿度的增大而增大,称为正特性湿敏半导体陶瓷。

多孔陶瓷置于空气中易被灰尘、油烟污染，从而堵塞气孔，导致感湿面积下降。如果将湿敏陶瓷加热到300℃以上，就可以使得污物挥发或被烧掉，使陶瓷恢复到初始状态，因此必须定期给加热丝通电。陶瓷湿敏电阻一般采用交流供电，若长期采用直流供电，会使湿敏材料极化，吸附的水分子电离，导致灵敏度下降，性能变差。

3）有机高分子膜湿敏电阻

有机高分子膜湿敏电阻是在氧化铝等陶瓷基板上设置梳状电极，然后在其表面涂以既有感湿性能又有导电性能的高分子材料薄膜，再敷涂一层多孔质的高分子膜保护层，如图4-14所示。这种湿敏元件是利用水蒸气吸着于感湿薄膜上，其电阻值随相对湿度变化而变化的原理制成的。由于使用了高分子材料，所以这类湿敏电阻适用于高温气体中湿度的测量。

图4-14　有机高分子膜湿敏电阻实物图

2. 电容式湿敏传感器

电容式湿敏传感器（又称湿敏电容）是有效利用湿敏元件电容量随湿度变化而变化的特性来进行测量的，通过检测其电容量的变化，从而间接获得被测湿度的大小。其结构示意图如图4-15所示。

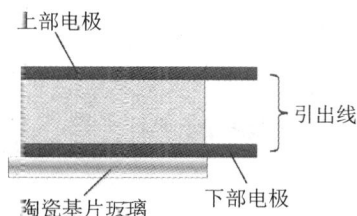

图4-15　电容式湿敏传感器结构示意图

湿敏电容一般是用高分子薄膜电容制成的，常用的高分子材料有聚苯乙烯、聚酰亚胺等。当环境湿度发生变化时，湿敏电容的介电常数发生变化，使其电容量也发生变化，其电容量变化量与相对湿度成正比。

湿敏电容的主要优点是灵敏度高，产品互换性好，响应速度快，滞后量小，便于制造，容易实现小型化和集成化，因此在实际中得到了广泛的应用。它的精度比一般湿敏电阻要低一些。湿敏电容广泛应用于洗衣机、空调、微波炉等家用电器及工业、农业等方面。电容式湿敏传感器的湿敏元件的线性度及抗污染性差。在检测环境湿度时，湿敏元件要长期暴露在待测环境中，很容易被污染而影响其测量精度及长期稳定性。

3. 集成湿敏传感器

将湿敏电阻或湿敏电容、信号放大与处理电路等利用集成电路工艺技术制作在同一芯片上即可制成集成湿度传感器。

集成湿敏传感器按其输出信号的不同，可分为线性电压输出型、线性频率输出型等多种类型。集成湿敏传感器具有产品互换性好、响应速度快、抗干扰能力强、不需要外部元件、易于连接单片机控制系统等一系列优点，在实际湿度测量场合得到了广泛的应用。

三、湿敏传感器的选用原则

1. 电源选择

湿敏电阻必须工作在交流回路中。若用直流供电，会引起多孔陶瓷表面结构的改变，湿敏特性变差；若交流电源频率过高，则元件的附加容抗会影响测湿灵敏度和准确性。因此应以不产生正、负离子积聚为原则，使电源频率尽可能低。对于离子导电型湿敏元件，电源频率一般以 1 kHz 为宜。对于电子导电型湿敏元件，电源频率应低于 50 Hz。

2. 线性化处理

一般湿敏元件的特性均为非线性，为准确地获得湿度值，要加入线性化电路，使输出信号正比于湿度的变化。

3. 测量湿度范围

电阻湿敏元件在湿度超过 95％RH 时，湿敏膜因湿润而被溶解，厚度会发生变化；若反复结露与潮解，湿敏特性将变差而不能复原。

湿敏电容在 80％RH 以上高湿及 100％RH 以上结露或潮解状态下，也难以进行正常检测。另外，不能将湿敏电容直接浸入水中或长期用于结露状态，也不能用手摸或用嘴吹其表面。

4. 安装要求

湿敏传感器应安装在空气流动的环境中。传感器的延长线应使用屏蔽线，最长不超过 1 m。

5. 加热去污

陶瓷元件的加热去污应控制在 450℃，利用元件的温度特性进行温度检测和控制，当温度达到 450℃即中断加热。由于未加热前元件吸附有水分，突然加热会出现相当于 450℃时的阻值，而实际温度并未达到 450℃，因此应在通电后延迟 2～3 s 再检测电阻值。当加热结束后，应冷却至常温再开始检测湿度。

▧ 任务实施

一、传感器选型

AM1001 相对湿度传感器模块采用模拟电压输出方式，具有精度高、可靠性高、一致性好且已带温度补偿、长期稳定性好、使用方便及价格低廉等特点,适合在暖通空调、加湿器、除湿机、通信、大气环境检测、工业过程控制、农业、测量仪表等领域使用。

1. 产品选型

AM1001 传感器为单湿型,由于本任务仅针对湿度检测,故选用 AM1001 型号即可。如需要进行温、湿度两种参数检测,也可以使用温湿一体型 AMT1001,两种型号的接线方式近似,实物及接线方式如图 4-16 所示,其引脚及具体功能见表 4-6。

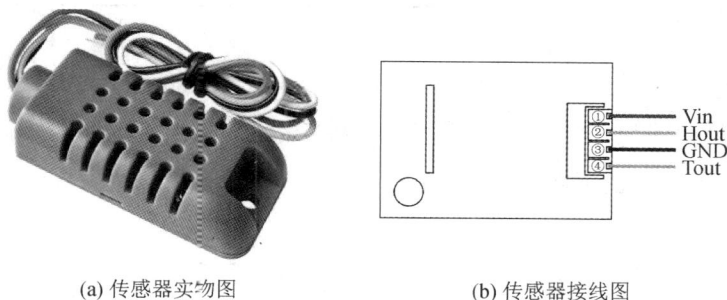

(a) 传感器实物图　　　　　　(b) 传感器接线图

图 4-16　湿度传感器实物及接线方式

表 4-6　传感器引脚及功能

引脚	颜色	名称	描　述
1	红色	Vin	供电电源(DC 4.75~5.25 V)
2	黄色	Hout	湿度输出(DC 0~3 V)
3	黑色	GND	地
4	白色	Tout	温度输出(AM1001 无)

AM1001 传感器的电气特性(如能耗、输入/输出电压等)都取决于供电电源,该传感器主要电气特性参数见表 4-7。

表 4-7　AM1001 主要电气特性参数

供电电压	DC 4.75~5.25 V	湿度检测精度	±3%RH
消耗电流	约 2 mA		(条件:25℃,60%RH)
适用湿度范围	(20%~95%)RH	标准湿度输出电压	
湿度检测范围	(20%~90%)RH	(免调试)	条件:25℃,Vin=5 V
湿度电压输出范围	DC 0~3 V	湿度采样周期	3 s

2. 传感器湿度与输出电压关系

AM1001 传感器湿度换算公式如下:

$$湿度 = 输出电压(V) \div 0.03(\%RH)$$

其相对湿度–输出电压见表 4-8。

表 4-8　AM1001 传感器相对湿度–输出电压对照表

相对湿度（%RH）	0	10	20	30	40	50	60	70	80	90	100
输出电压/V	0	0.3	0.6	0.9	1.2	1.5	1.8	2.1	2.4	2.7	3.0

二、应用实例

1. 电路设计

房间湿度控制器电路如图 4-17 所示。

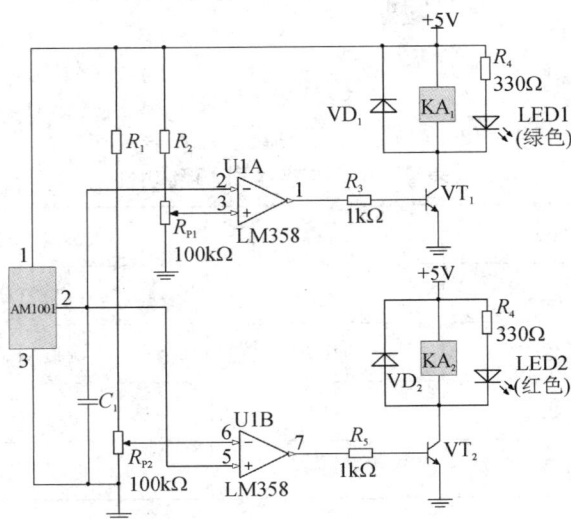

图 4-17　房间湿度控制器电路

2. 原理分析

在电路中，AM1001 型湿敏传感器模块构成湿度采集环节，传感器的相对湿度值为 (0%～100%)RH，所对应的输出信号为 0～3 V。LM358 中的 U1A 和 U1B 为集成运放开环应用，作为电压比较器，构成湿度上下限阈值比较判断环节。湿敏传感器输出信号分成两路，分别接在 U1A 的反相输入端和 U1B 的同相输入端，只需将 R_{P1} 和 R_{P2} 调整到适当的位置，便可调节湿度上下限报警阈值，构成湿度上下限灯光报警控制电路。

当房间相对湿度上升时，AM1001 传感器输出电压值也随之上升，升到一定数值时，U1B 输出高电平，VT_2 导通，LED2(红色)点亮，表示房间相对湿度过大，继电器 KA_2 吸合，排气扇转动进行换气排湿；待房间湿度下降到湿度上限阈值以下时，U1B 输出低电平，VT_2 截止，LED2 灭，继电器 KA_2 断开，排气扇停转。

当房间相对湿度较低时，AM1001 传感器输出电压值随之下降，下降到下限阈值以下时，U1A 输出高电平，VT$_1$ 导通，LED1（绿色）点亮，表示房间相对湿度过低，继电器 KA$_1$ 吸合，加湿器进行工作；随着房间相对湿度上升至下限阈值以上时，U1A 输出变为低电平，VT$_1$ 截止，LED1 灭，继电器 KA$_1$ 断开，加湿器停止工作。

三、调试总结

（1）本电路后续负载（排气扇、加湿器等）电路未在图 4-17 中体现出来，环境中的相对湿度在很大程度上依赖于温度，因此在安装时应尽可能地将湿度传感器远离释放热量的电子元件，并安装在热源下方，同时保持外壳的良好通风。

（2）长时间暴露在太阳光下或强烈的紫外线辐射中，传感器的性能会下降，从而影响测量效果。

（3）配线注意事项：信号线材质会影响电压输出质量，在安装时建议采用高质量屏蔽线。

（4）焊接注意事项：手动焊接时，在最高 300℃ 的温度条件下，接触时间需少于 3 s。

能力拓展

一、结露传感器

结露传感器是湿敏传感器的一种，一般的湿敏传感器可以从低湿测到高湿，测湿范围很宽，而结露传感器只能用来检测露点，这是两者的主要区别。

1. CJ-10 型结露传感器概述

CJ-10 型结露传感器是新一代结露检测器件，是在大气结露点附近具备正特性的开关型元件，该产品对低湿不敏感，对高湿敏感，传感器外形如图 4-18 所示。

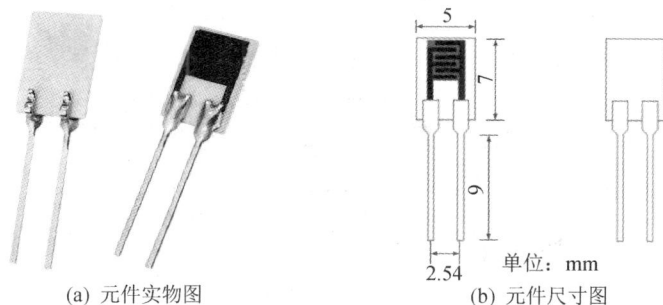

(a) 元件实物图　　　　　(b) 元件尺寸图

图 4-18　结露传感器外形及尺寸

1）CJ-10 型结露传感器的特点

（1）反应灵敏，响应点精确。

（2）采用纳米技术，水分吸附及脱附速度快，可迅速准确地反映环境实际湿度状态。

（3）材料抗污染能力强，材料与基片结合力强，在极端状态下不易脱落，可靠性高。

（4）可以在直流电压下工作，阻值变化与所施加电压无关。

2）CJ-10型结露传感器的应用范围

CJ-10型结露传感器常用于需要对结露状态有精准控制的场所，如电力设备、干燥设备、除湿设备等控制设备；温湿度表、打印机、复印机、空调、冰箱等家电产品；智能可穿戴(汗液检测等)设备。

3）传感器性能参数

CJ-10型结露传感器主要性能参数如表4-9所示。

表4-9　CJ-10型结露传感器主要性能参数

工作电压范围	0.8 V AC/DC （安全电压）	响应时间	10 s （阻抗大于200 kΩ）
功率	0.2 mW	结露测试范围	(93%～100%)RH
工作温度范围	0～60℃	湿滞回差	≤5%RH
工作湿度范围	(0%～100%)RH	阻抗特性	75%RH：1～2 kΩ
湿度电压输出范围	DC 0～3 V		93%RH：≥6.8 kΩ 100%RH：≥100 kΩ

2. 结露传感器的应用

浴室中湿度一般较大，当湿度达到一定程度时，浴室镜面会结露，镜子表面产生一层雾气，影响使用效果。市场中的不结露镜面一般都安装有镜面水汽清除器，该装置可以采用结露型湿敏传感器监测镜面湿度情况，高湿状态下，利用热电丝加热，以消除水汽，其结构示意图如图4-19所示。

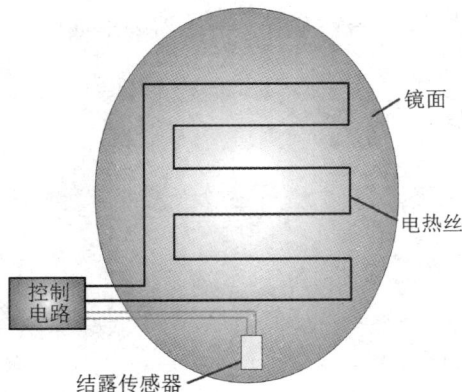

图4-19　浴室镜面水汽清除器结构示意图

浴室镜面水汽清除器电路主要由电热丝 R_L、结露控制器、控制电路等组成，其中电热丝和结露控制器安装在玻璃镜子的背面，用导线将它们和控制电路连接在一起。其电路原理图如图4-20所示。

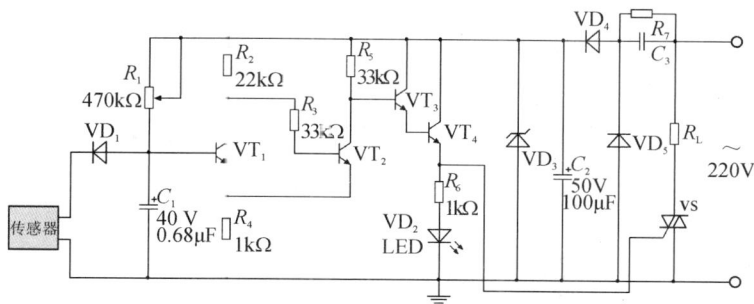

图 4-20　浴室镜面水汽清除器电路原理图

镜面水汽清除器的传感器采用 CJ-10 型结露传感器，用来检测浴室内空气中的水汽。VT₁ 和 VT₂ 组成施密特电路，根据结露传感器感知水汽后的电阻值变化，实现两种稳定的输出状态。当玻璃镜面周围的空气湿度变低时，结露传感器阻值很小，此时 VT₁ 截止，VT₂ 集电极处为低电位，VT₃ 和 VT₄ 截止，用于报警的 LED 不亮，双向晶闸管不被触发；当玻璃镜面周围的湿度增加时，结露传感器电阻值随之增大，该传感器在相对湿度达到 93%RH 以上时，电阻值明显增大，使得 VT₁ 导通、VT₂ 截止，VT₂ 集电极处电压转变为高电位，VT₃ 和 VT₄ 导通，LED 点亮报警，并触发双向晶闸管导通，加热丝 R_L 通电加热，蒸发水汽使镜面恢复清晰。调节 R_1 的阻值，还可以使加热丝在确定的某一相对湿度条件下开始加热。

控制电路的电源由 C_3 降压，经整流、滤波、稳压后供给电路。控制电路可以安装在自选的塑料盒内，将电路板水平安装并固定好。使用时，可以调节 R_1 的阻值，使加热器的通断预先确定在某一相对湿度上。电热丝可以缝制在一块普通的布上粘于镜子背面。在使用、安装结露传感器时，避免硬物或手指直接接触元件表面，以免划伤或污染传感器表面。另外，汗液会污染传感器感湿膜致其性能漂移，所以接触传感器时应戴手指套。

二、雨量检测传感器

图 4-21 为常用的雨量检测传感器，该雨量检测实物板（传感器）由交叉不相连的两路电阻丝组成。在干燥情况下（没有水滴滴落时），该传感器相当于断路效果。当有雨滴落在面板上时，传感器导通，且其阻值 R_S 跟随雨量大小的变化而变化。

雨量检测传感器电路原理图如图 4-22 所示。雨量检测传感器与 R_1 构成分压电路，LM393 接成开环电路，作为比较器使用，电路雨量报警阈值可通过 R_P 进行调

图 4-21　常用雨量检测传感器

节。当感应板上没有雨滴时，LM393 输出为高电平，LED 截止。当雨量变大，即检测实物板上雨滴变多时，R_S 减小，当 LM393 同相端电压小于反相端电压时，输出为低电平，LED 导通，点亮报警。

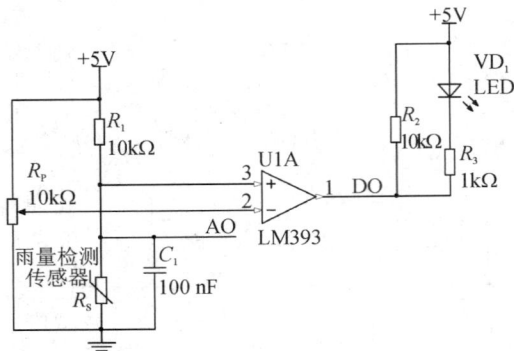

图4-22　雨量检测传感器电路原理图

该电路有两路输出，一路由 LM393 输出数字开关量 DO，进行灯光报警；一路从 R_1 和雨量检测传感器分压处引出，输出模拟电压量 AO，也可以将 AO 信号连接至单片机 AD 口进行雨量大小检测。此类传感器还可搭配外围电路构成投入式液位检测电路。

项 目 实 训

设计与制作 3——酒精浓度检测报警器的设计与制作

案例分析

MQ-3 型气敏传感器所使用的气敏材料是在清洁空气中电导率较低的氧化锡（SnO_2），实物如图 4-23 所示。当传感器所处环境中存在酒精蒸气时，传感器的电导率会随空气中酒精气体浓度的增加而增大。MQ-3 型气敏传感器对酒精有很高的灵敏度和良好的选择性，可以抵抗汽油、烟雾、水蒸气的干扰，它具有响应恢复快速、稳定性好、体积小、成本低、驱动回路简单等优点，适用于机动车驾驶人员及其他严禁酒后作业人员的现场酒精检测，以及其他场所乙醇蒸气的检测。

本案例是基于 MQ-3 型气敏传感器的酒精浓度检测报警器的设计与制作。

图4-23　MQ-3型气敏传感器实物图

设计与制作 3——酒精浓度检测报警器

设计与制作

一、电路功能介绍

本项目所要设计的酒精检测报警装置电路功能如下：

（1）酒精浓度检测报警器带有按键复位功能；

（2）采用 1602 液晶屏显示酒精浓度；

（3）当酒精浓度未超过设置阈值时，绿灯闪烁；当酒精浓度超过上限值时，红灯闪烁并且蜂鸣器报警；

（4）可以通过按键对酒精浓度报警值进行设置。

酒精浓度检测报警器系统设计框图如图 4-24 所示。

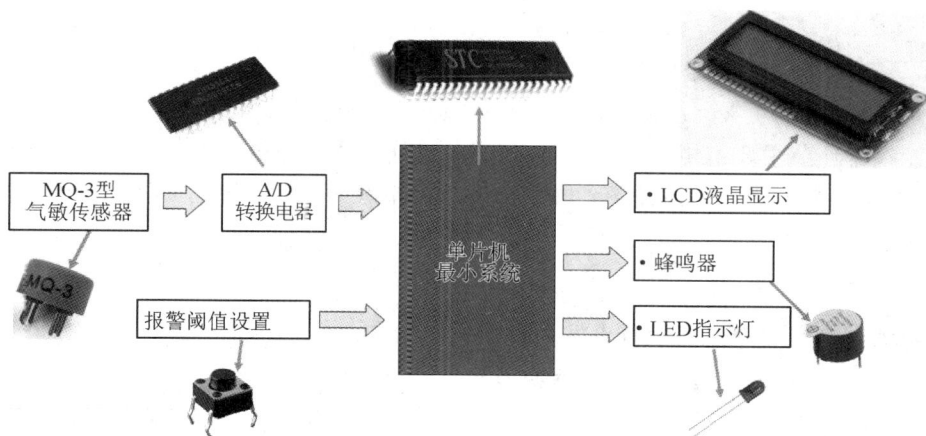

图 4-24 酒精浓度检测报警器系统设计框图

二、电路设计与制作

1. 电路设计

本次所要设计的酒精检测报警装置主要由 MQ-3 型传感器测量电路、A/D 转换电路、单片机最小系统、报警阈值按键设置电路、液晶显示电路、声光报警电路（蜂鸣器＋LED）等几部分组成。图 4-25 为酒精浓度检测报警器电路原理图。

MQ-3 型气敏传感器经过测量转换电路后，能够将酒精浓度转换为模拟电压信号输出，并将该模拟电压信号送入到模/数转换芯片 ADC0809 的 In0 引脚（26 号引脚）进行信号转换，ADC0809 完成模拟信号到数字信号的转换工作后，通过 8 个并行输出口 D0～D7，将与酒精浓度相关的 8 位二进制数经由 P1 口送入单片机中进行处理。

单片机的最小系统需要搭建电源电路、时钟电路和复位电路三个环节；三个轻触开关 K_1、K_2、K_3 分别与单片机的 P2.6、P2.7、P3.7 相连，可以根据不同场合的需求，修改报警的阈值。LCD 液晶屏由单片机的 P0.0～P0.7 口驱动，完成酒精浓度值、报警阈值的显示。

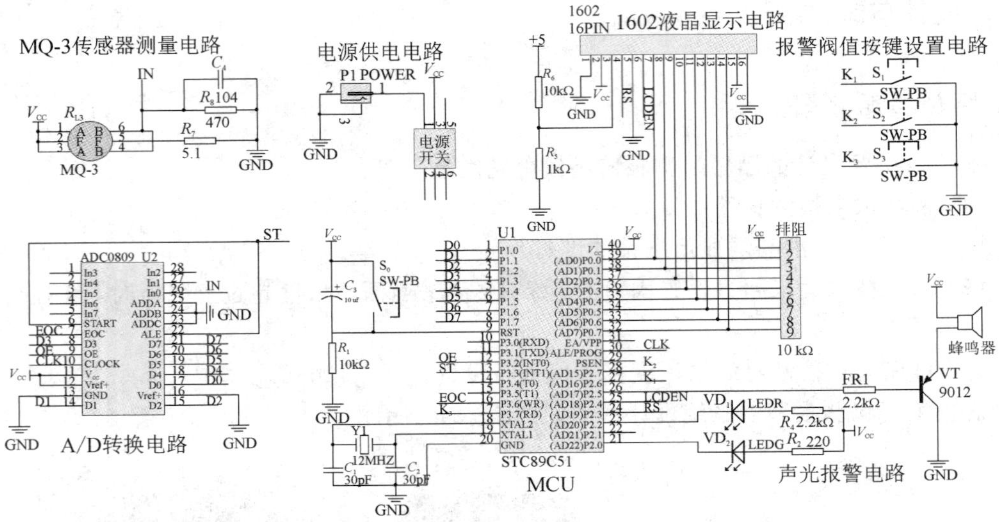

图 4-25　酒精浓度检测报警器电路原理图

声光报警环节主要由蜂鸣器和 LED 组成,当传感器所处环境中酒精浓度正常时,绿色 LED(LEDG)闪烁;当传感器检测到酒精浓度超出报警阈值时,红色 LED(LEDR)闪烁,同时蜂鸣器报警。

2. 元件清单

酒精浓度检测报警器元件清单见表 4-10。

表 4-10　酒精浓度检测报警器元件清单

元件名称	数量	元件名称	数量
STC89C51 单片机	1	ADC0809	1
40P IC 底座	1	28P IC 底座	1
1602 液晶屏	1	16P 母座	1
色环电阻 2.2 kΩ	2	色环电阻 1 kΩ	1
色环电阻 5.1 Ω	1	色环电阻 470 Ω	1
色环电阻 10 kΩ	2	色环电阻 220 Ω	1
PNP 三极管(9012)	1	直插电解电容 10 μF	1
直插瓷片电容 30 pF	2	104 独石电容	1
4 脚按键开关(6×6×5)mm	4	12 MHz 晶振	1
排阻 10 kΩ	1	有源蜂鸣器	1
LED 灯 5 mm(红、绿)	2	自锁开关	1
DC 电源接口	1	9×15 万用板	1

3. 电路板制作与装配

酒精浓度检测报警器装配实物图如图 4-26 所示。焊接完毕后，再将芯片插接入对应的芯片底座，并将液晶屏装配好。

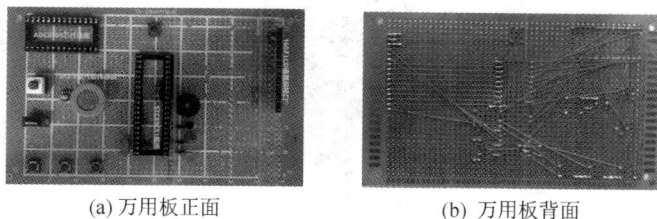

(a) 万用板正面　　　　　　　　(b) 万用板背面

图 4-26　酒精浓度检测报警器装配实物图

三、设计总结

MQ-3 型气敏传感器是加热器驱动的传感器。为了进行准确的测量，需要对传感器进行充分预热。为了达到最大精度，预热时间可以增加到 24～48 h。

MQ-3 型传感器有 6 只针状引脚，其中 4 个为测量电极、2 个为加热电极，如图 4-27 所示。在实物焊接中，可以将 MQ-3 的引脚 1、2、3 连接在一起，并与电路中 5 V 的电源相连；引脚 4 和 6 连接在一起作为传感器的信号输出脚，并接至后续电路；引脚 5 独立加电阻接地，构成传感器的加热回路。

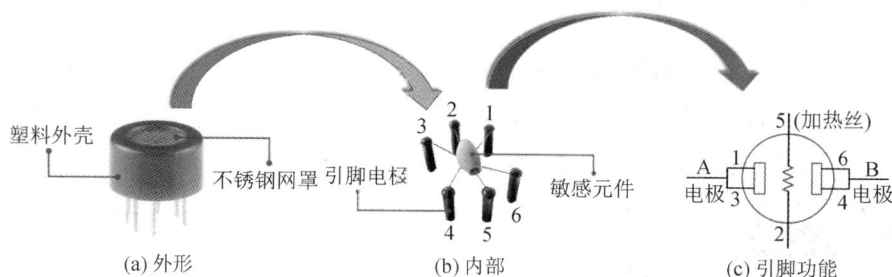

(a) 外形　　　　　　　(b) 内部　　　　　　　(c) 引脚功能

图 4-27　MQ-3 型气敏传感器结构及引脚

设计与制作 4——粮仓温湿度检测报警装置的设计与制作

案例分析

我国是一个人口众多的农业大国，科学储粮是保障人民粮食供应、促进社会安定的大事。粮仓温湿度的监测在科学储粮中占有重要的地位。粮仓粮食安全储藏的参数指标主要有温度和湿度，这两者之间也是互相关联的。我国各地的自然环境不同，在不利于存储粮食的自然环境中，一个具有测量及自动调节温湿度功能的智能型粮库就能够创造出存储粮食的适宜条件了。

本案例是基于 DHT11 型温湿度传感器(见图 4-28)的粮仓温湿度检测报警装置的设

计与制作。

设计与制作 4——粮仓
温湿度检测报警装置

图 4-28　DHT11 型温湿度传感器实物图

设计与制作

一、DHT11 传感器介绍

DHT11 温湿度传感器是一款含有已校准数字输出的温湿度复合型传感器。传感器内部集成了一个电阻式感湿元件和一个 NTC 测温元件,其湿度测量范围为(20%～90%)RH,温度测量范围为 0～+50℃,工作电压为 3.3～5.5 V,响应时间在 5 s 以内。DHT11 有响应速度快、抗干扰能力强、体积小、接线简单、性价比高等优点,广泛应用于各类温湿度自动检测与控制系统,以及暖通空调、加湿、除湿等设备中。

DHT11 为 4 针单排引脚封装,引脚图如图 4-29 所示。DHT11 的 1 脚为 V_{DD} 电源脚;2 脚为 DATA 脚,即数据收发脚,主要用于和主机之间的通信工作;3 脚为 NC 空脚,不需要接线;4 脚为 GND 接地脚。图 4-30 为 DHT11 传感器的典型应用电路。

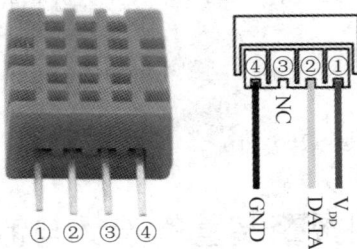

图 4-29　DHT11 温湿度传感器引脚图

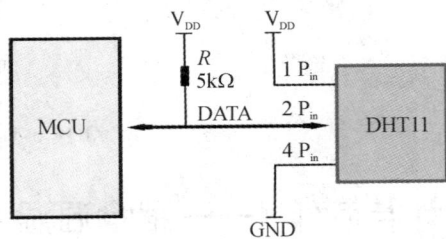

图 4-30　DHT11 典型应用电路

DHT11 与主机之间采用的是单总线双向通信方式,一次通信时间为 4 ms 左右。但是 DHT11 不会主动进行温湿度的采集工作,除非接收到主机发送的"开始信号"。在不进行数据采集的时候,DHT11 工作在低速模式;当主机发送"开始信号"以后,DHT11 就会从低功耗模式转换到高速模式,直到主机"开始信号"结束以后,DHT11 才会发送响应信号,并拉高总线,准备传输数据。DHT11 通信过程如图 4-31 所示。

DHT11 一次完整的数据传输为 5 个字节,40 bit 数据。按照高位在前、低位在后的顺

图 4-31 DHT11 通信过程

序进行传输。数据格式为：8 bit 湿度整数数据＋8 bit 湿度小数数据＋8 bit 温度整数数据＋8 bit温度小数数据＋8 bit 校验和数据。当数据传送正确时，校验和数据等于"8 bit 湿度整数数据＋8 bit 湿度小数数据＋8 bit 温度整数数据＋8 bit 温度小数数据"所得结果的末8 位。使用校验和的目的主要是保证数据传输的准确性。

DHT11 时序要求非常严格，在操作时序的时候，为了防止中断干扰总线时序，可以先关闭总中断，等操作完毕以后再打开。

二、电路功能介绍

本次所要设计的粮仓温湿度检测报警装置主要由 DHT11 型温湿度传感器、单片机最小系统、报警阈值设置电路、LCD 液晶显示电路、声光报警模块（蜂鸣器＋LED）等几部分组成。电路功能如下：

（1）粮仓温湿度检测报警装置带有按键复位功能。

（2）采用 1602 液晶屏显示实测温度和湿度，以及温度报警阈值、湿度报警阈值。

（3）当温度或者湿度值低于下限值时，对应的绿色 LED 闪烁，并且蜂鸣器报警提示；当温度或者湿度值高于上限值时，对应的红色 LED 闪烁，并且蜂鸣器报警提示。

（4）可以通过按键对温度、湿度的报警阈值进行设置。

粮仓温湿度检测报警装置的系统设计框图如图 4-32 所示。

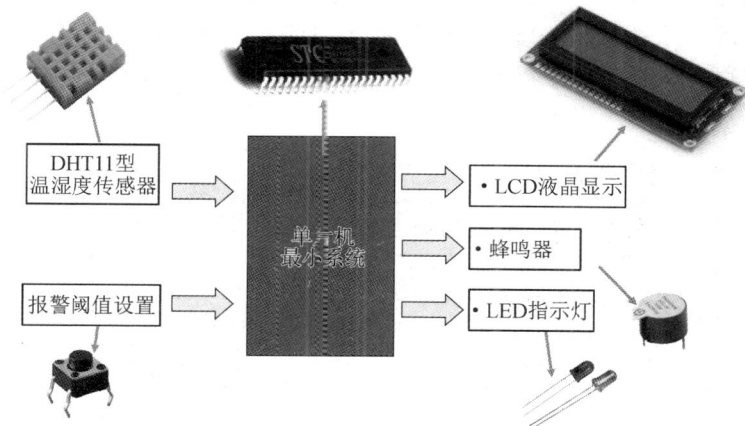

图 4-32 粮仓温湿度检测报警装置系统设计框图

三、电路设计与制作

1. 电路设计

电路图 4-33 中，DHT11 传感器负责对环境中的温湿度情况进行数据采集，其 DATA 引脚(2 脚)与 STC89C51 的 P1.0 连接，二者相互通信。单片机对 DHT11 送入的数据进行接收、处理、判断以后，控制 LCD 液晶屏进行数据显示。

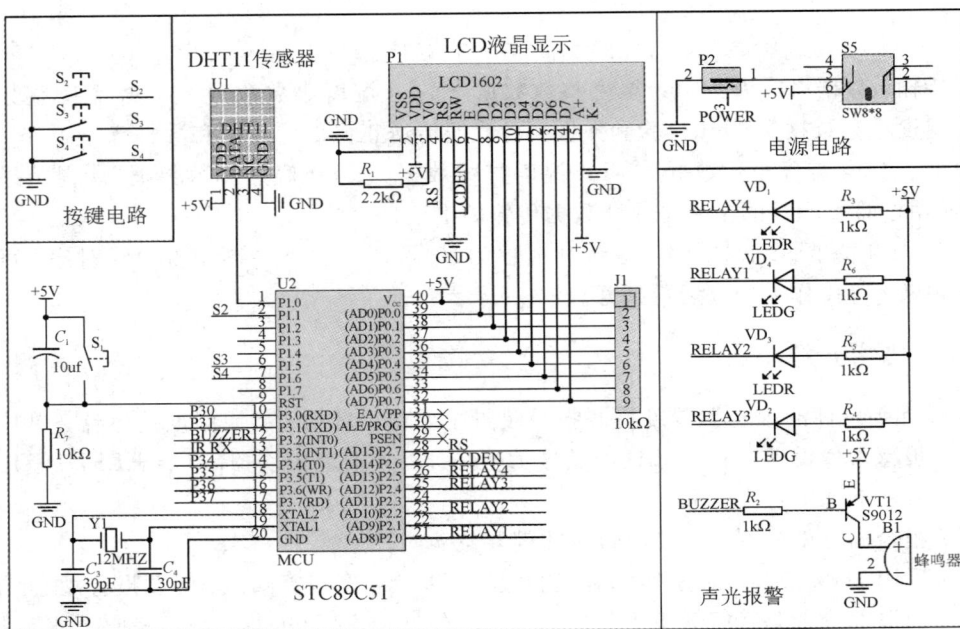

图 4-33　粮仓温湿度检测报警装置电路原理图

当温度或者湿度值低于下限值时，对应的绿色 LED(LEDG)闪烁，并且蜂鸣器报警提示；当温度或者湿度值高于上限值时，对应的红色 LED(LEDR)闪烁，并且蜂鸣器报警提示。同时，三个轻触开关 S_2、S_3、S_4 与 STC89C51 相连，可以根据干藏库或冷藏库对于环境温湿度的不同需求，来修改温湿度报警的阈值。

2. 元件清单

粮仓温湿度检测报警装置元件清单见表 4-11。

表 4-11　粮仓温湿度检测报警装置元件清单

元 件 名 称	数量	元 件 名 称	数量
STC89C51 单片机	1	DHT11 数字温湿度传感器	1
40P IC 底座	1	16P 母座	1
1602 液晶屏	1	色环电阻 10 kΩ	1
色环电阻 2.2 kΩ	1	色环电阻 1 kΩ	5
直插瓷片电容 30 pF	2	直插电解电容 10 μF	1

续表

元 件 名 称	数量	元 件 名 称	数量
PNP 三极管(9012)	1	有源蜂鸣器	1
4 脚按键开关(6×6×5)mm	4	自锁开关	1
排阻 10 kΩ	1	12 MHz 晶振	1
LED 灯 3 mm(红、绿)	4	DC 电源接口	1
9×15 万用板	1	电源线	1

3. 电路板制作与装配

在进行电路装配之前，可以先拟订出组装的草图。在焊接过程中，连线需要尽量做到排板简洁、连线方便。粮仓温湿度检测振警装置电路布局图与装配实物图如图 4-34 所示。

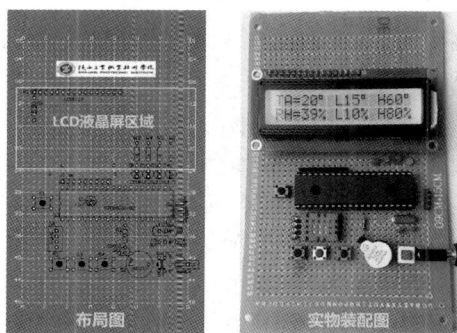

图 4-34　粮仓温湿度检测报警装置电路布局图与装配实物图

四、设计总结

电路设计时，DHT11 的电源引脚(V_{DD}、GND)之间可增加一个 $10~\mu F$ 的电容，用于去耦滤波。除此以外，DHT11 传感器在存储、使用、焊接过程中还需要注意以下事项：

1. 工作与贮存条件

超出建议的工作范围可能导致高达 3％RH 的临时性信号漂移。返回正常工作条件后，传感器会缓慢地向校准状态恢复。在非正常工作条件下长时间工作会加速产品的老化过程。

2. 恢复处理

处于极限工作条件下或化学蒸气中的传感器，通过如下处理程序，可使其恢复到校准时的状态：在 50～60℃和小于 10％RH 的湿度条件下保持 2 h(烘干)；随后在 20～30℃和大于 70％RH 的湿度条件下保持 5 h 以上。

3. 温度影响

气体的相对湿度在很大程度上依赖于温度。因此在测量湿度时，应尽可能保证湿度传感器在同一温度下工作。如果与释放热量的电子元件共用一个印刷电路板，在安装时应尽可能使 DHT11 远离电子元件，并安装在热源下方，同时保持外壳的通风良好。为降低热传导，DHT11与印刷电路板其他部分的铜镀层间距应尽可能最小，并在两者之间留出一道缝隙。

4. 光线问题

长时间暴露在太阳光下或强烈的紫外线辐射中，传感器的性能会降低。

5. 配线注意事项

DATA 信号线的线材质量会影响通信距离和通信质量，推荐使用高质量的屏蔽线。

6. 焊接

电路板采用手动焊接，在最高 260℃的温度条件下焊接时间须少于 10 s。

项 目 总 结

本项目选取环境量监测中最为常见的气体浓度和湿度两大因素，以"厨房可燃性气体检测""房间湿度检测"为载体，对气敏传感器和湿敏传感器的结构、分类、工作原理、测量电路、选型要求及应用领域等进行了较为详细的介绍。

气敏电阻元件一般都附有加热器，它的作用是将附着在探测部分处的油污、尘埃等烧掉，同时加速气体的氧化还原反应，从而提高元件的灵敏度和响应速度。气敏电阻元件的加热方式一般分为直热式和旁热式两种。直热式元件制造工艺简单、成本低、功耗小，可以在高压回路下使用，但其热容量小、易受环境气流的影响，且测量回路和加热回路间没有隔离而相互影响。旁热式元件测量极和加热极分离，而且加热丝不与气敏材料接触，从而避免了测量回路和加热回路的相互影响。

湿敏传感器是一种能够将环境湿度转换成电信号的装置，按照探测功能，可以分为绝对湿度型、相对湿度型和结露型三种。需要注意的是，结露型传感器对低湿不敏感、对高湿敏感，在大气凝露点附近具备开关特性。

项 目 考 核

4-1 判断题

(1) 湿敏电阻既可以采用交流供电，也可以采用直流供电。　　　　　　　　　　(　　)

(2) TiO_2 气敏电阻和 ZrO_2 氧浓度传感器，均可以用于测量氧浓度。　　　　(　　)

(3) 电容式湿敏传感器是利用湿敏元件电容量随湿度变化而变化的特性来进行湿度测量的。　　　　　　　　　　　　　　　　　　　　　　　　　　　　　　　　　　(　　)

(4) 对气敏传感器进行选型时，所选传感器除了对被测气体敏感以外，也可以对与被测气体共存的气体或物质敏感。　　　　　　　　　　　　　　　　　　　　　　(　　)

(5) 结露传感器和其他湿度传感器不同，对低湿不敏感而对高湿敏感。　　　　(　　)

4-2 单选题

(1) 湿敏电阻用交流电作为激励电源，是为了(　　　)。

A. 提高灵敏度　　　　　　　　　　B. 减小交流电桥平衡的难度

C. 防止产生极化、电解作用　　　　D. 扩大测量量程

（2）在使用测谎仪时，被测试人由于说谎紧张而手心出汗，可用（　　）传感器来进行检测。

A. 气敏电阻　　　　B. 热电偶　　　　C. 湿敏电阻　　　　D. 应变片

（3）湿敏传感器按元件输出的电学量分类，不包括（　　）。

A. 电阻式　　　　　B. 电容式　　　　C. 频率式　　　　D. 相对湿度式

（4）MQ-N 型气敏传感器可以用来检测（　　）的浓度。

A. CO_2　　　　　　B. H_2O　　　　　C. O_2　　　　　　D. 可燃性气体

（5）电阻型半导体式气敏传感器是（　　）检测原理的。

A. 基于二极管整流作用　　　　　　B. 基于体电阻控制型

C. 基于电容型　　　　　　　　　　D. 基于晶体管气敏元件

4-3　简答题

（1）简述气敏电阻的组成和工作原理。

（2）为什么气敏电阻需要加热使用？

（3）什么是绝对湿度和相对湿度？

（4）简述几种湿敏传感器的组成、工作原理及特性。

4-4　分析题

图 4-35 为一款自动吸排油烟机原理框图，试分析其工作原理。

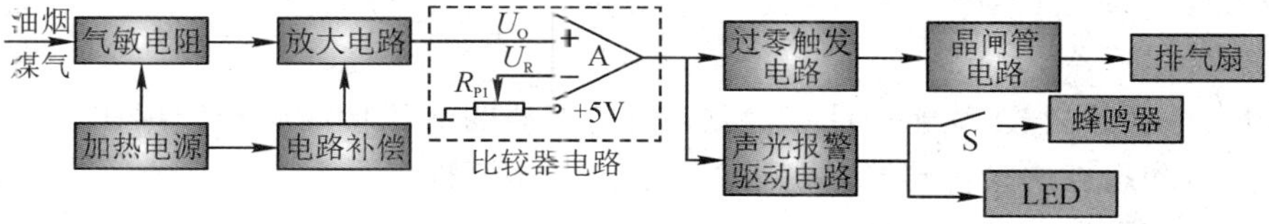

图 4-35　自动吸排油烟机原理框图

4-5　设计题

（1）盆栽植物可以陶冶情操、丰富生活，还能净化室内空气。利用湿敏传感器可对土壤湿度进行检测，试据此设计一款简易的自动浇花系统。

（2）我国是世界上最大的煤炭生产国和消费国，也是少数几个以煤炭为主要能源的国家之一。在煤炭开采过程中，有毒气体甲烷、一氧化碳、二氧化硫等气体危害极大。试利用气敏传感器设计一款用于煤矿瓦斯检测与报警的电路。

项目五

液位的检测

项 目 概 述

在食品饮料、日化、医药、半导体等行业的自动化生产过程中,液位检测是一个重要环节,如高黏度液体高度检测、含杂质的废水液位监控、带泡沫液体的液位高度测量、高腐蚀性液体高度报警等,液位的测量和监控扮演着越来越重要的角色,可以说,液位的测量和监控直接影响着产品的质量,甚至关系到生产的过程能否顺利进行。针对市场上各种各样的需求,对液位进行测量的传感器形式有许多种,按传感器是否与被测介质接触,液位传感器可分为接触式液位传感器和非接触式液位传感器,其应用比较广泛的代表分别是电容和超声波液位传感器。

本项目分别利用汽车油箱的油位检测、金属容器的液位检测两个应用实例,让读者对电容式传感器和超声波式传感器的特性、分类、工作原理以及测试方法有一定的理解,并初步具备电子产品设计和故障排查的能力。

项 目 目 标

(1)了解液位检测的基本方法。
(2)掌握电容传感器的结构、分类和工作原理。
(3)熟悉电容传感器的基本转换电路。
(4)了解电容传感器的典型应用。
(5)理解超声波的概念及传播特性。
(6)掌握超声波传感器的工作原理和类型。
(7)能够根据需要选择合适的液位传感器进行测量电路的设计。
(8)学会液位测量系统的电路制作与调试。

教 学 指 导

从液位检测入手,在了解电容式传感器、超声波传感器的结构、分类和工作原理的基础上,使学生熟悉传感器的基本转换电路,能够使用传感器进行液位的测量,并了解传感器的典型应用。本项目的知识难点在于传感器的转换电路,可以通过加强课堂讨论和课下练习等方法加深学生的理解，提高综合运用能力。

本项目建议学时数为 6 ～ 12 学时。

项 目 实 施

任务一　汽车油箱的油位检测

任务描述

电容式传感器是一种高分辨率、低成本的非接触式传感器，主要应用有液位感测、接近感应、工件厚度测量、振动测量等。液位测量广泛用于石油、化工、制药等工业领域。随着科技的飞速发展和高新技术的出现，液位测量技术得到了很大的发展和完善，测量精度也在不断提高。电容式液位传感器通过将液位转换为电容值来测量液位的水平。

电容式传感
器概述

相关知识

电容元件是电子技术的三大类无源元件(电阻、电感和电容)之一。利用电容器的原理，将被测物理量的变化转换为电容量的变化，进而实现非电量到电量的转化的器件或装置，称为电容式传感器，实质上电容传感器可以认为是一个具有可变参数的电容器。常见的电容传感器外形如图 5-1 所示。

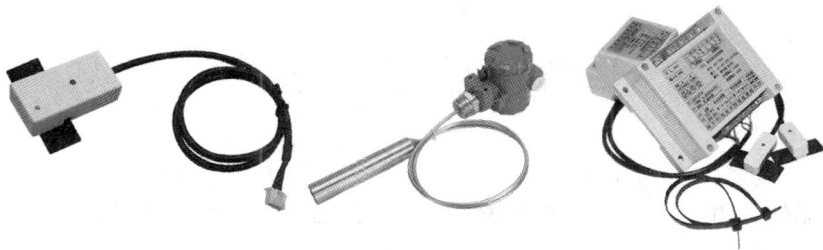

图 5-1　常见的电容传感器外形图

由物理学可知，由两平行极板组成的一个电容器，如图 5-2 所示，若忽略边缘效应，其电容量为

$$C = \frac{\varepsilon}{d} \tag{5-1}$$

式中，ε 为电容极板间介质的介电常数，$\varepsilon = \varepsilon_0 \varepsilon_r$，其中 ε_0 为真空介电常数，$\varepsilon_0 = 8.854 \times 10^{-12}$ F/m，ε_r 为极板间介质的相对介电常数；A 为两平行板所覆盖的面积，单位为 m^2；d 为两平行板之间的距离，单位为 m。

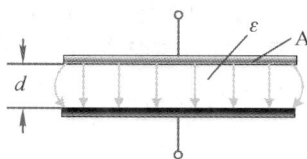

图 5-2　平行极板电容器

一、电容传感器概述

由式(5-1)所知，当 A、d 或 ε 发生变化时，电容量 C 也随之变化。如果保持其中两个参数不变，而仅改变其中一个参数，就可把该参数的变化转换为电容量的变化。因此，按定义可将电容传感器分为变极距型、变面积型和变介电常数型三种类型。

1. 变极距型电容传感器

变极距型电容传感器的原理如图 5-3 所示，一个极板固定不动，称为定极板，另外一个极板是可动的，称为动极板。

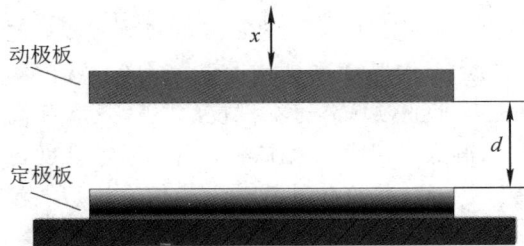

图 5-3　变极距型电容传感器的原理

由式(5-1)可见，电容量 C 与极板间距 d 不是线性关系，而是双曲线关系，如图 5-4 所示。

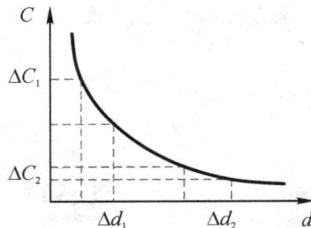

图 5-4　电容量 C 与极板间距 d 的关系

当传感器的 ε_r 和 A 为常数，初始极距为 d_0 时，由式(5-1)可知其初始电容量 C_0 为

$$C_0 = \frac{\varepsilon_0 \varepsilon_r A}{d_0} \tag{5-2}$$

当动极板向下移动 Δd 后，其电容值 C 为

$$C = C_0 + \Delta C = \frac{\varepsilon_0 \varepsilon_r A}{d_0 - \Delta d} = \frac{C_0}{1 - \frac{\Delta d}{d_0}} = \frac{C_0 \left(1 + \frac{\Delta d}{d_0}\right)}{1 - \left(\frac{\Delta d}{d_0}\right)^2} \tag{5-3}$$

式中，d_0 为两平行板之间的距离，单位为 m。由式(5-3)可知，电容量 C 与 Δd 不是线性关系，其灵敏度也不是常数。

当 $\Delta d \ll d_0$ 时，$1 - (\Delta d \ll d_0)^2 \approx 1$，则式(5-3)可写为

$$C = C_0 \left(1 + \frac{\Delta d}{d_0}\right) \tag{5-4}$$

此时，C 与 Δd 近似成线性关系。所以变极距型电容传感器只有在 $\Delta d / d_0$ 很小时，才有

近似的线性关系。容易求得，变极距型电容传感器的灵敏度为

$$K = \frac{\Delta C}{\Delta d} \approx -\frac{C_0}{d_0} = -\frac{\varepsilon A}{d_0^2} \qquad (5-5)$$

由式(5-5)所知，当 d_0 较小时，该类型传感器灵敏度较高，微小的位移即产生较大的电容变化量。一般电容传感器的起始电容量在 $20 \sim 300$ pF 之间，极板距离在 $25 \sim 200$ μm 的范围，最大位移应小于极板间距的 1/10，故电容传感器在微位移测量中应用最广。但 d_0 过小，容易引起电容器击穿或短路。为此，极板间可采用高介电常数的材料(云母、塑料膜等)作介质。

2. 变面积型电容传感器

根据结构，通常将变面积型电容传感器分为直线位移式、角位移式和圆柱形三类。

1) 直线位移式

直线位移式变面积型电容传感器的原理如图 5-5 所示。被测量变化引起动极板移动，两极板有效覆盖面积 A 改变，从而产生电容量的变化。当动极板相对于定极板沿长度方向平移 Δx 时，电容量 C 也随之变化：

$$C = \frac{\varepsilon b (a - \Delta x)}{d} = C_0 \left(1 - \frac{\Delta x}{a}\right) \qquad (5-6)$$

式中：C_0 为初始电容，$C_0 = \varepsilon_0 \varepsilon_r ab / d$。

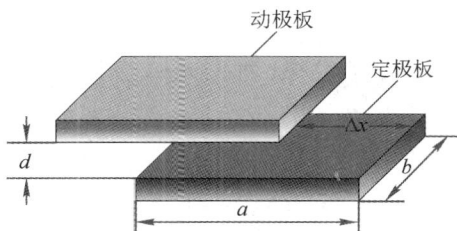

图 5-5　直线位移式变面积型电容传感器

电容变化量为

$$\Delta C = C - C_0 = -\frac{\varepsilon b \Delta x}{d} \qquad (5-7)$$

很明显，这种形式的传感器其电容的变化量 ΔC 与水平位移 Δx 成线性关系，其灵敏度为

$$K = \frac{\Delta C}{\Delta x} = -\frac{\varepsilon b}{d} \qquad (5-8)$$

由式(5-8)可见，通过增加极板长度 b、减小极板间距 d 都可以提高传感器的灵敏度。但要注意的是，d 太小时，容易造成短路。

2) 角位移式

角位移式变面积型电容传感器的原理如图 5-6 所示。当动极板有一个角位移 θ 的变化时，动极板与定极板间的有效覆盖面积就会发生改变，从而改变了两极板间的电容量。当 $\theta = 0$ 时，则：

$$C_0 = \frac{\varepsilon_0 \varepsilon_r A_0}{d_0} \qquad (5-9)$$

式中：ε_r 为介质相对介电常数；d_0 为两极板间距离；A_0 为两极板间初始覆盖面积。

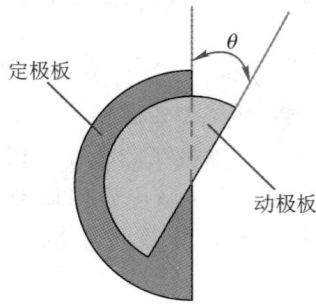

图 5-6   角位移式变面积型电容传感器

当 $\theta \neq 0$ 时，则：

$$C = \frac{\varepsilon_0 \varepsilon_r A_0 \left(1 - \dfrac{\theta}{\pi}\right)}{d_0} = C_0 - C_0 \frac{\theta}{\pi} \tag{5-10}$$

从式(5-10)可以看出，传感器的电容量 C 与角位移 θ 成线性关系，其灵敏度为

$$K = \frac{\Delta C}{\theta} = -\frac{C_0}{\pi} \tag{5-11}$$

3）圆柱形

由于平板型传感器的动极板稍有极距方向的移动就会影响测量精度，因此，一般情况下，变面积型电容传感器常被做成圆柱形，如图 5-7 所示。

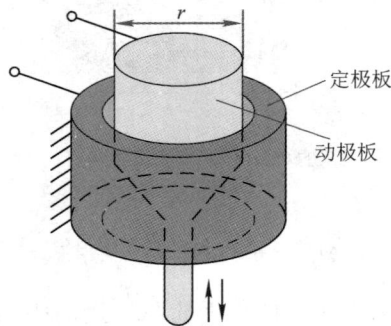

图 5-7   圆柱形变面积型电容传感器

初始电容 C_0 为

$$C_0 = \frac{2\pi\varepsilon \cdot l}{\ln(R/r)} \tag{5-12}$$

当内筒上移 Δl 时，内外筒间的电容量变化为

$$\Delta C = \frac{2\pi\varepsilon \cdot l}{\ln(R/r)} - \frac{2\pi\varepsilon \cdot (l - \Delta l)}{\ln(R/r)} = \frac{2\pi\varepsilon \cdot \Delta l}{\ln(R/r)} = C_0 \frac{\Delta l}{l} \tag{5-13}$$

从上式可以看出，传感器的电容量 C 与线位移 l 呈线性关系，其灵敏度为

$$K = \frac{\Delta C}{\Delta l} = \frac{2\pi\varepsilon}{\ln(R/r)} \tag{5-14}$$

3. 变介电常数型电容传感器

各种介质的相对介电常数不同，所以在电容器两极板间插入不同介质时，电容器的电容量也就不同。利用这一原理，可制成介电常数可变的传感器，这种传感器可以用来测量湿度、物位和密度。表5-1列出了若干种常用介质的相对介电常数。

表5-1　若干种介质的相对介电常数

介质名称	介电常数 ε_r	介质名称	相对介电常数 ε_r
真空	1	玻璃釉	3～5
空气	略大于1	SiO_2	38
其他气体	1～1.2	云母	5～8
变压器油	2～4	干的纸	2～4
硅油	2～3.5	干的谷物	3～5
聚乙烯	2～2.2	环氧树脂	3～10
聚苯乙烯	2.4～2.6	高频陶瓷	10～160
聚四氟乙烯	2.0	低频陶瓷、压电陶瓷	1000～10000
聚偏二氟乙烯	3～5	纯净水	80

1）线位移

变介电常数的电容传感器原理图如图5-8所示。设极板宽度为 b，长度 L_0，间距 d_0。则有：

板间无介质 ε_{r2} 时：

$$C_0 = \frac{\varepsilon_0 \varepsilon_{r1} L_0 b_0}{d_0} \qquad (5-15)$$

插入介质 ε_{r2} 后：

$$C = C_1 + C_2 = \varepsilon_0 b_0 \frac{\varepsilon_{r1}(L_0 - L) + \varepsilon_{r2} L}{d_0}$$

$$(5-16)$$

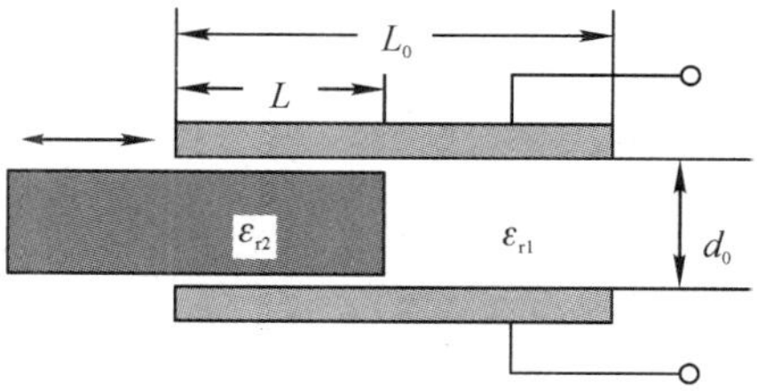

图5-8　变介电常数型电容传感器原理图

由上式可以看出，$\Delta C/C_0 = (\varepsilon_{r2} - 1)L/L_0$，电容量与板长成线性关系。

2）圆柱形

一种测液位的变介电常数型电容传感器的原理图如图5-9所示，设被测介质的介电常数为 ε_1，液面高度为 h，传感器总高度为 H，内筒外径为 d，外筒内径为 D，此时传感器电容值为

$$C = \frac{2\pi\varepsilon_1 h}{\ln(D/d)} + \frac{2\pi\varepsilon(H-h)}{\ln(D/d)} = \frac{2\pi\varepsilon H}{\ln(D/d)} + \frac{2\pi h(\varepsilon_1 - \varepsilon)}{\ln(D/d)} = C_0 + \frac{2\pi h(\varepsilon_1 - \varepsilon)}{\ln(D/d)}$$

$$(5-17)$$

式中：ε 为空气介电常数；C_0 为由基本尺寸决定的初始电容值。

则电容变化量为

$$\Delta C = C - C_0 = \frac{2\pi(\varepsilon_1 - \varepsilon)}{\ln(D/d)} \cdot h \quad (5-18)$$

由式(5-18)可见，此传感器的电容增量正比于被测液位高度 h，且 $\Delta C/C_0 = (\varepsilon_1 - \varepsilon) \cdot h/\varepsilon \cdot H$，电容量与液位高度为线性关系。

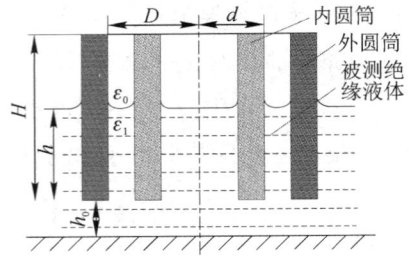

图 5-9　电容式液位计的结构原理

二、电容传感器的差动结构

在实际应用中，为了提高灵敏度，减小非线性误差，大都采用差动式结构。图 5-10 所示为变极距的差动式电容器，中间的极板为动极板，上下两块为定极板。当动极板向上移动 Δd 距离后，一边的间隙变为 $d_0 - \Delta d$，而另一边则为 $d_0 + \Delta d$。电容 C_1 和 C_2 呈差动变化，即其中一个电容量增加，而另一个电容量相应减小。将 C_1、C_2 差接后，能使灵敏度提高一倍。

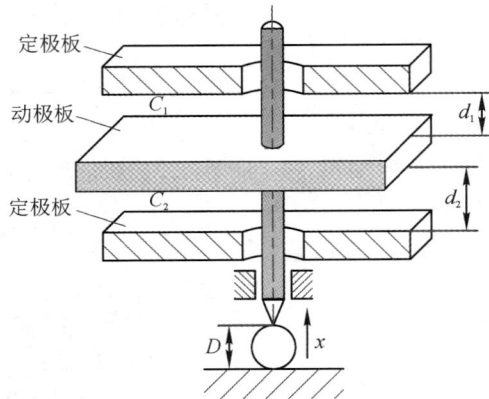

图 5-10　差动式电容传感器的结构

三、电容传感器的测量电路

电容传感器输出电容量以及电容变化量都非常微小，这样微小的电容量目前还不能直接被显示仪表所显示，无法由记录仪进行记录，也不便于传输。这就要借助测量电路检出微小的电容变化量，并转换成与其成正比的电压、电流或者频率信号，才能进行显示、记录和传输。电容传感器的测量电路很多，常见的电路有交流电桥、调频电路、运算放大器电路、脉冲宽度调制电路、双 T 电桥电路等。

1. 交流电桥电路

电容传感器的交流电桥测量电路如图 5-11 所示，分为单臂电桥和差动电桥两种测量电路。

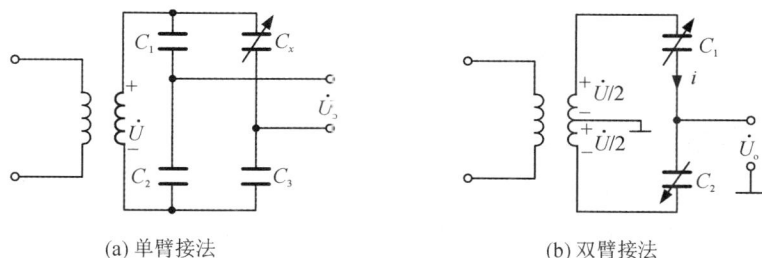

(a) 单臂接法　　　　　　　　(b) 双臂接法

图 5-11　电容传感器的交流电桥测量电路

1）单臂电桥

图 5-11(a)所示为单臂接法的桥式测量电路，高频电源经变压器接到电容桥的一个对角线上，电容 C_1、C_2、C_3 和 C_x 构成电桥的四个臂，其中 C_x 为电容传感器。当传感器未工作时，交流电桥处于平衡状态，有

$$\frac{C_1}{C_2} = \frac{C_x}{C_3} \tag{5-19}$$

此时，电桥输出电压 $\dot{U}_o = 0$。当 C_x 改变时，$\dot{U}_o \neq 0$，电桥有输出电压，从而可测得电容的变化值。

2）差动电桥

变压器电桥测量电路一般采用差动接法，如图 5-11(b)所示。C_1、C_2 以差动形式接入相邻两个桥臂，另外两个桥臂为变压器的二次绕组。当输出为开路时，电桥空载输出电压为

$$\dot{U}_0 = \frac{\dot{U}}{2}\frac{C_1-C_2}{C_1+C_2} = \frac{\dot{U}}{2}\frac{(C_0\pm\Delta C)-(C_0\mp\Delta C)}{(C_0\pm\Delta C)+(C_0\mp\Delta C)} = \pm\frac{\dot{U}}{2}\frac{\Delta C}{C_0} \tag{5-20}$$

式中：C_0 为传感器初始电容值(F)；ΔC 为传感器电容量的变化值(F)。

由于电桥输出电压与电源电压成正比，因此要求电源电压波动极小，要采用稳幅、稳频等措施。

2. 运算放大器式电路

由于运算放大器的放大倍数非常大，而且输入阻抗 Z_i 很高，故运算放大器可以作为电容传感器比较理想的测量电路。运算放大器式测量电路如图 5-12 所示，C_x 为电容传感器的电容；$\dot{U}$ 是交流电源电压；$\dot{U}_o$ 是输出信号电压。

由运算放大器工作原理可得

$$\dot{U}_o = -\frac{C}{C_x}\cdot\dot{U}_i \tag{5-21}$$

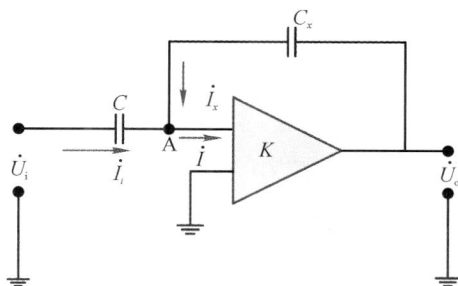

图 5-12　运算放大器式测量电路

对于变间隙式电容传感器，则 $C_x = \varepsilon A/d$，代入式(5-21)，可得

$$\dot{U}_\circ = -\frac{C}{\varepsilon A}d \cdot \dot{U}_i \tag{5-22}$$

式中"一"号表示输出电压 $U_\circ$ 的相位与电源电压反相。

式(5-22)说明运算放大器的输出电压与极板间距离 d 成线性关系。运算放大器式测量电路虽解决了单个变极距型电容传感器的非线性问题,但要求 Z_i 及放大倍数足够大。为保证仪器精度,还要求电源电压 $\dot{U}_i$ 的幅值和固定电容 C 值稳定。

3. 差动脉冲宽度调制电路

差动脉冲宽度调制电路是用于测量差动结构的电容传感器的输出电容的,电路原理如图 5-13 所示。

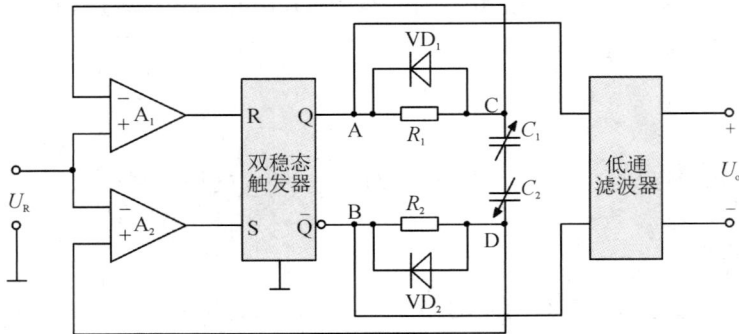

图 5-13 差动脉冲宽度调制电路

差动脉冲宽度调制电路是利用对传感器电容的充放电,使电路输出脉冲的宽度随传感器电容量的变化而变化,再通过低通滤波器得到表征相应被测量的直流信号。

图 5-13 中,C_1、C_2 为传感器的差动电容,当电源接通时,设双稳态触发器的 A 端为高电位,B 端为低电位,因此 A 点通过 R_1 对 C_1 充电,直至 C 点上的电位等于参考电压 U_R 时,比较器 A_1 产生一个脉冲,触发双稳态触发器翻转,A 点成低电位,B 点成高电位。此时 C 点电位经二极管 VD_1 迅速放电至零,而同时 B 点的高电位经 R_2 对 C_2 充电。当 D 点的电位充至 U_R 时,比较器 A_2 产生一脉冲,使触发器又翻转一次,使 A 点成高电位,B 点成低电位,又重复上述过程。如此周而复始,在双稳态触发器的两输出端各自产生一宽度受 C_1、C_2 调制的脉冲方波。

当 $C_1 = C_2$ 时,各点电压波形如图 5-14(a)所示,输出电压 U_{AB} 的平均值为零。但若 $C_1 \neq C_2$(如 $C_1 > C_2$),则 C_1、C_2 的充电时间常数就会发生改变,电压波形如图 5-14(b)所示,输出平均电压 U_{AB} 就不再为零。

输出电压 U_{AB} 经低通滤波器后,即可得到一直流电压 $U_\circ$,在理想情况下,它等于 U_{AB} 的电压平均值,即

$$U_\circ = \frac{T_1}{T_1 + T_2}U_1 - \frac{T_2}{T_1 + T_2}U_1 = \frac{T_1 - T_2}{T_1 + T_2}U_1 \tag{5-23}$$

式中：T_1 为 C_1 的充电时间，$T_1 = R_1 C_1 \ln \dfrac{U_1}{U_1 - U_R}$；$T_2$ 为 C_2 充电时间，$T_2 = R_2 C_2 \ln \dfrac{U_1}{U_1 - U_R}$；$U_1$ 为触发器输出的高电位。

当电阻 $R_1 = R_2 = R$ 时：

$$U_\circ = \frac{T_1 - T_2}{T_1 + T_2} U_1 = \frac{C_1 - C_2}{C_1 + C_2} U_1 \tag{5-24}$$

即直流输出电压正比于电容器的电容量差值，极性可正可负。

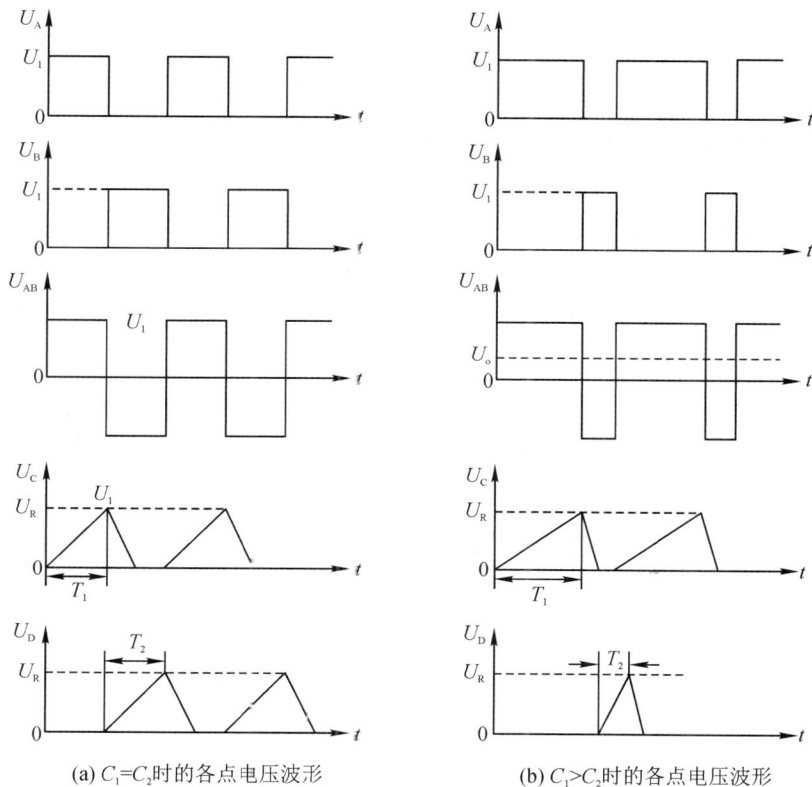

(a) $C_1 = C_2$ 时的各点电压波形　　　　　(b) $C_1 > C_2$ 时的各点电压波形

图 5-14　脉冲宽度调制电路各点电压波形

从以上分析可以看出，脉冲宽度调制电路具有以下特点：

（1）对传感元件的线性要求不高，不论是变极距型，还是变面积型，其输出量都与输入量成线性关系。

（2）不需要调制电路，只要经过低通滤波器就可以得到较大的直流输出。

（3）脉冲宽度调制电路频率的变化对输出无影响。

（4）由于低通滤波器的作用，所以脉冲宽度调制电路对输出矩形波纯度要求不高。

这些特点都是其他电容测量电路无法比拟的，但应用时应注意电源电压必须稳定。

4. 双 T 电桥电路

图 5-15 所示的双 T 电桥在高频阻抗（电容）测量中得到广泛应用，用它可以测量确定值的高频阻抗和连续变化的阻抗。

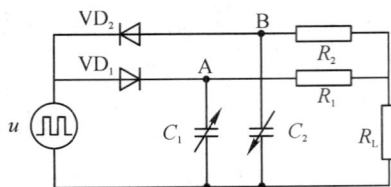

图 5-15   双 T 交流电桥

图 5-15 中 C_1 为电容传感器转换成的电容，C_2 为平衡电容(或 C_1、C_2 为差动式电容传感器的两差动电容，有公共电极)。u 为高频电源，由振荡器提供兆赫级的频率，幅值为 E 的对称方波或正弦波。R_L 为负载，如电流表或放大器等。VD_1 与 VD_2 为检波二极管。

双 T 电桥电路的工作原理如下：当 u 为正半周时，二极管 VD_1 导通，VD_2 截止，其等效电路如图 5-16(a)所示。电源经 VD_1 对电容 C_1 充电，并很快充至电压 E，且经 R_1 以电流 I_1 向 R_L 供电。与此同时，电容 C_2 经电阻 R_2、负载电阻 R_L(设 C_2 已充好电)，产生放电电流 I_2，则流经 R_L 的总电流 I_L 为 I_1 与 I_2 之和，极性如图 5-16(a)所示。

当 u 为负半周时，二极管 VD_2 导通，VD_1 截止，其等效电路如图 5-16(b)所示。电源经 VD_2 对电容 C_2 充电，并很快充至电压 E，且经 R_2 以电流 I_1' 向 R_L 供电。与此同时，电容 C_1 经电阻 R_1、负载电阻 R_L(设 C_1 已充好电)，产生放电电流 I_1'，则流经 R_L 的总电流 I_L' 为 I_1' 与 I_2' 之和，极性如图 5-16(b)所示。

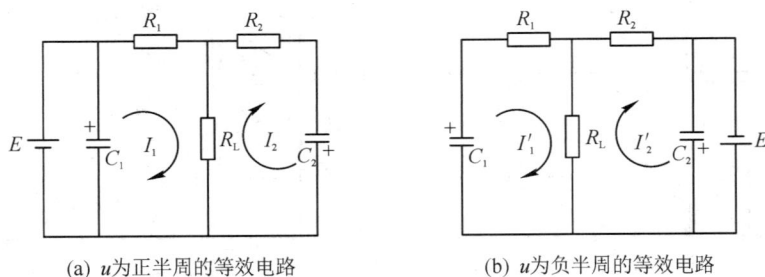

(a) u 为正半周的等效电路   (b) u 为负半周的等效电路

图 5-16   等效电路

由于 VD_1 与 VD_2 特性相同，且 $R_1 = R_2$，所以当 $C_1 = C_2$ 时，在 u 的一个周期内流过 R_L 的电流 I_L 和 I_L' 的平均值为零，即 R_L 上无信号输出。当 $C_1 \neq C_2$ 时，在 R_L 上流过的电流的平均值不为零，有电压信号输出。

这种电路有以下特点：

(1) 二极管在线性区工作。因为输入电压较高，所以二极管均在线性区工作，减小了非线性误差。

(2) 适用于动态测量。输出电压的上升时间由负载电阻 R_L 确定，如 $R_L = 1\,\text{k}\Omega$ 时，上升时间仅为 $20\,\mu\text{s}$，故适于测量快速的机械运动。

(3) 减小寄生电容影响。电源、传感器电容及负载有一个公共接地点，从而缩短了引线，减小了寄生电容及引线电容的影响。

5. 调频测量电路

调频测量电路把电容传感器作为振荡器谐振回路的一部分,当输入量导致电容量发生变化时,振荡器的振荡频率就发生变化。虽然可将频率作为测量系统的输出量,用以判断被测非电量的大小,但此时系统是非线性的,不易校正,因此必须加入鉴频器,将频率的变化转换为电压振幅的变化,经过放大就可以用仪器显示或记录仪记录下来。调频测量电路原理如图 5 - 17 所示。

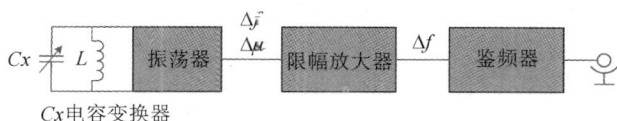

图 5 - 17 调频测量电路原理

调频振荡器的振荡频率为

$$f = \frac{1}{2\pi\sqrt{LC}} \tag{5-25}$$

式中: L 为振荡回路的电感; C 为振荡回路的总电容, $C = C_1 + C_2 + C_x$,其中 C_1 为振荡回路固有电容, C_2 为传感器引线分布电容, $C_x = C_0 + \Delta C$ 为传感器的电容。

当被测信号为 0 时, $\Delta C = 0$,则 $C = C_1 + C_2 + C_0$,所以振荡器有一个固有频率 f_0 ,其表达式为

$$f_0 = \frac{1}{2\pi\sqrt{L(C_1 + C_2 + C_0)}} \tag{5-26}$$

当被测信号不为 0 时, $\Delta C \neq 0$,振荡器频率有相应的变化,此时频率为

$$f = \frac{1}{2\pi\sqrt{L(C_1 + C_2 + C_0 \mp \Delta C)}} = f_0 + \Delta f \tag{5-27}$$

调频测量电路具有较高的灵敏度,可以测量高至 $0.01~\mu m$ 级的位移变化量,信号的输出频率易于用数字仪器测量,并可与计算机通信,抗干扰能力强,可以发送、接收信号,以达到遥测遥控的目的。

四、接近开关

接近开关又称无触点行程开关。它能在一定的距离(几毫米至几十毫米)内检测有无物体靠近。当物体与其接近到设定距离时,就能够发出"动作"信号,它不像机械式行程开关那样,需要施加机械力。它给出的是开关信号(高电平或低电平),多数接近开关具有较大的负载能力,能直接驱动中间继电器。

在生物界里,眼镜蛇的尾部能感辨出人体发出的红外线。而接近开关的核心部分是"感辨头",它对正在接近的物体有很高的感辨能力。应变片、电位器之类的传感器就无法用于接近开关,因为它们属于接触式测量器件。多数接近开关已将感辨头和测量转换电路做在同一壳体内,壳体上多带有螺纹或安装孔,以便于安装和调整。

接近开关的应用已远超出行程开关的行程控制和限位保护。即使仅用于一般的行程控制，接近开关的定位准确度、操作频率、使用寿命、安装调整的方便性和耐磨性、耐腐蚀性等也是一般机械式行程开关所不能相比的。它可以用于高速计数、测速，确定金属物体的存在和位置，测量物位和液位，用于人体保护和防盗以及无触点按钮等。

1. 接近开关的分类

接近开关可分为以下几类：

(1) 电容式：电容式接近开关对接地的金属或地电位的导电物体起作用，对非地电位的导电物体灵敏度稍差。

(2) 电涡流式：电涡流式接近开关(以下按行业习惯称其为电感接近开关)只对导电良好的金属起作用(见项目六)。

(3) 磁性干簧开关：也称干簧管，只对磁性较强的物体起作用。

(4) 霍尔式：只对磁性物体起作用(见项目七)。

从广义来讲，非接触式传感器均能用作接近开关。例如，光敏传感器、微波和超声波传感器等。但是它们的检测距离一般均可以做得较大，可达数米甚至数十米，所以多把它们归入电子开关系列。

2. 接近开关的特点和性能指标

与机械开关相比，接近开关具有如下特点：

(1) 非接触检测，不影响被测物的运行工况；

(2) 不产生机械磨损和疲劳损伤，工作寿命长；

(3) 响应快，一般响应时间可达几毫秒或十几毫秒；

(4) 采用全密封结构，防潮、防尘性能较好，工作可靠性强；

(5) 无触点、无火花、无噪声，所以适用于有防爆要求的场合(防爆型)；

(6) 输出信号大，可与计算机或可编程序控制器(PLC)等接口连接；

(7) 体积小，安装、调整方便。它的缺点是触点容量较小，负载短路时易烧毁。

接近开关的性能指标有如下几个：

(1) 动作距离。当被测物由正面靠近接近开关的感应面时，使接近开关动作(输出状态变为有效状态)的距离被定义为接近开关的动作距离 δ_{min}(单位为 mm，以下同)。

(2) 复位距离。当被测物由正面离开接近开关的感应面，接近开关转为复位时，被测物离开感应面的距离 δ_{max} 被定义为复位距离。

(3) 动作滞差。动作滞差 $\Delta\delta$ 指复位距离与动作距离之差。动作滞差越大，对抗被测物抖动等造成的机械振动干扰的能力就强，但动作准确度就越差。

(4) 额定工作距离。额定工作距离是指接近开关在实际使用中被设定的安装距离。在此距离内，接近开关不应受温度变化、电源波动等外界干扰而产生误动作。额定工作距离必然小于动作距离。但是，若设置得太小，有可能无法复位。实际应用中，考虑到各方面环境因素干扰的影响，较为可靠的额定工作距离(最佳安装距离)约为动作距离的 75%。

（5）重复定位准确度（重复性）。它表征多次测量的动作距离平均值。其数值离散性的大小一般为最大动作距离的 $1\%\sim5\%$。离散性越小，重复定位准确度越高。

（6）动作频率。每秒连续不断地接近直至进入开关的动作距离后又离开的被测物个数或次数称为动作频率。若接近开关的动作频率太低而被测物又运动得太快时，接近开关就来不及响应物体的运动状态，有可能造成漏检。

3. 接近开关的接线方式

接近开关的输出状态有常开、常闭之分。对常开型接近开关而言，当无检测物体时，接近开关处于断开状态；当检测到物体时，开关闭合。对常闭型接近开关而言，当没有检测到物体时，接近开关处于闭合状态；当检测到物体时，开关断开。那么接近开关在使用时是如何接入电路的呢？电气工程中常用的接近开关有两线制和三线制之分，两线制接近开关的接线比较简单，接近开关与负载串联后接到电源即可。三线制接近开关可分为 NPN 型和 PNP 型，它们负载端的接线是不同的。

图 5-18 是接近开关的一种典型三线制接线方式。棕色（或红色）引线为正电源（18～35 V）；蓝色接地（电源负极）；黑色为输出端，可以选择继电器输出型，但更多的是采用 OC 门（集电极开路输出门）作为输出级。现以 NPN、常开（较为常见）为例来说明输出端的使用注意事项。

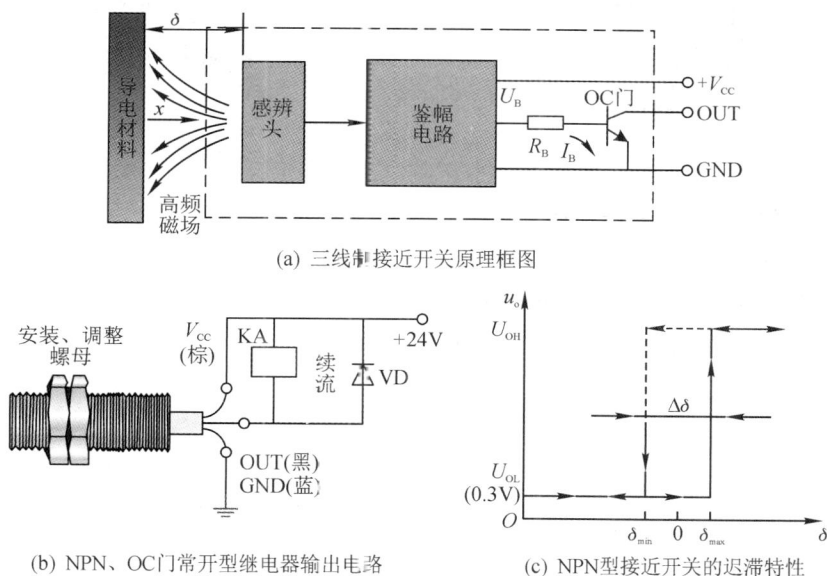

(a) 三线制接近开关原理框图

(b) NPN、OC门常开型继电器输出电路　　(c) NPN型接近开关的迟滞特性

图 5-18　典型三线制接近开关的原理、接线方式及特性

当被测物体未靠近接近开关时，$U_B = 0$，OC 门的基极电流 $I_B = 0$，OC 门截止，OUT 端为高阻态（接入负载后为接近电源电压的高电平）；当被测导电物体逐渐靠近，到达动作距离 δ_{min} 时，U_B 为高电平，OC 门的基极电流 I_B 较大，OC 门的输出端对地导通，OUT 端对地为低电平（约 0.3 V），负载电流可达 100 mA，工作电压为 DC 9～24 V。将中间继电器 KA 跨接在 V_{cc} 与 OUT 端之间时，KA 得电，转变为吸合状态。

当被测导电物体逐渐远离该接近开关,到达复位距离 δ_{max} 时,OC 门再次截止,KA 失电。通常将接近开关设计为具有"施密特特性"。$\Delta\delta$ 为接近开关的动作滞差(也称为"动作回差"),回差越大,抗机械振动干扰的能力就越强。

工作过程中,若续流二极管 VD 虚焊或未接,当接近开关复位的瞬间,KA 产生的过电压有可能将 OC 门击穿。如果不慎将 V_{cc} 与 OUT 端短接,在接近开关动作时,就会有过电流流入 OC 门的集电极,并可能将其烧毁。

4. 电容式接近开关

1) 电容式接近开关的结构

电容式接近开关属于一种具有开关量输出的位置传感器,电容接近开关的核心是以电容极板作为检测端的电容传感器,它的测量头通常是构成电容器的一个极板,设置在接近开关的最前端,测量转换电路安装在接近开关壳体后部,用介质损耗很小的环氧树脂填充,灌封。电容接近开关的另一个极板是物体的本身,当物体移向接近开关时,物体和接近开关的介电常数发生变化,使得和测量头相连的电路状态也随之发生变化,由此便可控制开关的接通和关断。常见的电容式接近开关如图 5-19 所示。

图 5-19　电容式接近开关外形图

2) 电容式接近开关的工作原理

电容式接近开关的测量原理图如图 5-20 所示。它由 LC 高频振荡器、检波器、低通滤波器、直流电压放大器和电压比较器等组成。电容接近开关的感应板由两个同心圆金属平面电极构成,很像两块"打开的"电容器电极。

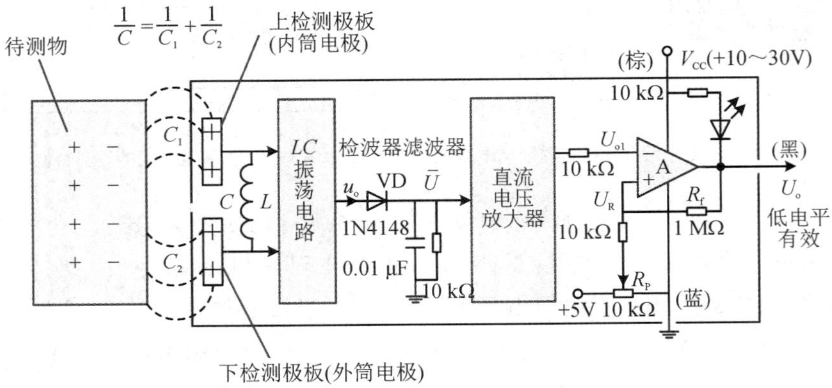

图 5-20　电容式接近开关的测量原理

当没有被测物体靠近电容式接近开关时，由于 C_1、C_2 很小，LC 振荡器停振。当被测物体朝着电容式接近开关的两个同心圆电极靠近时，两个电极与被测物体构成串联等效电容 C，接到 LC 振荡回路中。等效电容 C 是 C_1 与 C_2 的串联，总的电容量增大。当 C 增大到设定值时，LC 振荡器起振（工作电流随之增大），振荡器的高频输出电压 u_o 经二极管 VD 检波和 RC 低通滤波器滤波，得到正半周信号的平均值 $\bar{U}$。再经直流电压放大电路放大后，输出电压 U_{o1} 与灵敏度调节电位器 R_P 设定的基准电压 U_R 进行比较。若 U_{o1} 超过基准电压时，比较器翻转，产生动作信号（高电平或低电平），从而起到检测有无物体接近的目的。

3）电容式接近开关的灵敏度

当被测物是导电金属物体时，即使两者的距离较远，但等效电容 C 仍较大，LC 回路较容易起振，所以灵敏度较高，若被测金属的面积小于电容式接近开关直径的 2 倍时，灵敏度显著降低。而对于非金属物体，例如：水、纸板、皮革、塑料、陶瓷、玻璃、砂石、粮食等，动作距离取决于材料的介电常数和电导率以及被测物体的面积。介电常数大且导电性能较好的物体（例如含水的有机物、人的手等），其动作距离略小于金属物体的动作距离。物体的含水量越小，面积越小，动作距离也越小，灵敏度就越低，尼龙、聚四氟乙烯等介质损耗小的物体灵敏度较低。

一般来说，大多数电容接近开关的尾部有一个多圈微调电位器 R_P，可用于调整特定对象的动作距离。当被测试对象的介电常数较低且导电性较差时，可以顺时针旋转电位器的旋转臂，来降低比较器正输入端的基准电压 U_R，从而降低负输入端的"翻转电压阈值"，增加灵敏度。一般来说，调节电位器使电容接近开关在 $75\% \, \delta_{min}$（δ_{min} 为电容接近开关对特定被测物的额定动作距离）的位置动作，可以提高可靠性。当被测液体与接近开关之间隔着一层玻璃时，可以适当改变灵敏度，以扣除玻璃的影响。

电容接近开关的灵敏度易受环境变化（如湿度、温度、灰尘等）的影响，被测物体最好能够接地，以提高测量系统的稳定性。使用时必须远离非被测对象的其他金属物体。电容接近开关对附近的高频电磁场也十分敏感，因此不能在高频炉、大功率逆变器等设备附近使用，而且两只电容式接近开关也不能靠得太近，以免相互影响。

任务实施

一、传感器选型

根据本任务的检测要求，选择 AL - 5051 油位传感器。AL - 5051 电容式油位传感器基于射频电容测量原理，它的敏感探头为同轴的电容器。当油进入电容器后，会引起传感器壳体和感应电极之间电容量的变化，此变化量通过电路的转换并进行精确的线性和温度补偿后，输出与液面高度成比例的标准信号供给显示仪表。

AL - 5051 电容式油位传感器有以下优点：

（1）无任何弹性部件和可动部件，耐冲击、安装方便，可用于各种对汽油、柴油、液压油的油位及其他各种弱腐蚀性液体的液位测量场合；

（2）具有很高的分辨率和测量精度；

（3）无须人工干预，自动校准，不存在温度漂移，且不受介质变化的影响。彻底解决了乙醇汽油、甲醇燃料等介质难测量的问题，也同时解决了不同地区因油的标号不同和温度的巨大差异引起的测量误差问题。

二、应用实例

1. 电路设计

除了采用 AL - 5051 电容式油位传感器测油箱油位外，也可采用电容式油量表。电容式油量表原理示意图如图 5 - 21 所示，它由电桥电路、放大器、伺服电机、油量表等部件组成。

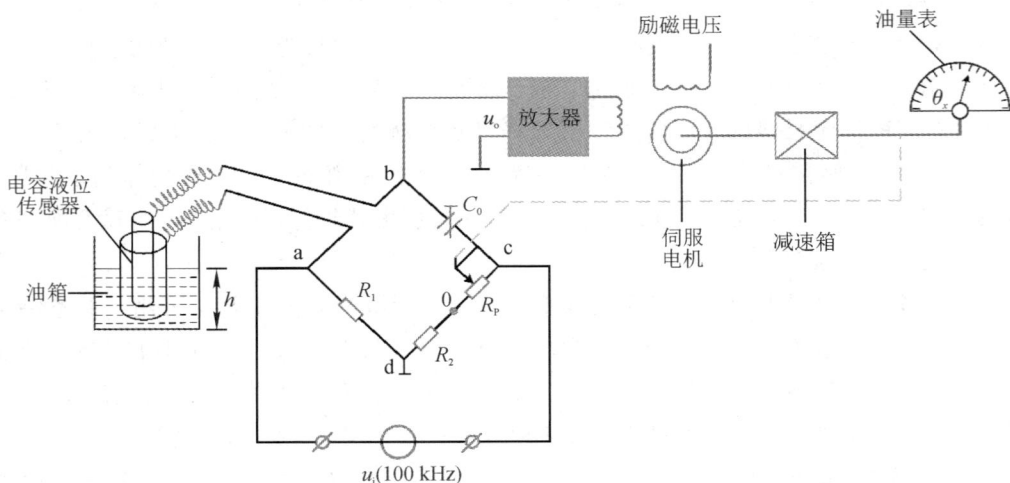

图 5 - 21　电容式油量表测油箱油位原理示意图

2. 原理分析

电容式传感器 C_x 作为一个臂接入电桥，C_0 为半可变电容器，R_P 为调整电桥平衡的电位器，其电刷与指针同轴连接，该轴由两相电机经减速器带动。当油箱无油时，调节 C_0，使得电容式传感器有最小初始电容量 $C_x = C_0$ ，令 $R_1 = R_2$ ，此时调 $R_P = 0$ ，使得电桥平衡，无输出，伺服电机不转，油量表指针 $\theta = 0$。

当油箱注入油至高度为 h 时，电容面积增大，C_x 增大，电桥失去平衡，电桥输出电压经放大器放大，驱动伺服电机转动，经减速箱后带动指针顺时针转过 θ 角，同时带动 R_P 的滑动臂向 c 点移动，使得接入电路的 R_P 阻值增加，当接入电路的 R_P 阻值达到一定值时，电桥又达到新的平衡状态，输出电压为零，伺服电机停转，指针停留在 θ 角处，可从油量表刻度直接读出油位高度 h。当油箱油位降低时，伺服电机反转，指针逆时针偏转，同时 R_P 反向滑动，阻值减小，达到一定值时，电桥又达到平衡，输出为零，电机停转，指针停留在某个转角 θ_x 处，由此可确定油箱的油量值。

三、调试总结

（1）按照 AL - 5051 型油位传感器说明书上的要求正确安装传感器。传感器的供电电压不得超过其正常工作电压，且传感器供电电源功耗不小于传感器正常工作时所用功耗。

（2）校准。在通电情况下将 AL-5051 型传感器缓慢放入被测介质中，使液位从传感器的下孔处缓慢上升，直至超过传感器测量部分的三分之一处。为防止校准失败，此过程应操作两次以上。

（3）当配置为 0~5 V 输出模式时，红色线接电源正极，黑色线接电源负极，蓝色接 0~5 V 电压输出。RS232 输出方式和 RS485 输出方式不能同时存在，只能选择一种。

（4）改变容器中液位的高度，观察显示仪表表头读数与液位高度的变化关系，记录数据，以便分析测量结果的准确性。

■ 能力拓展

电子技术的发展，解决了电容式传感器存在的许多技术问题，提高了电容式传感器的精度，使电容式传感器得到了广泛的应用。

一、影响电容传感器精度的因素及提高精度的措施

电容传感器具有结构简单、温度稳定性好、动态响应好、测量精度高等优点，但也有输出阻抗高、负载能力差、寄生电容影响大、输出特性为非线性等缺点。因此，在设计应用时要注意以下几点。

1. 消除和减小边缘效应的影响

当极板厚度 h 与极距 d 之比相对较大时，边缘效应的影响就不能忽略。电容的边缘效应造成边缘电场产生畸变，使工作不稳定，非线性误差也增加。为了消除边缘效应的影响，在结构设计时，可以采用带有保护环的结构，如图 5-22 所示。

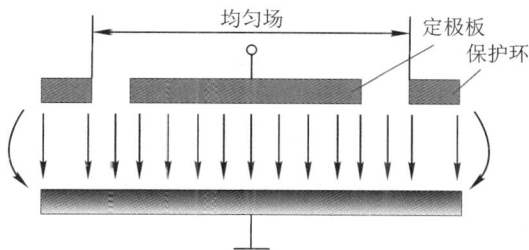

图 5-22　保护环消除电容边缘效应

保护环要与定极板同心、电气上绝缘，且间隙越小越好，同时始终保持等电位，以保证中间工作区场强分布均匀，从而克服边缘效应的影响。为减小极板厚度，往往不用整块金属板做极板，而用石英或陶瓷等非金属材料，蒸涂一薄层金属作为极板。

2. 减小环境温度影响

环境温度的变化将改变电容传感器的输出与被测输入量的单值函数关系，从而引入温度干扰误差。这种影响主要有以下两个方面。

1）温度对结构尺寸的影响

电容传感器由于极间隙很小而对结构尺寸的变化特别敏感。在传感器各零件材料线胀

系数不匹配的情况下,温度变化将导致极间隙较大的相对变化,从而产生很大的温度误差。在设计电容传感器时,适当选择材料及有关结构参数,可以满足温度误差补偿要求。

2) 温度对介质的影响

温度对介电常数的影响随介质不同而异,空气及云母的介电常数的温度系数近似为零;而某些液体介质,如硅油、煤油等,其介电常数的温度系数较大。因此,在设计电容传感器时,尽量采用空气、云母等介电常数的温度系数几乎为零的电介质作为电容传感器的电介质。

3. 减小或消除寄生电容的影响

寄生电容可能比传感器的电容大几倍甚至几十倍,影响了传感器的灵敏度和输出特性,严重时会淹没传感器的有用信号,使传感器无法正常工作。因此,减小或消除寄生电容的影响是设计电容传感器的关键。通常可采用如下方法。

(1) 增加电容初始值。增加电容初始值可以减小寄生电容的影响。一般采用减小电容传感器极板之间的距离,增大有效覆盖面积来增加初始电容值。

(2) 采用驱动电缆技术。驱动电缆技术又称为双层屏蔽等位传输技术,它实际上是一种等电位屏蔽法,驱动电缆技术原理如图 5-23 所示。

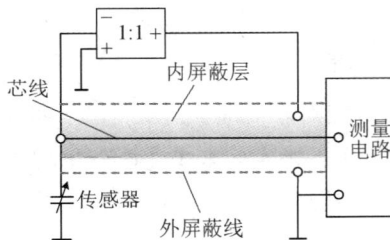

图 5-23 驱动电缆技术原理

驱动放大器是一个输入阻抗很高、具有容性负载、放大倍数为 1 的同相放大器(画出运放)。采用驱动电缆技术的难点在于要在很宽的频带上实现放大倍数等于 1,且输入输出的相移为零。由于屏蔽线上有随传感器输出信号变化而变化的电压,因此称为驱动电缆。外屏蔽层接大地或接仪器地,用来防止外界电场的干扰。

4. 防止和减小外界干扰

当外界干扰(如电磁场)在传感器上和导线之间感应出电压并与信号一起输送至测量电路时就会产生误差。干扰信号足够大时,仪器无法正常工作。此外,接地点不同所产生的接地电压差也是一种干扰信号,也会给仪器带来误差和故障。防止和减小外界干扰有以下措施。

(1) 屏蔽和接地。用良导体作为传感器壳体,将传感器包围起来,并可靠接地;用屏蔽电缆,屏蔽层可靠接地;用双层屏蔽线可靠接地并保持等电位等。

(2) 增加传感器原始电容量,降低容抗。

(3) 导线间的分布电容有静电感应,因此导线和导线之间要离得远,线要尽可能短,最好呈直角非列，若必须平行排列时，可采用同轴屏蔽电缆线，即地线和信号线相间地走线。

（4）尽可能一点接地，避免多点接地。地线要用粗的良导体或宽印制线。

（5）采用差动式电容传感器，减小非线性误差，提高传感器灵敏度，减小寄生电容的影响和温度、湿度等误差。

二、电容式传感器的其他应用

电容式传感器不但广泛应用于精确测量液位物理量，还应用于测量厚度、高度、压力、差压、流量、电介质的湿度、密度、成分含量（油、粮食中的水分）等。

1. 金属带材厚度检测

电容测厚传感器是用来在轧制过程中对金属带材进行厚度检测的，原理如图 5-24 所示。

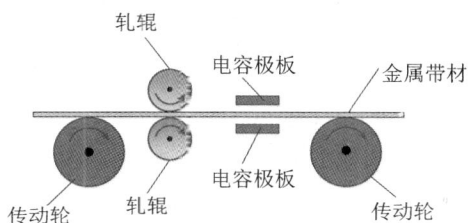

图 5-24 电容测厚传感器原理

电容测厚传感器的工作原理是在被测带材的上下两侧各放置一块面积相等，与带材距离相等的极板，这样极板与带材就构成了两个独立电容 C_1、C_2。把两块极板用导线连接起来成为一个极，而带材就是电容的另一个极，其总电容为 $C_1 + C_2$，如果带材的厚度发生变化，将引起电容量的变化，用交流电桥将电容的变化测出来，经过放大，即可由显示仪表显示出带材厚度的变化，从而实现带材厚度的在线检测。

2. 电容式液位计

如图 5-25 所示，电容式液位计的测定电极安装在金属储罐的顶部，储罐的罐壁和测定电极之间形成了一个电容器。

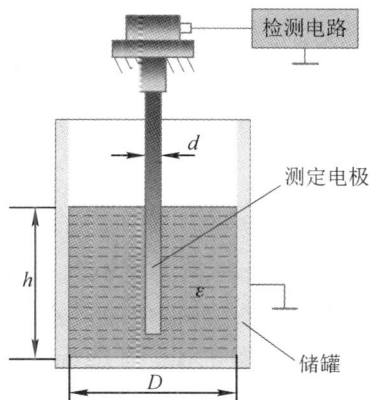

图 5-25 电容式液位计测量原理示意图

当罐内放入被测物料时,由于被测物料介电常数的影响,传感器的电容量将发生变化,电容量变化的大小与被测物料在罐内的高度有关,且成比例变化。检测出这种电容量的变化就可测定物料在罐内的高度。

3. 谷物高度检测

图5-26是利用电容式接近开关测量谷物高度(物位)的示意图。当谷物高度达到电容式接近开关的底部时,电容式接近开关产生报警信号,关闭输送管道的阀门。但对金属物体而言,不能使用易受干扰的电容式接近开关,而应选择电感接近开关(其工作原理为电涡流效应,但习惯上俗称为电感接近开关)。因此只有在测量含水绝缘介质时才选择电容式接近开关。

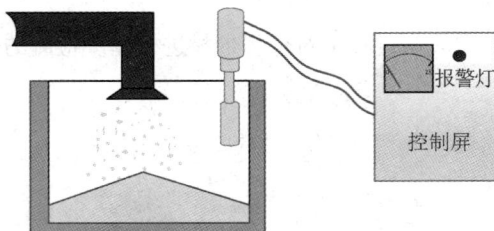

图5-26 电容式接近开关测量谷物高度(物位)示意图

4. 工程台行程限位

图5-27所示是电容开关在工程中的一个应用。要求对某个工件进行加工,用夹具将工件固定在移动工作台上,工作台由一个主电机拖动,作往复运动,刀具作旋转运动。现用两个电容开关来决定工作台何时换向。当传感器A有输出信号时,使主电机停止反转,同时,接通其正转电路,从而使工作台向右运动;当传感器B

图5-27 电容开关指示工作台换向示意图

有输出信号时,使主电机停止正转,同时,接通其反转电路,从而使工作台向左运动。这样,就实现了工作台的行程限位。

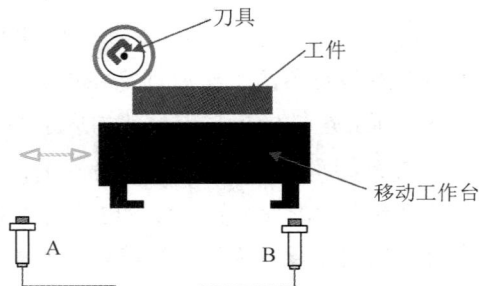

任务二 金属容器的液位检测

任务描述

在许多工业生产系统中,需要对系统的液位或物(料)位进行监测,特别是对具有腐蚀性的液体液位的测量,对这些液体的测量就必须使用非接触式测量,传统的电极法是采用差位分布电极,通过给电脉冲来检测液面,电极长期浸泡在液体中,极易被腐蚀、电解、失去灵敏性。超声波液位检测是现代工业生产中不可缺少的技术手段。它可以使企业在量化环境

超声波传感器概述

下进行生产，从而极大地降低成本，提高效益，减小对环境的有害影响。

本任务中采用超声波液位传感器对金属容器的液体进行液位测量。

相关知识

超声波技术是一门以物理、电子、机械及材料学为基础，各行各业都使用的通用技术。它是通过超声波的产生、传播以及接收这一物理过程来完成检测的。超声波检测就是利用不同介质的不同声学特性对超声波传播产生影响，从而进行探查和测量的一门技术。超声波在液体、固体中衰减很小，穿透能力强，特别是对不透光的固体，超声波能穿透几十米的厚度。

一、声波的基础知识

1. 声波的分类

声波是发声物体的振动在弹性介质内的传播，称为波动（简称波）。声波的振动频率在 20 Hz～20 kHz 范围内，为可闻声波；低于 20 Hz 的声波为次声波；高于 20 kHz 的声波为超声波。超声波不同于可闻声波，其波长短、绕射小，能够形成射线而定向传播，超声波在液体、固体中衰减很小，穿透能力强，特别是在固体中，超声波能穿透几十米的厚度。在碰到杂质或分界面时，就会产生类似于光波的反射、折射现象。超声波的频率越高，其声场指向性就越好，与光波的反射、折射特性就越接近。声波的频率界限划分如图 5-28 所示。

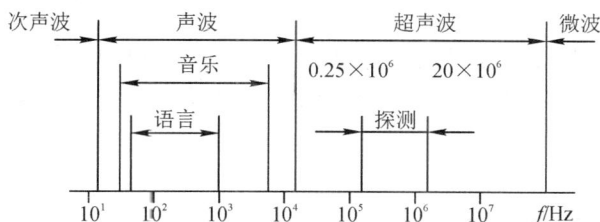

图 5-28　声波的频率分布

2. 超声波的传播方式

超声波为直线传播方式，频率越高，绕射能力越弱，但反射能力越强。根据声源在介质中的施力方向与波在介质中传播方向的不同，声波的波形也不同。声波的传播波形主要有横波、纵波和表面波。

1）横波

横波是指质点的振动方向垂直于传播方向的波，如图 5-29(a) 所示，它只能在固体中传播。

2）纵波

纵波是指质点的振动方向与传播方向一致的波，如图 5-29(b) 所示，它能在固体、液体和气体中传播。

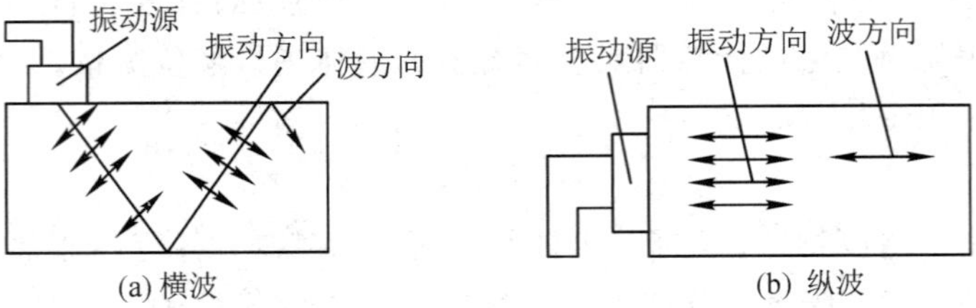

图 5-29 超声波传播波形

3) 表面波

表面波是指质点的振动方向介于纵波与横波之间,沿着固体表面向前传播的波,如图 5-30 所示,它只能在固体中传播。

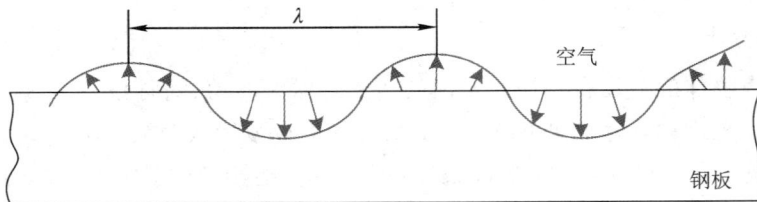

图 5-30 表面波

3. 声速、声压、声强与指向性

1) 声速

超声波可以在气体、液体及固体中传播,并有各自不同的传播速度,纵波、横波和表面波的传播速度取决于介质的弹性常数、介质的密度以及声阻抗。声阻抗 Z 为介质密度 ρ 与声速 C 的乘积,即:

$$Z = \rho C \tag{5-28}$$

其中,声速 C 恒等于声波的波长 λ 与频率 f 的乘积,即

$$C = \lambda f \tag{5-29}$$

常用材料的密度、声阻抗与声速如表 5-2 所示。

表 5-2 常用材料的密度、声阻抗与声速(环境温度为 0℃)

材料	密度 $\rho \times 10^3$/(kg/m)	声阻抗 $Z \times 10^3$/(MPa/s)	纵波声速 C_L/(km/s)	横波声速 C_S/(km/s)
钢	7.8	46	5.9	3.23
铝	2.7	17	6.32	3.08
铜	8.9	42	4.7	2.05
有机玻璃	1.18	3.2	2.73	1.43
甘油	1.26	2.4	1.92	—
水(20℃)	1.0	1.48	1.48	—
油	0.9	1.28	1.4	—
空气	0.0013	0.0004	0.34	—

在固体中，纵波、横波和表面波三者的声速有着一定的关系。通常横波的声速约为纵波声速的一半，表面波声速约为横波声速的 90%。例如，在常温下空气中的声速约为 334 m/s；在水中的声速约为 1440 m/s；而在钢铁中的声速约为 5000 m/s。声速不仅与介质有关，而且与介质所处的状态有关。

2）声压

当超声波在介质中传播时，质点所受交变压强与质点静压强之差称为声压 P。声压与介质密度 ρ、声速 C、质点的振幅 X 及振动的角频率 ω 成正比，即

$$P = \rho C X \omega \tag{5-30}$$

3）声强

单位时间内，在垂直于声波传播方向上的单位面积 A 内所通过的声能称为声强 I，声强与声压的平方成正比，即

$$I = \frac{1}{2} \frac{P^2}{Z} \tag{5-31}$$

4）指向性

超声波的指向性为超声波能量集中在一定区域并向一个方向辐射的现象。

超声波声源发出的超声波束是以一定的角度向外扩散的，如图 5-31 所示。在声源的中心轴线上声强最大，随着扩散角度的增大声强逐步减小。半扩散角 θ、声源直径 D 以及波长 λ 之间的关系为

$$\sin\theta = 1.22 \frac{\lambda}{D} \tag{5-32}$$

设超声源的直径 $D = 20$ mm，射入钢板的超声波（纵波）频率为 5 MHz，则根据式（5-32）可得 $\theta = 4°$，可见该超声波的指向性是十分尖锐的。

图 5-31　超声波束扩散角

4. 超声波的反射、折射与透射

声波从一种介质传播到另一种介质，在两种介质的分界面上，一部分声波被反射，另一部分透射过界面，在另一种介质内部继续传播。这样的两种情况称为声波的反射和折射，如图 5-32 所示。

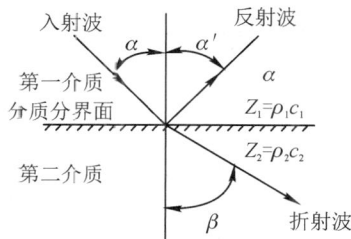

图 5-32　声波反射与折射

1）反射定律

由物理学可知，当波在界面上产生反射时，入射角 α 的正弦与反射角 α' 的正弦之比等

于波速之比。声波在同一介质内的传播速度相等，所以入射角 α 与反射角 α' 相等。

2）折射定律

当波在界面处产生折射时，入射角 α 的正弦与折射角 β 的正弦之比，等于入射波在第一介质中的波速 C_1 与折射波在第二介质中的波速 C_2 之比，即

$$\frac{\sin\alpha}{\sin\beta} = \frac{C_1}{C_2} \tag{5-33}$$

5. 声波在介质中的衰减

超声波在介质中传播时，随着传播距离的增加，能量逐渐衰减，其衰减的程度与介质的密度、晶粒的粗细及超声波的频率等因素有关。晶粒越粗或密度越小，衰减越快；频率越高，衰减越快。气体的密度很小，因此衰减较快，尤其在频率高时衰减更快。因此，在空气中传导的超声波的频率选得较低，约为数千赫兹，而在固体、液体中则选较高频率。

二、超声波传感器基础

超声波传感器是将超声波信号转换成其他能量信号(通常是电信号)的传感器。根据超声波传感器的定义可知，超声波传感器是利用超声波的特性，实现自动检测的测量元件。常见的超声波传感器如图 5-33 所示。

图 5-33　超声波传感器外形图

1. 超声波传感器的分类

超声波传感器也称为超声波换能器、探头，用于发射超声波和接收物体表面反射回来的声波。超声波探头按照其结构不同，可分为单晶直探头、双晶直探头、斜探头等。按其工作原理的不同，可分为压电式、磁致伸缩式等。

1）按探头结构分

（1）单晶直探头。

用于固体介质的单晶直探头(俗称直探头)如图 5-34(a)所示，压电晶片采用 PZT 压电陶瓷材料制作，外壳用金属制作，保护膜用于防止压电晶片磨损。保护膜可以用三氧化二铝(钢玉)、碳化硼等硬度很高的耐磨材料制作。阻尼吸收块用于吸收压电晶片背面的超声脉冲能量，防止杂乱反射波产生，提高探头的分辨力。阻尼吸收块用钨粉、环氧树脂等浇注。

超声波的发射和接收虽然均是利用同一块晶片，但时间上有先后之分，所以单晶直探

头是处于分时工作状态，必须用电子开关来切换这两种不同的状态。

（2）双晶直探头。

双晶直探头由两个单晶探头组合而成，装配在同一壳体内，如图 5-34(b)所示。其中一片晶片发射超声波，另一片晶片接收超声波。两晶片之间用一片吸声性能强、绝缘性能好的薄片加以隔离，使超声波的发射和接收互不干扰。略有倾斜的晶片下方还设置延迟块，它用有机玻璃或环氧树脂制作，能使超声波延迟一段时间后才入射到被测试件中，可减小试件接近表面处的盲区，提高分辨能力。双晶直探头的结构虽然复杂些，但检测精度比单晶直探头高，且超声波信号的反射和接收的控制电路较单晶直探头简单。

（3）斜探头。

压电晶片粘贴在与底面成一定角度（如 30°、45°等）的有机玻璃斜楔块上，如图 5-34(c)所示，压电晶片的上方用吸声性强的阻尼吸收块覆盖。当斜楔块与不同材料的被测介质（试件）接触时，超声波产生一定角度的折射，倾斜入射到试件中去，折射角可通过计算求得，超声波可产生多次反射，而传播到较远处去。

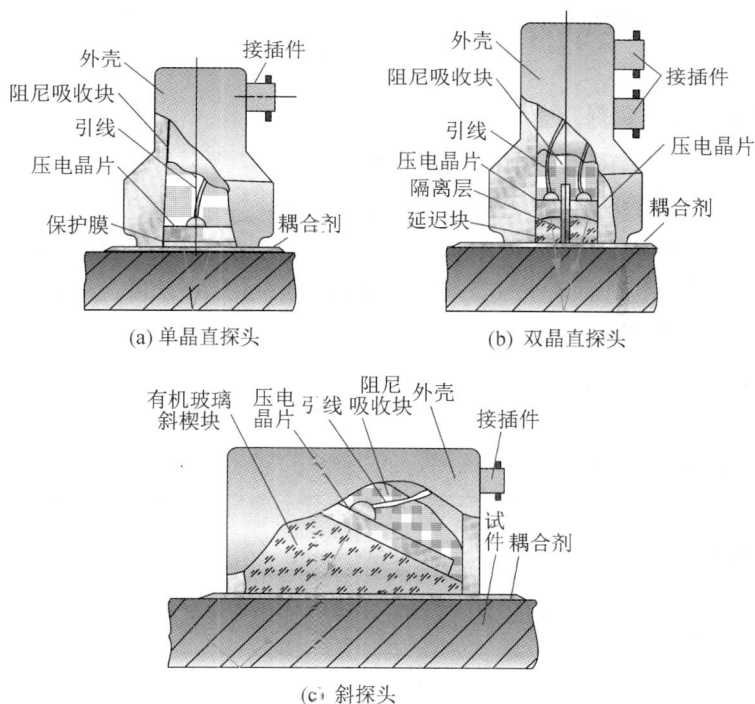

(a) 单晶直探头　　　　(b) 双晶直探头

(c) 斜探头

图 5-34　超声波传感器外形图

2）按工作原理分

（1）压电式超声波传感器。

压电式超声波传感器是利用压电材料的压电效应原理来工作的。压电式超声波传感器常用的材料是压电晶体和压电陶瓷，又称为压电式超声波探头。压电式超声波探头又有发射探头和接收探头之分。超声波发送器（发射探头）是利用逆压电效应制成的，即在压电元件上施加电压，元件变形(也称应变)引起空气振动，即将高频电振动转换成高频机械振动来产生超声波，超声波以疏密波形式传播，传送给超声波接收器。而超声波接收器(接收探头)是利用正压电效应制成的，即接收到的超声波促使接收器的振子随着相应频率进行振动，由于存在正压电效应，就产生与超声波频率相同的高频电压。这种电压一般非常小，必须采用放大器进行放大。

(2) 磁致伸缩式超声波传感器。

对铁磁材料，在交变磁场中沿着磁场方向产生伸缩的现象，称为磁致伸缩效应。磁致伸缩效应的强弱即材料伸长缩短的程度，因铁磁材料的不同而不同。用作磁致伸缩传感器的材料主要有铝铁合金、铁钴合金、镍钴合金以及铁氧体等。

磁致伸缩式超声波传感器是把铁磁材料放置于交变磁场中，使它产生机械尺寸的交替变化及机械振动，从而产生出超声波。磁致伸缩式超声波接收器则是当超声波作用在磁致伸缩材料上时，引起材料伸缩，从而导致它的内部磁场发生改变。由于电磁感应，磁致伸缩材料上所绕的线圈里便产生电动势，将该电动势送入测量电路便可用于记录或显示。

磁致伸缩式超声波传感器在功率超声和水声领域应用较多，但由于它们的机电转换效率低，激励电路复杂，近年来在一些领域磁致伸缩式超声波传感器已被压电式超声波传感器所代替。

2. 超声波探测用耦合剂

在图5-34中，一般不能直接将探头放在被测介质(特别是粗糙金属)表面来回移动，以防磨损。更重要的是，由于超声探头与被测物体接触时，在工件表面不平整的情况下，探头与被测物体表面之间必然存在一层空气薄层。空气的密度很小，将引起三个界面间强烈的杂乱反射波，造成干扰，而且空气也将对超声波造成很大的衰减。为此，必须将接触面之间的空气排挤掉，使超声波能顺利地入射到被测介质中。在工业中，经常使用一种称为耦合剂的液体物质，使之充满在接触层中，起到传递超声波的作用。常用的耦合剂有水、机油、甘油、水玻璃、胶水、化学浆糊等。耦合剂的厚度应尽量薄一些，以减小耦合损耗。有时为了减少耦合剂的成本，还可在探头的侧面，加工一个自来水接口。工作时，自来水通过此孔压入到保护膜和试件之间的空隙中。使用完毕，将水迹擦干即可，这种探头称为水冲探头。

3. 超声波传感器的性能指标

超声波传感器的性能指标有工作频率、工作温度和灵敏度等。

1) 工作频率

工作频率就是压电晶片的共振频率。当加到它两端的交流电压的频率和晶片的共振频率相等时，输出的能量最大，灵敏度也最高。

2) 工作温度

由于压电材料的居里点一般比较高，特别是诊断用超声波探头使用功率较小，所以工作温度比较低，可以长时间地工作而不失效。医疗用超声探头的温度比较高，需要单独的制冷设备。

3) 灵敏度

灵敏度反映了换能器在谐振频率下接收或检测微弱回波信号的能力，它主要取决于制造晶片本身。机电耦合系数大，灵敏度高；反之，灵敏度低。

三、超声波传感器的测量系统

超声波传感器按其检测方式不同，可分为单探头透射型、单探头反射型(反射型)和双探头反射型(分离式反射型)三种，如图5-35所示。超声波应用有三种基本类型，透射型用于物位测量、遥控器，防盗报警器、自动门、接近开关等；分离式反射型用于测距、液位或料位；单探头反射型用于材料探伤、测厚等。

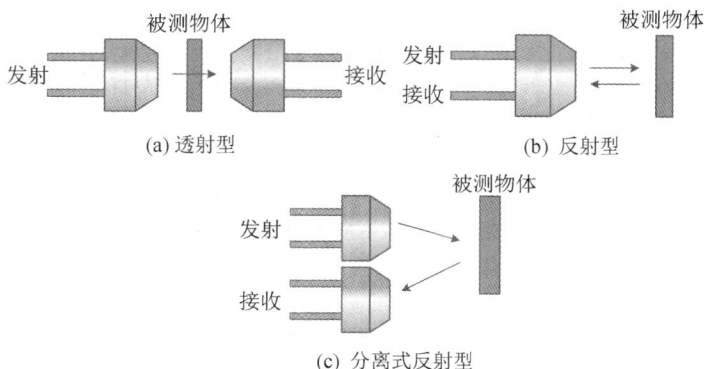

图5-35　超声波传感器检测原理

1. 超声波测量系统结构

超声波测量系统一般包括超声波发送电路、超声波接收电路、控制电路、电源电路、显示电路等，其结构如图5-36所示。由于超声波指向性强，能量消耗缓慢，在介质中传播的距离较远，因而超声波经常用于距离的测量，如测距仪、物位测量仪等。利用超声波检测往往比较迅速、方便、计算简单、易于做到实时控制，并且在测量精度方面能达到工业实用的要求，因此得到了广泛的应用。

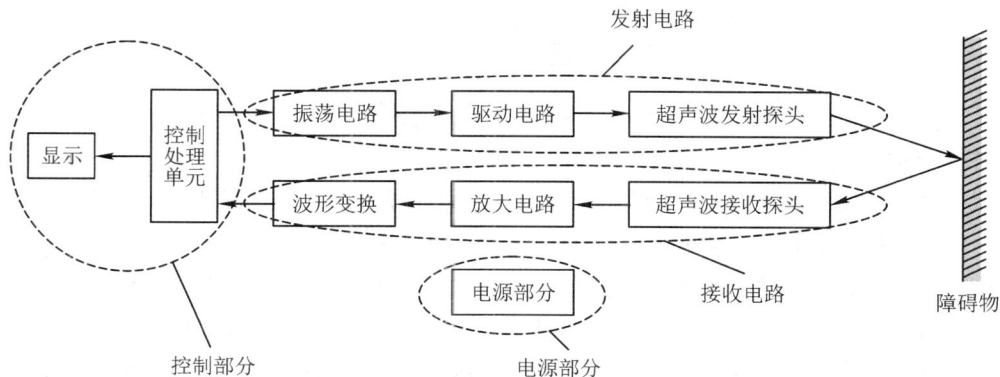

图5-36　超声波测量系统框图

2. 超声波测量系统原理

在超声波测距系统中，主要应用的是反射式检测方式。即超声波发射器向某一方向发射一串超声波脉冲,在发射时刻的同时开始计时,超声波在空气中传播,途中碰到障碍物就立即返回,超声波接收器收到反射波后就立即停止计时。通过对接收到的超声波放大整形,判断发射与接收的时间差。如果是发射连续脉冲,则无法检测这个时间差,故一般只发送 4~8 个完整的波束,如图 5-37 所示。

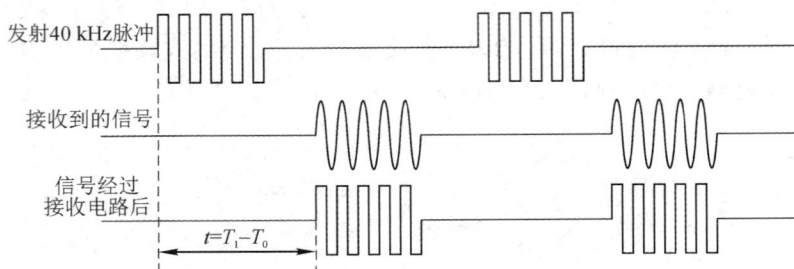

图 5-37 超声波发送与接收示意图

超声波在空气中传播速度为 340 m/s,根据计时器记录的时间 t,就可以计算出发射点距障碍物的距离 s,即

$$s = 340 \times \frac{t}{2} \tag{5-34}$$

四、超声波传感器的测量电路

1. 超声波的发射电路

1)发射电路的组成

超声波发射电路主要由超声波振荡电路、驱动电路与超声波发射探头等组成,结构如图 5-38 所示。

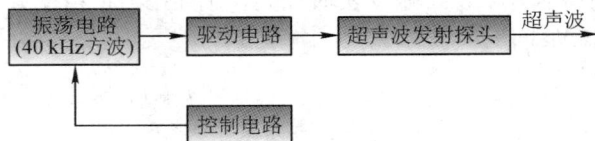

图 5-38 超声波发射电路组成框图

各部分的作用如下:

(1)振荡电路。振荡电路一般是 RC 振荡器、LC 振荡器、555 振荡器,可产生 40 kHz 方波;也可由单片机根据设定的工作方式产生 40 kHz 方波。

(2)驱动电路。驱动电路用于增大驱动电流,有效驱动超声波振子发射超声波。

(3)超声波发射探头。超声波发射探头利用压电晶体的逆压电效应来发射超声波,当高频电压作用于晶片上时,压电晶体受激励以相同的频率在相邻介质中传播超声波,完成电能到机械振动的转换。

(4)控制电路。控制电路控制超声波振荡电路在一定的时间间隔内向外发送一串超声波脉冲信号。

2）发射电路的原理分析

根据超声波发射电路的构成原理，利用超声波传感器和分立元件可设计如图 5-39 所示的发射电路。

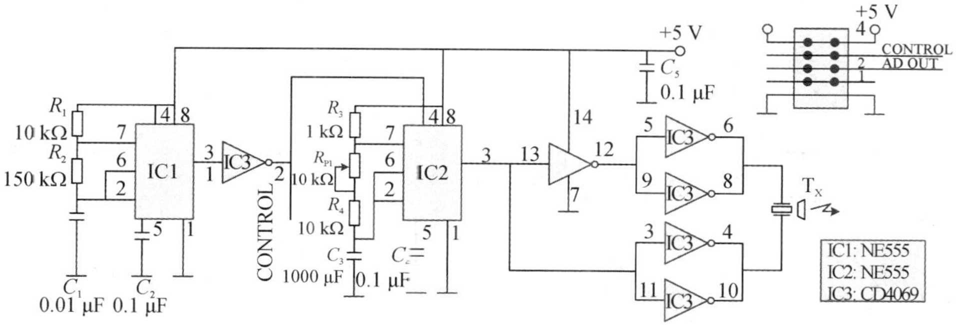

图 5-39　超声波发射单元

电路中的振荡电路采用 NE555，并使其工作于无稳态工作模式。电容 C_3 不断地进行充、放电过程导致 NE555 时基电路处于置位与复位反复交替的状态，即输出端 3 脚交替输出高电平与低电平，输出波形近似为矩形波，此电路也称为自激多谐振荡器。为便于测量，超声波发射器并不需要连续向外发送超声波信号，而是在一定时间间隔内发送一串脉冲。这一功能可以通过 NE555 的强制复位端 4 脚送入控制信号获得（若使用单片机系统产生超声波信号，则可以通过软件编程控制超声波的发送状态）。本电路就是由另一个 NE555 低频振荡器输出一个低频的脉冲信号并取反后获得的。本电路采用 CMOS 六反相器 CD4069 构成驱动电路。为了增大驱动电流，可以采用两个甚至三个反相器 CD4069 并联的方式实现。

2. 超声波的接收电路

1）接收电路的组成

超声波接收电路包括超声波接收探头、选频放大电路及波形变换电路三部分，结构如图 5-40 所示。

图 5-40　超声波接收电路组成框图

各部分的作用如下：

（1）超声波接收探头。超声波接收探头利用压电晶体的压电效应来接收超声波。当超声波在不同介质中传播时，在介质的交界面处发生反射，反射后的超声波作用于压电晶体上，便产生与机械振动频率相同的电能，完成机械振动到电能的转换。

（2）选频放大电路。由于经接收探头变换后的正弦波电信号非常弱，因此必须经选频放大电路进行放大。另外，正弦波信号不能直接被单片机接收，也必须进行波形变换。

（3）波形变换电路。波形变换电路的作用是对经选频放大后的正弦波信号进行波形变换，输出矩形波脉冲，实现 A/D 转换。

　　2）接收电路的原理分析

　　根据超声波接收电路的构成原理，利用超声波传感器和分立元件可设计如图 5-41 所示的接收电路。

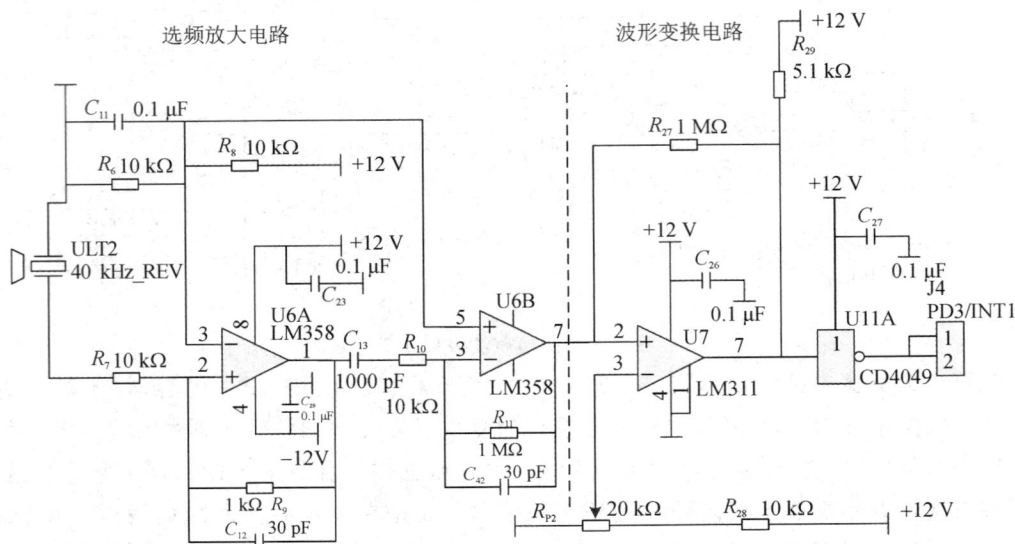

图 5-41　超声波接收电路

　　由于经超声波接收探头变换后的正弦波电信号非常弱，因此必须经选频放大电路放大。本系统采用两级反相比例放大器，两级放大器增益均为 20 dB，与超声接收探头一起构成超声信号选频放大电路，如图 5-41 中标注部分所示。波形变换电路设计如图 5-41 中标注部分所示。本系统选用 LM311 构成了具有滞回特性的比较器，对经选频放大后的正弦波信号进行波形变换，输出矩形波脉冲，以满足输入单片机处理的要求。本电路在波形变换过程中有较强的抗干扰能力，可以有效地防止输入信号的噪声侵入。通过合理调节电位器 R_{P2}，选择比较基准电压，可使测量更加准确和稳定。电路中的 CD4069 反相器主要起缓冲、隔离的作用，减小 LM311 输出端上拉电阻对后续电路的影响，以便后续信号处理时能够可靠地触发单片机中断。

任务实施

一、传感器选型

　　根据前面的原理分析，结合超声波传感器选型时要考虑被测物体的尺寸大小、外形及测量环境是否有振动、环境温度变化等因素，本设计采用如图 5-42 所示的 HC-SR04 超声波测距模块实现距液面距离的测量，该模块是一种反射式超声波传感器，集成了超声波发射器、接收器与控制电路。

图 5-42　HC-SR04 超声波测距模块外形图

从图 5-42 中可以看到，HC-SR04 有四个引脚，分别是电源正极 Vcc、触发信号输入 Trig、回响信号输出 Echo、接地端 Gnd。其工作原理为：

（1）采用 IO 口 Trig 脚触发测距，给至少 10 μs 的高电平信号。

（2）模块自动发送 8 个 40 kHz 的方波，自动检测是否有信号返回。

（3）如有信号返回，会通过 IO 口 Echo 脚输出一个高电平，高电平持续的时间就是超声波从发射到返回的时间。测试距离＝（高电平时间×声速）/2。

HC-SR04 超声波测距模块可提供 2～400 cm 的非接触式距离感测功能，测距精度高达 3 mm，其电气参数如表 5-3 所示。

表 5-3　HC-SR04 的电气参数

电气参数	HC-SR04 超声波模块
工作电压	DC 5 V
工作电流	15 mA
工作频率	40 kHz
最远射程	4 m
最近射程	2 cm
测量角度	15°
输入触发信号	10 ms 的 TTL 脉冲
输出回响信号	输出 TTL 电平信号，与射程成正比
规格尺寸	45 mm×20 mm×15 mm

二、应用实例

1. 电路设计

要测量金属容器的液位，将超声波传感器安装在被测液面的上方，设计测量电路如图 5-43 所示。

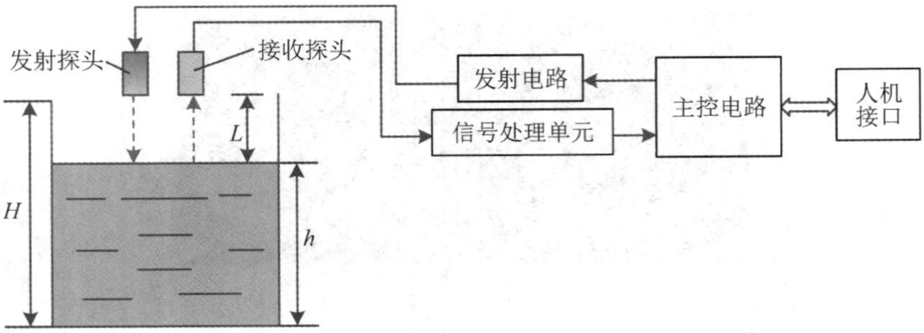

图 5 - 43   金属容器液位测量电路

2. 原理分析

超声波测液位是借助超声脉冲回波渡越时间法来实现的。通过单片机对 HC-SR04 超声波传感器的 Trig 引脚进行触发,通过 Echo 引脚与单片机相连,实现输出数据的采样。其具体工作过程为:单片机控制 Trig 引脚产生 10 μs 以上的高电平,在 Echo 接收口等待高电平输出(超声波是否被液面反射);单片机一检测到有高电平输出(超声波遇到液面)就启动定时器计时,直到单片机检测到 Echo 变为低电平时停止计时,Echo 的电平跳变在单片机的外部中断 INT0 或 INT1 端产生一中断请求信号,单片机响应外部中断请求,执行外部中断服务子程序,读取时间差 Δt,则可计算出液面高度 h:

$$h = H - L = H - \frac{1}{2}v\Delta t \qquad (5 - 35)$$

式中,v 为超声波在空气中传播的速度,在此处为 340 m/s;H 为超声波探头距离金属容器底部的高度,需要提前测定。

三、调试总结

(1)该传感器模块不宜带电连接,若要带电连接,则先让模块的 Gnd 端连接,否则会影响模块的正常工作。

(2)测量时,被测物体的液面不少于 0.5 m^2 且液面要求尽量平整,否则影响测量的结果。

(3)为避免测量的液位浮动较大,可以连续测量多次,去掉最大值、去掉最小值,取剩下的测量数据的平均值。

▉ 能力拓展

超声波传感器除了可用于测量液位,还可用于遥控、防盗、测距、测厚、测流量、探伤等。

一、超声波传感器在生活中的应用

1. 超声波防盗报警器

图 5 - 44 为超声波报警器电路示意图。上部分为发射部分,下部分为接收部分。它们装

在同一块线路板上。发射器发射出频率 $f=40\text{ kHz}$ 左右的连续超声波(空气超声探头选用 40 kHz 工作频率可获得较高灵敏度，并可避开环境噪声干扰)。如果有人进入信号的有效区域，相对速度为 v，从人体反射回接收器的超声波将由于多普勒效应而发生频率偏移 Δf。

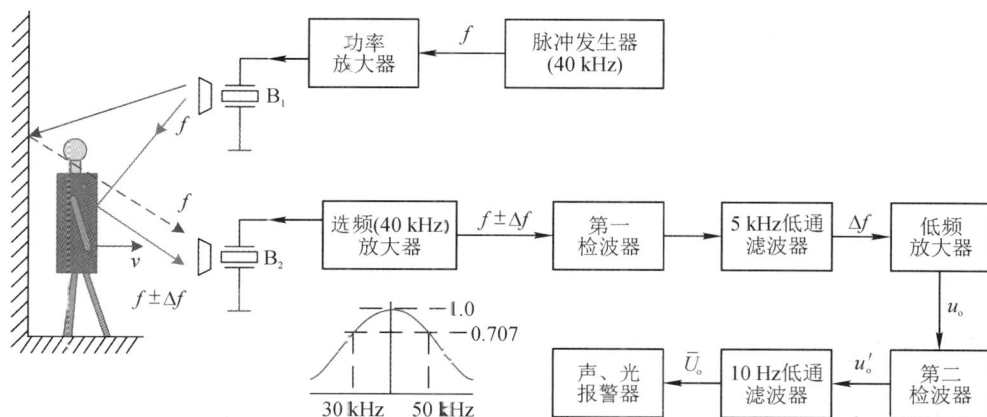

图 5-44　超声波报警器电路示意图

所谓多普勒效应是指当超声波源与传播介质之间存在相对运动时，接收器接收到的频率与超声波源发射的频率将有所不同。产生的频偏 $\pm\Delta f$ 与相对速度的大小及方向有关。当高速行驶的火车向你逼近和经过时，所产生的变调声就是多普勒效应引起的。接收器将收到两个不同频率所组成的差拍信号(40 kHz 以及偏移的频率 $40\text{ kHz}\pm\Delta f$)。这些信号由 40 kHz 选频放大器放大，并经检波器检波后，由低通滤波器滤去 40 kHz 信号，而留下 Δf 的多普勒信号。此信号经低频放大器放大后，由检波器转换为直流电压，去控制报警扬声器或指示器。

利用多普勒效应可以排除墙壁、家具的影响(它们不会产生 Δf)，运动的物体才会存在多普勒效应。由于振动和气流也会产生多普勒效应，故该防盗报警器多用于室内。根据本装置的原理，还能运用多普勒效应去测量运动物体的速度和液体、气体的流速，用于汽车防碰、防追尾等。

2. 倒车雷达

倒车雷达(Car Reversing Aid Systems)的全称是"倒车防撞雷达"，也称为"泊车辅助装置"，是汽车泊车安全辅助装置，能以声音或者更为直观的显示方式告知驾驶员周围障碍物的情况，解决了驾驶员泊车和起动车辆时需要前后左右探视所引起的不便，并帮助驾驶员扫除了视野盲区，提高了驾驶安全性。

倒车雷达只需要在汽车倒车时工作，为驾驶员提供汽车后方的障碍物信息。由于倒车时汽车的行驶速度较慢，和声速相比可以认为汽车是静止的，因此可以忽略多普勒效应的影响。在许多测距方法中，脉冲测距法只需要测量超声波在测量点与目标间的往返时间，实现方法简单。

如图 5-45 所示，驾驶员将手柄转到倒车挡后，系统自动启动，超声波发送模块向后发射 40 kHz 的超声波信号，经障碍物反射，由超声波接收模块收集，再进行放大和比较，单片机 AT89C51 将此信号送入显示模块，同时触发语音电路，发出同步语音提示，当与障碍物距离小于 1 m、0.5 m、0.25 m 时，发出不同的报警声，提醒驾驶员停车。

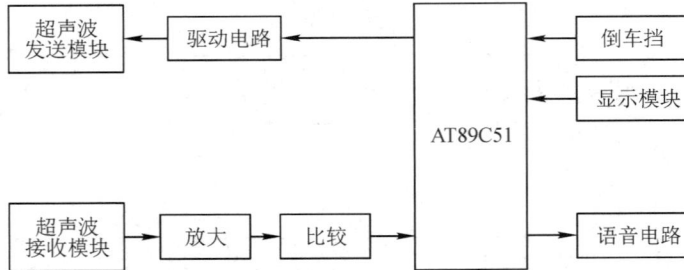

图 5-45   倒车雷达电路原理框图

二、超声波传感器在工业中的应用

1. 超声波测厚

脉冲回波法测量试件厚度如图 5-46 所示。超声波探头与被测试件某一表面相接触，由主控制器产生一定频率的脉冲信号，送往发射电路，经电流放大后加在超声波探头左边的压电晶片上，从而激励超声波探头产生重复的超声波脉冲。脉冲波传到被测试件另一表面后反射回来，被超声波探头右边的压电晶片接收。

若已知超声波在被测试件中的传播速度为 v，试件厚度为 d，脉冲波从发射到接收的时间间隔 Δt 可以测量，则可求出被测试件厚度为

$$d = \frac{v\Delta t}{2} \tag{5-36}$$

用超声波传感器测量零件厚度，具有测量精度高、操作安全简单、易于读数、能实现连续自动检测、测试仪器轻便等诸多优点。但是，对于声衰减很大的材料，以及表面凹凸不平或形状极不规则的零件，利用超声波实现厚度测量比较困难。

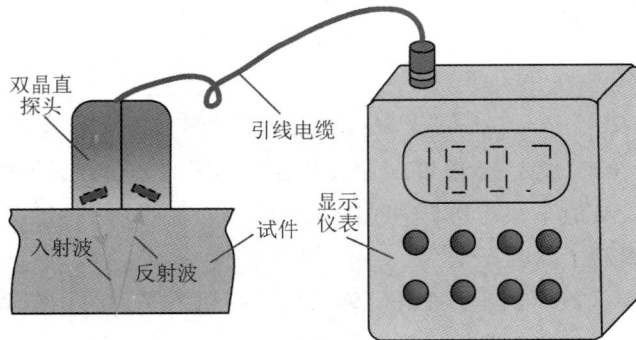

图 5-46   脉冲回波法测量试件厚度

2．超声波测流量

超声波流量传感器的测定原理是多样的，如传播速度变化法、波速移动法、贝济埃效应法、流动听声法等。目前应用较广的主要是超声波传输时间差法。

超声波在流体中传输时，在静止流体和流动流体中的传输速度是不同的，利用这一特点可以求出流体的速度，再根据管道流体的截面积，便可知道流体的流量。

在实际应用中，超声波传感器安装在管道的外部，从管道的外面透过管壁发射和接收超声波不会给管路内流动的流体带来影响。

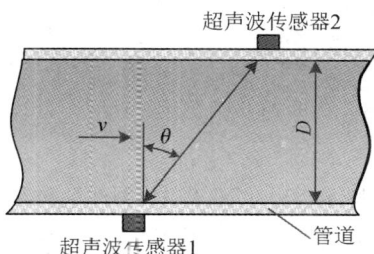

图 5-47　超声波测流量

如图 5-47 所示，在管道两侧设置两个超声波传感器，它们可以发射超声波，又可以接收超声波，一个安装在上游，一个安装在下游，超声波传播方向与管径夹角为 θ，管道内径为 D。设流体静止时的超声波传输速度为 c，流体流动速度为 v，顺流方向的传输时间为 t_1，逆流方向的传输时间为 t_2，则

$$t_1 = \frac{D/\cos\theta}{c + v\sin\theta} \qquad (5-37)$$

$$t_2 = \frac{D/\cos\theta}{c - v\sin\theta} \qquad (5-38)$$

一般来说，流体的流速远小于超声波在流体中的传播速度，那么超声波传播时间差为

$$\Delta t = t_2 - t_1 = \frac{D/\cos\theta}{c - v\sin\theta} - \frac{D/\cos\theta}{c + v\sin\theta} = \frac{2Dv\tan\theta}{c^2 - v^2\sin^2\theta} \qquad (5-39)$$

由于 $c \gg v$，从上式便可得到流体的流速，即：

$$v = \frac{c^2}{2D}\Delta t \cot\theta \qquad (5-40)$$

则体积流量为

$$q_v \approx \frac{\pi}{4}D^2 v = \frac{\pi}{8}Dc^2\Delta t \cot\theta \qquad (5-41)$$

由式(5-40)可知，流速 v 与流量 q_v 均与时间差 Δt 成正比，而时间差可用标准时间脉冲计数器来实现，上述方法称为时间差法。

超声波流量传感器具有不阻碍流体流动的特点，可测的流体种类很多，不论是非导电的流体、高黏度的流体，还是浆状流体，只要是能传输超声波的流体，都可以用超声波流量传感器进行测量。超声波流量计可用于管道、农业灌渠、河流等流速或流量的测量。

3．超声波纸卷直径检测

超声波作为一种间接、非接触式、高精度的卷径检测方式，具有不易受光、电磁波、粉尘等外界因素干扰,对被检测物无损害,以及声波传播速度在相当大范围内与频率无关等独特优点,已广泛应用在纺织、印刷及包装等工业领域。一种用于纸卷直径监测的超声波传感器的示意图如图 5-48 所示。

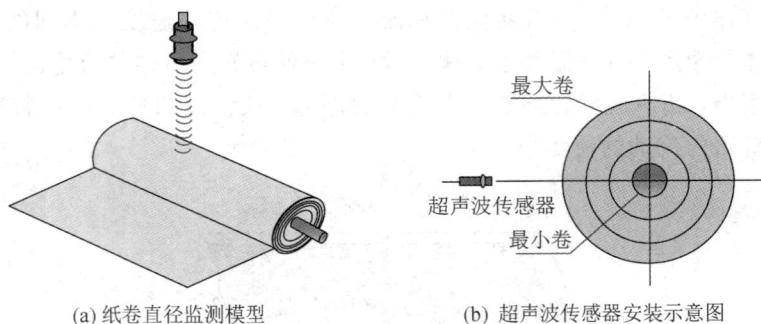

(a) 纸卷直径监测模型   (b) 超声波传感器安装示意图

图 5-48   纸卷直径监测的示意图

如图 5-48(b),把超声波传感器安装在卷纸机器上并指向目标,要确保传感器离目标的距离在传感器的感应范围之内,并且对准纸卷的卷轴中心,然后在纸卷轴上装好不同大小卷径的料卷(图 5-48(a)所示),通过计算机或人机界面监视不同卷径下超声波传感器对应输出的数字量,然后与卷径大小一一对应列表,通过线性比例计算出当前实时卷径。

4. 超声波无损探伤

人们在使用各种材料(尤其是金属材料)的长期实践中,观察到大量的断裂现象,它曾给人类带来许多灾难、事故,涉及舰船、飞机、轴类、压力容器、宇航器、核设备等。对缺陷的检测手段有破坏性试验和无损探伤。由于无损探伤以不损坏被检验对象为前提,所以得到广泛应用。

无损探伤的方法有磁粉检测、电涡流检测、荧光染色渗透、放射线(X 光、中子)照相检测、超声波探伤等。其中,超声波探伤是目前应用十分广泛的无损探伤手段。它既可检测材料表面的缺陷,又可检测内部几米深的缺陷,这是 X 光探伤所达不到的深度。

超声波探伤是利用超声波入射被检工件内部,当声束遇到缺陷时会使产生的发射回波或穿透波衰减,据此可判断被检工件内部是否存在缺陷、缺陷的大小和位置。超声波探伤根据检测原理分为穿透法探伤和反射法探伤。穿透法探伤是根据超声波穿透工件后能量的变化情况来判断工件内部质量;反射法探伤是根据超声波在工件中反射情况的不同来探测工件内部是否有缺陷。这里主要介绍常用的反射法探伤,反射法根据超声波波形的不同又可分为纵波探伤、横波探伤。

1) 纵波探伤

纵波探伤采用超声直探头,如图 5-49 所示。检测时,将探头放置在被测工件上,并在工件表面来回移动,探头会发射出超声波,并以垂直方向在工件内部传播。如果传播路径上没有缺陷,超声波到达底部便产生反射,荧光屏上便出现始波脉冲 T 和底部脉冲 B,如图 5-49(a)所示。如果工件有缺陷,一部分脉冲将会在缺陷处产生反射,另一部分继续传播到达工件底部产生反射,因而在荧光屏上除始波脉冲 T 和底部脉冲 B 外,还会出现缺陷脉冲 F，如图 5-49(b)所示。荧光屏上的水平亮线为扫描线(时间基线)，事先调整其长度使其与工件的厚度成正比，根据缺陷脉冲在荧光屏上的位置便可确定缺陷在工件中的深度。

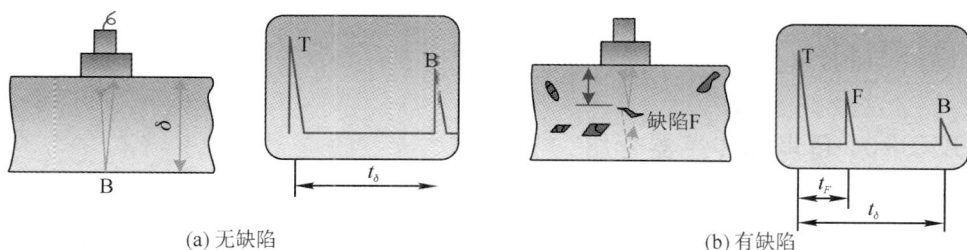

(a) 无缺陷　　　　　　　　　　　　　(b) 有缺陷

图 5-49　纵波探伤

2) 横波探伤

当遇到纵深方向的缺陷时，采用直探头就很难真实反映缺陷的形状大小。此时，应采用斜探头探测，如图 5-50 所示。控制倾斜角度使斜探头发出的超声波以横波方式在工件的上下表面逐次反射传播至端面为止。横波探测一般作为粗检，为准确探测缺陷的性质、取向等，应采用不同的探头反复探测，方可较准确地描绘出缺陷的形状和大小。

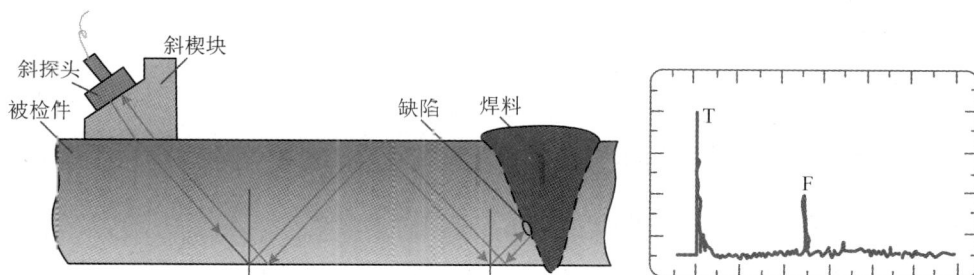

图 5-50　横波探伤

项目实训

设计与制作 5——超声波测距仪的设计与制作

案例分析

超声波是一种频率比较高的声音，由于其具有指向性强、能量消耗缓慢、传播距离较远等优点，经常用于距离的测量，如测距仪和物位测量仪等都可以通过超声波来实现。

超声波传感器是将超声波信号转换成其他能量信号(通常是电信号)的传感器，广泛应用于物位监测、机器人防撞、工业现场、车辆导航、水声工程以及防盗报警等相关领域。超声波检测往往比较迅速、方便、计算简单、易于做到实时控制，并且在测量精度方面能达到工业实用的要求,因此在测控系统的研制中得到了广泛应用。

超声波测距在生产、生活中的应用范围越来越广,如泊车辅助系统、智能导盲系统、移动机器人等距离测量场景都会用到超声波测距。本案例是基于 HC-SR04 超声波传感器的测距仪的设计与制作。

设计与制作

一、HC-SR04 超声波传感器介绍

HC-SR04 超声波测距模块包括超声波发射器、接收器与控制电路,可提供 2~400 cm 的非接触式距离感测功能,测距精度可高达 3 mm。其基本工作原理如下:

(1) 采用 IO 口 TRIG 触发测距,施加至少 10 μs 的高电平信号;

(2) 模块自动发送 8 个 40 kHz 的方波,自动检测是否有信号返回;

设计与制作5——
超声波测距仪

(3) 有信号返回,通过 IO 口 ECH0 输出一个高电平,高电平持续的时间就是超声波从发射到返回的时间。测量距离=(高电平时间×声速)/2。

HC-SR04 超声波测距模块性能稳定,测量距离精确,其主要特点有:

(1) 无盲区;

(2) 反应速度快,10 ms 的测量周期,不容易丢失高速目标;

(3) 发射头、接收头紧靠,和被测目标基本成直线。

前面的任务实施中已经对 HC-SR04 的电气参数进行了介绍,这里就不再进行阐述。

二、电路功能介绍

系统通过 HC-SR04 超声波传感器获取待测距离(实际获取的是时间,转换为距离),单片机读取时间(距离)信号并控制 LCD1602 显示当前距离,当待测距离超过规定的距离报警阈值时,启动蜂鸣器进行声提示。电路具体功能如下:

(1) 采用 LCD1602 显示当前距离和温度值;

(2) 可以通过按键设置进入距离报警上下限值的加减模式;

(3) 可以通过按键设置进入当前距离和温度值的显示模式;

(4) 当待测距离值大于设定的距离报警阈值时,能够控制蜂鸣器发声从而达到报警的目的。

如图 5-51 所示,该超声波测距仪电路由主控电路、超声波传感器测距模块、DSB18B20 测温模块、液晶显示模块、按键输入模块、超距声报警模块构成。

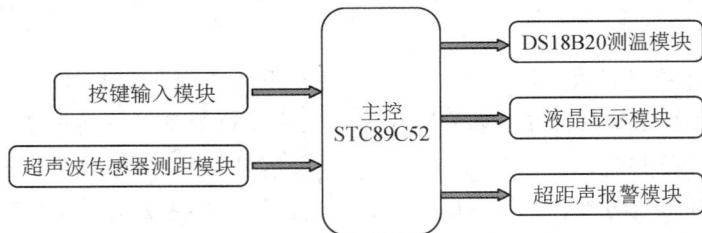

图 5-51   超声波测距仪的设计框图

三、电路设计与制作

1. 电路设计

图 5-52 为超声波测距仪的电路原理图。本测距装置以 STC89C52 单片机为处理核心，HC-SR04 超声波传感器和单片机直接相连，通过单片机 P2.0 口控制 Trig 引脚产生 10 μs 以上的高电平，在 Echo(P2.1) 接收口等待高电平输出；当碰到障碍物时，Echo 口输出高电平，单片机检测到高电平后就启动计数器计数，直到单片机检测到 Echo 变为低电平后结束计数，计数器的计数值乘以单片机的计数周期就是超声波从发射到接收的往返时间（此次测距的时间），从而算出距离。按键设置报警阈值电路主要用来设置报警距离的上下限值。三个按键均设置为低电平有效，当单片机检测到有按键触发的低电平时，就会执行相应的按键控制程序。DS18B20 用来测量温度，与单片机的 P1.0 口相连，上拉电阻 R_2 起到信号稳定的作用；LCD1602 液晶显示当前测距值和温度值；蜂鸣器报警电路采用 PNP 型三极管来进行驱动，与单片机的 P2.7 引脚连接，当待测距离超出上限报警值或低于下限报警值时，蜂鸣器进行报警提示。

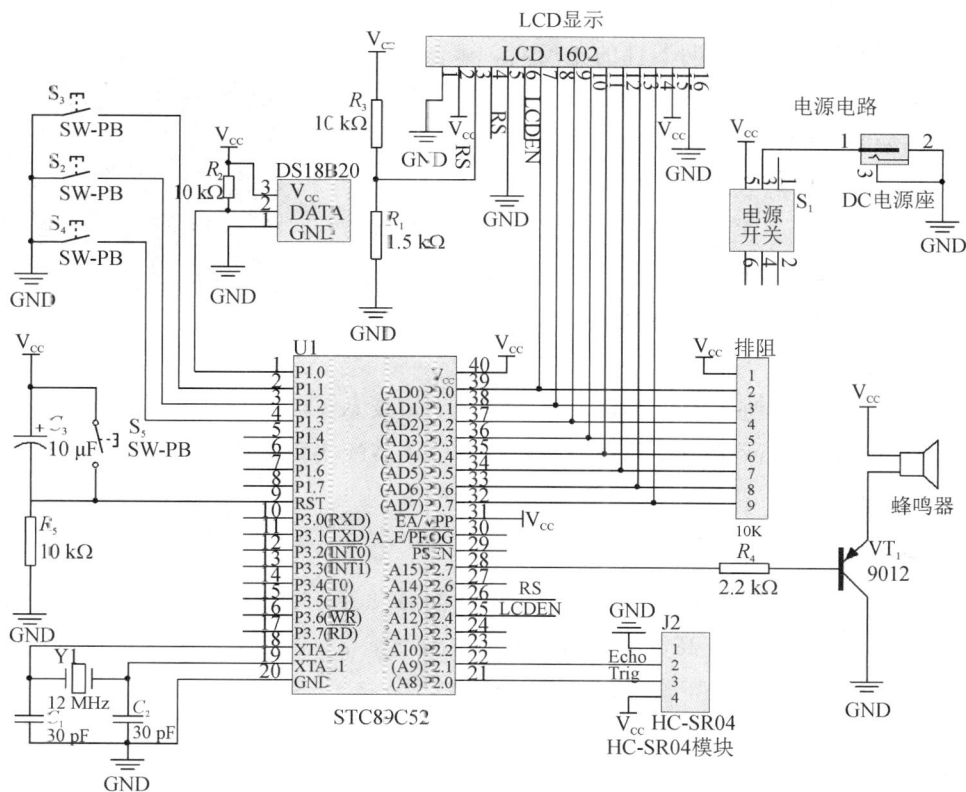

图 5-52　超声波测距仪电路原理图

2. 元件清单

制作超声波测距仪所需要的主要元件清单如表 5-4 所示。

表 5 - 4   超声波测距仪电路主要元件清单

元 件 名 称	数 量	元 件 名 称	数 量
HC-SR04 超声波传感器	1	STC89C52 单片机	1
LCD1602 液晶	1	DS18B20	1
蜂鸣器	1	4 脚按键开关（6×6×5）mm	4
PNP 三极管 9012	1	色环电阻	若干
电容	若干	12 MHz 晶振	1
DC 电源接口	1	40P IC 底座	1
DC 电源插座	1	USB 电源线	1

3. 电路板制作与装配

组装该超声波测距仪电路时应注意以下几个方面：

（1）所有元器件在组装前应尽可能全部测试一遍，以保证所用元器件均合格。

（2）分立元件应仔细辨明器件的正反向，标志应处于比较容易观察的位置以方便检查和调试。对于有正负极性的元件，例如电解电容器、有源蜂鸣器等，组装时一定要特别注意极性，否则部分或全部功能将无法实现。

（3）在实际焊接中连线需要尽量做到排板简洁连线方便。连线不跨接在集成电路芯片上，必须从其周围通过。同时应尽可能做到连线不相互穿插重叠、尽量不从电路中的元器件上方通过。

图 5 - 53   超声波测距仪的电路装配实物图

（4）焊接完以后，进行通电测试验证之前，一定要认真检查有无短路和断路等问题。超声波测距仪的电路装配实物图如图 5 - 53 所示。

4. 电路调试

在调试该超声波测距仪装置时，要注意：

（1）先进行传感器输出信号的调试。采用示波器观察，当超声波传感器前置一障碍物时，ECHD 信号引脚是否有高电平输出，如果输出不正常，请考虑是否为电源电压不足造成 HC_SR04 测距模块无法正常工作。

（2）由于在室温下，声速会受温度变化的影响，需利用 DS18B20 温度传感器测得环境温度，补偿温度对声速的影响。

（3）HC_SR04 超声波传感器测量存在不稳定性，所以在测量固定距离时，应尽可能多次测量，去除最大值和最小值后取平均值作为测量结果。

（4）测距时，被测物体的面积应不少于 0.5 m² 且要尽量平整，否则会影响测试结果。

四、设计总结

本设计实现了利用超声波方法测量物体间的距离并且以数字的形式显示测量距离，以及对外界环境温度的采集和处理，提高了距离测量的精确度。该系统操作简单，使用方便、测量速度快，除用来测距外，还适用于水位液位的测量、障碍物的识别以及车辆自动导航等场景，具有很好的应用前景。

项 目 总 结

由于被测对象种类繁多，检测的条件和环境也有很大的差别，因而对液位进行测量的传感器形式有许多种。本项目分别介绍了典型代表——电容型传感器和超声波传感器的工作原理及应用。

电容传感器是把被测量转换为电容量变化的一种传感器，分为变极距型、变面积型和变介质型三种。电容传感器的输出电容值非常小，所以要借助测量电路将其转换为相应的电压、电流或频率等信号。常用的测量电路有交流电桥、调频电路、运算放大器电路、脉冲宽度调制电路、双 T 电桥电路等。它不但广泛地用于位移、厚度、角度、振动等机械量的精确测量，还可进行力、压力、差压、流量、成分、液位等参数的测量。

超声波传感器是利用不同介质的不同声学特性对超声波传播的影响来进行探查和测量的一门技术。超声波在液体、固体中衰减很小，穿透能力强，特别是对不透光的固体，超声波能穿透几十米的厚度。当超声波从一种介质入射到另一种介质时，由于在两种介质中的传播速度不同，在介质面上会产生反射、折射和波形转换等现象。超声波的这些特性使它在检测技术中获得了广泛的应用，如超声波无损探伤、厚度测量、流速测量等。

项 目 考 核

5-1　判断题

(1) 差动式电容传感器可以提高灵敏度，减小非线性误差。　　　　　　　　(　　)

(2) 对于变极距型电容式传感器，电容量与极板间距是线性关系。　　　　　(　　)

(3) 电容传感器输出电容量以及电容变化量都非常微小，可以由记录仪进行记录，方便传输。　　　　　　　　　　　　　　　　　　　　　　　　　　　　　　　(　　)

(4) 压电式超声波传感器是利用压电材料的压电效应原理来工作的。　　　　(　　)

(5) 超声波测量系统一般包括超声波发送电路、超声波接收电路、控制电路、电源电路、显示电路等。　　　　　　　　　　　　　　　　　　　　　　　　　　　　(　　)

5-2　单选题

(1) 以下关于电容传感器描述正确的是(　　　)。

A. 温度稳定性好　　　　　　　　　B. 测量精度低

C. 负载能力强　　　　　　　　　　D. 寄生电容影响小

(2) 在电容传感器中，若采用调频法测量转换电路，则电路中(　　　)。

A. 电容和电感均为变量　　　　　　B. 电容是变量，电感保持不变

C. 电感是变量，电容保持不变　　　D. 电容和电感均保持不变

（3）以下哪种传感器不能用作接近开关（　　）。

A. 电位器　　　　　　　　　　　B. 电涡流式传感器

C. 电容式传感器　　　　　　　　D. 超声波传感器

（4）用于电容传感器的测量电路很多，以下不属于电容传感器的测量电路的是（　　）。

A. 谐振电路　　　　　　　　　　B. 交流电桥

C. 脉冲宽度调制电路　　　　　　D. 运算放大器电路

（5）超声波在介质中传播时，随着传播距离的增加，能量逐渐衰减，其衰减的程度与下列（　　）因素无关。

A. 介质的密度　　　　　　　　　B. 晶粒的粗细

C. 超声波的频率　　　　　　　　D. 介质的体积

5－3　简答题

（1）分析变间隙电容传感器的灵敏度？如要提高传感器的灵敏度可采取什么措施？同时要注意什么问题？

（2）电容式传感器测量电路的作用是什么？常见的有哪几种？

（3）简述电容式传感器的优缺点。

（4）在超声波反射探头前为什么要加入驱动电路？

（5）简述超声波测距的原理。

5－4　计算题

一个以空气为介质的平极电容式传感器结构如图5－54所示，其中极板宽度 $a = 10$ mm、长度 $b = 16$ mm，两极板间距 $d = 1$ mm。测量时，一块极板在原始位置上沿 a 向平移了 2 mm，求该传感器的电容变化量、电容相对变化量和位移灵敏度 K。

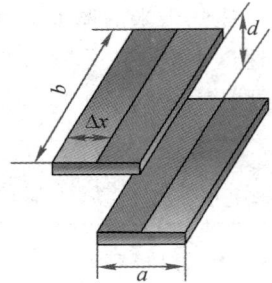

（已知空气的相对介电常数 $\varepsilon_r = 1$ F/m，真空时的介电常数 $\varepsilon_0 = 8.854 \times 10^{-12}$ F/m）。

5－5　分析题

请分析图5－45中倒车雷达电路的工作原理。

图5－54　平极电容式传感器结构

5－6　设计题

请结合所学内容，采用超声波传感器设计一个身高测量系统。

项目六

位移的检测

项 目 概 述

在生产实践中，需要进行位移测量的场合非常多。位移测量通常是线位移和角位移测量的总称。位移是向量，对位移的测量除了要确定大小以外，还要确定其方向。此外，还有许多被测物理量可以转化为位移进行测量，如压力、位置等，都可以通过某种转换部件转换为直线位移，然后通过测量位移间接得到被测量。

目前用于测量位移的传感器类型很多，电感式传感器是最常用的位移传感器之一。电感式传感器主要建立在电磁感应的基础上，把输入物理量（如位移、振幅、压力、流量、比重等参数）转换为线圈的电感或互感的变化，再由测量电路转换为电压或电流的变化。本项目中主要介绍电感式、电涡流式等位移传感器的工作原理及应用。

项 目 目 标

（1）认识并了解检测位移量的传感器，了解它们的性能。
（2）理解自感式电感传感器和差动变压器的工作原理、测量电路。
（3）理解电涡流传感器的工作原理、测量电路。
（4）了解自感式电感传感器和差动变压器的典型应用。
（5）了解电涡流传感器的典型应用。
（6）熟悉轴承滚柱直径检测系统的安装与调试。
（7）熟悉电涡流传感器测汽轮机轴向位移的检测方案。
（8）能够根据测量需求完成传感器选型工作。

教 学 指 导

从位移检测入手，在了解电感式传感器、电涡流传感器的结构、分类和工作原理的基础上，熟悉传感器的基本转换电路，能够使用传感器进行位移的测量，并了解传感器的典型应用。本项目知识难点在于对自感式传感器的差动结构与差动变压器传感器两者区别的理解，可以通过加强课堂讨论和课下练习等方法加深学生的理解，以提高综合运用能力。

本项目建议学时数为 6～12 学时。

项 目 实 施

任务一　轴承滚柱直径的检测

■ 任务描述

在机械行业中，轴承是重要的标准零件之一，其精度高低在一定程度上影响整个机械系统的性能。如果用人工来进行轴承直径的测量，不仅效率低下，还容易导致人为错误。因此，轴承的直径测量一般都采用滚柱直径自动分选装置来进行测量，目前工程中最常用的轴承滚柱直径的检测设备是电感式直径分选装置。

电感式传感器概述

■ 相关知识

一、电感式传感器概述

电感式传感器是利用电磁感应原理将被测非电量(如位移、压力、流量、振动等)转换成线圈自感系数 L 或互感系数 M 的变化，进而由测量电路转换为电压或电流的变化量。

电感式传感器与其他类型的传感器相比，主要具有的优点是：灵敏度高，精度高，可实现信息的远距离传输、记录、显示和控制，在工业自动控制系统中被广泛采用。但缺点是：灵敏度、线性度和测量范围相互制约，传感器自身频率响应低，不适用于高频快速动态测量，对电源频率和稳定度要求较高。

电感式传感器种类很多，按照结构的不同，可分为自感式传感器、差动变压器式传感器和电涡流式传感器三种类型。其中，自感式传感器、差动变压器式传感器为接触式测量，电涡流式传感器可实现非接触式测量。常见的自感式传感器和差动变压器式传感器如图6-1所示。

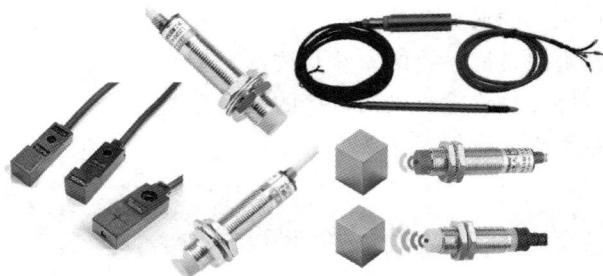

图 6-1　常见电感式传感器的外形图

二、自感式电感传感器

自感式传感器又称为变磁阻式传感器，其原理如图6-2所示，它由线圈、铁芯和衔铁三部分组成。

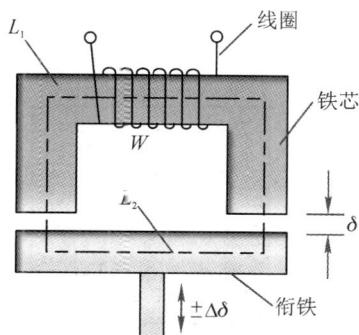

图 6-2　自感式传感器的原理示意图

如图 6-2 所示，铁芯和衔铁都是由导磁材料（如硅钢片）等制成的，它们之间留有气隙，传感器的运动部分与衔铁相连。当衔铁移动时，气隙厚度 δ 发生改变，引起磁路中磁阻变化，从而导致电感线圈的自感值变化。因此只要能测出这种自感量的变化，就能确定衔铁位移量的大小和方向。

线圈的自感量 L 可由下式确定：

$$L = \frac{W\Phi}{I} \tag{6-1}$$

式中，I 为通过线圈的电流；W 为线圈的匝数；Φ 为穿过线圈的磁通。由磁路欧姆定律，得：

$$\Phi = \frac{IW}{R_m} \tag{6-2}$$

式中，R_m 为磁路总磁阻。所以，线圈的自感量 L 为

$$L = \frac{W^2}{R_m} \tag{6-3}$$

因为气隙 δ 很小，可以认为气隙中的磁场是均匀的，同时忽略绕组的漏磁，则磁路总磁阻 R_m 为

$$R_m = \frac{L_1}{\mu_1 A_1} + \frac{L_2}{\mu_2 A_2} + \frac{2\delta}{\mu_0 A_0} \tag{6-4}$$

式中，μ_1、μ_2 为铁芯、衔铁材料的磁导率；μ_0 为空气的磁导率；L_1、L_2 为磁通通过铁芯、衔铁的长度；A_0、A_1、A_2 为气隙、铁芯、衔铁的截面积；δ 为气隙的厚度。

因为一般气隙磁阻远大于铁芯和衔铁的磁阻，则式(6-4)可近似写为

$$R_m = \frac{2\delta}{\mu_0 A_0} \tag{6-5}$$

联立式(6-3)及式(6-5)，可得

$$L = \frac{W^2 \mu_0 A_0}{2\delta} \tag{6-6}$$

上式表明：当线圈匝数 W 为常数时，自感 L 仅仅是磁路中磁阻 R_m 的函数，改变 δ 或 A_0 均可导致电感变化。最常用的是变气隙长度 δ 的自感传感器。由于改变 δ 和 A_0 都会使气隙磁阻变化，从而使自感发生变化，所以这种传感器也叫变磁阻式传感器。若线圈中放入

圆形衔铁，则又可变为螺管型自感传感器。因此，可将常见的自感式传感器分为变气隙型、变面积型和螺管型三类，如图 6-3 所示为各类自感式传感器的结构。

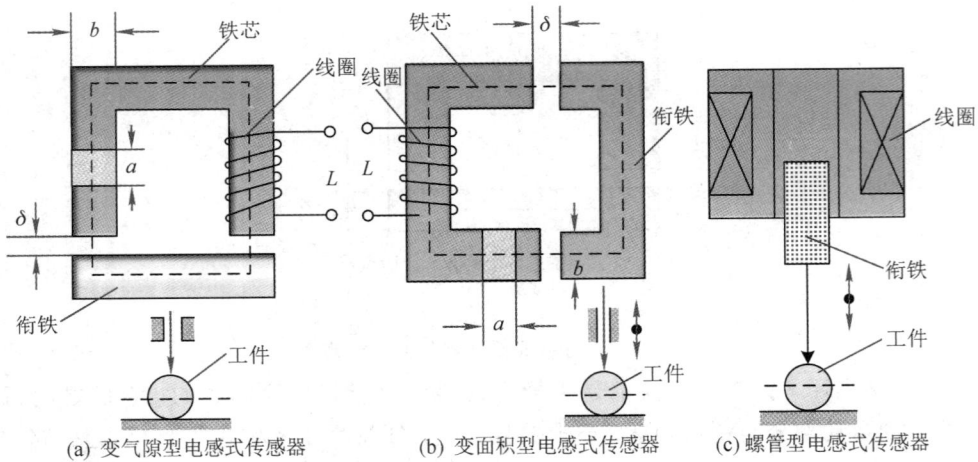

(a) 变气隙型电感式传感器　　(b) 变面积型电感式传感器　　(c) 螺管型电感式传感器

图 6-3　自感式传感器的结构

1. 变气隙型自感式传感器

变气隙型自感式传感器是传感器气隙截面积 A_0 保持不变，让磁路气隙厚度 δ 随被测非电量而改变，从而电感量 L 发生变化。由 $L = \dfrac{W^2 \mu_0 A_0}{2\delta}$ 可知，若 A_0 为常数，则电感量 L 与气隙厚度 δ 成反比，其结构如图 6-3(a)所示。

这种传感器灵敏度为

$$K = -\frac{W^2 \mu_0 A_0}{2\delta^2} \tag{6-7}$$

可见，δ 越小，灵敏度越高。为提高灵敏度并保证一定的线性度，一般取 $\Delta\delta/\delta_0 = 0.1 \sim 0.2$。传感器只能工作在很小的区域，因而只能用于微小位移的测量。为了减小非线性误差，实际测量中广泛采用如图 6-4(a)所示的差动变气隙型电感式传感器。

2. 变面积型自感式传感器

变面积型自感式传感器如图 6-3(b)所示，其气隙厚度 δ 保持不变，令磁通截面积随被测量而变(衔铁沿图 6-3(b)所示方向移动)，即构成变面积型自感式传感器。由式 $L = \dfrac{W^2 \mu_0 A_0}{2\delta}$ 可知，若保持气隙厚度 δ 为常数，则 $L = f(A)$，且 L 与 A 成正比。其灵敏度：

$$K = \frac{W^2 \mu_0}{2\delta} \tag{6-8}$$

由式(6-8)可知，这种传感器的灵敏度为一常数，应该说它的输出特性是线性的，但由于漏电感等原因，其线性区较小，为了提高灵敏度，常将 δ 做得较小，这种类型的传感器由于结构的限制，它的被测位移量也不大。为了增大测量范围，常做成螺管型结构。

3. 螺管型自感式传感器

螺管型自感式传感器如图 6-3(c)所示，属变气隙型自感式传感器。它由线圈、衔铁和磁性套筒组成。随着铁芯在外力作用下所引起的衔铁插入线圈深度的不同，将引起线圈磁力线漏磁路中的磁阻变化，从而使线圈的自感发生变化。在一定范围内，线圈自感量与衔铁插入深度之间呈对应关系。

对于长螺线管，当衔铁工作在螺线管的中部时，设线圈内磁场强度是均匀的，当铁芯插入线圈长度增加时，增加部分的磁阻下降，所以磁感应强度增大，从而使自感值增加。设 L_0 为自感初值，当铁芯插入线圈内长度增加 Δl_c 时，自感增加 ΔL，则可将电感的相对变化量表示为

$$\frac{\Delta L}{L_0} = \frac{\Delta l_c}{l_c} \Big/ \Big[1 + \frac{1}{\mu_m - 1} \cdot \Big(\frac{r}{r_c} \Big)^2 \cdot \frac{l}{l_c} \Big] \qquad (6-9)$$

式中，l_c 为铁芯插入线圈内的长度；Δl_c 为铁芯插入线圈内的长度变化量；l 为螺管线圈的长度；r 为线圈半径；r_c 为铁芯半径；μ_m 为铁芯材料磁导率。

可见，单线圈螺管型自感式传感器的自感相对变化量与输入位移成正比。由于螺管线圈内磁场分布不均匀，只有衔铁在螺管中间部分工作时，可以认为线圈内磁场是均匀的。此时，自感与衔铁插入深度成正比。但从整体上来看，螺管型自感传感器的输出特性并非线性，且灵敏度较低，但结构简单，制作容易，可做得较长，用以测量较大的位移。一般为了获得线性输出，被测位移也不会太大。

通过上述三种形式的单线圈自感式传感器的分析，可以总结如下：

（1）变气隙型自感式传感器：灵敏度最高，非线性误差较大，量程必须限制在较小的范围内，通常为气隙厚度 δ 的 1/5 以下，同时，制作装配比较困难。

（2）变面积型自感式传感器：灵敏度较变气隙型自感式传感器低，线性较好，量程较大，制造装配比较方便。

（3）螺管型自感式传感器：灵敏度较变面积型自感式传感器还低，量程大，线性较好，结构简单，易于制作和批量生产。

以上三种类型的传感器均是单线圈传感器，使用时，由于线圈电流的存在，它们的衔铁受单向电磁力作用，易受电源电压和频率的波动与温度变化等外界干扰的影响，且变气隙型和螺管型自感式传感器都存在着不同程度的非线性，因此不适合精密测量。目前，多采用差动式结构来改善其性能。

4. 差动自感式传感器

差动自感式传感器由两单线圈式结构对称组合而成，共用一个活动衔铁，如图 6-4 所示。

采用差动式结构，除了可以改善非线性、提高灵敏度外，对电源电压与频率的波动及温度变化等外界影响也有补偿作用，从而提高了传感器的稳定性。

现以变气隙型自感式传感器为例来分析差动自感式传感器的输出特性，由图 6-4(a) 可知，差动变气隙型自感式传感器由两个相同的自感线圈 L_1、L_2 和共用的衔铁组成。测量时，衔铁通过测杆与被测位移量相连，当被测工件上下移动时，测杆带动衔铁也以相同的位移上下移动，使两个磁回路中磁阻发生相反的变化，导致一个线圈的自感量增加，另一个线圈的自感量减小，形成差动形式。

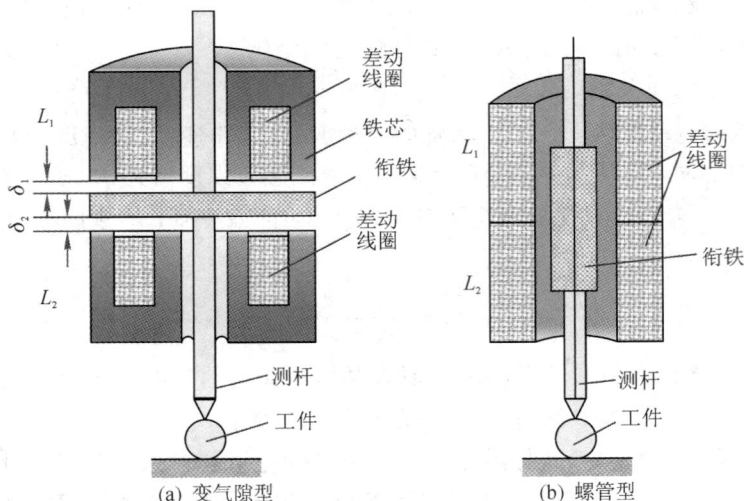

图 6-4　差动自感式传感器的结构

当衔铁往上移动 $\Delta\delta$ 时，两个线圈的自感变化量为 ΔL_1、ΔL_2（一个增加、一个减小），根据结构对称的关系，其增加和减小的量 ΔL_1、ΔL_2 大小相等，则总的自感变化量为

$$\Delta L = \Delta L_1 + \Delta L_2 \approx 2L_0 \frac{\Delta\delta}{\delta_0} \qquad (6-10)$$

灵敏度为

$$K = \frac{\Delta L}{\Delta\delta} = 2K_{单线圈} \qquad (6-11)$$

由此可以看出，差动式结构自感传感器的输出特性得到了改善。比较单线圈变气隙型自感式传感器和差动变气隙型自感式传感器的特性，可以得到如下结论：

（1）差动变气隙型自感式传感器比单线圈变气隙型自感式传感器的灵敏度高一倍。

（2）差动变气隙型自感式传感器的线性度得到明显改善。

（3）温度变化、电源波动、外界干扰等对传感器精度的影响由于能相互抵消而减小。

（4）电磁吸力对被测量的影响也由于能相互抵消而减小。

5. 自感式传感器的测量电路

自感式传感器最常用的测量电路是交流电桥式测量电路，常用的电路形式有以下 2 种。

1）电阻平衡臂交流电桥

交流电桥是自感式传感器的主要测量电路，交流电桥一般为了提高灵敏度和改善线性度，电感线圈接成差动形式，如图 6-5 所示，桥臂 Z_1 和 Z_2 是差动传感器的两个线圈，另外两个相邻的桥臂用纯电阻 R 代替，其输出电压为

$$\dot{U}_\circ = \frac{Z_1}{Z_1 + Z_2}\dot{U} - \frac{Z_4}{Z_3 + Z_4}\dot{U} = \frac{Z_1 Z_3 - Z_2 Z_4}{(Z_1 + Z_2)(Z_3 + Z_4)}\dot{U} \qquad (6-12)$$

当电桥平衡时，即 $Z_1 Z_3 = Z_2 Z_4$，电桥输出电压 $\dot{U}_\circ = 0$；当桥臂阻抗发生变化时，引起电桥不平衡，$\dot{U}_\circ$ 不再为 0。通过 $\dot{U}_\circ$ 的变化，可以确定桥臂阻抗的变化。

现以变气隙型差动传感器为例，假设衔铁上移 $\Delta\delta$，则 $Z_1 = Z_0 + \Delta Z$，$Z_2 = Z_0 - \Delta Z$，Z_0 是衔铁在中间位置时单个线圈的复阻抗，ΔZ 是衔铁偏离中心位置时单线圈阻抗的变化量，$Z_3 = Z_4 = R$，则电桥输出电压为

$$\dot{U}_o = \dot{U}\left[\frac{Z_1}{Z_1 + Z_2} - \frac{R}{R + R}\right] = \frac{\dot{U}}{2}\frac{Z_1 - Z_2}{Z_1 + Z_2} = \frac{\dot{U}}{2}\frac{\Delta Z}{Z_0} \tag{6-13}$$

则

$$\dot{U}_o = \frac{\dot{U}}{2}\frac{\Delta\delta}{\delta_0} \tag{6-14}$$

图 6-5　交流电桥

当传感器衔铁移动方向相反时，即衔铁下移，$Z_1 = Z_0 - \Delta Z$，$Z_2 = Z_0 + \Delta Z$，则空载输出电压为

$$\dot{U}_c = -\frac{\dot{U}}{2}\frac{\Delta\delta}{\delta_0} \tag{6-15}$$

可见，交流电桥输出电压与 $\Delta\delta$ 成正比关系。

2）变压器式交流电桥

变压器式交流电桥如图 6-6(a)所示，Z_1、Z_2 为差动传感器两线圈的阻抗，另两臂为电源变压器的两个二次线圈。当空载时，输出电压为

$$\dot{U}_o = \dot{U}\frac{Z_1}{Z_1 + Z_2} - \frac{\dot{U}}{2} = \frac{\dot{U}}{2}\frac{Z_1 - Z_2}{Z_1 + Z_2} \tag{6-16}$$

若传感器的衔铁处于中间位置，即 $Z_1 = Z_2 = Z_0$，此时有 $\dot{U}_o = 0$，电桥平衡。当传感器衔铁上移时，则 $Z_1 = Z_0 + \Delta Z$，$Z_2 = Z_0 - \Delta Z$，电桥输出电压为

$$\dot{U}_o = \frac{\dot{U}}{2}\frac{\Delta Z}{Z_0} \tag{6-17}$$

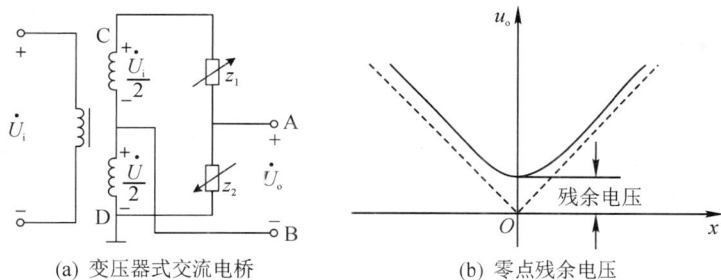

(a) 变压器式交流电桥　　　(b) 零点残余电压

图 6-6　变压器式交流电桥

当传感器衔铁下移时，则 $Z_1 = Z_0 - \Delta Z$，$Z_2 = Z_0 + \Delta Z$，此时电桥输出电压为

$$\dot{U}_o = -\frac{\dot{U}}{2}\frac{\Delta Z}{Z_0} \tag{6-18}$$

由此可见，衔铁上下移动相同距离时，输出电压相位相反，大小随衔铁的位移而变化。

由于 $\dot{U}_o$ 是交流电压，输出指示无法判断位移方向。另外，如图 6-6(b)所示，当铁芯在中间位置时，输出电压并不等于零，此电压称为零点残余电压。为了判别铁芯的移动方向和消除零点残余电压的影响，必须配合相敏检波电路来判断位移方向。

三、差动变压器式电感传感器

将被测的非电量变化转换为线圈互感系数 M 变化的传感器称为互感式传感器。差动变压器式传感器就属于互感式传感器，它根据变压器的基本原理制成，并且二次绕组用差动形式连接，也被称为差动变压器。

差动变压器和一般变压器的不同之处如下：

（1）一般变压器通常为闭合磁路，而差动变压器一般为开磁路。

（2）一般变压器一次侧、二次侧间的互感系数 M 为常数，而差动变压器一次侧、二次侧间的互感系数 M 随衔铁移动而变，且两个二次绕组按差动方式工作。

差动变压器工作在互感系数 M 变化的基础上，其结构形式与自感式传感器类似，也分为变气隙型、变面积型和螺管型等。在非电量测量中，最为常用的是螺管型差动变压器，它可以测量 $1 \sim 100$ mm 的机械位移，并具有测量精度高、灵敏度高、结构简单、性能可靠等优点。下面以螺管型差动变压器为例，介绍差动变压器式传感器的工作原理。

1. 差动变压器式传感器的工作原理

螺管型差动变压器的结构示意图如图 6-7 所示，是由三组线圈组成的。这种结构可以用图 6-8 的等效形式表示。

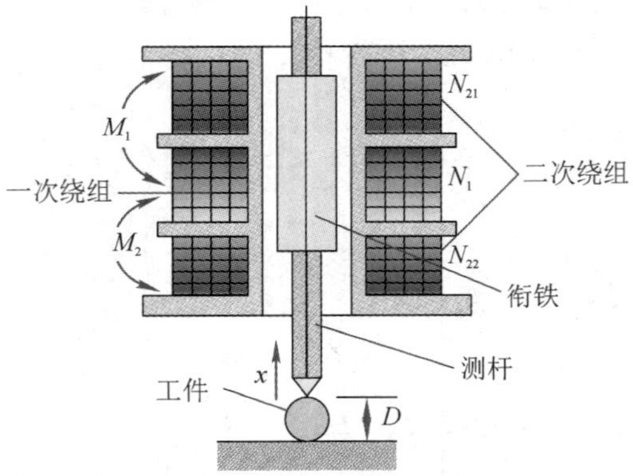

图 6-7　螺管型差动变压器结构图 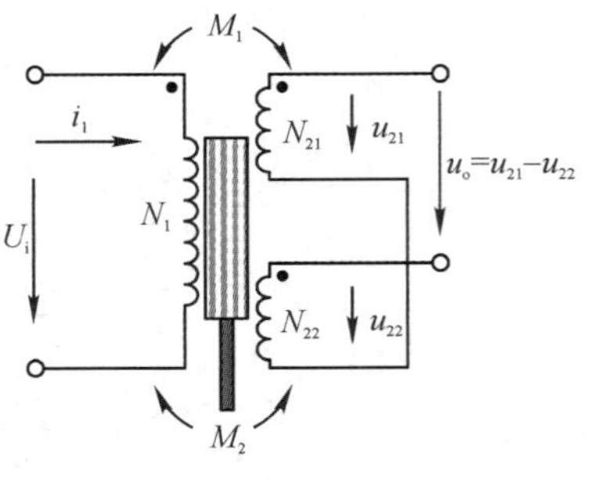　　　　图 6-8　螺管型差动变压器原理图

当一次侧线圈加入激励电压；二次侧绕组会产生感应电动势 $\dot{U}_{21}$、$\dot{U}_{22}$。其中：

$$\dot{U}_{21} = -j\omega M_1 \dot{I}_1, \quad \dot{U}_{22} = -j\omega M_2 \dot{I}_1 \tag{6-19}$$

式中：ω 为励磁电源角频率，单位为 rad/s；M_1、M_2 为一次绕组 N_1 与二次绕组间 N_{21}、N_{22} 的互感量，单位为 H；$\dot{I}_1$ 为一次绕组的励磁电流，单位为 A。

由于 $\dot{U}_{21}$、$\dot{U}_{22}$ 差动连接，所以空载时输出电压 $\dot{U}_o$ 为

$$\dot{U}_o = \dot{U}_{21} - \dot{U}_{22} \tag{6-20}$$

若两个二次侧线圈的参数及磁路尺寸相等，则当活动衔铁处于初始平衡位置时，必然会使两互感系数 $M_1 = M_2$。根据电磁感应原理，有

$$\dot{U}_{21} = \dot{U}_{22} \tag{6-21}$$

因而

$$\dot{U}_o = \dot{U}_{21} - \dot{U}_{22} = 0 \tag{6-22}$$

即差动变压器输出电压为零。

当活动衔铁向上移动时，$M_1 = M + \Delta M$，$M_2 = M - \Delta M$，从而使 $M_1 > M_2$，因而必然会使 $\dot{U}_{21}$ 增加，$\dot{U}_{22}$ 减小。反之，$\dot{U}_{22}$ 增加，$\dot{U}_{21}$ 减小。所以有

$$\dot{U}_o = \dot{U}_{21} - \dot{U}_{22} = \pm 2\mathrm{j}\omega\Delta M \dot{I}_1 \tag{6-23}$$

可见，当衔铁位移 x 变化时，$\dot{U}_o$ 也必将随 x 变化。因此，通过差动变压器输出电动势的大小和相位可以知道衔铁位移量的大小和方向。这里要注意，式(6-23)中的正负号不表示输出电压的极性。

2. 差动变压器式传感器的测量电路

差动变压器随衔铁的位移而输出的是交流电压，若用交流电压表测量，仅仅只能反映衔铁位移的大小，不能反映移动的方向。另外，其测量值中还包含零点残余电压。实际测量时，为了达到能辨别移动方向及消除零点残余电压的目的，最常采用差动全波整流电路和相敏检波电路。

1) 差动全波整流电路

差动全波整流电路如图 6-9 所示。对两个二次绕组的输出电压分别整流后输出，图中可调电阻用来调整零点输出电压。这种电路不需要参考电压，不需要考虑相位调整和零位电压的影响，对感应和分布电容影响不敏感，经差动整流后变成直流输出，便于远距离输送，因此应用广泛。

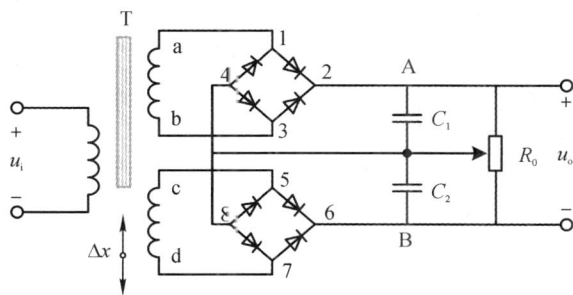

图 6-9　差动全波整流电路

从图 6-9 电路结构可知，不论两个次级线圈的输出瞬时电压极性如何，流经电容 C_1 的电流方向总是从 2 到 4，流经电容 C_2 的电流方向总是从 6 到 8，故整流电路的输出电压为

$$U_o = U_{24} - U_{68} \qquad\qquad (6-24)$$

当衔铁在中间位置时，因为 $U_{24} = U_{68}$，$U_9 = U_{10}$，所以 $U_o = 0$；

当衔铁向上移动时，因为 $U_{24} > U_{68}$，$U_9 > U_{10}$，所以 $U_o = 0$；

当衔铁向下移动时，则有 $U_{24} < U_{68}$，$U_9 < U_{10}$，所以 $U_o = 0$。

U_o 的正负表示衔铁位移的方向。所以，该电路将位移的变化转换成了输出电压的变化，并且输出电压既能反映位移的大小，又能反映位移的方向。

2）相敏检波电路

相敏检波电路如图 6-10 所示，VD_1、VD_2、VD_3、VD_4 为 4 个性能相同的二极管，以同一方向串联接成一个闭合回路，形成环形电桥。输入信号 u_2 通过变压器 T_1 加到环形电桥的一个对角线上。参考信号 u_s 通过变压器 T_2 加到环形电桥的另一个对角线上。输出信号器 u_o 从变压器 T_1 与 T_2 的中心抽头引出，输出信号波形如图 6-11 所示。

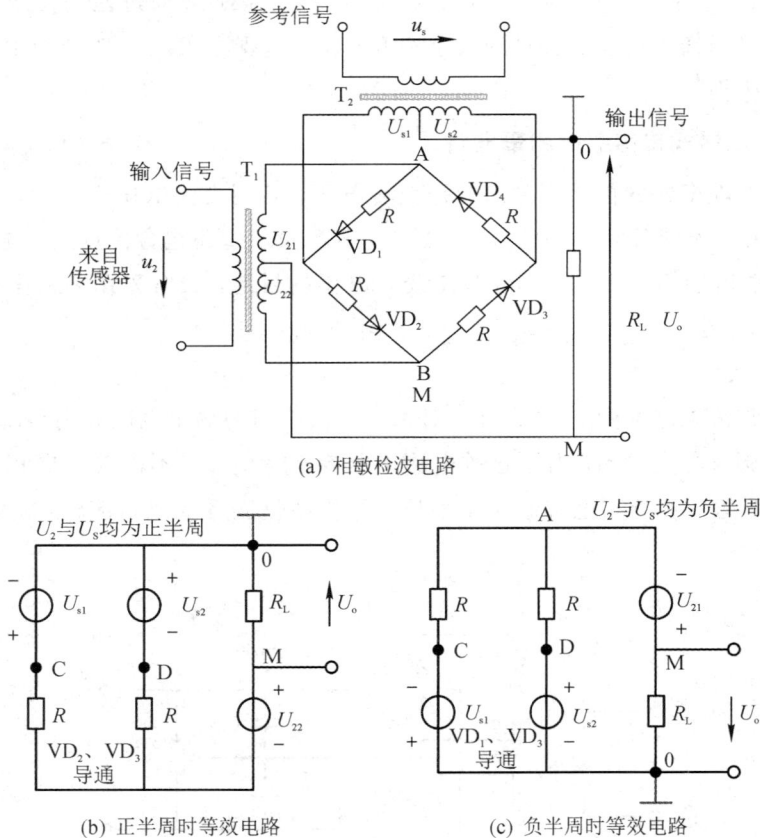

(a) 相敏检波电路

(b) 正半周时等效电路　　　　(c) 负半周时等效电路

图 6-10　相敏检波电路

图 6-10 中，平衡电阻 R 起限流作用，以避免二极管导通时变压器 T_2 的二次电流过大。R_L 为负载电阻。u_s 的幅值要远大于输入信号 u_2 的幅值，以便有效控制 4 个二极管的导通状态，且 u_s 和差动变压器式传感器励磁电压 u_1 由同一振荡器供电，保证二者同频同相（或反相）。

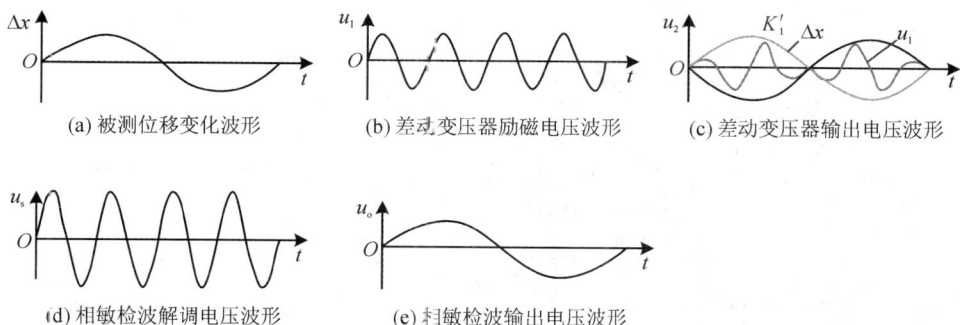

(a) 被测位移变化波形　　(b) 差动变压器励磁电压波形　　(c) 差动变压器输出电压波形

(d) 相敏检波解调电压波形　　(e) 相敏检波输出电压波形

图 6-11　波形图

由图 6-11(a)、(c)、(d)可知,当位移 $\Delta x > 0$ 时, u_2 与 u_s 同频同相,当位移 $\Delta x < 0$ 时, u_2 与 u_s 同频反相。

当 $\Delta x > 0$ 时, u_2 与 u_s 同频同相。若 u_2 与 u_s 均为正半周时,如图 6-10(a)所示,环形电桥中二极管 VD_1、VD_4 截止,VD_2、VD_3 导通,则可得图 6-10(b)的等效电路;同理,当 u_2 与 u_s 均为负半周时,环形电桥中二极管 VD_2、VD_3 截止,VD_1、VD_4 导通,其等效电路如图 6-10(c)所示,输出电压 u_o 表达式与正半周时相同,说明只要位移 $\Delta x > 0$,不论 u_2 与 u_s 是正半周还是负半周,负载 R_L 两端的电压 u_o 始终为正。

当 $\Delta x < 0$ 时, u_2 与 u_s 为同频反相。采用上述相同的分析方法不难得到当 $\Delta x < 0$ 时,不论 u_2 与 u_s 是正半周还是负半周,负载电阻 R_L 两端的输出电压 u_o 表达式总是为负。

所以上述相敏检波电路输出电压 u_o 的变化规律充分反映了被测位移量的变化规律,即 u_o 的值反映位移 Δx 的大小,而 u_o 的极性则反映了位移 Δx 的方向。

另外也可以分析,如果当被测位移非正弦变化时,使得差动变压器的输出如 6-12(a)所示,那么经过相敏检波以后,特性曲线就变成 6-12(b),残余电压自动消失。

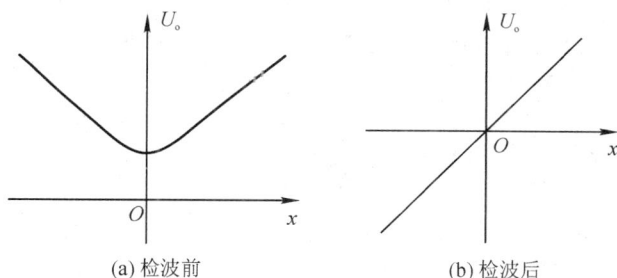

(a) 检波前　　　　　　　　　　(b) 检波后

图 6-12　相敏检波前后的输出特性曲线

任务实施

一、电感式滚柱直径分选装置

人工测量、分选轴承用滚柱的直径是一项十分费时且容易出错的工作。目前工程最常用的轴承滚柱直径的检测设备是电感式直径分选装置,图 6-13 是电感式滚柱直径分选机的工作原理示意图。其主要由汽缸、活塞、推杆、落料管、电感测微器、钨钢测头等组成。

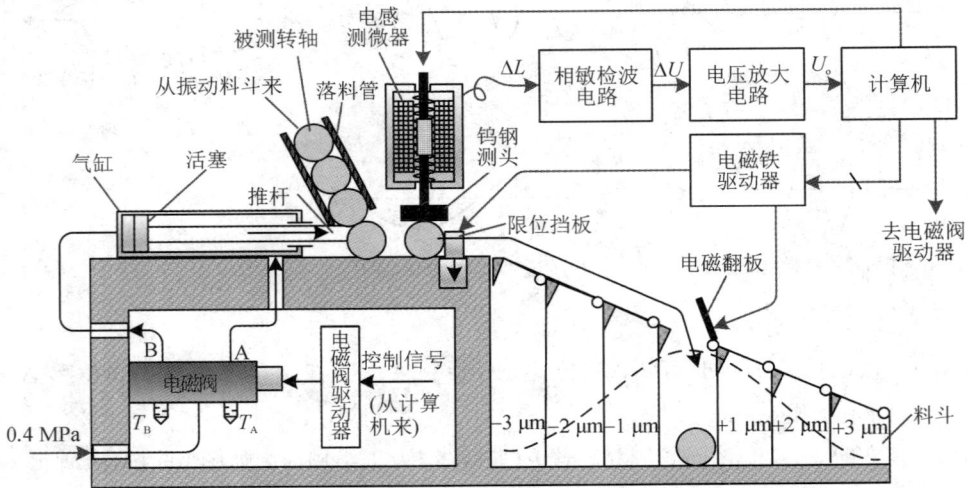

图 6-13　转轴直径分选装置

由机械排序装置(振动料斗)送来的滚柱按顺序进入落料管。电感测微器的测杆在电磁铁的控制下,先是提升到一定的高度,气缸推杆将滚柱推入电感测微器测头正下方(电磁限位挡板决定滚柱的前后位置),电磁铁释放,钨钢测头向下压住滚柱,滚柱的直径决定了衔铁的位移量。电感传感器的输出信号经相敏检波后送到计算机,计算出直径的偏差值。

完成测量后,测杆上升,限位挡板在电磁铁的控制下移开,测量好的滚柱在推杆的再次推动下离开测量区域。这时相应的电磁翻板打开,滚柱落入与其直径偏差相对应的容器(料斗)中。同时,推杆和限位挡板复位。从图 6-13 中的虚线可以看到,批量生产的滚柱直径偏差概率符合随机误差的正态分布。

可以看出,电感测微器是电感式直径分选装置的关键部件,其内部主要由差动变压器式传感器组成,根据电路的具体要求来选择适合的电感测微器。本设计中选用 GSH 型电感测微器,其传感器的重复精度最高可达 0.03 μm。

二、应用实例

1. 电路设计

电感测微器主要由振荡器、相敏检波器及放大器等组成。图 6-14 是 GDH 型电感测微器的测量电路。

2. 原理分析

电桥由振荡器二次侧线圈和传感器电感组成,其输出信号送入由 R_1 到 R_4 组成的量程切换器。被测信号被放大后经电容 C_2 送入相敏检波电路,最终由仪表显示出来。

当没有位移作用在测量端,两线圈电感相等,电桥平衡,无输出信号。若衔铁偏离中间位置,电桥有电压输出,幅值与衔铁位移成正比。相敏检波电路的作用是使输出电压极性真正反映衔铁位移的方向,即被测位移的方向。

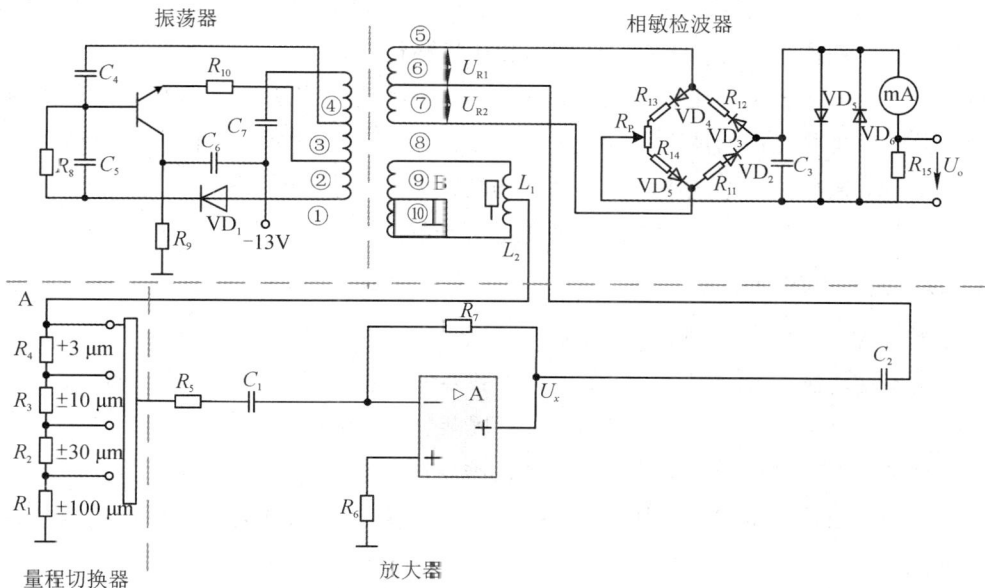

图 6-14　电感测微器的测量电路

三、调试总结

（1）当测量示值不稳定时，请检查测微器状态。检查外部是否存在干扰源，检查地线。显示值没有反应可关机 10 s 后重新开机。

（2）进入料斗的滚柱符合正态分布，说明测微器所在的滚柱直径分选装置工作正常，否则应调试设备。

（3）在对 GSH 型电感测微器进行标准件校准时，应注意正常工作时，可放入下限标准件（零位标准）；按下"下"键，进入零位校准状态，此时数字窗口显示的是当前标准件值且为绿色；按下"设置"键后再对此值进行判断，若窗口显示仍为绿色则可以按下"确定"键完成设置，若显示值为红色说明零位偏差太大（超出标准值），要调整零位旋钮，使其接近标称值，当达到标准值时窗口显示变为绿色，即可锁定零位旋钮，并按"确定"键完成校准。

能力拓展

一、零点残余电压

实际上，不管是在自感式电压传感器还是差动变压器中，当衔铁在中间时，输出电压并不等于零，零点残余电压的存在会造成零位误差，使得传感器在零点附近的输出特性不灵敏，给测量带来了误差。零点残余电压的大小是衡量差动变压器性能好坏的重要指标。

1. 零点残余电压产生的原因

零点残余电压由基波分量和高次谐波构成，产生的主要原因如下：

（1）基波分量的产生主要是传感器两个二次绕组的电气参数和几何尺寸不对称以及构

成电桥另外两臂的电气参数不一致，从而使两个二次绕组感应电动势的幅值和相位不相等，即使调整衔铁位置，也不能同时使幅值和相位都相等。

（2）高次谐波主要由导磁材料磁化曲线的非线性引起。当磁路工作在磁化曲线的非线性段时，激励电流与磁通的波形不一致，导致了波形失真；同时由于磁滞损耗和两个线圈磁路的不对称，造成了两个绕组中某些高次谐波成分，于是产生了零位电压的高次谐波。

（3）激励电压中包含的高次谐波及外界电磁干扰，也会产生高次谐波。

2. 零点残余电压的消除

为了减小零点残余电动势，可采用以下方法：

（1）尽量使传感器几何尺寸、线圈电气参数及磁路相互对称。

（2）采用良好的导磁材料制作壳体，进行屏蔽、抗干扰。

（3）将传感器工作区域设置在磁化曲线的线性区。

（4）选用相敏检波电路作为测量电路，既可判别衔铁移动方向又可改善输出特性，减小零点残余电动势。

（5）进行外电路补偿。

二、电感传感器的应用

电感传感器的应用非常广泛，不仅可直接用于位移测量，也可以测量与位移有关的任何机械量，如压力、液位、加速度等。

1. 变隙差动电感式传感器测压力

变隙差动电感式压力传感器的结构如图 6-15 所示，它主要由 C 形弹簧管、衔铁和线圈等组成。

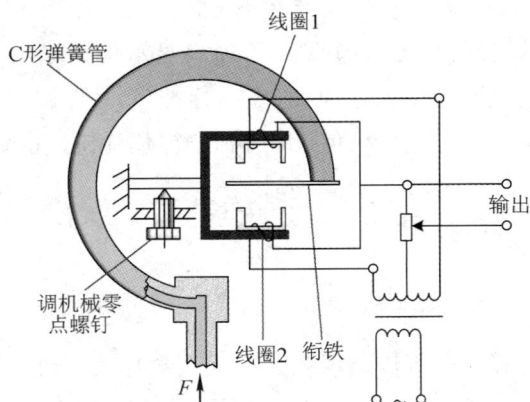

图 6-15　变隙差动电感式压力传感器的结构

当被测压力 F 进入 C 形弹簧管时，C 形弹簧管产生变形，其自由端发生位移，带动与自由端连接成一体的衔铁运动，使线圈 1 和线圈 2 中的电感发生大小相等、符号相反的变化。即一个电感量增大，另一个电感量减小。电感的这种变化通过电桥电路转换成电压输出。由于输出电压与被测压力之间成比例关系，所以只要用检测仪表测量出输出电压，即可得知被测压力 F 的大小。

2. 差动变压器式传感器测液位

差动变压器式传感器测量液位的原理如图 6-16 所示，在油罐中浮有一浮子，浮子一端连着差动变压器的铁芯，当某一设定液位使铁芯处于中心位置时，差动变压器输出信号 $\dot{U}_{\circ} = 0$；当液位上升或下降时，$\dot{U}_{\circ} \neq 0$，通过相应的测量电路便能确定液位的高低。因此，通过差动变压器输出电压的大小和相位可以知道衔铁位移量的大小和方向。

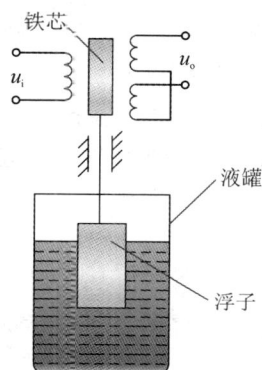

图 6-16　差动变压器式传感器测量液位的原理

3. 差动变压器式加速度传感器测加速度

图 6-17 为差动变压器式加速度传感器的原理图。它由悬臂梁和差动变压器构成。测量时，将悬臂梁底座及差动变压器的线圈骨架固定，将衔铁的 A 端与被测振动体相连。

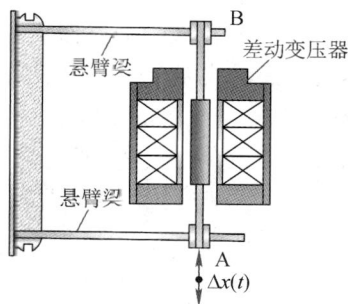

图 6-17　差动变压器式加速度传感器结构

当被测体带动衔铁以 $\Delta x(t)$ 振动时，导致差动变压器的输出电压也按相同规律变化。经检波器和滤波器对信号进行处理，输出与加速度成正比的电压信号。

用于测定振动物体的频率和振幅时，其励磁频率必须是振动频率的十倍以上，才能得到精确的测量结果。可测量的振幅为 0.1～5 mm，振动频率为 0～150 Hz。

任务二　汽轮机轴向位移的检测

任务描述

电涡流传感器系统以其独特的优点，广泛应用于电力、石油、化工、冶金等行业，可对汽轮机、水轮机、发电机、鼓风机、压缩机、齿轮箱等大型旋转机械的轴的径向振动、轴向位移、轴转速、胀差、偏心等进行在线测量和安全保护，并且还能用于零件尺寸检验和转子动力学研究等。

对于很多旋转机械，例如汽轮机，轴向位移是十分重要的信号。汽轮机在运转中，转子沿着主轴方向的窜动称为轴向位移，高速旋转的汽轮机对轴向位移要求很高。当汽轮机运行时，叶片在高压蒸汽推动下高速旋转，它的主轴承受巨大的轴向推力，机组的轴向位移应保持在允许范围内，若超过规定值时，就会引起动静部分发生摩擦，发生严重的损坏事故，如轴弯曲、隔板和叶轮碎裂、汽轮机叶片断裂等。因此测量汽轮机主轴的轴向位移十分重要，而轴向位移一般采用电涡流传感器进行测量。其他有些机械故障，也可通过对轴向位移的探测进行判别。

电涡流式传感器概述

相关知识

在检测领域，电涡流传感器的用途有很多，可以用来测量微小位移和振动、探测金属(安全检测、探雷等)、无损探伤，可以测量工件转速、表面温度等诸多与电涡流有关的参数，还可以作为接近开关来使用。电涡流传感器的最大特点是非接触测量。

一、电涡流效应

电涡流传感器的基本工作原理是电涡流效应。根据法拉第电磁感应定律，金属导体置于变化的磁场中时，导体表面就会有感应电流产生，电流的流线在金属体内自行闭合，这种由电磁感应原理产生的漩涡状感应电流称为电涡流，这种现象称为电涡流效应。电涡流传感器就是利用电涡流效应来检测导电物体的各种物理参数的。

电涡流式传感器具有结构简单、频率响应宽、灵敏度高、测量线性范围大、体积小、非接触测量等优点，常见的电涡流传感器如图 6-18 所示。

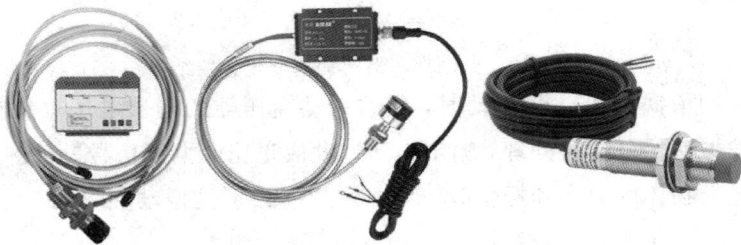

图 6-18　电涡流传感器外形图

二、电涡流式传感器的工作原理

如图 6-19 所示，在金属导体上方放置一个线圈 L，当线圈中通以电流 i_1 时，线圈的周围空间就产生了交变磁场 H_1，使置于此磁场中的金属导体中感应出电涡流 i_2，i_2 又会产生新的交变磁场 H_2，根据楞次定律，H_2 的作用将反抗原磁场 H_1，由于磁场 H_2 的作用，电涡流要消耗一部分能量，导致激励线圈 L 的等效阻抗发生变化。该阻抗的变化完全取决于附近金属导体的电涡流效应，而电涡流效应与激励源频率 f、激励电流 i_1、磁导率 μ、工件的电导率 σ、线圈与被测体的尺寸因子 r、线圈到金属导体的间距（距离）x 有关。也就是说，凡是可以引起电涡流变化的非电量，均可以通过测量线圈的等效阻抗来获得。如果保持上述其他参数不变，而只改变其中一个参数，激励线圈的阻抗就仅仅是该参数的单值函数，再通过与之配用的测量电路，将线圈阻抗的变化转化成电压、电流或频率等的变化，便可以实现对该参数的测量，这就是电涡流传感器的工作原理。

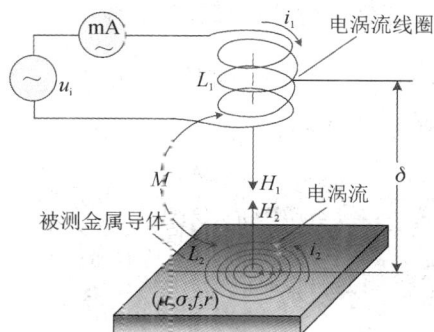

图 6-19　电涡流式传感器的工作原理示意图

另外，i_2 在金属导体的纵深方向并非均匀分布的，而只集中在金属导体的表面，这称为集肤效应（也称趋肤效应）。集肤效应与激励源频率 f、磁导率 μ、工件的电导率 σ 以及线圈与被测体的尺寸因子 r 有关。频率 f 越高，电涡流渗透的深度就越浅，集肤效应就越严重。改变 f，可控制检测深度。激励源频率一般设定在 100 kHz～1 MHz。有时为了使电涡流能深入金属导体深处，或欲对距离较远的金属体进行检测，可采用十几千赫甚至几百赫的激励源频率。因此，电涡流传感器一般分为两种，高频反射式和低频透射式。一般用高频激励源加在线圈上，通过反射来检测被测金属体的间距；用低频激励源施加在线圈上，通过透射来检测与被测金属体的厚度。

图 6-19 中的线圈也称为电涡流线圈。可将它等效为一个电阻 R 和一个电感 L 串联的回路。电涡流线圈受电涡流影响的等效阻抗 Z 的函数表达式为

$$Z = R + j\omega L = f(i_1 、 f 、 \mu 、 \sigma 、 r 、 x) \tag{6-25}$$

如果控制 x、i_1、f 不变，就可以用来检测与表面电导率 σ 有关的表面温度、表面裂纹等参数，或用来检测与材料磁导率 μ 有关的材料型号、表面硬度等参数。

如果控制式（6-25）中的 i_1、f、μ、σ、r 不变，电涡流线圈的阻抗 Z 就成为间距 x 的单值函数，这样就成为非接触地测量位移的传感器。当距离 x 减小时，电涡流线圈的等效电感 L 减小，等效电阻 R 增大。理论和实验都证明，此时流过线圈的电流 i_1 是增大的。这是

因为线圈的感抗 X_L 的变化比 R 的变化大得多。从能量守恒角度来看,也要求增加流过电涡流线圈的电流,从而为被测金属导体上的电涡流提供额外的能量。

由于线圈的品质因数 $Q = X_L/R = \omega L/R$ 与等效电感成正比,与等效电阻(高频时的等效电阻比直流电阻大得多)成反比,所以当电涡流增大时,Q 下降得很多。

电涡流线圈的阻抗与 μ、σ、r、x 之间均是非线性关系,必须由计算机进行线性化纠正。

三、电涡流式传感器的结构和特性

1. 电涡流式传感器的结构

如图 6 - 20 所示,电涡流式传感器主要由电涡流探头、信号处理电路、电缆插头等构成。成品的电涡流探头的结构比较简单,它的核心是一个扁平蜂巢线圈,由多股较细的绞扭漆包线(能提高 Q 值)绕制而成,一般为了使磁力线集中,会把线圈绕在直径和长度都较小的高频铁氧体磁心上,置于探头的端部,外部用聚四氟乙烯等高品质因数的塑料密封。电涡流传感器的信号处理电路通常被封装在探头的壳体中。

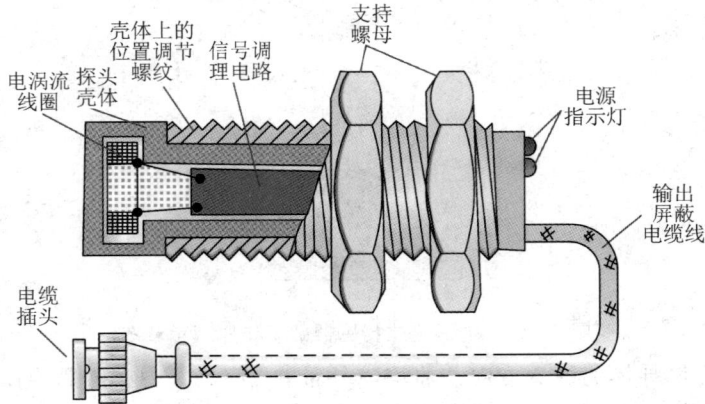

图 6 - 20 电涡流式传感器的结构

电涡流传感器具有输出信号大(输出信号为有一定驱动能力的直流电压或电流信号,有时还可以是开关信号)、不受输出电缆分布电容影响等优点。一般情况下,探头的直径越大,测量范围就越大,但分辨力就越差,灵敏度就越低。

2. 被测体材料、形状和大小对灵敏度的影响

线圈阻抗变化与金属导体的电导率、磁导率有关。对于非磁性材料,被测体的电导率越高,则灵敏度越高。但当被测体是磁性材料时,其磁导率将影响电涡流线圈的感抗,其磁滞损耗还将影响电涡流线圈的 Q 值,所以其灵敏度要视具体情况而定。

一般为了充分利用电涡流效应,被测体为圆盘状物体的平面时,物体的直径应大于线圈直径的 2 倍以上,否则将使灵敏度降低;被测体为轴状圆柱体的圆弧表面时,它的直径必须为线圈直径的 4 倍以上,才不影响测量结果。被测体的厚度也不能太薄,一般情况下,厚度在 0.2 mm 以上时,测量就不受影响。另外,在测量时,传感器线圈周围除被测导体外,应尽量避开其他导体,以免干扰高频磁场,引起线圈的附加损失。

四、电涡流式传感器的测量电路

电涡流探头与被测金属之间的互感量变化可以转换为探头线圈的等效阻抗(主要是等效电感)以及品质因数 Q(与等效电阻有关)等参数的变化。因此测量转换电路的任务是把这些参数变换为频率、电压或电流，相应地有电桥测量电路、调幅式测量电路、调频式测量电路等。

1. 电桥测量电路

电桥测量电路图如图 6-21 所示，它是将传感器线圈的阻抗作为电桥的一个桥臂，或用两个相同的电涡流线圈组成差动形式。初始状态电桥平衡，无输出。当测量时，线圈阻抗 A、B 发生差动变化，电桥失去平衡，输出电压的大小反映了被测量的变化。

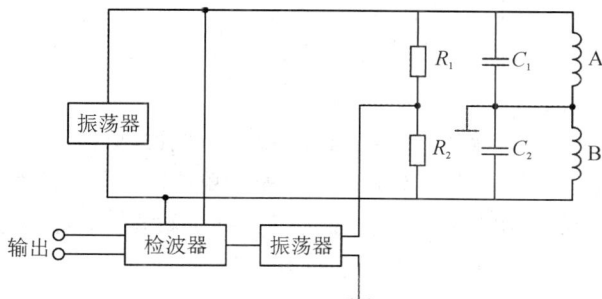

图 6-21　电涡流式传感器电桥测量电路

2. 调幅式测量电路

调幅式测量电路也称为 AM 电路，它是以输出高频信号的幅度来反映电涡流探头与被测金属导体之间的关系。调幅式测量电路的原理框图如图 6-22 所示。

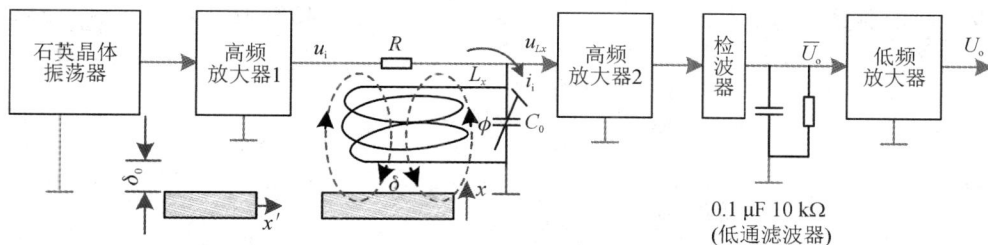

图 6-22　调幅式测量电路

石英晶体振荡器通过耦合电阻 R，向由探头线圈和一个微调电容 C_0 组成的并联谐振回路提供一个稳频、稳幅的高频激励信号，相当于一个恒流源。当被测金属导体距探头相当远时，调节 C_0，使 $L_x C_0$ 的谐振频率等于石英晶体振荡器的频率 f_0，此时谐振回路的 Q 值和阻抗 Z 也最大，恒定电流 i_i 在 $L_x C_0$ 并联谐振回路上的压降 u_{L_x} 也最大，为

$$u_{L_x} = i_i Z \qquad (6-26)$$

当被测体为非磁性金属时，探头线圈的等效电感 L_x 减小，并引起 Q 值下降，并联谐振

回路谐振频率 $f_1 > f_0$，处于失谐状态，输出电压 u_{Lx} 及 U_o 就大大降低。

当被测体为磁性金属时，探头线圈的电感量略为增大，但由于被测磁性金属体的磁滞损耗，使探头线圈的 Q 值亦大大下降，输出电压也降低。

另外，被测体与探头的间距越小，输出电压就越低。

以上几种情况见图 6-23 的曲线。经高放、检波、低放之后，输出的直流电压反映了被测物的位移量。

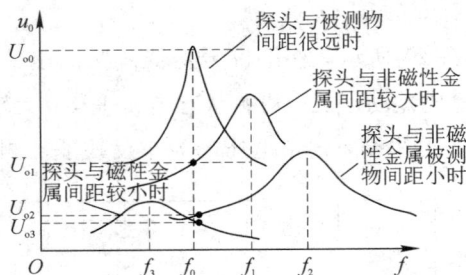

图 6-23 定频调幅式的谐振曲线

调幅式的输出电压 U_o 与位移 x 不是线性关系，必须用千分尺逐点标定，并用计算机线性化之后才能用数码管显示出位移量。调幅式还有一个缺点，就是电压放大器的放大倍数的漂移会影响测量准确度，必须采取各种温度补偿措施。

3. 调频式测量电路

调频式电路也称为 FM 电路，是将探头线圈的电感量 L 与微调电容 C_0 构成 LC 振荡器，以振荡器的频率 f 作为输出量。此频率可以通过 $F\text{-}V$ 转换器(又称为鉴频器)转换成电压，由表头显示；也可以直接将频率信号(TTL 电平)送到计算机的计数定时器，测量出频率。

调频式的测量转换电路的原理框图如图 6-24(a)所示。我们知道，并联谐振回路的谐振频率为

$$f = \frac{1}{2\pi\sqrt{LC}} \tag{6-27}$$

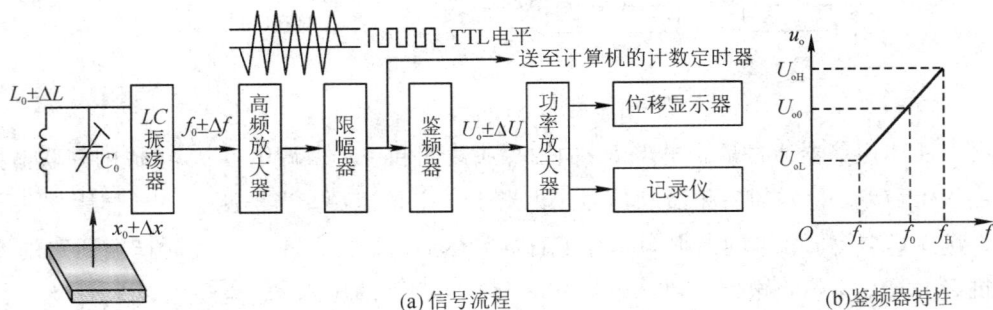

(a)信号流程   (b)鉴频器特性

图 6-24 调频式的测量转换电路的原理框图

当电涡流线圈与被测体的距离 x 变小时，电涡流线圈的电感量 L 也随之变小，引起 LC 振荡器的输出频率变大，此频率可直接用计算机测量。如果要用模拟仪表进行显示或记录时，必须使用鉴频器，将 Δf 转换为电压 ΔU_o。鉴频器的特性如图 6-24(b)所示。

图 6-25 是用调频式电路测量铜板与电涡流探头间距 δ 时的特性曲线。测试时选用直径 $\Phi = 40$ mm，$L_0 = 100~\mu H$ 的电涡流探头，被测导体的面积必须比探头直径大 1 倍以上，由于导磁金属的频率变化不太明显，主要是 Q 值发生变化，不太适合调频式测量。在这个实验中，选取直径 $\Phi = 100$ mm 的纯铜板。

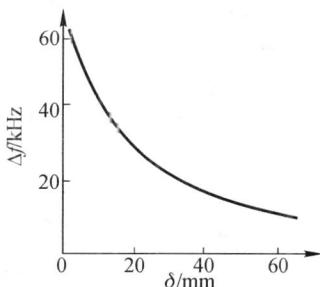

图 6-25 铜板与电涡流探头间距 δ-Δf 特性曲线

当铜板距离探头无穷远时，调节 C_0，使振荡器的振荡频率为 1 MHz。然后使铜板逐渐靠近探头，用频率计逐点测量振荡器的输出频率 f，并计算出 Δf 值。如图 6-25 所示，可以发现 δ-Δf 的关系为非线性。如果用示波器观察振荡幅度，还可以发现振荡幅度随间距缩小而降低，但是由于限幅器的限幅特性，输入到鉴频器的幅度始终保持 TTL 电平(低电平为 $0 \sim 0.3$ V，高电平为 $3.4 \sim 5$ V)，因此调频式电路受温度、电源电压等外界因素影响较小。

任务实施

一、传感器选型

通常利用电涡流位移传感器对汽轮机主轴轴向位移进行测量。在本任务中，选用 ML33 系列电涡流位移传感器，ML33 系列电涡流位移传感器的各项性能指标均比较突出。ML33 系列电涡流位移传感器主要由探头、前置器(电涡流变换器、信号变换电路)和电缆等构成。ML33 系列电涡流传感器的探头头部体采用耐高温 ABS＋PC 工程塑料，通过"二次注塑"成型将线圈密封其中，使移探头在恶劣的环境中能可靠工作。

前置器通常使用盒式密封设计，是整个传感器系统的信号处理中心，前置器电路主要包括振荡电路、电压检测电路、放大器等。前置器通过振荡器为探头线圈提供高频的交流激励电流使探头工作，并通过电压检测电路和放大电路将探头头部体与头部体前金属导体的间隙变化转换为随间隙变化而线性变化的电压或电流输出信号。探头电缆的两端分别接探头和前置器。表 6-1 给出了 ML33 系列传感器的性能参数。

表 6 - 1　ML33 系列传感器的性能参数

测量量程	1 mm	2 mm	5 mm	12.5 mm	20 mm	25 mm	50 mm
探头直径	$\phi 6$ mm	$\phi 8$ mm	$\phi 17$ mm	$\phi 30$ mm	$\phi 40$ mm	$\phi 50$ mm	$\phi 60$ mm
线性误差(％FS)	$\leqslant \pm 0.25$	$\leqslant \pm 0.25$	$\leqslant \pm 0.5$	$\leqslant \pm 1$	$\leqslant \pm 1$	$\leqslant \pm 1$	$\leqslant \pm 2$
分辨率	0.05 μm	0.1 μm	0.25 μm	0.625 μm	1.0 μm	1.25 μm	2.5 μm
重复性	0.1 μm	0.2 μm	0.5 μm	1.25 μm	2.0 μm	2.5 μm	5 μm
频率响应(—3 dB)	0～10 kHz		0～8 kHz	0～2 kHz	0～1 kHz		
输出信号	0～5 V, 0～10 V, 4～20 mA, RS485						

二、应用实例

1. 电路设计

本设计电路由 ML33 系列电涡流传感器、信号调理电路、A/D 转换电路、单片机及显示和报警电路构成。根据金属位移量的大小对电涡流效应强弱的影响,利用 ML33 系列电涡流传感器测量出汽轮机轴向位移量引起的电压变化量,将电压模拟量进行滤波等处理,并作为 AD 采集电路的输入量,最终由单片机控制显示装置,实现汽轮机轴向位移量的动态显示,从而达到对汽轮机的轴向位移状态进行监控和保护的目的。

该系统的位移测量原理如图 6 - 26 所示。本设计具有操作简单、精度高等特点。

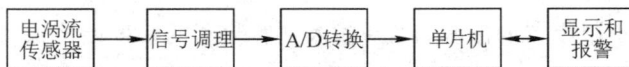

图 6 - 26　系统的位移测量原理框图

除采用 ML33 系列集成电涡流传感器测量位移外,也可采用如图 6 - 27 所示的位移测量电路。

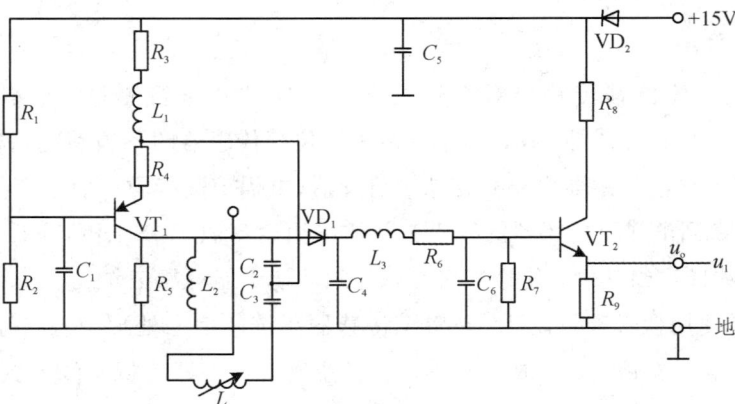

图 6 - 27　位移测量电路

2. 原理分析

图 6 - 27 中所示可变电感 L 即为电涡流传感器的线圈,接在振荡回路中作为振荡回路的可变电感元件。三极管 VT_1 和三个电容器 C_1、C_2、C_3 组成电容三点式振荡器,产生频率为 1 MHz 左右的正弦载波信号。当无被测导体时,振荡器回路谐振于 f_0,传感器端部线圈 Q_0 为定值且最高,对应的检波输出电压 u_0 最大。当被测导体接近传感器线圈时,线圈 Q 值发生变化,振荡器的谐振频率发生变化,谐振曲线变得平坦,检波出的幅值 u 变小。u 变化反映了位移 x 的变化。振荡器的作用是将位移变化引起的振荡回路的 Q 值变化转换成高频载波信号的幅值变化。VD_1、C_4、L_3、C_6 组成了由二极管和 LC 形成的 π 形滤波的检波器。检波器的作用是取出高频调幅信号中传感器检测到的低频信号。

三、调试总结

ML33 系列电涡流传感器在使用时应注意以下几点:

(1) 安装探头时,要根据位移往哪个方向变化或哪个方向的变化量较大,来决定探头安装间隙的设定。当位移向远离探头端部的方向变化时,安装间隙应设定在线性近端;反之,则应设在线性远端。

(2) 前置器应安装在远离危险区,其周围环境应该干燥,振动小,无腐蚀性气体,环境温度与室温相差不大。

(3) 探头电缆长度应该与前置器要求的电缆长度一致。探头电缆长度一经选定,在使用时不能随意缩短或加长,过长的电缆不能随意剪断,否则可能造成传感器严重超差或者不能正常工作。

(4) 测量时,应尽可能地保证传感器与被测面垂直,并将探头尽量对准被测体的中间位置,以减少涡流损失,同时应设置传感器为电压输出模式,且输出电压的大小应随测量位移的增大而增大。

(5) 对于被测体的表面粗糙度,要求在 0.4~1.6 μm 之间,如果不能满足,需要对被测面进行珩磨或抛光。

能力拓展

电涡流式传感器具有测量范围大、灵敏度高、结构简单、抗干扰能力强和可以非接触测量等优点,被广泛应用于工业生产和科学研究的各个领域中。

一、电涡流传感器测振动

电涡流式传感器可以无接触地测量各种振动的振幅、频谱分布等参数。在汽轮机、空气压缩机中常用电涡流式传感器来监控主轴的径向、轴向振动,也可以测量发动机涡流叶片的振幅。在研究机器振动时,常常采用多个传感器放置在机器不同部位进行检测,得到各个位置的振幅值和相位值,再进行合成,从而画出振型图,测量方法如图 6 - 28 所示。由于机械振动是由多个不同频率的振动合成的,所以其波形一般

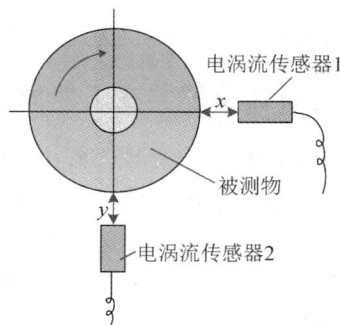

图 6 - 28　径向振动测量示意图

不是正弦波,可以用频谱分析仪来分析输出信号的频率分布及各对应频率的幅度。

二、电涡流传感器测转速

如图 6-29 所示,可以在带有齿轮状的旋转体旁边安装一个电涡流传感器,当转轴转动时,传感器周期性地改变着与旋转体之间的距离,于是它的输出电压也周期性地发生变化,若转轴上开 z 个槽(或齿),频率计的读数是 f(单位是 Hz),则转轴的转速 n(单位为 r/min)的计算公式为

$$n = 60 \frac{f}{z} \tag{6-28}$$

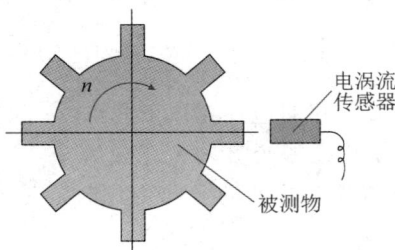

图 6-29　转速测量示意图

三、电涡流传感器测膜厚

目前在工程中对于金属工件表面的镀膜,通常采用涡流式测厚仪来测量其厚度。由于涡流式测厚仪的种类和型号较多,应根据不同的金属基体以及表面膜的材料来选择适合的涡流式测厚仪。

氧化膜测厚仪的厚度测试原理如图 6-30 所示,将电涡流式传感器探头放置在距某待测金属面 x_0 的位置,当金属表面有氧化膜时,传感器与它的距离为 x,则氧化膜的厚度为 $x_0 - x$。

图 6-30　氧化膜厚度测试原理图

根据电涡流式传感器的工作原理,金属表面产生的电涡流对传感器线圈中磁场的反作用,能够改变传感器的电感量。假设当金属表层无氧化膜时,电感的电感量为 L_0,则当金属表面有氧化膜时,其电感量变为 $L_0 - L$。根据此时的电感量,可计算出电感变化量 ΔL,由此得到氧化膜厚度 $\Delta x = x_0 - x$。

四、电涡流传感器在工件加工定位方面的应用

在机械加工自动生产线上,可以使用接近开关进行工件的加工定位,图 6-31 是它的示意图。当传送机构将待加工的金属工件运送到靠近"减速"接近开关的位置时,该接近开关发出"减速"信号,传送机构减速,以提高定位准确度。当金属工件到达"定位"接近开关面前时,定位接近开关发出"动作"信号,使传送机构停止运行。紧接着,加工刀具对工件进行机械加工。

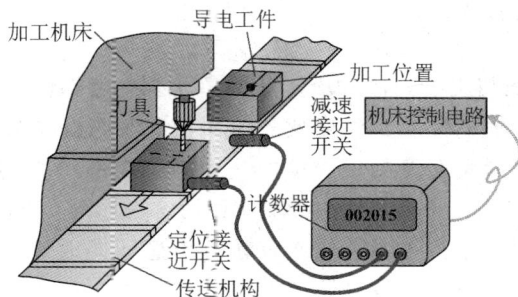

图 6-31　接近开关的安装位置

　　定位的准确度主要依赖于接近开关的性能指标，如"重复定位准确度""动作滞差"（如图 6-32 所示）等。可以细调整定位接近开关的左右位置，使每一只工件均准确地停在加工位置。从图 6-33 可以看到该接近开关的内部工作原理。当金属体靠近电涡流探头线圈（感辨头）时，随着金属体表面电涡流的增大，电涡流线圈的 Q 值越来越低，振荡器的能量被金属体所吸收，其输出电压 U_{o1} 也越来越低，甚至有可能停振，使 $U_{o1}=0$。比较器将 U_{o1} 与基准电压（又称比较电压）U_R 作比较。当 $U_{o1}<U_R$ 时，比较器翻转，输出高电平，报警器（LED）报警（闪亮），执行机构动作（传送机构电动机停转）。从以上分析可知，该接近开关的电路未涉及频率的变化，只利用了振荡幅度的变化，所以属于调幅式转换电路。

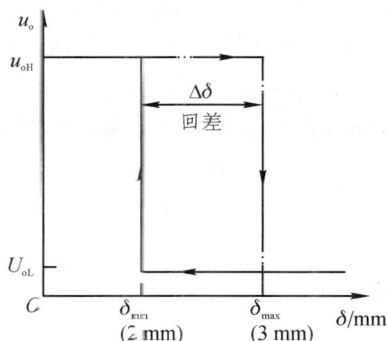

图 6-32　PNP 型接近开关的动作滞差特性

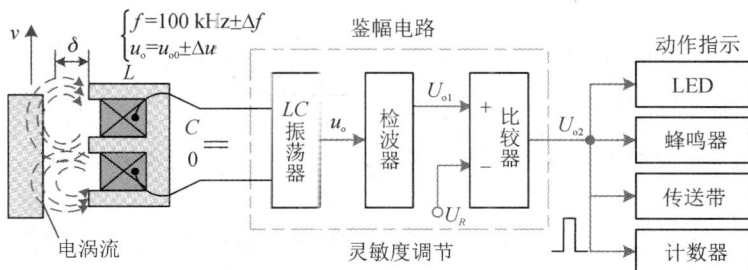

图 6-33　感辨头及调幅式转换电路

五、电涡流金属探测仪

金属探测传感器也是利用电涡流效应制造的传感器。电涡流效应是指当金属物体处于一个交变的磁场中，在金属内部会产生交变的电涡流。该涡流又会反作用于产生它的磁场这样一种物理效应。如果这个交变的磁场是由一个电感线圈产生的，则这个电感线圈中的电流就会发生变化，用于平衡涡流产生的磁场。利用这一原理，以高频振荡器(LC振荡器)中的电感线圈作为检测元件。当被测金属物体接近电感线圈时产生了涡流效应，引起振荡器振幅和频率的变化，由传感器的信号调理电路(包括检波、放大、整形、输出等电路)将该变化转换成开关量输出，从而达到检测目的。金属探测传感器的测量原理如图 6-34 所示。

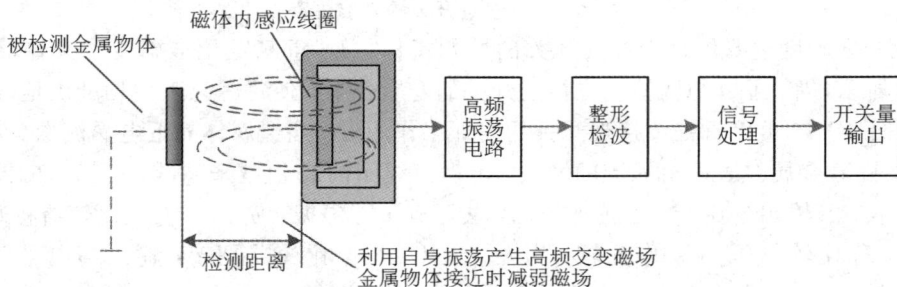

图 6-34　金属探测传感器的测量原理

由电感式接近开关组成的金属探测电路原理图如图 6-35 所示。在图 6-35 中，金属检测开关选用的是电感式 NPN 动合型金属探测传感器。在没有金属物体接近时，传感器输出为高，VT_3 导通，VT_2 截止，继电器不通，VT_1 截止，VD_2 不亮，蜂鸣器不响；同理，当有金属物体靠近传感器并达到感应距离之后，触发传感器输出低电平，则 VT_3 截止，VT_2 导通，继电器吸合，VT_1 导通，VD_2 点亮，蜂鸣器响起。

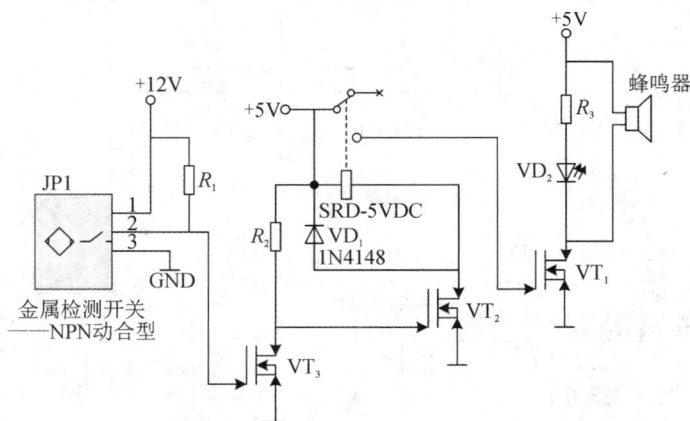

图 6-35　金属探测电路原理图

六、电涡流探伤

在非破坏性检测领域里，电涡流式传感器已被用作有效的探伤技术。例如，用来测试金属材料的表面裂纹、热处理裂痕，以及进行焊接部位的探伤等。探伤时，使传感器与被测物体间距保持不变。当有裂纹出现时，金属导电率、导磁率将发生变化，即涡流损耗改变，从而使传感器阻抗发生变化，导致测量电路的输出电压改变，达到探伤目的。电涡流探伤时的测试信号如图 6－36 所示。

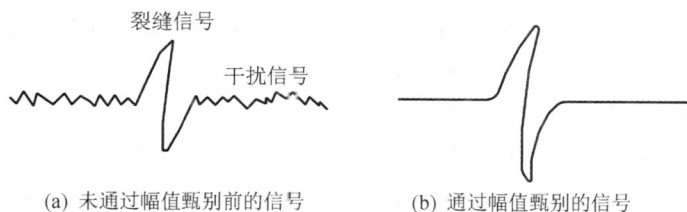

(a) 未通过幅值甄别前的信号　　　　(b) 通过幅值甄别的信号

图 6－36　电涡流探伤时的测试信号

项 目 实 训

设计与制作 6——电涡流金属探测器的设计与制作

案例分析

金属探测器是一种应用广泛的探测器。在工业生产中，可用于在线检测食品中的金属异物、自动剔除报警等。在军事上，金属探测器可用于探测金属地雷等；在安全领域，可以探测随身携带或隐藏的武器；在工程中，可用于探测地下金属埋设物，例如管道、管线等。

设计与制作 6——
电涡流金属探测器

金属探测器常用的是电涡流金属探测器。电涡流金属探测器是一种性能优越的非接触式金属传感器，它体积小、结构紧凑、坚固，能够工作在恶劣的环境中，是军事、电力、石化、机械等行业不可或缺的传感器。

本案例是基于分立式元件的电涡流金属探测器的设计与制作。

设计与制作

一、电路功能介绍

基于电涡流传感器的工作原理，可通过三极管的导通与否来驱动蜂鸣器是否鸣叫，进而判断金属的有无。当三极管导通时，蜂鸣器鸣叫，表示有金属靠近；反之当三极管截止时，蜂鸣器不发声，表示无金属靠近。

如图 6－37 所示，该电涡流金属探测器电路由高频振荡电路、检测电路、开关量输出电路构成。

图 6－37　超声波测距仪的设计框图

二、电路设计与制作

1. 电路设计

图 6-38 为电涡流金属探测器的电路原理图。可以分析：VT_1、L_1、L_2、C_2、C_3、R_1、R_P 组成高频振荡电路，调节电位器 R_P，可以改变振荡级增益，使振荡器处于临界振荡状态，也就是说刚好使振荡器起振。VT_2、VT_3 组成检测电路，电路正常振荡时，振荡电压交流电压超过 0.6 V 时，VT_2 就会在负半周导通将 C_4 放电短路，结果导致 VT_3 截止；当探测线圈 L_1 靠近金属物体时，会在金属导体中产生涡电流，使振荡回路中的能量损耗增大，正反馈减弱，处于临界态的振荡器振荡减弱，甚至无法维持振荡所需的低能量而停振，从而使得 VT_2 截止，R_2 给 C_4 充电，VT_3 导通，推动蜂鸣器发声。因此根据声音的有无，就可以判定探测线圈下面是否有金属物体。

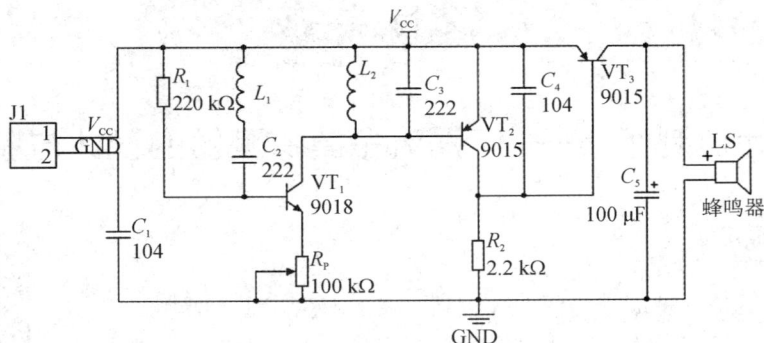

图 6-38　电涡流金属探测器电路原理图

2. 元件清单

制作电涡流金属探测器的主要元件如表 6-2 所示。

表 6-2　电涡流金属探测器电路主要元件清单

元 件 名 称	数 量	元 件 名 称	数 量
电位器	1	蜂鸣器	1
104 瓷片电容	2	220 kΩ 电阻	1
222 瓷片电容	2	2.2 kΩ 电阻	1
PNP 三极管 9012	1	PNP 三极管 9015	1
NPN 三极管 9018	1	100 μF 电解电容	1

3. 电路板制作与装配

组装该电涡流金属探测器电路时应注意以下几个方面：

（1）电路中的各个元件不要插错。两个电阻 R_1 和 R_2 不要焊错位置，一个 2.2 kΩ，色环是红红黑棕棕，一个 220 kΩ，色环是红红黑橙棕。

（2）电解电容和蜂鸣器正负极要分辨正确，长脚都是正极。

（3）电路中的三个三极管要进行区分，三个三极管都是不同型号的。

（4）电路中 L_1、L_2 采用印刷板上的铜皮导线形成电感。

（5）电源正负极不要接错，V_{CC} 是正极，接电池盒红线；GND 是负极，接电池盒黑线。

（6）焊接完以后，进行通电测试验证之前，一定要认真检查有无短路和断路等问题。电涡流金属探测器的电路装配实物图如图 6-39 所示。

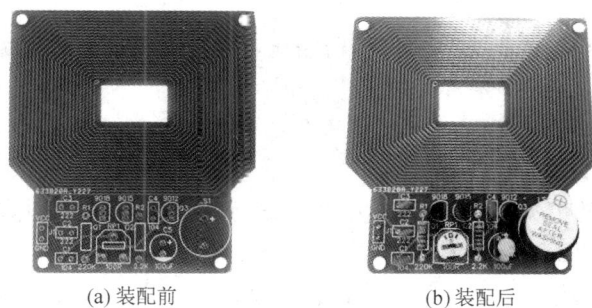

(a) 装配前　　　　　　　　　(b) 装配后

图 6-39　电涡流金属探测器的电路装配实物图

4. 电路调试

在调试该电涡流金属探测器装置时，要注意以下几点：

（1）通上电后如果蜂鸣器一直响，调节电位器 R_P 至合适位置，使蜂鸣器刚好不响。

（2）本装置能够探测的距离有限，如希望探测更远的金属时，需要增大探测线圈的直径，即探测线圈的直径越大，探测的距离就越远。

三、设计总结

本设计介绍了一种非常简单的电涡流金属探测器，仅需要较少的分立式元件就可完成金属探测器的制作，只要安装无误，一般都能正常工作。该金属探测器工作稳定、调试简单，无须专业设备，稍加完善便可以用于要求相对简单的金属探测，如安全检查中对人员随身金属物件的探测、食品生产线上对包装内金属物件的探测、自动投币机中的金属货币的检测、路口汽车自动道闸对汽车的识别等。

项 目 总 结

位移测量是线位移和角位移测量的总称。位移是向量，对位移的测量，除了要确定大小以外，还要确定其方向。用于测量位移的传感器类型很多，本项目通过两个任务介绍了常用的电感式传感器和电涡流式传感器的工作原理及应用。

（1）电感式传感器是把被测量转换为电感量变化的一种传感器，包括自感式、差动变压器式、电涡流式等。自感式传感器的基本原理是将被测量的变化转换为电感变化。它可以分为变气隙型、变面积型和螺管型三种。变气隙型灵敏度高，但非线性严重，量程较小；变面积型的灵敏度低，但是具有良好的线性，量程较大；螺管型的灵敏度最低，但量程大，线性较好。为了提高电感式传感器的灵敏度，减小测量误差，常采用差动方式。

（2）电涡流式传感器的工作原理是基于涡流效应，涡流的大小与激励源频率 f、磁导率 μ、被测工件的电导率 σ、线圈与被测工件的尺寸因子 r 以及线圈到被测工件间的距离 x 等参数有关。电涡流式传感器一般可分为高频反射和低频透射两类。

项 目 考 核

6-1 判断题

(1) 电感式传感器与其他类型的传感器相比,主要优点是:灵敏度高,精度高,可实现信息的远距离传输、记录、显示和控制。　　　　　　　　　　　　　　　　　(　　)

(2) 自感式传感器是利用电磁感应原理将被测非电量转换成线圈互感系数 M 的变化,进而由测量电路转换为电压或电流的变化量。　　　　　　　　　　　　　　(　　)

(3) 差动变压器随衔铁的位移而输出的是交流电压,若用交流电压表测量,仅仅能反映衔铁位移的大小,而不能反映移动方向。　　　　　　　　　　　　　　(　　)

(4) 激励源的频率越高,电涡流渗透的深度就越浅,集肤效应就越严重。　(　　)

(5) 在使用电涡流传感器测量时,传感器线圈周围除被测导体外,应尽量避开其他导体,以免干扰高频磁场,引起线圈的附加损失。　　　　　　　　　　　　(　　)

6-2 单选题

(1) 以下关于电涡流式传感器,描述错误的是(　　)。

A. 频率响应窄　　　　　　　　B. 体积小

C. 测量线性范围大　　　　　　D. 非接触测量

(2) 以下不属于单线圈传感器的是(　　)。

A. 变气隙型电感式传感器　　　B. 变面积型电感式传感器

C. 螺管型电感式传感器　　　　D. 差动变压器

(3) 欲测量镀层厚度,电涡流线圈的激励源频率约为(　　)。

A. 50～100 Hz　　B. 1～10 kHz　　C. 10～50 kHz　　D. 100 kHz～2 MHz

(4) 电涡流接近开关可以利用电涡流原理检测出(　　)的靠近程度。

A. 人体　　　　　　　　　　　B. 水

C. 黑色金属零件　　　　　　　D. 塑料零件

(5) 当电涡流线圈靠近非磁性导体(铜)板材后,线圈的等效电感 L 变小,调频转换电路的输出频率 f(　　)。

A. 不变　　　　B. 增大　　　　C. 减小　　　　D. 先增大后减小

6-3 简答题

(1) 电感式传感器有几种类型?自感式传感器又有几种类型?

(2) 为什么电感式传感器一般都采用差动形式?

(3) 零点残余电压产生的原因是什么?如何消除?

(4) 什么是电涡流?什么是电涡流效应?

(5) 电涡流式传感器的主要优点是什么?

6-4 计算题

用一电涡流式测振仪测量某机器主轴的轴向窜动,已知传感器的灵敏度 $K = 25$ mV/mm。最大线性范围(大约优于 2.5%) $\delta_{max} = 5$ mm。现将传感器安装在主轴的右侧,如图 6-40(a)所示。使用计算机记录下的振动波形如图 6-40(b)所示。求:

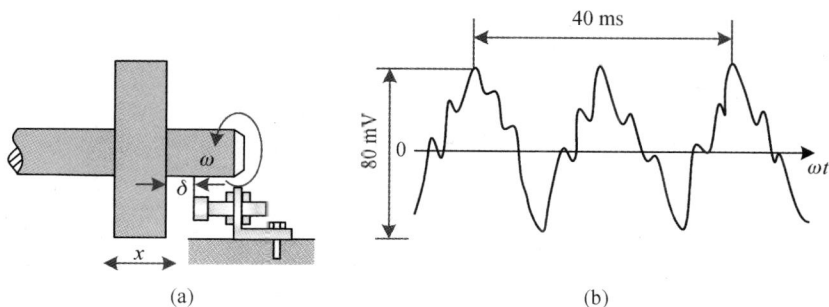

图 6-40　电涡流式测振仪测量示意图

① 轴向振动 $x_p \sin \omega t$ 的振幅 A（或 x_p）为多少毫米？

② 主轴振动的基频 f 是多少？

③ 振动波形不是正弦波的原因有哪些？

④ 为了得到较好的线性度与最大的测量范围，传感器与被测金属的静态安装距离 δ 为多少毫米为佳？

6-5　分析题

（1）安检是日常生活中经常遇到的事情，飞机场、火车站、地铁站、轻轨站等地都需要进行安检之后才能搭乘交通工具。安检包括 X 射线扫描和金属检测，通常是先要求旅客通过安检门，之后由专门的安检员手拿金属检测仪对其进行检测，当遇到金属物品时，检测仪就会报警。采用一涡流传感器，该传感器有三根线，分别为电源、地和输出。其中，电源线应接 6 V 电源，当其附近没有金属元件时，输出端为低电平；当其附近有金属元件时，输出端为高电平。根据这样的原理，设计了如图 6-41 所示电路。该电路由电涡流传感器、光电耦合器、继电器和蜂鸣器等元件组成。试分析其金属探测原理。

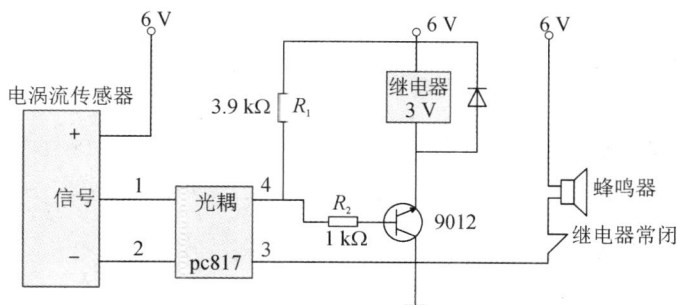

图 6-41　金属检测仪电路图

（2）图 6-42 为螺管式差动变压器电路结构示意图，请回答下列问题：

① 铁芯 T 处于线圈中间位置时，输出电压 $u_o =$？当铁芯向下移动时，输出电压 u_o 的大小和极性如何变化？

② 采用哪种转换电路可以直接由输出电压的大小、极性判别位移的大小和方向？

③ 当衔铁位于中心位置时，理论上讲输出电压为零，而实际上差动变压器输出电压不为零，我们把这个不为零的电压称为什么电压？简述其产生的原因及宜采用哪些方法进行补偿。

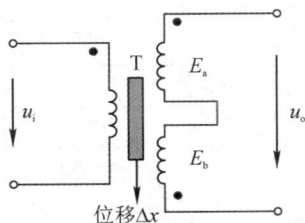

图6-42 螺线管式差动变压器电路结构

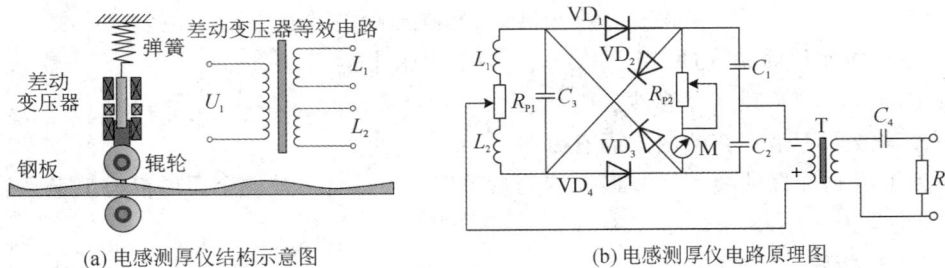

(a) 电感测厚仪结构示意图　　　　　　(b) 电感测厚仪电路原理图

图6-43 电感测厚仪

（3）电感测厚仪的结构示意图如图6-43(a)如所示，电路原理图如图6-43(b)所示，L_1、L_2为传感器电感，作为两个桥臂；C、C_2为固定电容，作为另外两个桥臂；$VD_1 \sim VD_4$组成相敏整流器；磁饱和变压器T提供桥压。试分析电路工作原理，说明当图6-43(a)中的钢板厚度增加时，电流表(M)上的电流方向(用尖头表示出来)。

6-6 设计题

试利用差动变压器，设计一个微位移检测系统。

项目七

速度的检测

‹‹‹‹‹ ‹‹‹‹‹　　››››› ›››››

项 目 概 述

　　随着现代工业的快速发展，各种控制系统对工业设备的自动化程度、复杂性以及环境适应性均提出了越来越高的要求，在工业生产过程中需要采集、处理和传输的信息也越来越多。其中，速度作为能源设备与动力机械性能测试中的特性参量，是社会生产和日常生活中重要的测量和控制对象。

　　在发电机、电动机、机床主轴等电气设备的运转控制中，对转速的测量能够有效监控设备运转的平稳性，从而达到工况监测、提高生产质量。在轨道车辆上，车辆系统的稳定性很大程度上取决于它所采集到的速度信号的可靠性和精度，所采集的速度信号包括当前的速度值和速度变化量等。在机器人自动化技术中，转速与直线运动速度常被作为控制系统的核心控制变量，是衡量机器人自动化控制系统性能的重要指标之一。在导航控制技术中，实时监测飞行器的飞行速度，对飞行安全与飞行任务的顺利执行有着重要的意义。

　　当前，能够对速度进行检测的传感器很多，如光电传感器、霍尔传感器、雷达测速传感器、激光测速传感器等。根据被测对象、检测环境、安装要求的不同，传感器在选型上也有很大差别。本项目通过对光电传感器、霍尔传感器基础知识的介绍，利用"电动机转速检测"和"自行车行车速度检测"两个载体，让读者对光电传感器和霍尔传感器的特性、分类、工作原理及测量方法有一定的了解，并初步具备产品设计和故障排查的能力。

项 目 目 标

　　（1）了解光电效应相关知识。
　　（2）熟悉常见光电器件的主要特点及工作原理。
　　（3）了解常见光电传感器的结构及主要特点。
　　（4）掌握常见光电传感器的工作原理和测量电路。
　　（5）了解霍尔效应的相关知识。
　　（6）了解霍尔元件的工作原理、特性、参数以及基本测量电路。
　　（7）熟悉霍尔传感器的构成与分类。
　　（8）了解霍尔集成传感器的应用。
　　（9）能够根据测量需求完成相关传感器的选型、安装、调试等工作。

教 学 指 导

从"电动机转速测量""自行车行车速度检测"等生产生活应用实例入手，引入光电传感器和霍尔传感器，使读者了解它在生产生活中的重要地位。通过引入具体工作任务，使读者先了解不同类型光敏器件和霍尔器件的主要特点及工作原理，再逐步理解和掌握光电传感器和霍尔传感器的工作原理、测量电路、应用领域、选型要求等知识。

本项目建议学时数为 8 ～ 14 学时。

项 目 实 施

任务一　电动机转速的测量

任务描述

光电检测具有精度高、反应快、非接触等优点，常被用于生产生活各环节中。例如，在日常生活中，光电传感器被广泛应用于自动照明控制、自动门控制、防盗报警等系统中；在机械、零件以及原材料的设计、加工制造过程中，光电传感器被广泛应用于对速度、加速度、位移等物理量的测量以及生产线上的产品计数等。

光电式传感器概述

数控机床作为一种高精度、高效率的加工生产设备，在我国应用广泛。为了实现数控机床的安全可靠运行，利用各类传感器进行检测是必不可少的。传感器作为数控机床伺服系统的重要组成环节，起着检测各控制轴位移和速度的作用，对设备的运行工况和加工精度有着深远的影响。

本环节以光电编码器检测电动机转速为载体，从光电效应、光敏器件等环节入手，逐步介绍常见光电传感器的工作原理、测量电路等知识，使读者掌握几种典型光电式传感器的特点及应用，并初步具备传感器选型、安装、调试与维护的能力。

相关知识

一、光度学与光电效应

1. 光度学基础知识

光是一种电磁波，按照波长或频率次序排列的电磁波序列称为光谱。光的波长越短，所对应的频率就越高。光是以光子为基本粒子所组成的，具有粒子性与波动性，称为波粒二象性。光可以在真空、空气、水等透明介质中传播。

可见光是电磁波谱中人眼可以感知的部分，它只占整个电磁波谱的一小部分，如图 7-1 所示。一般人眼可以感知的电磁波的波长为 400～760 nm，还有一些人能够感知到波长为 380～780 nm 的电磁波。正常视力的人眼对绿光最为敏感。人眼可以看见的光的范围受大气层影响，大气层对于大部分的电磁辐射来讲都是不透明的，只有可见光波段和其他少数如无线电通信波段等例外。不少其他生物能看见的光波范围跟人类不一样，例如包括蜜蜂在内的一些昆虫能看见紫外线波段，这对于寻找花蜜有很大帮助。

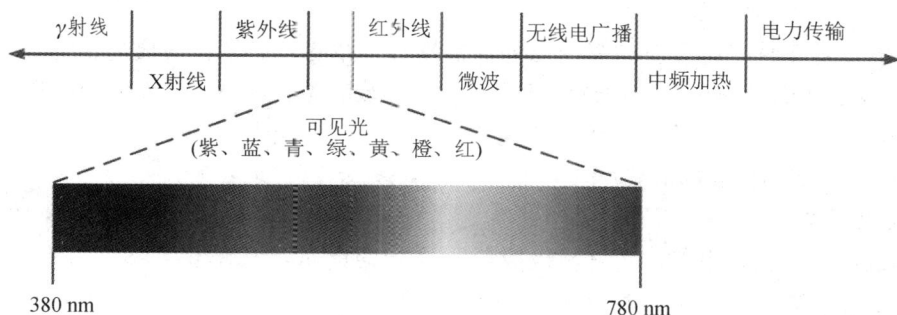

图 7-1 广义电磁波谱与可见光

2. 光电效应

光电传感器进行非电量检测的理论基础是光电效应，即物体吸收到光子能量后产生的电效应。光电效应分为外光电效应、内光电效应两大类。

1）外光电效应

物体在光线作用下，内部电子吸收能量后逸出物体表面的现象称为外光电效应。其中向外发射的电子称为光电子，能产生光电效应的物质称为光电材料。

物体在光的照射下，内部电子吸收光子的能量后，首先用于克服物体对电子的束缚，然后转化为逸出电子的动能。当电子吸收的能量大于逸出功时，物体内的电子脱离原子核的吸引向外溢出，产生了外光电现象。

根据能量守恒定律：光子能量 ＝ 电子逸出功 ＋ 电子动能，即

$$E = h\gamma = A + \frac{1}{2}mv^2 \tag{7-1}$$

式中，γ 为光波频率；h 为普朗克常量，$h = 6.63 \times 10^{-34}$ J·s；A 为电子逸出功；m 为电子质量；v 为电子逸出的初速度。也就是说，为使电子逸出，光子能量必须大于电子逸出功，即 $h\gamma > A$。

不同光电材料具有不同的逸出功，能够使光电材料产生光电效应的最低频率称为"红限频率 γ_k"，即 $h\gamma_k = A$。当入射光频率低于 γ_k 时，不论入射光多强，也不能激发电子逸出；当入射光的频率高于 γ_k 时，不论入射光多弱，也能激发电子逸出。

基于外光电效应的光电元器件主要有光电管、光电倍增管，它们属于真空光电器件。

2）内光电效应

内光电效应是指在光线照射下，引发的物质电化学性质的变化，比如电阻率改变，或者产生了光生电动势现象，这是内光电效应与外光电效应的区别。内光电效应又可分为光电导效应和光生伏特效应。

基于光电导效应的光电元器件主要有光敏电阻，基于光生伏特效应的光电元器件主要有光电池、光敏二极管、光敏晶体管等，它们都属于半导体光电器件。

二、常见的光敏器件

1. 光电管

1）光电管外形结构

光电管是基于外光电效应的基本光电转换器件，可使光信号转换成电信号，其结构如图 7-2 所示。光电管的典型结构是将球形玻璃壳抽成真空，在内半球面上涂一层光电材料作为阴极，球心放置小球形或小环形金属作为阳极。用作光电阴极的金属有碱金属、汞、金、银等，适合不同波段的需要。

2）光电管工作原理

当光线照射在阴极上时，光电阴极吸收了光子的能量，便有电子溢出而形成光电子。这些光电子被具有正电位的阳极所吸引，因而在光电管内便形成了定向空间电子流，从而使外电路导通。光电管的基本测量电路如图 7-3 所示，如果在外电路中串联一个适当阻值的电阻，则可以将电路中的电流量转换为该电阻上的电压量，且电路中电流或电压的变化与光成一定的函数关系，从而实现光/电转换。

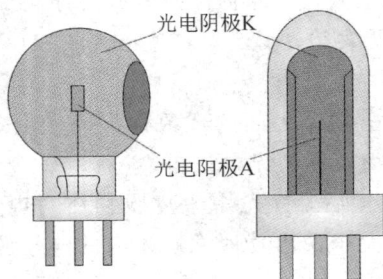

图 7-2　光电管结构

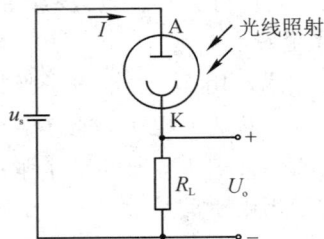

图 7-3　光电管基本测量电路

2. 光电倍增管

1）光电倍增管外形结构

光电管的灵敏度较低，当入射光极为微弱时，光电管能产生的光电流是很小的，在微光测量中通常采用光电倍增管，其外形如图 7-4 所示。光电倍增管也是基于外光电效应的光/电转换器件。

图 7-4　常见光电倍增管外形

2）光电倍增管的工作原理

光电倍增管是进一步提高光电管灵敏度的光电转换器件。光电倍增管内除光电阴极和阳极外，两极间还放置着多个瓦形倍增电极，使用时相邻两倍增电极间均加有电压用来加速电子，其工作原理如图7-5所示。光电阴极受光照后释放出光电子，在电场作用下射向第一倍增电极D1，引起电子的二次发射，激发出更多的电子，然后在电场作用下飞向下一个倍增电极D2，又激发出更多的电子，……如此电子数不断倍增，最后到达阳极，形成较大电流。因此，光电倍增管的灵敏度比普通光电管要高得多，可用来检测微弱光信号。光电倍增管高灵敏度和低噪声的特点，使它在光测量方面获得了广泛应用。

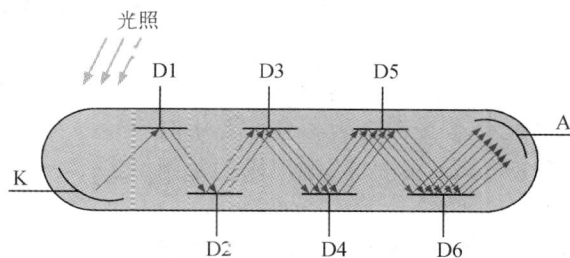

图7-5　光电倍增管原理

3. 光敏电阻

1）光敏电阻的结构及分类

光敏电阻又称光敏电阻器或光导管，是一种基于内光电效应工作的光电器件，其外形和内部结构如图7-6所示。光敏电阻常用的制作材料为硫化镉，另外还有硒、硫化铝、硫化铅和硫化铋等材料。

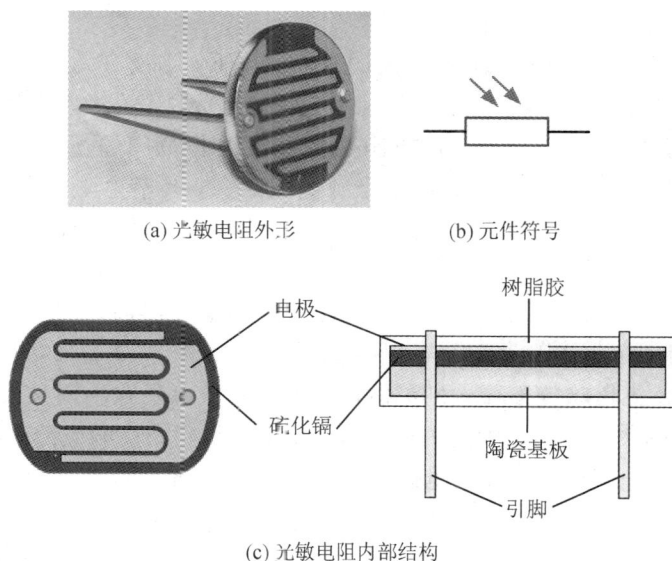

(a) 光敏电阻外形　　(b) 元件符号

(c) 光敏电阻内部结构

图7-6　光敏电阻外形和内部结构

光敏电阻根据其光谱特性，可分为以下三种：

（1）紫外光敏电阻器。这类光敏电阻对紫外线较灵敏，包括硫化镉、硒化镉等光敏电阻器，用于探测紫外线。

（2）红外光敏电阻器。这类光敏电阻主要有硫化铅、碲化铅、硒化铅、锑化铟等光敏电阻器，广泛用于导弹制导、天文探测、非接触测量、人体病变探测，以及红外通信等国防、科学研究和工农业生产中。

（3）可见光光敏电阻器。这类光敏电阻包括硒、硫化镉、硒化镉、碲化镉、砷化镓、硅、锗、硫化锌等光敏电阻器，主要用于各种光电控制系统，如光电自动门户开关，航标灯、路灯和其他照明系统的自动亮灭，自动给水和自动停水装置，机械中的自动保护装置和位置检测器，极薄零件的厚度检测器，照相机自动曝光装置，光电计数器，烟雾报警器，光电跟踪系统等方面。

2）光敏电阻的工作原理

光敏电阻没有极性，纯粹是一个电阻器件，使用时既可加直流电压，也加交流电压。通常，光敏电阻器都制成薄片结构，以便吸收更多的光能。

光敏电阻制作材料具有在特定波长光照射下其阻值迅速减小的特性。这是由于当它受到光的照射时，半导体片（光敏层）内就激发出电子-空穴对参与导电，在外加电场的作用下作漂移运动，电子奔向电源的正极，空穴奔向电源的负极，从而使电路中电流增大。光敏电阻是基于内光电效应工作的光电器件，其工作原理如图7-7所示。

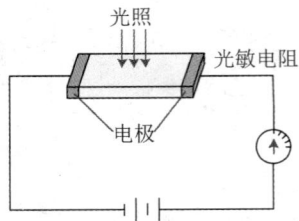

图 7-7　光敏电阻工作原理

3）光敏电阻的主要参数

（1）光电流、亮电阻。光敏电阻在一定的外加电压下，当有光照射时，流过的电流称为光电流；外加电压与光电流之比称为亮电阻。

（2）暗电流、暗电阻。光敏电阻在一定的外加电压下，当没有光照射的时候，流过的电流称为暗电流；外加电压与暗电流之比称为暗电阻。无光照时，光敏电阻的阻值（暗电阻）很大，电路电流（暗电流）很小；当光敏电阻受到一定波长范围的光照时，它的阻值（亮电阻）急剧减小，电路中电流迅速增大。对于光敏电阻而言，其暗电阻越大、亮电阻越小，则性能越好，此时光敏电阻的灵敏度高。实际情况下，光敏电阻的暗电阻一般在兆欧级，亮电阻在几千欧以下。

（3）灵敏度。灵敏度是指光敏电阻不受光照射时的电阻值（暗电阻）与受光照射时的电阻值（亮电阻）的相对变化值。

（4）光谱响应。光谱响应又称光谱灵敏度，是指光敏电阻在不同波长的单色光照射下的灵敏度。若将不同波长下的灵敏度画成曲线，就可以得到光谱响应的曲线。

（5）光照特性。光照特性指光敏电阻输出的电信号随光照度变化而变化的特性。随着光照强度的增加，光敏电阻的阻值开始迅速下降。若进一步增大光照强度，则电阻值变化减小，然后逐渐趋向平缓。在大多数情况下，该特性为非线性。

（6）伏安特性曲线。伏安特性曲线用来描述光敏电阻的外加电压与光电流的关系，对于光敏器件来说，其光电流随外加电压的增大而增大。

（7）温度系数。光敏电阻的光电效应受温度影响较大，部分光敏电阻在低温下的光电灵敏度较高，而在高温下的灵敏度较低。

（8）额定功率。额定功率是指光敏电阻用于某种线路中所允许消耗的功率，当温度升高时，其消耗的功率就降低。

4）光敏电阻的应用

光敏电阻属半导体光敏器件，除具灵敏度高、响应速度快等特点外，在高温、多湿的恶劣环境下，还能保持高度的稳定性和可靠性，可广泛应用于照相机、太阳能庭院灯、草坪灯、验钞孔、石英钟、音乐杯、礼品盒、迷你小夜灯、光声控开关、路灯自动开关以及各种光控玩具、光控灯饰、灯具等光自动开关控制领域。

（1）光敏电阻式光控开关电路。

由光敏电阻构成的简易光控开关电路如图 7-8 所示。

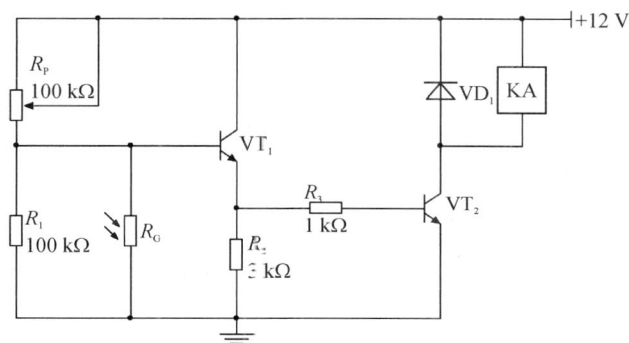

图 7-8　光敏电阻式光控开关电路

当照度下降到设置值时，由于光敏电阻阻值上升，激发 VT_1 导通，进而使得 VT_2 也导通，VT_2 的激励电流使继电器工作，常开触点闭合，常闭触点断开，从而实现对外电路的控制。

（2）光敏电阻汽车前大灯控制电路。

由光敏电阻构成的汽车前大灯控制电路如图 7-9 所示。

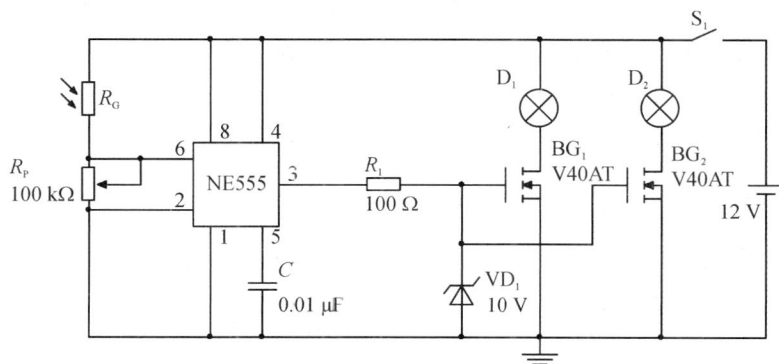

图 7-9　光敏电阻汽车前大灯控制电路

在夜间行车时，若无灯光照射光敏电阻 R_G，则光敏电阻呈高阻值，NE555 输出高电平，场效应管 BG_1 和 BG_2 均导通，汽车两前大灯 D_1 和 D_2 均发光。

当对面有车开来时，光敏电阻 R_G 受对面光照影响，其阻值呈低阻值，NE555 输出低电平，场效应管 BG_1 和 BG_2 均截止，汽车两前大灯 D_1 和 D_2 均熄灭。

（3）简易光敏电阻感光灯电路。

简易光敏电阻感光灯电路如图 7-10 所示。由光敏电阻 R_G 和可调电位器 R_P 以及两个固定电阻 R_1 和 R_2 构成电桥电路。当环境光照强度减弱时，光敏电阻 R_G 阻值变大，运放 U1A 同相输入端(引脚 3)电压升高，与其反相输入端(引脚 2)差值范围增大，使得 U1A 输出电压增大，U1B 电压跟随器环节输出电压也随之增大，开启 VT_1，LED 的亮度也随之增加；反之，光敏电阻所处环境光照度越大，则 LED 亮度越暗，直至熄灭。该电路的感光阈值可以通过 R_P 进行调节。

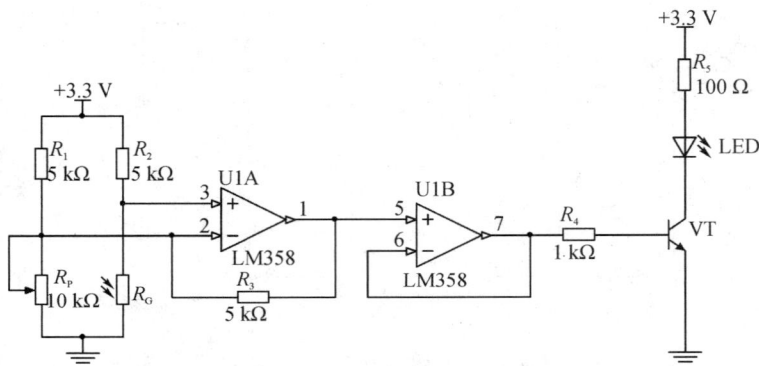

图 7-10 光敏电阻感光灯电路

4. 光敏二极管

光敏二极管也叫光电二极管，是将光信号变成电信号的半导体器件。

1）光敏二极管结构

光敏二极管与半导体二极管在结构上是类似的，只不过其核心部分是一个具有光敏特性的 PN 结。常见光敏二极管的外形如图 7-11(a)所示。光敏二极管外壳可用金属、玻璃、陶瓷、树脂封装。凡是金属封装的光敏二极管，都有一个用于透光的玻璃窗口，光线通过该窗口照射到管芯上，其结构与元件符号如图 7-11(b)所示。

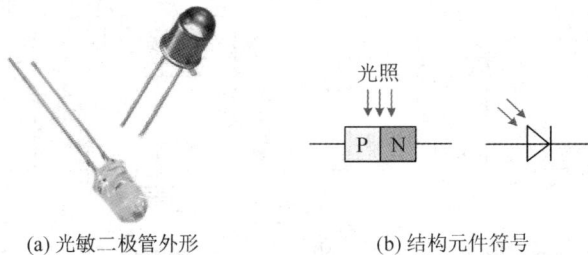

(a) 光敏二极管外形   (b) 结构元件符号

图 7-11 常见光敏二极管外形、结构及元件符号

光敏二极管按照材料不同,可分为硅型、锗型、砷化镓型、锑化铟型等;按照结构不同,可分为 PN 结型、PIN 结型、雪崩型等,其中用得最多的是 PN 结型。

2)光敏二极管工作原理

光敏二极管是在反向电压作用下工作的。当没有光照时,由于反偏,只有很小的饱和反向漏电流(称为暗电流),此时光敏二极管截止。当有光照时,携带能量的光子把能量传给共价键上的束缚电子,使部分电子挣脱共价键,从而产生电子-空穴对(称为光生载流子),它们在反向电压作用下作漂移运动,使反向电流明显变大,且光照越强,受激产生的电子-空穴对的数量越多,反向电流也越大。如果在外电路上接上负载,负载上就获得了电信号,而且这个电信号随着光的变化而相应变化。光敏二极管有两种使用方法:

(1)光敏二极管上不加偏压。利用 PN 结在受光照时产生正向电压的原理,可以把它用作微型光电池,如图 7-12(a)所示。这类无偏置电路可以用于测量宽范围的入射光,一般用作光电检测器,例如照度计等,但响应特性上不如反向偏置的电路。

(2)光敏二极管上加反偏电压。当光敏二极管上加上反偏电压时,光敏二极管中的反偏电流随着光照强度的改变而改变。光照强度越大,反偏电流越大,如图 7-12(b)所示,光敏二极管大多数都采用这类使用方法。

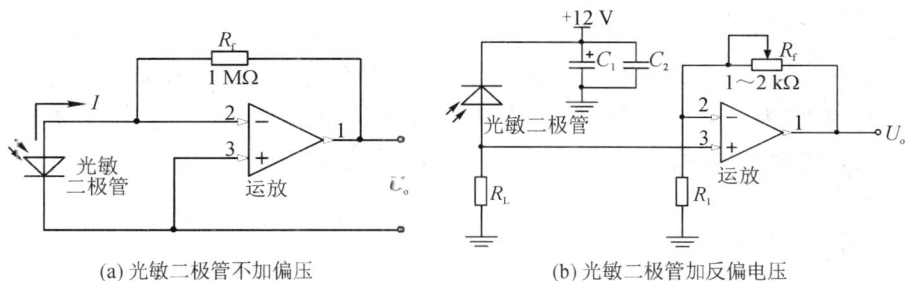

(a)光敏二极管不加偏压　　　　　(b)光敏二极管加反偏电压

图 7-12　光敏二极管的两种使用方法

3)光敏二极管的主要参数

光敏二极管的主要参数包括最高工作电压、光电流、暗电流、光谱响应特性等。

(1)最高工作电压。光敏二极管最高工作电压是指无光照时,光敏二极管允许的最高反向工作电压。

(2)光电流。光敏二极管的光电流是指受到一定的光照及最高工作电压下流过该二极管的反向电流,一般光电流在几十微安,并且与照度成线性关系。光敏二极管的光电流越大越好。

(3)暗电流。暗电流指光敏二极管在无光照情况下,并加一定反向电压时的漏电流。暗电流越小,光电二极管的性能越稳定,检测弱光的能力越强。由于暗电流随温度与反向偏置电压而变化,在要求稳定性高的电路中需要考虑进行温度补偿。

(4)光谱响应特性。不同类型的光电二极管,其光谱特性和峰值波长不同。通常,锗管的光谱范围要比硅管宽。

4）光敏二极管的应用

图 7-13 为一款路灯控制电路原理图，其中传感器环节采用光敏二极管。

当光照强度达到一定程度时，光敏二极管的光电流增大，三极管 VT_1 基极电压升高，VT_1 和 VT_2 均导通，继电器线圈带电，动断触点断开，路灯不亮。

当无光照或光线较弱时，流过光敏二极管的只有暗电流，电流很小，VT_1 和 VT_2 均截止，继电器线圈失电，动断触点闭合，路灯点亮。

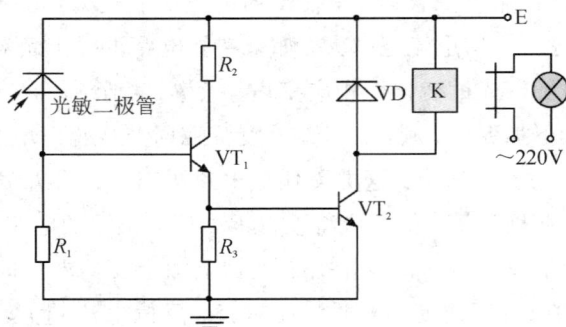

图 7-13　路灯控制电路

5）光敏二极管质量检测方法

（1）电阻测量法。用万用表 $R\times 100$ 或 $R\times 1k$ 挡位像测普通二极管一样测光敏二极管电阻，正向电阻应为 10 kΩ 左右。无光照射时，反向电阻应为 ∞，然后用光照射光电二极管，光线越强，反向电阻应越小；光线特强时，反向电阻可降到 1 kΩ 以下，这样的管子就是好的。

若正反向电阻都是 ∞ 或 0，说明管子是坏的。

（2）电压测量法。把万用表（指针式）接在直流 2.5 V 以下的挡位，红表笔接光敏二极管正极，黑表笔接负极，在阳光或白炽灯照射下，其电压与光照强度成正比，一般可达 $0.2\sim 0.45$ V。

（3）电流测量法。把指针式万用表拨在直流 50 μA 或 500 μA 挡位，红表笔接光敏二极管正极，黑表笔接负极，在阳光或白炽灯照射下，其短路电流可达数十到数百微安。

5. 光敏三极管

1）光敏三极管的结构

光敏三极管将光信号转换成电信号的同时，又将电流加以放大，其灵敏度比光敏二极管高。光敏三极管与一般三极管结构类似，具有两个 PN 结，不过光敏三极管有一个对光照敏感的 PN 结作为感光面，一般用集电结作为受光结。多数光敏三极管的基极没有引出，只有正负（c、e）两个引脚，所以其外形与光敏二极管相似，从外观上较难区分。但有一些光敏三极管的基极有引出，用于温度补偿和附加控制等。其常见外形及内部结构如图 7-14 所示。

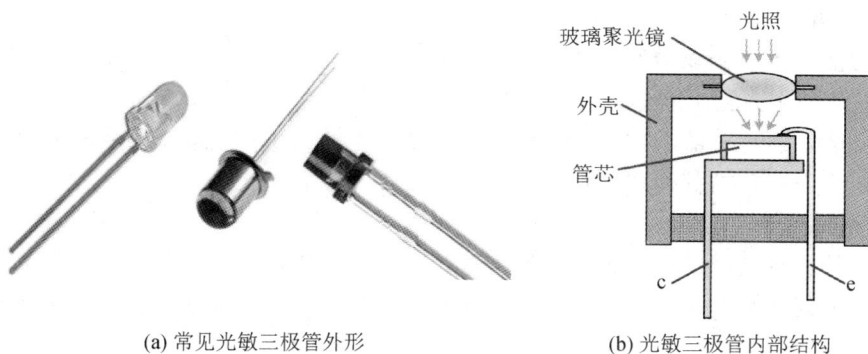

(a) 常见光敏三极管外形　　　　(b) 光敏三极管内部结构

图 7-14　光敏三极管外形及内部结构

2) 光敏三极管的工作原理

无光照时，集电结反偏，其反向饱和电流经发射结放大为集射之间的穿透电流（暗电流）；有光照时，集电结附近基区受光照激发，使得集电结反向饱和电流（集电结光电流）增大，经发射结放大为集射之间的光电流，即光敏三极管的光电流。光敏三极管的等效电路和电路符号如图 7-15 所示。

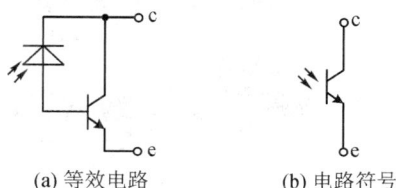

(a) 等效电路　　　　(b) 电路符号

图 7-15　光敏三极管的等效电路和电路符号

3) 光敏三极管的应用

宾馆等对防火设施有严格要求的场所均必须按照规定安装火灾报警器。火灾发生时伴随有光和热的化学反应，物质在燃烧过程中会产生热量、烟雾、火焰等。烟雾是人们肉眼能见到的微小悬浮颗粒，其粒子直径大于 10 nm。烟雾有很大的流动性，接触到烟雾报警器即可被检测到。

图 7-16 为光电直射型烟雾传感器烟雾检测示意图。传感器采用红外发光二极管作为发射器件，采用红外晶体管作为接收器件，两者安装在同一轴线上。无烟雾时，光敏三极管接收到发光二极管的恒定红外光。当火灾发生时，烟雾进入检测室，遮挡部分红外光，使光敏三极管的输出信号减弱，经阈值判断电路后，启动报警环节发出报警信号。需要指出的是，室内如果有人抽烟也可能引起烟雾传感器对火灾的误判，因此还需要与其他火灾传感器共同组成综合火灾报警系统。

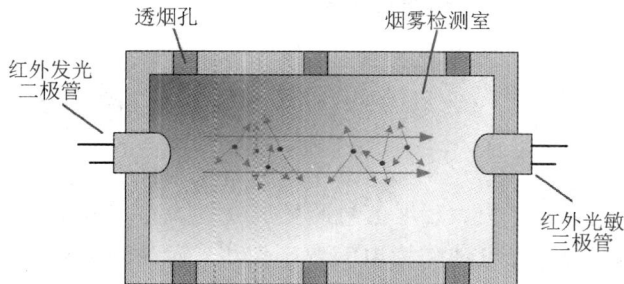

图 7-16　光电直射型烟雾传感器烟雾检测示意图

6. 光电池

光电池能将入射光能量转换成电压和电流,属于光生伏特效应元件。从能量转换角度来看,光电池是作为输出能量的器件而工作的。例如,人造卫星上就安装有太阳能光电池板。从信号检测角度来看,光电池作为一种自发电型的光电传感器,可用于检测光的强弱以及能引起光强变化的其他非电量。

1) 光电池结构

光电池是一种特殊的半导体二极管。光电池的外形和内部结构示意图如图 7-17 所示。光电池按照使用材料的不同,可分为硒光电池、硅光电池、硫化铊光电池、硫化镉光电池、砷化镓光电池等。

(a) 光电池外形　　　　　　　　　　　(b) 光电池内部结构示意图

图 7-17　光电池的外形和内部结构示意图

2) 光电池工作原理

光电池实际上有一个大面积的半导体 PN 结,当入射光子的能量足够大时,半导体内原子受激发而生成电子-空穴对,通常把这种由光生成的电子-空穴对称为光生载流子。它们在 PN 结内电场的作用下,电子被推向 N 区,空穴被拉向 P 区,使得 P 区积累大量过剩的空穴,N 区积累大量的电子,从而使 P 区呈现正电性,N 区呈现负电性,两端产生电动势。若用导线连接,就有电流通过,电流的方向由 P 区出发,经由外电路到达 N 区。若将电路断开,可测出光生电动势。光电池工作原理和电路符号如图 7-18 所示。

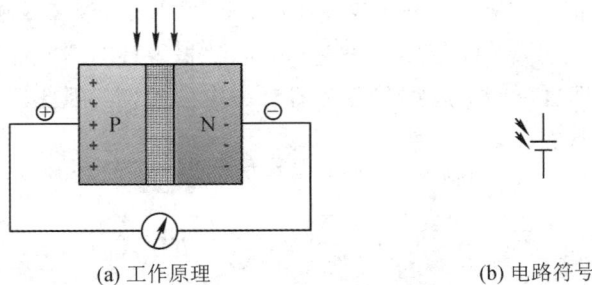

(a) 工作原理　　　　　　　　　　　(b) 电路符号

图 7-18　光电池工作原理和电路符号

当负载短路时,光电流在很大程度上与照度成线性关系,因此当测量与光照度成正比的其他非电量的时候,应把光电池作为电流源来使用;当被测非电量为开关量时,可以把光电池作为电压源来使用。

　　3）光电池的应用

　　目前,光电池的应用范围进一步被扩展至机械仪表、自动化遥测、远程遥控等领域。此外,光电池还被应用在家庭生活当中,太阳能供电不受季节、天气、白昼等因素影响,可以在晴天储备能量,并且每家每户都可以使用,还可以形成一个大的供电系统网络。太阳能电话、太阳能冰箱、太阳能空调、太阳能电视机都已经研究设计成功。它们利用屋顶上的太阳能吸收装置给家电提供能量,还可以储存多余的能量,所以遇上阴雨天也有足够的能量供给家电设备,这十分有利于节能环保。不同强度的光线照射在硅光电池上会产生不同强弱的电流,电流与光线的强度成线性关系,因此利用硅光电池可以测量和控制光的强弱程度。图 7-19 为一款硅光电池光强检测的电路原理。

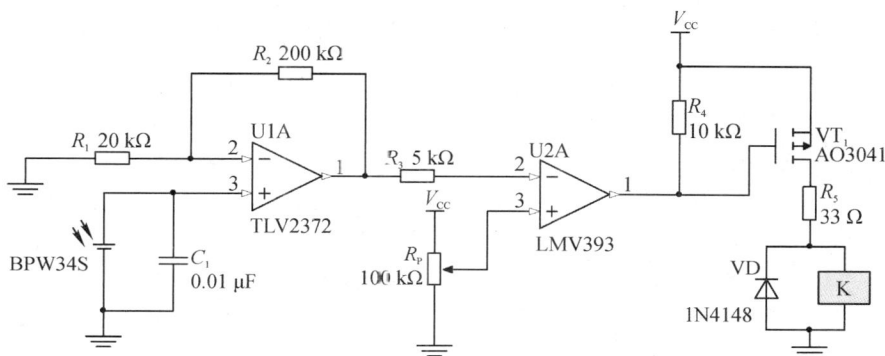

图 7-19　硅光电池光强检测电路原理

　　该电路采用 BPW34S 硅光电池作为光强检测传感器。光电池接入 U1A 同相端,两者构成同相比例运算电路,放大后的信号送入 U2A 的反相输入端,LMV393 构成单门限比较器,光强检测阈值可通过 R_P 进行调节。

　　当光强度够大时,U1A 输出电压较大,U2A 同相端电压小于反相端电压,U2A 输出低电平,MOS 管导通,继电器吸合;当无光照或者光照不强时,U1A 输出电压很小,U2A 同相端电压大于反相端电压,U2A 输出高电平,MOS 管截止,继电器断开。

三、光电传感器分类

　　光电传感器属于非接触式测量,目前越来越多地用于生产、生活的各个领域中。根据被测物、光源、光电元件三者之间的关系以及测量原理,可以将光电传感器分为下述四种类型。

　　(1)被测物本身是光源。这种类型是指被测物本身是光源,被测物发出的光投射到光电元件上,光电元件的输出反映了光源的某些物理参数,如图 7-20(a)所示。较为典型的例子有光电高温比色温度计、光照度计、照相机曝光量控制等。

　　(2)被测物是有反射能力的表面。这种类型是指恒光源发出的光通量投射到被测物上,然后从被测物表面反射到光电元件上,光电元件的输出反映了被测物的某些参数,如图 7-20(b)所示。较为典型的例子有利用反射式光电法测转速、测量工件表面粗糙度、测量纸张的白度等。

　　(3)被测物吸收光通量。这种类型是指恒光源发射的光通量穿过被测物,一部分由被测物吸收，剩余部分投射到光电元件上，吸收量决定于被测物的某些参数，如图 7-20(c) 所示。较为典型的例子有透明度计、浊度计等。

（4）被测物遮蔽光通量。这种类型是指恒光源发出的光通量在到达光电元件的途中遇到被测物，照射到光电元件上的光通量被遮蔽掉一部分，光电元件的输出反映了被测物的尺寸，如图 7-20(d)所示。较为典型的例子有振动测量、工件尺寸测量等。

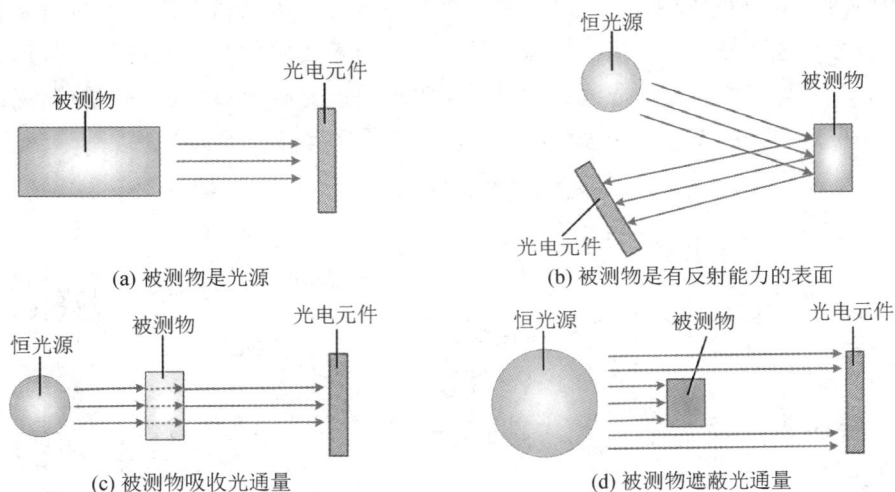

(a) 被测物是光源

(b) 被测物是有反射能力的表面

(c) 被测物吸收光通量

(d) 被测物遮蔽光通量

图 7-20 光电传感器测量原理示意图

四、常见的光电传感器

1. 光电断续器

1）光电断续器概述

光电断续器又称为穿透型光电感应器、光遮断器、光电遮断器、槽型光耦。光电断续器是将发光组件与受光组件面对面排列并设置于同一封装内，利用检测物体通过时会遮光的原理实现检测功能。其常见封装如图 7-21 所示。

图 7-21 常见光电断续器封装

2）光电断续器的应用

光电断续器主要用来检测目标物体的有无。光电断续器通常是标准的 U 形结构。发射器和接收器做在体积很小的同一塑料外壳中，分别位于 U 形槽的两侧，并形成一个光轴，能可靠地对准，便于安装和使用。当检测到物体通过 U 形槽并阻挡光轴时，光电开关将生成表示检测到了目标物体的开关量信号。光电断续器被广泛用于光电转换控制、数控机床控制、计算机终端设备和扫描、定位的自动控制系统中。图 7 - 22 为光电断续器各类应用示意图。

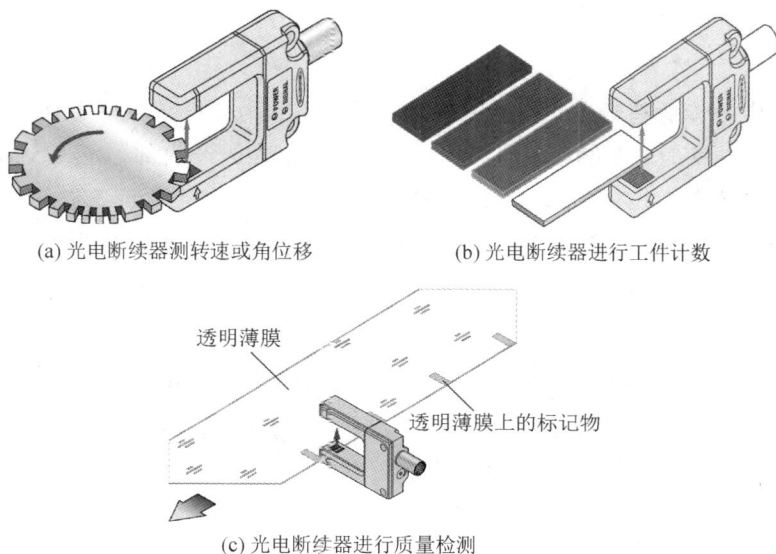

(a) 光电断续器测转速或角位移   (b) 光电断续器进行工件计数

(c) 光电断续器进行质量检测

图 7 - 22 光电断续器各类应用示意图

图 7 - 22(a)为光电断续器测转速或角位移。齿盘每转过一个齿，光电断续器就输出一个脉冲，通过对脉冲频率的测量或计数，即可获得齿盘旋转速度或角位移。

图 7 - 22(b)为光电断续器进行工件计数。当块状工件经过光电断续器时，接收器即产生一个计数脉冲。

图 7 - 22(c)为光电断续器进行质量检测。正常透明薄膜等间距处有标记物，当产品有瑕疵、标记物缺漏时，光电断续器接收器脉冲周期会出现变化，从而实现对薄膜质量的检测。

2. 光纤传感器

光导纤维简称光纤，是 20 世纪 70 年代发展起来的一种新兴的光电技术材料。近年来，随着光纤技术的发展，光纤传感器技术和光纤传感器得到了广泛的应用。

1) 光纤概述

光纤是种多层介质结构的同心圆柱体，包括纤芯、包层和保护层等，图 7 - 23 所示为光纤结构示意图。

纤芯位于光纤的中心，是由玻璃或塑料制成的圆柱体，光主要在纤芯中传输；围绕着纤芯的圆筒形部分为包层，用较纤芯折射率小的玻璃或塑料制成。纤芯的粗细、材料和包层材料的折射率对光纤的特性有决定性影响。保护层的作用主要是增强光纤的机械强度，另外还可以利用不同的保护层颜色区分各种光纤。

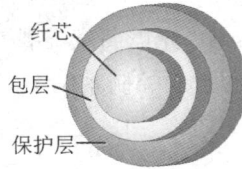

图 7-23　光纤结构示意图

光在光纤中的传播基于光的全反射原理,图 7-24 为光纤传光示意图。当光线以不同角度入射到光纤端面时,在端面发生折射后进入光纤。在光纤内部,光线入射到纤芯(光密介质)与包层(光疏介质)交界面,一部分透射到包层,一部分反射回纤芯。当入射光线在光纤端面中心的入射角减小到某一角度时,光线发生全反射。光线在光纤内经过多次全反射,最后就可以从另一端射出。

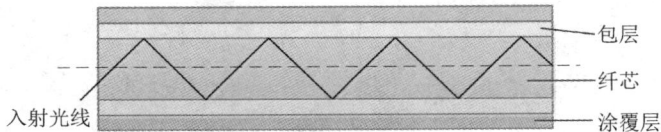

图 7-24　光纤传光示意图

光纤的分类方法很多,例如按照光纤使用材料的不同,可分为玻璃光纤、塑料光纤;按照输出模式的不同,可分为单模光纤、多模光纤;按照用途的不同,可分为通信光纤和非通信光纤等。

光纤的主要参数包括数值孔径、光纤模式和传输损耗等。数值孔径反映光纤的集光能力,光纤的数值孔径越大,集光能力就越强。

光纤模式是指光波在光纤中的传播途径和方式。不同入射角的光线,在界面反射的次数是不同的,传递的光波间的干涉也不同。

2) 光纤传感器的结构与分类

光纤传感器技术是一门多学科性技术,它涉及的知识面广泛,如纤维光学、光电技术、弹性力学、电磁学、电子技术和微型计算机应用等,常应用于磁、声、压力、温度、加速度、位移、液面、转矩、光声、电流、应变等物理量的测量。此外,光纤传感器还可以应用在高电压、强电磁场干扰的场合。

光纤传感器是一种把被测量转变为可测量的光信号的装置。光纤传感器与传统的传感器相比有许多优点,如灵敏度高、结构简单、体积小、耗电量少、耐腐蚀、绝缘性好、光路可弯曲、便于实现远调等。图 7-25 为常用光纤传感器的外形和结构示意图。光纤传感器主要由光发送器、光纤、敏感元件、光接收器、信号处理系统等组成。由光发送器发出的光线经光纤引导至敏感元件,这时光的某一性质受到被测量的调制,已调光经接收光纤耦合到光接收器,使光信号变为电信号,最后经过信号处理得到所期待的被测量。

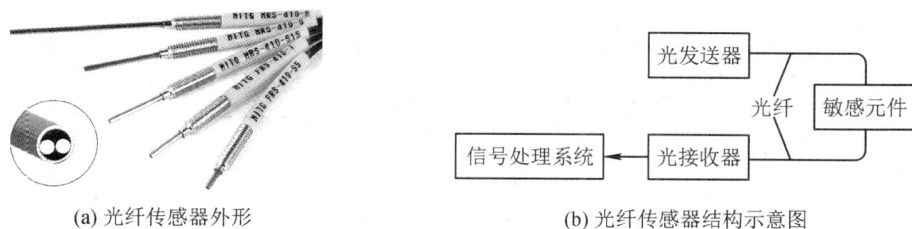

(a) 光纤传感器外形   (b) 光纤传感器结构示意图

图 7-25 常用光纤传感器的外形和结构示意图

光纤传感器中的光源种类很多,按照光的相干性,可分为相干光源和非相干光源两大类。非相干光源包括白炽灯、发光二极管,相干光源包括各种激光器等。

光纤传感器中的光探测器一般为光电式传感器,作用是将光能转换为电能。

光纤传感器的分类方法很多,具体如下:

(1) 按照光纤传感器的测量原理分类。

① 物性型光纤传感器。物性型光纤传感器是利用光纤对环境变化的敏感性,将输入物理量变换为调制的光信号。其工作原理基于光纤的光调制效应,即光纤在外界环境因素如温度、压力、电场、磁场等等改变时,其传光特性(如相位与光强)会发生变化的现象。因此,如果能测出通过光纤的光相位、光强变化,就可以知道被测物理量的变化。这类传感器又被称为敏感元件型或功能型光纤传感器。激光器的点光源光束扩散为平行波,经分光器分为两路,一路为基准光路,另一路为测量光路。外界参数(温度、压力、振动等)引起光纤长度变化和相位的光相位变化,从而产生不同数量的干涉条纹,对它的模向移动进行计数,就可测量出温度或压力等。

② 结构型光纤传感器。结构型光纤传感器是由光检测元件(敏感元件)与光纤传输回路及测量电路所组成的测量系统。其中光纤仅作为光的传播媒质,所以又称为传光型或非功能型光纤传感器。

(2) 按照光纤传感器调制的光波参数分类。

按照光纤传感器调制的光波参数不同,光纤传感器又可分为强度调制型光纤传感器和相位调制型光纤传感器两大类。

① 强度调制型光纤传感器。强度调制型光纤传感器是一种利用被测对象的变化引起敏感元件的折射率、吸收或反射等参数的变化,而导致光强度变化以实现敏感测量的传感器。

② 相位调制型光纤传感器。相位调制型光纤传感器是利用被测对象对敏感元件的作用,使敏感元件的折射率或传播常数发生变化而导致光的相位变化,再用干涉仪来检测这种相位变化而得到被测对象的信息。

3) 光纤传感器的工作原理

光纤传感器的工作原理如图 7-26 所示。

当外界温度、压力、电场、磁场、振动等因素作用于光纤时,将会引起光纤中传输的光波特征参量(振幅、相位、频率、偏振态等)发生变化,只要测出这些参量随外界因素的变化关系,即可确定对应物理量的变化,从而实现对对应参量的测量。

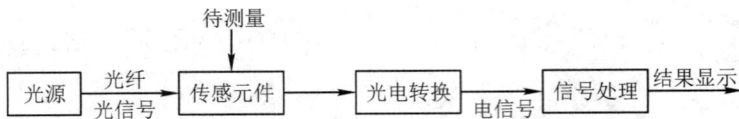

图 7-26 光纤传感器的工作原理

4）光纤传感器的应用及发展方向

光纤传感器的应用范围很广,例如:

（1）在城市建设中,光纤传感器可预埋在混凝土、碳纤维增强塑料及各种复合材料中,用于测试应力松弛、施工应力和动荷载应力等,从而评估桥梁、道路、隧道等短期施工阶段和长期营运状态的结构性能。

（2）在电力系统中,光纤传感器可以完成对高压变压器和大型电机的定子、转子内温度的检测工作。

（3）在医疗系统中,光纤传感器可以用于检测血液流速、血压及心音等参数。

国内市场上,应用最为广泛的当属布拉格光纤光栅和基于光时域反射的分布式传感器,基本上可以满足中低端市场的需求。而现在,光谱线宽窄至 2 kHz 的单频光纤激光器及其引申出来的最新一代光传感技术,与传统的光纤传感有很大的区别,可以进行超远距离的传输,精度和敏感度能达到更高的要求,这在高端市场上需求很大,21 世纪初该项技术在国内尚处于立项和预研阶段。

图 7-27 为光纤流速传感器测量原理示意图,光纤流速传感器主要由多模光纤、光源、铜管、光电二极管及测量电路组成。

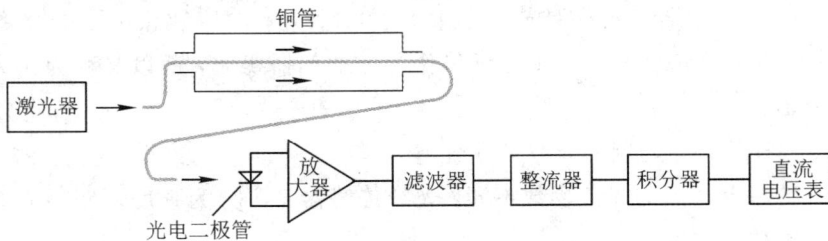

图 7-27 光纤流速传感器测量原理示意图

测量时,可将多模光纤插入顺流而置的铜管中,由于流体流动而使光纤发生机械形变,从而使光纤中传播的各模式光的相位发生变化,光纤的发射光强出现强弱变化,其振幅的变化与流速成正比。

光纤传感器技术发展的主要方向是:

（1）多用途,即一种光纤传感器不仅只针对一种物理量,要能够对多种物理量进行同时测量。

（2）提高分布式传感器的空间分辨率、灵敏度,降低其成本,用于设计复杂的传感器网络工程。注意分布式传感器的参数,即压力、温度,特别是化学参数(碳氢化合物、一些污染物、湿度、PH 值等)对光纤的影响。

（3）注重新型传感材料、传感技术等的开发。

（4）注重在恶劣条件下（高温、高压、化学腐蚀）低成本传感器（支架、连接、安装）的开发和应用。

（5）注重光纤连接器及与其他微技术结合的微光学技术的研究与开发。

3. 光电编码器

光电编码器广泛用于测量转轴的转速、角位移、丝杠的线位移等方面。它具有测量精度高、分辨率高、稳定性好、抗干扰能力强、便于与计算机接口连接、适宜远距离传输等特点。光电编码器也是一种光电传感器，常见的光电编码器外形如图 7-28 所示。

图 7-28　常见光电编码器外形

1）光电编码器概述

光电编码器是由光栅盘（又叫分度码盘）和光电检测装置（又叫接收器）组成的。

光栅盘是在一定直径的圆板上等分地开若干个长方形孔，由于光栅盘与电机同轴，电机旋转时，光栅盘与电机同速旋转，发光二极管垂直照射光栅盘，把光栅盘图像投射到由光敏元件构成的光电检测装置（接收器）上。当码盘转动时，光电元件接收到一串明暗相间的光线，由后续电路转换为一串脉冲，将转速信号直接转换为脉冲输出，因此是一种数字式传感器。编码器码盘的材料有玻璃、金属、塑料等。玻璃码盘是在玻璃上沉积很薄的刻线，其热稳定性好，精度高。金属码盘直接切割出均匀分布的透光槽，不易碎，但由于金属有一定的厚度，精度就有限制，其热稳定性也比玻璃的差。塑料码盘成本低廉，但精度、热稳定性、寿命均要差一些。

光电编码器根据码盘和内部结构的不同，分为增量式编码器（又称脉冲盘式编码器）和绝对式编码器（又称码盘式编码器）两种。顾名思义，绝对式编码器可以记录编码器在一个绝对坐标系上的位置，而增量式编码器可以输出编码器从预定义的起始位置发生的增量变化。增量式编码器需要使用额外的电子设备（通常是 PLC、计数器或变频器）以进行脉冲计数，并将脉冲数据转换为速度或运动数据；而绝对式编码器可产生能够识别绝对位置的数字信号。综上所述，增量式编码器通常更适于低性能的简单应用，绝对式编码器则是更为复杂的关键应用（例如对速度和位置有更高控制要求的应用）的最佳选择。

2）增量式编码器

增量式编码器按照内部光电耦合器的数量，可分为以下三类：

（1）单通道增量式编码器。单通道增量式编码器内部只有一对光电耦合器，只能产生一个脉冲序列。

(2) AB 相编码器。AB 相编码器内部有两对光电耦合器,输出相位差为 90° 的两组脉冲序列。正转和反转时,A、B 两路脉冲的超前、滞后关系刚好相反。使用 AB 相编码器,PLC 可以很容易地识别出转轴旋转的方向。需要增加测量的精度时,可以采用 4 倍频方式,即分别在 A、B 相波形的上升沿和下降沿计数,分辨率可以提高 4 倍,但是被测信号的最高频率相应降低。

(3) 三通道增量式编码器。三通道增量式编码器内部除了有双通道增量式编码器的两对光电耦合器 A、B 外,在脉冲码盘的另外一个通道 Z 上有 1 个透光段,每转 1 圈,输出 1 个脉冲,该脉冲称为 Z 相零位脉冲,用作系统清零信号,或坐标的原点,以减少测量的累积误差。

图 7-29 为三通道增量式编码器的结构示意图。它由光源、光栅板、码盘和光敏元件组成。光栅板外圈有 A、B 两个窄缝,里圈有一个 Z 窄缝。

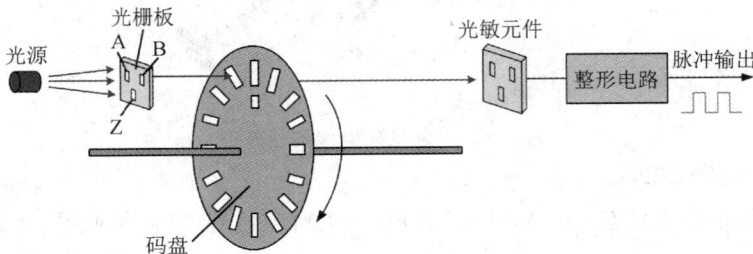

图 7-29 三通道增量式编码器结构示意图

增量式编码器的光栅板外圈上 A、B 两个狭缝的间距是码盘上两个狭缝距离的 $(m+1/4)$ 倍,m 为正整数,由于彼此错开 1/4 节距,即 $\pi/2$ 的相位角,故两组狭缝相对应的光电元件所产生的信号 A、B 相位相差 90°。当码盘随轴正转时,A 信号超前 B 信号 90°;当码盘随轴反转时,A 信号滞后 B 信号 90°,由此可判断码盘旋转方向。码盘里圈的狭缝 C 每转仅产生一个脉冲,该脉冲信号又称"一转信号"或零标志脉冲,作为测量的起始基准。

具体使用时,为了辨别码盘旋转方向,可以采用如图 7-30(a)所示的原理图。增量式编码盘两个码道产生的光电脉冲被两个光电元件接收,产生 A、B 两个输出信号,这两个输出信号经过放大整形后,产生 P1 和 P2 脉冲,将它们分别接到 D 触发器的 D 端和 CP 端。D 触发器在 CP 脉冲(P2)的上升沿触发。当正转时,P1 脉冲超前 P2 脉冲 90°,触发器输出 $Q=1$,表示码盘正转;当反转时,P2 脉冲超前 P1 脉冲 90°,触发器输出 $Q=0$,$\overline{Q}=1$,表示码盘反转。分别用 $Q=1$ 和 $\overline{Q}=1$ 控制可逆计数器是正向还是反向计数,即可将光电脉冲变成编码输出。由零位产生的脉冲信号接至计数器的复位端,实现每转动一圈复位一次计数器的目的,波形图如图 7-30(b)所示。无论正转还是反转,计数器每次反映的都是相对于上次角度的增量,故这种测量称为增量法。

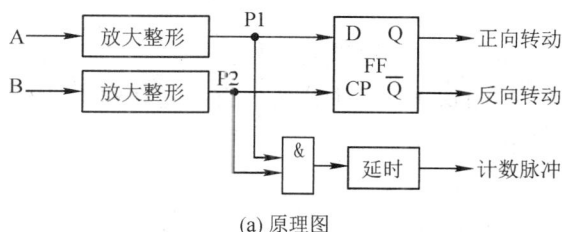

(a) 原理图

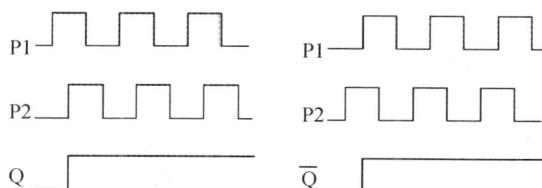

(b) 波形图

图 7-30　增量式编码器辨向原理

综上所述，可以得出：

① 当轴旋转时，光电编码器有相应的脉冲输出，其旋转方向的判别和脉冲数量的增减需借助外部的判向电路和计数器来实现。

② 其计数起点可任意设定，并可实现多圈的无限累加和测量。还可以把每转发出一个脉冲的 C 信号作为参考机械零位。

③ 编码器的转轴转一圈即输出固定的脉冲，输出脉冲数与码盘的刻度线相同。

④ 输出信号为一串脉冲，每一个脉冲对应一个分辨角 α，对脉冲进行计数 N，就是对 α 的累加，即角位移 $\theta = \alpha \cdot N$。

例如：分辨角 $\alpha = 0.352°$，脉冲数 $N = 500$，则角位移 $\theta = \alpha \cdot N = 176°$。

3）绝对式编码器

绝对式旋转光电编码器，因其每一个位置绝对唯一、抗干扰、无须掉电记忆，已经越来越广泛地应用于各种工业系统中的角度、长度测量和定位控制。

绝对编码器码盘上有许多道刻线，每道刻线依次以 2 线、4 线、8 线、16 线、……编排。这样，在编码器的每一个位置，通过读取每道刻线的明、暗信息，即可获得一组从 $2^0 \sim 2^{n-1}$ 的唯一的二进制编码。这样的编码器是由码盘的机械位置决定的，它不受停电、干扰的影响。绝对编码器由机械位置决定了每个位置的唯一性，它无须记忆，无须找参考点，而且不用一直计数，可以提升编码器的抗干扰特性和数据的可靠性。

4）光电编码器的应用

光电编码器主要有以下应用：

（1）速度测量。

① 线速度：通过将光电编码器跟仪表连接，测量生产线的线速度。

② 角速度：通过编码器进行电机、转轴等的速度测量。

（2）位置测量。

① 机床方面：记忆机床各个坐标点的坐标位置。

② 自动化控制方面：控制物体在各个位置进行指定动作。如电梯、提升机等设备在指定位置完成运行、停止动作。

（3）同步控制。

通过角速度或线速度，对传动环节进行同步控制，以达到张力控制。

（4）角度测量。

① 汽车驾驶模拟器：对方向盘旋转角度的测量选用光电编码器作为传感器。

② 重力测量仪：把光电编码器的转轴与重力测量仪中补偿旋钮轴相连。

③ 扭转角度仪：利用编码器测量扭转角度的变化，如扭转实验机等。

④ 摆锤冲击实验机：利用编码器计算冲击时的摆角变化。

（5）长度测量。

① 计米器：利用滚轮周长来测量物体的长度和距离。

② 拉线位移传感器：利用收卷轮周长计量物体位移、速度等。

③ 联轴直测：与驱动直线位移的动力装置的主轴联轴，通过输出脉冲数计量主轴转速、同步带轮位移量等。

任务实施

一、传感器选型

光电编码器是一种通过光电转换将输出轴上的机械几何位移量转换成脉冲或数字量的传感器。光电编码器属于非接触式传感器，体积小、分辨度高、无接触无磨损；同一品种既可检测角度位移又可在机械转换装置帮助下检测直线位移；具有寿命长、接口形式丰富、价格合理、技术成熟等优点，已在国内外得到广泛应用。

光电编码器有增量式编码器和绝对式编码器两种。本环节选用增量式光电编码器，通过监测伺服电动机转速、转角，从而完成对机床丝杠位移量和进给速度的控制。

二、应用实例

1. 电路设计

由于近年来伺服电动机性能的提高，目前许多场合都采用伺服电动机与丝杠直接进行相连，如图 7-31 所示。该图为利用光电编码器测量丝杠进给速度和位移量示意图，图中光电编码器和伺服电动机同轴安装。随着伺服电动机的转动，光电编码器会一起旋转，产生序列脉冲，脉冲的频率会随着转速的快慢而升降。

对数控机床中的伺服系统而言，可以利用光电编码器测量伺服电动机的转速、转角等参数，再通过伺服控制系统控制其各种运行参数，比如机床丝杠进给速度和位移量等。

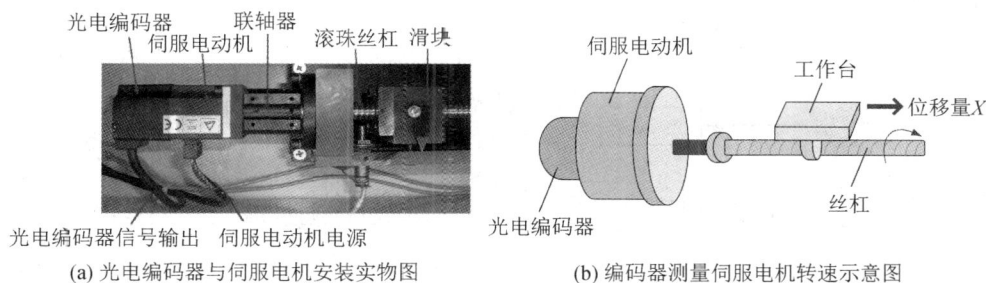

(a) 光电编码器与伺服电机安装实物图　　(b) 编码器测量伺服电机转速示意图

图 7-31　编码器测量丝杠进给速度和位移量示意图

2. 原理分析

根据旋转设备的转速性能，常用的转速测量方法有测频法与测周法。其中，测频法适用于较高速旋转测速的场景；测周法适用于较低速旋转测速的场景。

1）高速旋转测速

高速旋转测速一般在给定的时间间隔 T 内对编码器的输出脉冲进行计数，这种方法测量的是平均速度，又称为测频法或 M 法测速。它的原理框图如图 7-32(a)所示，输出脉冲示意图如图 7-32(b)所示。

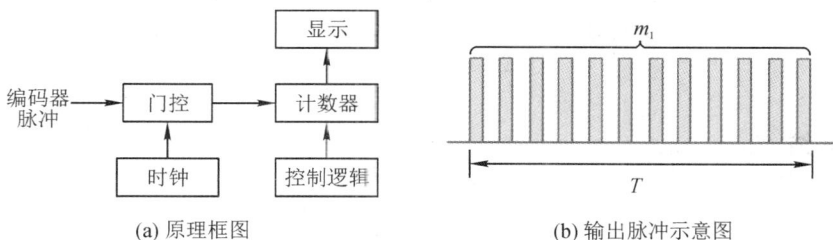

(a) 原理框图　　　　　　　　　　(b) 输出脉冲示意图

图 7-32　高转速测速(M 法测速)

若编码器每转产生 N 个脉冲，在给定时间间隔 T 内有 m_1 个脉冲产生，则转速 $n(\mathrm{r/min})$ 为

$$n = \frac{m_1}{N \cdot T} \qquad\qquad (7-2)$$

例如，有一增量式光电编码器，其参数为 1024 p/r，在 5 s 内测得 65536 个脉冲，则转速 $n(\mathrm{r/min})$ 为

$$n = \frac{m_1}{N \cdot T} = \frac{60 \times 65536}{1024 \times 5}\mathrm{r/min} = 768 \ \mathrm{r/min}$$

这种测量方法的分辨率随被测速度的变化而变化，被测转速越快，分辨率越高；其测量精度取决于计数时间间隔，T 越大，精度越高。

2）低转速测速

低转速测速一般采用脉冲周期作为计数器的门控信号，时钟脉冲作为计数脉冲，时钟脉冲周期远小于输出脉冲周期。这种方法测量的是瞬时转速，又称为 T 法测速。它的原理框图如图 7 - 33(a)所示,输出脉冲示意图如图 7 - 33(b)所示。

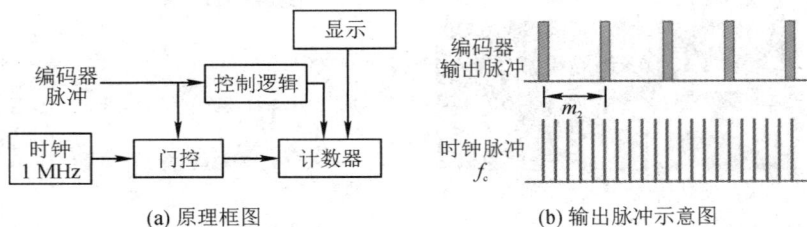

(a) 原理框图　　　　　　　(b) 输出脉冲示意图

图 7 - 33　低转速测速(T 法测速)

若编码器每转产生 N 个脉冲,用已知频率 f_c 作为时钟频率,填充到编码器输出的两个相邻脉冲之间的脉冲数为 m_2,则转速 $n(r/min)$ 为

$$n = \frac{60 f_c}{N \cdot m_2} \tag{7-3}$$

例如,有一增量式光电编码器,其参数为 1024p/r,测得编码器输出的两个相邻脉冲之间的脉冲数为 3000,时钟频率 f_c 为 1 MHz,则转速 $n(r/min)$ 为

$$n = \frac{60 f_c}{N \cdot m_2} = \frac{60 \times 10^6}{1024 \times 3000} \ r/min = 19.53 \ r/min$$

在低速时,编码器两个脉冲之间的时间间隔变长,高频时钟脉冲个数 m_2 增多,误码率变小,因此 T 法测速更适合低速段。此外,这种测量方法通过提高时钟信号的频率可提高分辨率。

三、调试总结

1. 注意事项

对采用增量式位置检测装置的伺服系统(如增量式光电编码器),因为输出信号是增量值(一串脉冲),失电后控制器就失去了对当前位置的记忆。因此,每次开机启动后要回到一个基准点,然后从这里开始记录增量值,这一过程称为回参考点。

2. 编码器的机械安装

(1)编码器轴与电机输出之间必须采用弹性软连接,并要确保可靠连接,可避免电机轴的跳动造成编码器的损坏。

(2)安装时要注意允许的轴负载。

(3)保证编码器轴与被测轴的不同轴度小于 0.2 mm,与轴线的偏角小于 $1.5°$。

(4)安装时禁止碰撞、敲击和摔打。

(5)编码器要确保固定牢固,无松动,并定期进行检查。

3. 编码器的电气连接

(1)光电编码器的连接线建议采用屏蔽电缆。

(2)光电编码器的连接线应确保正确无误后再通电。

(3)接地线应尽量粗,一般应大于 1.5 mm^2。

（4）与编码器相连的电机等设备，应接地良好，不能有静电。

（5）避免在强电磁环境中使用。

能力拓展

一、光电开关

光电开关是光电接近开关的简称，光电开关和光电断续器相似，输出"开"和"关"信号（通或断信号）。光电开关及光电断续器在原理上没有太大的差别，都由发射元件与光敏接收元件组成。光电开关将输入电信号在发射器上转换为光信号射出，接收器再根据接收到的光线的强弱或有无将其转换为相应的电信号，通过对该电信号进行分析，从而对目标物体进行探测。

1. 光电开关分类及工作原理

光电开关可分为遮断型和反射型两大类。

1）遮断型光电开关

遮断型光电开关也称为对射型光电开关。遮断型光电开关由光发射器和光接收器组成，结构上两者是相互分离的，一般采用相对安装的方式，轴线严格对准。当有物体在两者中间通过时，发射光束被遮断，接收器接收不到光线而产生开关信号。遮断型光电开关常用于对能遮断光线的物体的有无检测，其工作原理如图 7-34 所示。

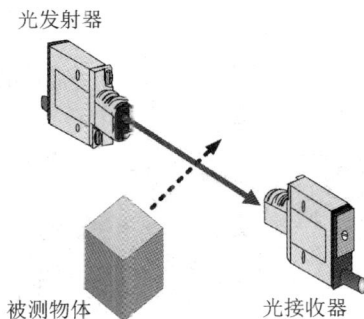

图 7-34　遮断型光电开关工作原理

2）反射型光电开关

反射型光电开关的发射器和接收器采用单侧安装的方式。当有物体在光电开关前通过时，红外光束被反射回来，接收器接收到红外线，产生开关信号。反射型光电开关又可分为反射镜反射型及被测物漫反射型（简称散射型）两种：

（1）反射镜反射型光电开关。

反射镜反射型光电开关的发射器和接收器在单侧安装，反射镜在远侧安装，本质上仍然是遮断型传感器。偏光三角棱镜能将发射器发出的光以固定的偏振方向反射回去。安装时，需要在360°平面上调整反射镜的偏振方向，使得反射光的偏振面恰好与接收器表面的偏振滤光片的偏振方向一致，才能取得最大灵敏度。

接收器的光敏元件表面覆盖着一层偏光滤光片,只能接收偏光反射镜反射回来的偏振光,而不响应其他表面光亮物体反射回来的各种非偏振光。其工作原理如图7-35所示。这种设计使它能用于检测诸如不锈钢等具有反光面的物体,而不受不锈钢反射光(不是偏振光)的影响。反射镜反射型光电开关的检测距离一般可达几米。

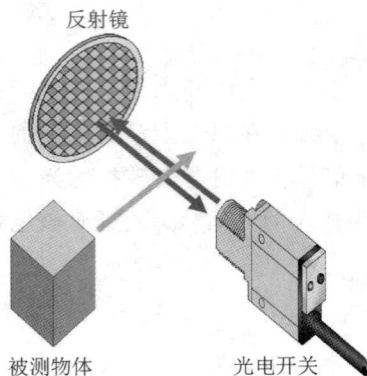

图7-35 反射镜反射型光电开关工作原理

(2)被测物漫反射型光电开关。

漫反射型光电开关集光发射器和光接收器于一体。当被测物体经过该光电开关时,发射器发出的光线经被测物体表面反射由接收器接收,于是产生开关信号。其工作原理如图7-36所示。

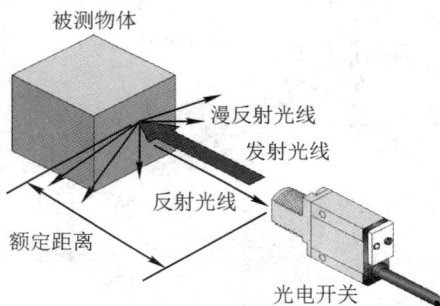

图7-36 被测物漫反射型光电开关工作原理

对于被测物漫反射型光电开关,被测物表面必须要能将足够的光线反射回接收器,所以检测距离和被检测物体的表面反射率及粗糙程度将决定接收器接收到的光线强度。为了提高反射效率,被检测物体的表面还应尽量垂直于光电开关的发射光线。

2. 光电开关的应用

1)光电开关的应用

光电开关已被广泛用于物位检测、液位控制、产品计数、宽度判别、速度检测、定长剪切、孔洞识别、信号延时、自动门传感、色标检出、冲床和剪切机以及安全防护等诸多场景。此外,利用红外线的隐蔽性,还可在银行、仓库、商店、办公室以及其他需要的场合将光电开关作为防盗警戒之用，如图 7-37 所示。

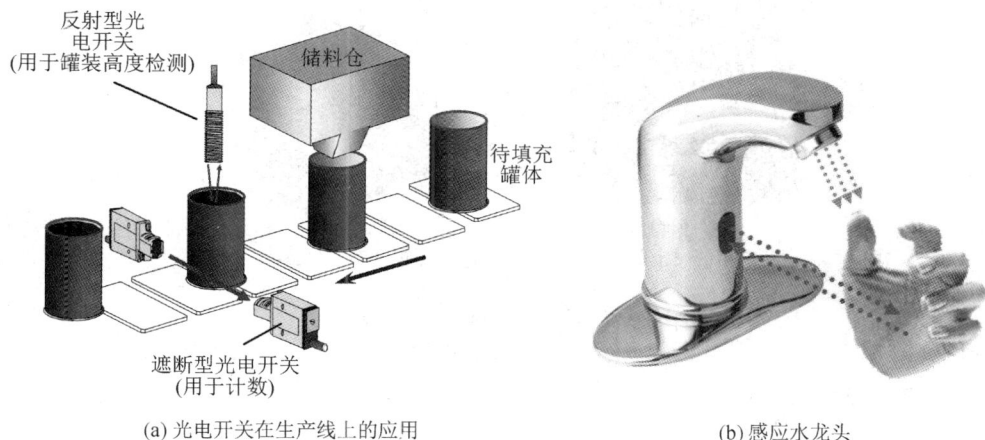

(a) 光电开关在生产线上的应用　　　　(b) 感应水龙头

图 7-37　光电开关的应用

2）光幕

光幕是由两个柱形结构相对而立，每隔数十毫米安装一对发光二极管和光敏接收管而构成的，当有物体遮挡住光线时，传感器发出报警信号。光幕多用于工业自动化或安防领域。光幕分为具有安全等级的安全光幕和不具有安全等级的普通光幕。

安全光幕主要应用于工业自动化领域。在现代化工厂里，人与机器协同工作，在一些具有潜在危险的机械设备上，如冲压机械、剪切设备、金属切削设备、自动化装配线、自动化焊接线、机械传送搬运设备、危险区域（有毒、高压、高温等），容易造成作业人员的人身伤害。光电安全装置通过发射红外线，产生保护光幕，当光幕被遮挡时，装置发出遮光信号，控制具有潜在危险的机械设备停止工作，避免发生安全事故。安装光电安全保护装置，可以有效地避免安全事故的发生，避免操作工人及第三方的危险，减少事故综合成本，对生产企业自身、操作工人及社会等都有利。安全光幕一般分为安全 2 级和安全 4 级。

不具有安全等级的普通光幕一般应用于电梯或者安防领域，作为防止侵入的探测设备。

光幕的常见应用场合如图 7-38 所示。

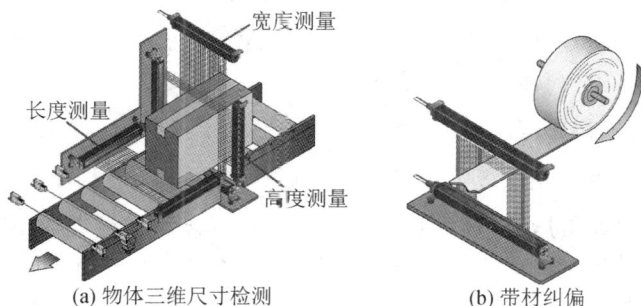

(a) 物体三维尺寸检测　　　　(b) 带材纠偏

光线被遮挡
(c) 手的安全保护   (d) 锻压机床的安全区域入侵报警

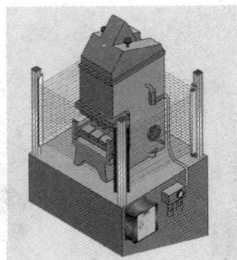

图 7-38   光幕的常见应用场合

二、光电耦合器

1. 光电耦合器概述

光电耦合器也称光电隔离器,简称光耦,是以光为媒介传输电信号的一种"电—光—电"转换器件。光电耦合器和光电断续器所用的发光、受光器件都相似。光电耦合器主要用于电路的隔离,而光电断续器主要是用来检测目标物体的有无。

光电耦合器由发光源和受光器两部分组成,把发光源和受光器组装在同一密闭的壳体内,彼此间用透明绝缘体隔离,发光源的引脚为输入端,受光器的引脚为输出端。常见的发光源为发光二极管,受光器为光敏二极管、光敏三极管等。图 7-39 为常见光电耦合器的封装类型。

图 7-39   常见光电耦合器的封装类型

2. 光电耦合器的工作原理

在光电耦合器中,由发光二极管辐射可见光或红外光,受光器件在光辐射作用下控制输出电流的大小,其内部结构示意图如图 7-40 所示。光电耦合器通过电—光、光—电两次转换进行输入与输出耦合。由于光电耦合器的输入回路与输出回路之间是完全隔离的,没有电气联系,也没有共地,输入与输出之间的绝缘电阻为 $10^{11} \sim 10^{12}$ Ω,器件具有很强的抗干扰能力和隔离性能,可以避免振动和噪声干扰,因此被广泛用于信号隔离、电平变换、信号传输、控制系统中的无触点开关等。

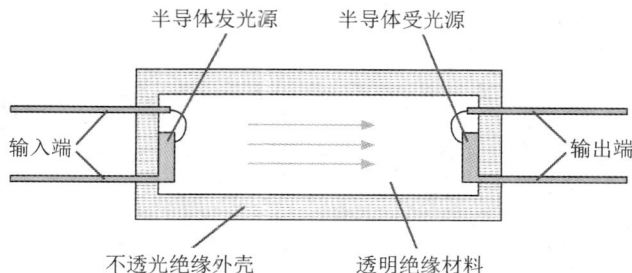

图 7-40　光电耦合器内部结构示意图

通常，发光元件采用砷化镓发光二极管，光敏元件可以是光敏二极管，也可以是光敏三极管或光敏晶闸管等。如图 7-41 所示，根据受光器件的不同，光电耦合器的电路符号主要有图中所示的几种。

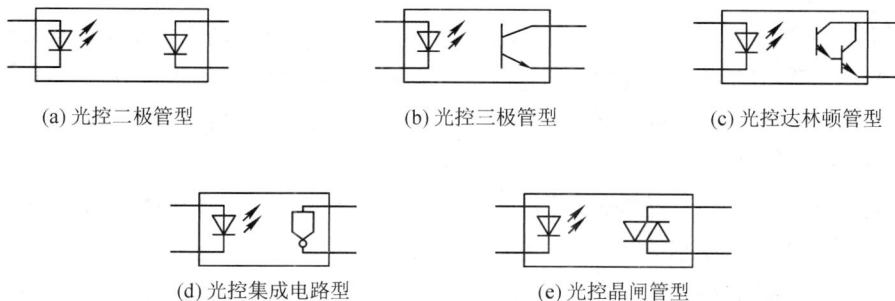

(a) 光控二极管型　　　　　　(b) 光控三极管型　　　　　　(c) 光控达林顿管型

(d) 光控集成电路型　　　　　　(e) 光控晶闸管型

图 7-41　常见光电耦合器的电路符号

3. 光电耦合器质量检测及选用

1）光电耦合器质量检测

利用万用表测量光电耦合器输入端的正反向电阻，若测得的正向电阻很小、反向电阻很大，则说明该光电耦合器发送端的发光二极管质量是好的；同理，用万用表测量光电耦合器输出端的电阻，正常时应为 ∞。

在正常情况下，光电耦合器输入端与输出端各引脚间的电阻均应为 ∞。

2）光电耦合器的选用

光电耦合器有线性型和非线性型两大类。线性型光电耦合器的电流传输特性曲线接近于直线，并且小信号时性能较好，能以线性特性进行隔离控制，通常应用于开关电源电路的信号隔离；非线性型光电耦合器的电流传输特性曲线是非线性的，这类光电耦合器适用于开关小信号的传输。

4. 光电耦合器的应用

光电耦合器具有体积小、使用寿命长、工作温度范围宽、抗干扰能力强、无触点且输入与输出在电气上完全隔离等特点，在各种电子设备上得到了广泛的应用。光电耦合器可用于隔离电路、负载接口及各种家用电器的电路中。图 7-42 为门厅照明灯自动控制电路原理。

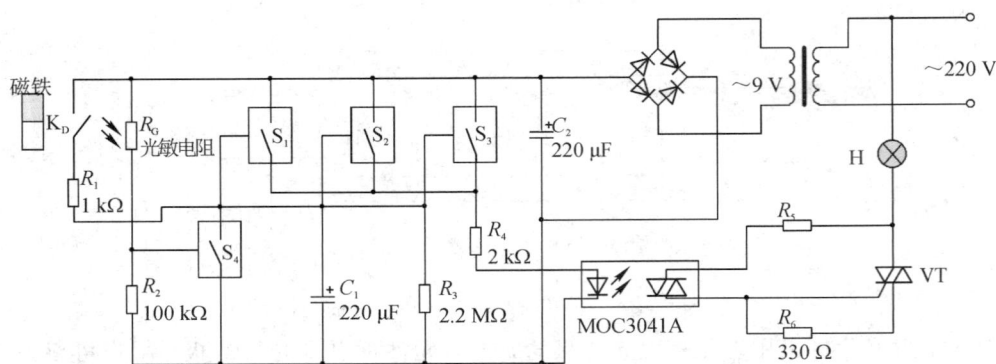

图 7 - 42　门厅照明灯自动控制电路原理

图中，$S_1 \sim S_4$ 为四组模拟电子开关，其中 S_1、S_2、S_3 并联(增加驱动功率及抗干扰能力)，用于延时电路。当 S_1、S_2、S_3 接通，整流电压通过 R_4 使光电耦合器输出信号以驱动双向可控硅 VT，VT 直接控制门厅照明灯 H。S_4 与外接光敏电阻 R_G 等构成环境光线检测电路。

当门关闭时，安装在门框上的常闭型干簧管 K_D 受到门上磁铁作用，其触点断开，S_1、S_2、S_3 处于开状态，光电耦合器无输出，无法驱动 VT 点亮照明灯。

晚间主人回家打开门，磁铁远离 K_D，K_D 触点闭合。此时 9 V 电源整流后经 R_1 向 C_1 充电，C_1 两端电压很快上升到 9 V，整流电压经 S_1、S_2、S_3 和 R_4 使光耦工作，从而触发双向可控硅导通，点亮照明灯 H，实现自动照明控制功能。

房门关闭后，磁铁控制 K_D 触点断开，9 V 电源停止对 C_1 充电，电路进入延时状态。C_1 开始对 R_3 放电，经一段时间延迟后，C_1 两端电压逐渐下降到 S_1、S_2、S_3 的开启电压(1.5 V)以下，S_1、S_2、S_3 恢复断开状态导致光耦停止工作，VT 亦截止，照明灯 H 熄灭，实现延时关灯功能。

任务二　自行车行车速度的检测

任务描述

随着经济的快速发展，人们的生活节奏也日益加快，由于缺少运动，许多人被亚健康问题所困扰，骑行运动作为新时尚，成为越来越多人青睐的运动方式。此外，随着私家车的普及，对道路资源提出了更高的要求，部分城市由于人均道路面积较低致使交通拥堵，部分城市实行汽车限号出行，于是越来越多的人选择自行车(见图 7 - 43)作为出行或上下班的交通工具。自行车速度里程计作为辅助工具，伴随着自行车越来越高的使用率而迅速发展起来。其功能也从简单的里程数据显示发展到速度显示、气温显示和时间显示，有些甚至还具备检测骑行者的心跳、热量消耗等功能，通过这些数据实时反映骑行运动情况，骑行者可据此调节运动量，达到最佳的运动效果。自行车的速度显示，实际上就是利用速度传感器对自行车轮子的转速进行测量，本任务选用霍尔传感器进行自行车轮子转速的测量。

霍尔传感器概述

图7-43　自行车

相关知识

霍尔传感器是基于霍尔效应的一种传感器。霍尔传感器可以将被测量转换成电动势输出，是目前应用最为广泛的一种磁电式传感器。它可以用来检测磁场、微位移、转速、流量、角度，也可以制作高斯计、电流表、接近开关等。

一、霍尔效应

1879年，美国物理学家霍尔首先在金属材料中发现了霍尔效应，但它的真正应用是随着半导体技术的发展而开始的。半导体技术的发展促进了霍尔传感器的发展。常见的霍尔传感器的外形如图7-44所示。

霍尔效应原理如图7-45所示，在一块长为a、宽度为b、厚度为d的金属或半导体薄片的两对垂直侧面装上电极，若在长度方向上通入控制电流I，在厚度方向上施加磁感应强度为B的磁场，就会在薄片的另一对侧面间产生电场E_H，将这种现象称为霍尔效应，所产生的电动势称为霍尔电动势（或霍尔电压）U_H，这种薄片称为霍尔片或霍尔元件。

图7-44　常见的霍尔传感器的外形

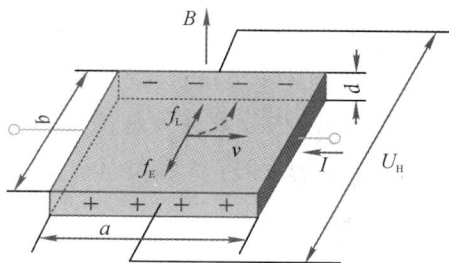

图7-45　霍尔效应原理

下面分析其原理。当电流I通过霍尔片时，设载流子为带负电的电子，则电子沿电流相反方向运动，设其平均速度为v，在磁场B中运动的电子将受到洛伦兹力f_L，即

$$f_L = evB \tag{7-4}$$

式中：e是电子所带电荷量，$e = 1.602 \times 10^{-19}$ C；v是电子运动速度，单位为 m/s；B是磁感应强度，单位为 Wb/m²。

运动电子在洛伦兹力 f_L 的作用下，以抛物线形式偏转至霍尔片的一侧，并使该侧形成电子积累；同时，使其相对一侧形成正电荷积累，于是建立起一个霍尔电场 E_H。该电场对随后的运动电子施加一电场力 f_E，即

$$f_E = eE_H = e\frac{U_H}{b} \tag{7-5}$$

式中：b 为霍尔片的宽度，单位为 m；U_H 为霍尔电动势，单位为 V。

平衡时，洛伦兹力 f_L 与电场力 f_E 相等，得到

$$evB = e\frac{U_H}{b} \tag{7-6}$$

由于电流密度为 $j = nev$，则电流为

$$I = jbd = nevbd \tag{7-7}$$

式中：d 为霍尔片的厚度，单位为 m；n 为电子浓度，单位为 m^{-2}。

将式(7-7)代入式(7-6)可得

$$U_H = \frac{IB}{ned} = R_H \cdot \frac{IB}{d} = K_H IB \tag{7-8}$$

其中，R_H 为霍尔系数，$R_H = 1/ne$；K_H 为霍尔灵敏度，$K_H = R_H/d$。

若磁感应强度 B 不垂直于霍尔元件，而是与其法线成某一角度 θ 时，实际上作用于霍尔元件上的有效磁感应强度是其法线方向(与薄片垂直的方向)的分量，即 $B\cos\theta$，这时的霍尔电动势为

$$U_H = K_H IB\cos\theta \tag{7-9}$$

从上述分析可知，K_H 与组件材料的性质和几何尺寸有关。在实际应用中，一般采用 N 型半导体材料制作霍尔元件。当霍尔元件的材料性质确定时，霍尔元件产生的霍尔电压主要由以下三个方面的因素决定：

① 电流 I。U_H 与电源提供的电流 I 的大小成正比。

② 磁感应强度 B。U_H 与霍尔元件所处磁场的磁感应强度 B 成正比。

③ 厚度 d。U_H 与霍尔元件的厚度 d 成反比，因此霍尔元件一般制作得较薄。

一般在使用中，霍尔元件的物理尺寸是不会变化的，因此霍尔电压 U_H 正比于 I 和 B。当控制电流 I 恒定时，B 越大，U_H 越大，B 改变方向时，U_H 也改变方向；而当 B 恒定，I 变化时，U_H 也变化。

二、霍尔元件

1. 霍尔元件的结构和材料

1）霍尔元件的结构

霍尔元件为四端口元件，由霍尔片、引线和壳体组成，其结构如图 7-46 所示。霍尔片是一块矩形半导体单晶薄片，尺寸一般为 4 mm×2 mm×0.1 mm，在长度方向上焊接有两根控制电流端引线 ab，它们在薄片上的焊点称为激励电极，也被称为控制电极；在薄片另两侧端面的中央以点的形式对称焊有两根输出引线 cd，在薄片上相应的焊点称为霍尔电

极。霍尔元件的壳体是用非导磁金属、陶瓷或环氧树脂封装而成。

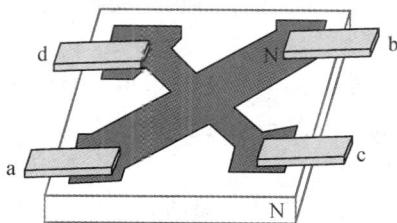

图 7-46　薄膜型霍尔元件内部结构图

霍尔元件常见的几种符号如图 7-47 所示。一般 H 代表霍尔元件，后面的字母代表元件的材料，数字代表产品的序号。例如，HZ-1 元件是用锗材料制成的霍尔元件；HT-1 元件是用锑化铟材料制成的霍尔元件。

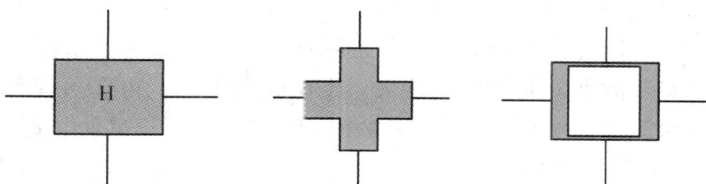

图 7-47　霍尔元件的符号

2）霍尔元件的材料

由于霍尔元件的灵敏度与材料的电阻率和电子迁移率（单位电场强度作用下，载流子的平均速度值）成正比。若要霍尔效应强，制造霍尔元件的材料的电阻率和电子迁移率要大。对于金属导体，电子迁移率大，但电阻率很小；而绝缘材料电阻率极高，但电子迁移率极小。因此，都不适宜制作霍尔元件。制作霍尔元件常用的材料有 N 型锗、锑化铟、砷化铟、砷化镓及磷砷化铟等。

一般来说，半导体材料的电阻率和电子迁移率适中，且 N 型半导体的电子迁移率大于 P 型半导体的电子迁移率，因此常用 N 型半导体制作霍尔元件。锑化铟产生的霍尔电动势较大，但温度影响大；锗及砷化铟温度影响小，线性好，但霍尔电动势小；砷化镓温度特性好，但价格贵；砷化铟的输出信号没有锑化铟元件大，但是受温度的影响却比锑化铟要小，而且线性度也较好，因此，也多采用砷化铟制作霍尔元件。

2. 霍尔元件的主要特性和参数

霍尔元件的主要特性包括线性特性与开关特性、负载特性、温度特性等，基本参数包括输入电阻、输出电阻、激励电流、灵敏度、最大磁感应强度等。

1）主要特性

（1）线性特性与开关特性。线性特性是指霍尔元件的输出电动势分别与基本参数 I、B 成线性关系，利用这一特性可以制作磁通计等。开关特性是指霍尔元件的输出电动势在一定区域随着 B 的增加迅速增加的特性，利用这一特性可以制作直流无刷电机控制用的开关式霍尔传感器等。

（2）负载特性。负载特性指霍尔元件电极间接有负载时，由于霍尔电流会在负载上产生一定的压降，造成实际霍尔电动势小于开路状态或测量仪表内阻无穷大时测量得到的霍尔电动势。

（3）温度特性。温度特性主要指温度变化与霍尔电压变化之间的关系。

当温度升高时，霍尔电压减小，呈现负温度特性。

2）基本参数

（1）输入电阻 R_i。霍尔元件两激励电流端的直流电阻称为输入电阻。它的数值从几十欧到几百欧，不同型号的元件输入电阻不同。温度升高，输入电阻变小，从而使输入电流 I_{ab} 变大，最终引起霍尔电动势变大。为了减少这种影响，最好采用恒流源作为激励源。

（2）输出电阻 R_o。两个霍尔电动势输出端之间的电阻称为输出电阻，它的数值与输入电阻是同一数量级。它也随温度改变而改变。选择适当的负载电阻 R_L 与之匹配，可以使由温度变化引起的霍尔电动势的漂移减至最小。

（3）额定激励电流 I_H 和最大激励电流 I_M。霍尔元件自身温升10℃时所流过的激励电流称为额定激励电流。以元件允许最大温升为限制所对应的激励电流称为最大允许激励电流。由于霍尔电动势随激励电流增大而增大，故在应用中总希望选用较大的激励电流。但激励电流增大，霍尔元件的功耗增大，元件的温度升高，会引起霍尔电动势的温漂增大，因此每种型号的元件均规定了相应的最大激励电流，它的数值范围从几毫安至几十毫安。

（4）灵敏度 K_H。灵敏度 $K_H = U_H/(IB\cos\theta)$，表示一个霍尔元件在单位控制电流和单位磁感应强度下产生的霍尔电压的大小，它的单位为 mV/(mA·T)。

（5）最大磁感应强度 B_M。当控制电流恒定时，霍尔元件的开路输出随磁场强度增加并不完全呈线性关系，而是有所偏离，当磁感应强度超过 B_M 时，霍尔电势的非线性误差将明显增大，B_M 的数值一般为零点几特斯拉。

（6）不等位电动势 U_o 和不等位电阻 r_o。在额定激励电流下，当外加磁场为零时，霍尔元件输出端之间的开路电压称为不等位电动势。不等位电动势 U_o 与额定激励电流 I_H 之比称为不等位电阻（零位电阻）r_o。

（7）霍尔电动势温度系数 α。在一定磁感应强度和激励电流的作用下，温度每变化1℃时霍尔电动势变化的百分数称为霍尔电动势温度系数，它与霍尔元件的材料有关，一般约为 0.1%/℃。在要求较高的场合，应选择低温漂（即低霍尔电动势温度系数）的霍尔元件。

3. 霍尔元件的测量电路

霍尔元件的基本测量电路如图 7-48 所示，由电源 E 通过调节电阻 R 来提供控制电流 I，通过调节电阻 R 可以调节控制电流 I 的大小，R_L 是霍尔输出电压的负载电阻，霍尔电压 U_H 一般为毫伏数量级，因而实际应用时要后接差动放大器。所以负载电阻 R_L 通常是放大电路的输入电阻或表头内阻。由于建立霍尔效应所需的时间很短，约为 $10^{-14} \sim 10^{-12}$ s，因此它的频率响应很高。当控制电流采用交流电时，频

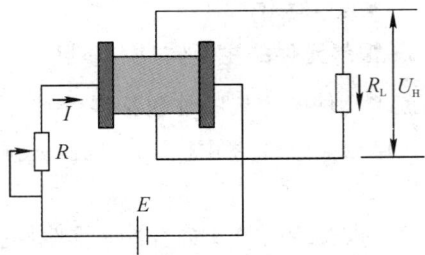

图 7-48　霍尔元件的基本测量电路

率可以很高(几千兆赫)。有时为了增加霍尔传感器的灵敏度,可采用多片霍尔元件串、并联同时使用。

4. 霍尔元件误差及其补偿

由于制造工艺、元件安装不合理或者环境温度变化等,都会给霍尔元件的转换精度带来误差。霍尔元件的主要误差有不等位电动势误差和温度误差。为提高测量精度,必须对误差产生的原因进行分析,采取相应的措施减小误差。

1) 不等位电动势及其补偿

造成不等位电动势的原因有很多,霍尔电极安装位置不对称或不在同一等电位面上、半导体材料的不均匀造成了电阻率不均匀、几何尺寸不均匀、因激励电极接触不良造成激励电流不均匀等。因此当控制电流 I 流过元件时,即使磁感应强度等于零,也可能存在不等位电动势。如图 7-49 所示,制作霍尔元件时,霍尔电极不在同一等位面上,会产生不等位电动势。

在分析不等位电动势时,可以把霍尔元件等效为一个电桥,如图 7-50 所示。

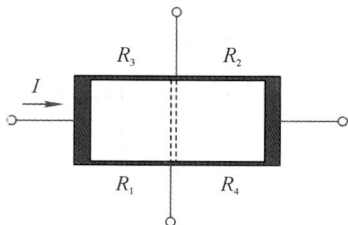

图 7-49　不等位电动势示意图　　　图 7-50　霍尔元件的等效电路

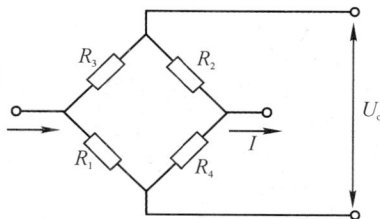

电桥的四个桥臂电阻分别为 R_1、R_2、R_3 和 R_4。若两个霍尔电极在同一等位面上,此时 $R_1 = R_2 = R_3 = R_4$,则电桥平衡,输出电压 U_0 等于零。当霍尔电极不在同一等位面上时(见图 7-50),因 R_3 增大而 R_4 减小,则电桥的平衡被破坏,使输出电压 U_0 不等于零。

为了提高测量的精度,我们需要采取相应的措施来减小误差。能够使电桥达到平衡的措施均可以用于补偿不等位电动势。如果经测试确知霍尔电极偏离等位面的方向,可以采用机械修磨或用化学腐蚀的方法来减小不等位电动势以达到补偿的目的。

也可采取电路补偿方法。图 7-51 为两种常用的补偿电路。图 7-51(a)是在电阻值较大的桥臂上并联电阻,并调整其阻值使不等位电动势输出 $U_0 = 0$。图 7-51(b)是在两相邻桥臂上并联电阻,以增加电极等效电桥的对称性。

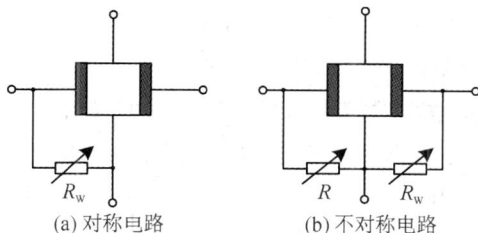

(a) 对称电路　　　(b) 不对称电路

图 7-51　不等位电势补偿电路

2) 温度误差及其补偿

由于霍尔元件均是采用半导体材料制成的，因此霍尔元件的许多特性参数都具有较大的温度系数。当温度变化时，霍尔元件的载流子浓度、迁移率、电阻率及霍尔系数都将发生变化，从而使霍尔元件产生温度误差。为了减小测量中的温度误差，除了选用温度系数小的霍尔元件，或采取一些恒温措施外，也可使用下面这些温度补偿方法。

(1) 采用恒流源控制电流。

温度变化引起霍尔元件输入电阻 R_i 变化，在采用稳压源供电时，励磁电流会发生变化，带来误差。为了减小这种误差，一般采用恒流源提供励磁电流，如图 7-52 所示。

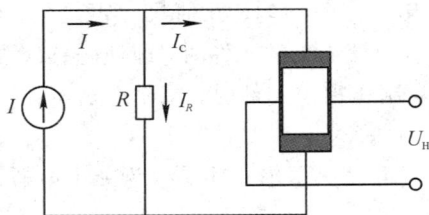

图 7-52　恒流源温度补偿电路

为进一步提高 U_H 的温度稳定性，图 7-52 所示的恒流源的测量电路中并联了一个起分流作用的补偿电阻 R，其值满足：

$$R = R_i \frac{\beta - \alpha - \gamma}{\alpha} \tag{7-10}$$

式中 γ 为补偿电阻 R 的温度系数。

对于霍尔元件来说，α、β、R_i 都为已知值，因此，只要选择适当的补偿电阻，使 R 和 γ 满足条件，就可在输入回路中得到温度误差的补偿。

(2) 合理选择负载电阻。

若霍尔电势输出端接负载电阻 R_L，霍尔元件的输出电阻为 R_o，要使负载上的电压 U_L 不受温度变化的影响，必须满足：

$$R_L = R_o \frac{\beta - \alpha}{\alpha} \tag{7-11}$$

式中 α 为霍尔电势的温度系数；β 为霍尔元件输出电阻的温度系数。

对于一个确定的霍尔元件，可以方便地获得 α、β 和 R_o 的值，因此只要使负载电阻 R_L 满足式(7-11)，就可在输出回路实现对温度误差的补偿了。虽然 R_L 通常是放大器的输入电阻或者表头内阻，其值是一定的，但是可以通过串、并联电阻来调整 R_L 的值。

(3) 采用热敏电阻进行温度补偿。

这种方法常用于温度系数大的半导体材料制成的霍尔片，是一种常见的补偿方法。其原理就是利用不同的正、负温度系数可相互抵消的原理来进行温度补偿。

由于霍尔电压随着温度升高而下降，因此对于输入回路，只要使激励电流随温度升高而上升，就能进行补偿。例如，如图 7-53(a)所示，在输入回路串入热敏电阻，当温度上升时热敏电阻阻值下降，从而使控制电流上升。

也可以在输出回路进行补偿，如图 7-53(b)所示。当温度上升时，热敏电阻阻值下降，热敏电阻两端的电压就会降低，从而可以补偿负载两端随温度上升而下降的霍尔电压。

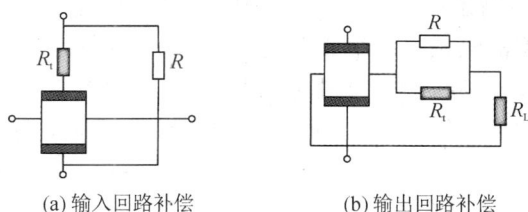

(a)输入回路补偿　　　　(b)输出回路补偿

图 7-53　热敏电阻温度补偿电路

实际使用时，最好将热敏电阻与霍尔元件靠近或封装在一起，使它们温度变化一致。

（4）桥路补偿法。

桥路补偿法，即利用电桥进行补偿，在霍尔输出极上串联一个温度补偿电桥，利用电桥输出的不平衡电压与温度之间的特定关系去平衡霍尔输出电势与温度的关系，从而消除温度对霍尔电势的影响。

三、霍尔集成传感器

1. 霍尔传感器的组成

霍尔效应建立了 U_H、I 和 B 的关系，霍尔元件本身就是一个传感器，是一种磁电式传感器，霍尔元件输出的电动势一般都很小。随着半导体工艺的不断发展，现已经将霍尔元件、放大器、温度补偿电路及稳压电源等制作在一个芯片上，制成霍尔集成传感器，简称霍尔传感器。它与分立器件相比，由于减少了焊点，可靠性得到了显著的提高。此外，它还具有体积小、重量轻、功耗低等优点。

2. 霍尔传感器的分类

根据霍尔传感器的输出特性，可将霍尔传感器分为线性型霍尔传感器、开关型霍尔传感器两大类。

1）线性型霍尔传感器

线性型霍尔传感器电路输出为模拟量，有单端输出和双端输出两种形式，其内部一般由稳压电路、霍尔元件、放大器等组成，其电路结构分别如图 7-54(a)和图 7-54(b)所示。

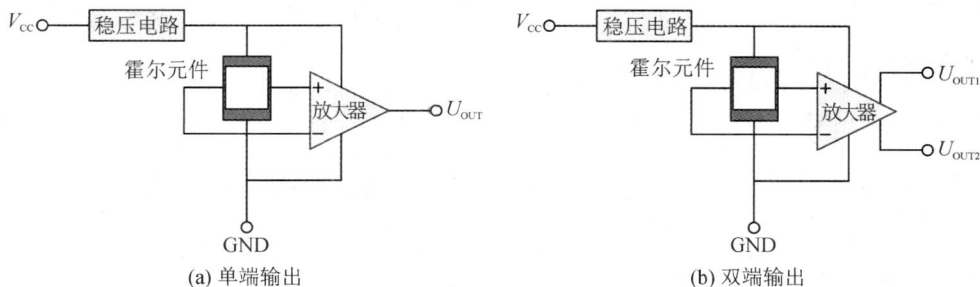

(a)单端输出　　　　(b)双端输出

图 7-54　线性型霍尔集成电路内部结构

线性型霍尔传感器的输出电动势与外加磁场强度在一定范围内呈近似的线性关系。当外加磁场时，霍尔元件产生与磁场强度成正比变化的霍尔电压，该电压经放大器放大后输出。线性型霍尔传感器主要用于对被测量进行线性测量的场合,如位置、厚度、速度、磁场和电流等参量的测量与控制系统。输出电压为伏级,比直接使用霍尔元件方便得多,目前得到广泛的应用。较典型的线性霍尔集成电路有 UGN3501 等。图 7-55 显示出了具有双端差动输出特性的线性霍尔传感器的输出特性曲线。当磁场为零时,它的输出电压等于零;当磁场为正向(磁钢的 S 极对准霍尔器件的正面)时,输出为正;磁场反向时,输出为负。

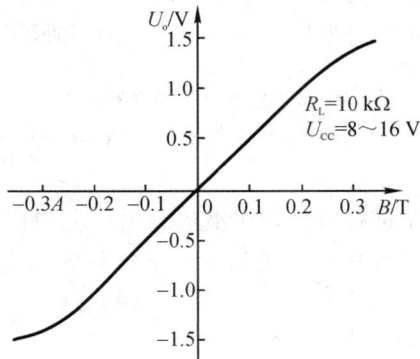

图 7-55 双端差动输出线性型霍尔传感器的输出特性曲线

2) 开关型霍尔传感器

开关型霍尔传感器是由霍尔元件、稳压电路、放大器、施密特触发器、OC 门(集电极开关输出电路)等电路构成。它的输出是一个高电平或低电平的数字信号。这类器件中较典型的有 UGN3020、UGN3022 等。

开关型霍尔传感器结构如图 7-56 所示,开关型霍尔传感器的工作原理如下:从输入端输入电压 V_{cc},经稳压器稳压后加在霍尔元件的两端,从而提供恒定不变的工作电流 I,当在垂直于霍尔元件的方向上施加磁场时,根据霍尔效应原理,霍尔元件将产生霍尔电势 U_H,霍尔电势经差分放大器放大后送至施密特触发器。当磁场增大到工作点 B_{NP} 时,即当放大后的霍尔电势大于"开启"阈值时,施密特触发器电路翻转,输出高电平(相对于地电位),使三极管导通,此时,输出端 U_{OUT} 为低电平,此状态称为"开";当施加的磁场减小到释放点 B_{RP} 时,霍尔元件输出的电势很小,经放大器放大后其值仍小于施密特的"关闭"阈值时,触发器再次翻转,输出低电平,使三极管截止,此时,输出端 U_{OUT} 为高电平,此状态称为"关",这样一次磁场强度的变化,造成两次高低电平变换,就使霍尔传感器完成了一次开关动作。

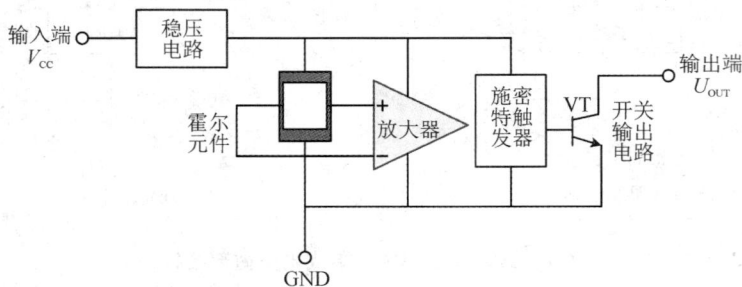

图 7-56 开关型霍尔传感器的内部结构

开关型霍尔传感器的工作特性如图 7-57 所示。从工作曲线上看，B_{NP} 为工作点"开"的磁感应强度，B_{RP} 为释放点"关"的磁感应强度。当外加磁感应强度高于 B_{NP} 时，输出电平由高变低，传感器处于开状态。当外加磁感应强度低于 B_{RP} 时，输出电平由低变高，传感器处于关状态。开关型霍尔传感器的工作特性有一定的磁滞，在此差值内，输出电位 U_{OUT} 保持高电位或低电位不变，因此开关动作稳定可靠。

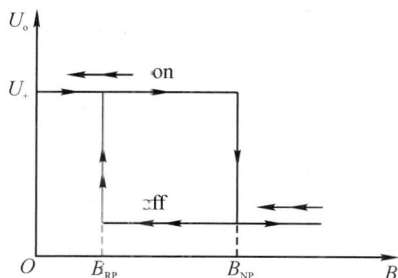

图 7-57　开关型霍尔传感器的工作特性

任务实施

一、传感器选型

在常用的速度传感器中，霍尔传感器由于其体积小、寿命长、安装方便、功耗低等特点，经常被应用于较为精密的测量中。根据本任务的测量要求，选用 A3144E 型霍尔传感器作为速度测量元件。A3144E 型霍尔传感器是一个霍尔开关集成电路，其内部由稳压器、霍尔电势发生器、施密特触发器和集电极开路输出级构成。其输入为磁感应强度，输出是一个数字电压信号，它的外形和引脚如图 7-58 所示。

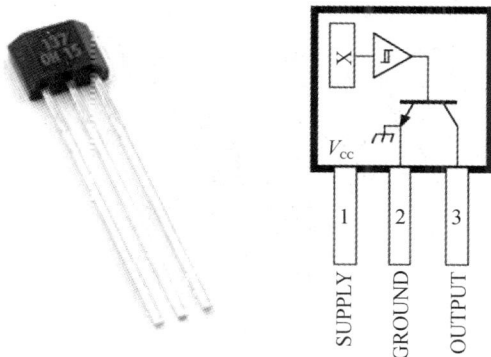

图 7-58　A3144E 型霍尔传感器外形和引脚图

其工作原理为：在 1、2 端输入电压 V_{CC}，经稳压器稳压后加在霍尔元件的两端。由霍尔效应原理，当霍尔元件处在磁场中时，霍尔电势发生器就会产生霍尔电动势 U_H 输出，该 U_H 经放大器放大后，送至施密特触发器整形。当施加的磁场达到该器件的工作点时，施密特电路翻转，产生相应的数字电压信号。A3144E 型霍尔传感器的主要参数如表 7-1 所示。

表 7 - 1 A3144E 型霍尔传感器的主要参数

参　数(符号)	最 小 值	典 型 值	最 大 值
工作电压(V_{CC})	4.5 V		24 V
电源脚工作电流(I_{CC})		5 mA	
输出低电平电压(V_{OL})		0.2 V	0.4 V
输出漏电流(I_{OH})		1.0 μA	10 μA
导通磁感应强度(B)			20 mT
输出上升时间(t_r)		0.2 μs	2.0 μs
输出下降时间(t_f)		0.18 μs	2.0 μs
工作温度范围(T_{OP})	−45℃		−125℃

二、应用实例

1. 电路设计

本任务中采用频率测量法进行转速测量。其测量原理为：在固定的测量时间内，计取转速传感器产生的脉冲个数，从而算出实际转速。如图 7 - 59 所示，永久磁铁固定在车轮上，A3144E 固定在车轮的叉架上。车轮磁性转盘的输入轴与被测转轴相连，把小磁铁安装在转盘上，使得转盘上的小磁铁形成的磁力线能够垂直穿过安装好的 A3144E 传感器。当被测转轴转动时，转盘随之转动，固定在转盘上的磁铁就能够在转盘转动时，每经过霍尔传感器一次，产生一个相应的脉冲电压，那么我们只要检测出固定时间 T 秒内脉冲电压的个数 m，就能算出转速 n。

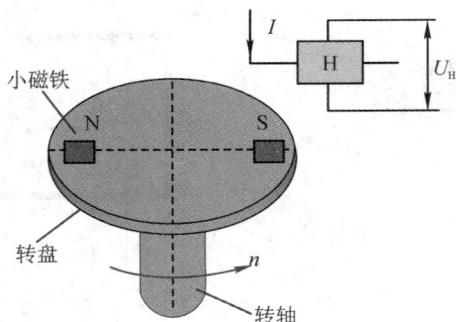

图 7 - 59 霍尔传感器安装示意图

自行车的速度测量电路设计如图 7 - 60 所示，由转速信号采集电路、脉冲计数电路、数码管显示电路组成。转速信号采集电路由 A3144E 传感器(这里用脉冲信号模拟霍尔传感器的输出)和三极管构成的反向电路组成，检测电路由永久磁铁和 A3144E 型霍尔传感器组成。脉冲计数电路是由两片 74LS161N 计数器构成，计数器的时钟输入信号是由 A3144E 输出的信号反向产生的，因为 74LS161N 是上升沿计数。数码管显示电路用来显示计数脉冲的个数，由 2 个数码管组成，分别显示计数的高位和低位。该电路可以作为转速检测的基础电路，因为计数脉冲如果超过了两位数，就需要修改电路，不是特别方便，可考虑使用单片机对功能进行完善。

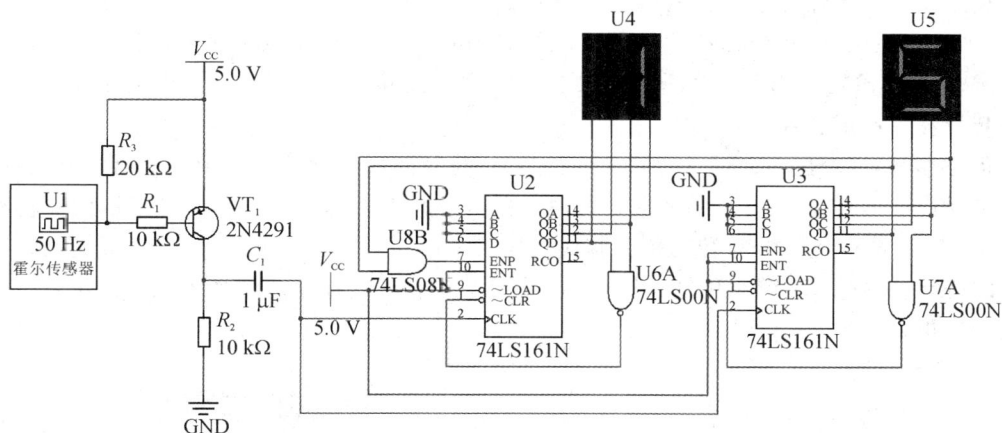

图 7-60　自行车速度测量电路的设计

2. 原理分析

该电路的工作原理为：车轮每旋转一周，磁铁就经过 A3144E 一次，A3144E 输出一个下降沿脉冲信号，经反相电路处理后，作为计数器的时钟信号触发计数器对脉冲进行计数，根据计数器的输出个数计算出里程，根据计时时间即可计算出速度。

三、调试总结

（1）调试时可在直流电动机上安装转盘替代车轮，把一块小永久磁铁固定在转盘上，将霍尔集成传感器 A3144E 固定在转盘上方的支架上，将永久磁铁 S 极朝向 A3144E 正面。

（2）A3144E 传感器在安装时要尽量减小施加到电路外壳或引线上的机械应力。

（3）传感器的焊接温度要低于 260℃，焊接时间小于 3 s。

（4）电路为 OC 输出，需要在 1、3 引脚（电源与输出）之间加一上拉电阻。上拉电阻的阻值与工作电压、通过电路的电流有关。

（5）接通电源，使直流电动机带动永久磁铁旋转，可以用示波器观察待检测的信号变化，若无脉冲信号，则检查永久磁铁和 A3144E 的间隔距离是否过大。

（6）为了减小测量误差，尽量在转盘上安装多对磁铁，或在支架上安装多个传感器。

能力拓展

霍尔元件结构简单、形小体轻、无接触点、频带宽、动态特性好、寿命长，根据霍尔电动势的表达式 $U_H = K_H IB\cos\theta$，霍尔电势是关于 I、B、θ 三个变量的函数，利用这个关系可以使其中两个量不变，将第三个量作为变量，或者固定其中一个量，其余两个量都作为变量，这使得霍尔传感器有许多用途。下面介绍几种霍尔传感器的应用实例。

一、位移测量

利用霍尔传感器测量位移的原理示意图如图 7-61 所示。将两块永久磁铁同极性相对放置，将线性型霍尔传感器置于中间，其磁感应强度为零，这个点可作为位移的零点，当霍尔传感器在力 F 的作用下产生垂直于梁方向的微小位移时，传感器有一个电压输出，电压大小与位移大小成正比。

角位移测量原理如图 7-62 所示，霍尔元件与被测物连动并且置于一个恒定的磁场中，当霍尔元件平面与磁力线 B 的方向平行时，则不会产生霍尔电位(势)；当霍尔元件转动一定角度时，就会产生一个与转动角余弦成正比关系的霍尔电位，即霍尔电势 U_H 就反映了转动角的变化。不过，这个变化是非线性的，若要求 U_H 与转动角成线性关系，必须采用特定形状的磁极。

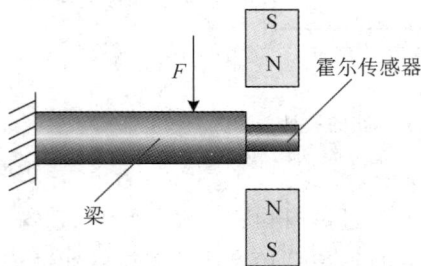

图 7-61　霍尔传感器测量位移的原理示意图

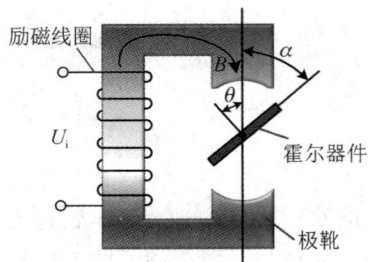

图 7-62　角位移测量原理图

二、电流测量

由于通电螺线管内部存在磁场，其大小与导线中的电流成正比，故可以利用霍尔传感器测量出磁场，从而确定导线中电流的大小。利用这一原理可以设计制成霍尔电流传感器。其优点是不与被测电路发生电接触，不影响被测电路，不消耗被测电源的功率，特别适合于大电流传感器。

霍尔电流传感器工作原理如图 7-63 所示，标准圆环铁芯有一个缺口，将霍尔传感器插入缺口中，圆环上绕有线圈，当电流通过线圈时产生磁场，则霍尔传感器有信号输出。

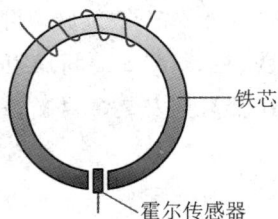

图 7-63　霍尔电流传感器工作原理

三、霍尔接近开关限位

霍尔接近开关只能用于铁磁材料，并且还需要建立一个较强的闭合磁场。霍尔接近开关应用示意图如图 7-64 所示。在图 7-64 中，磁极的轴线与左右两个霍尔接近开关(H左和 H_右）的轴线在同一直线上。当磁铁随运动部件移动到距霍尔接近开关几毫米时，霍尔接近开关的输出由高电平变为低电平，经驱动电路使继电器吸合或释放，控制运动部件停止移动（否则将撞坏霍尔接近开关），起到限位的作用。

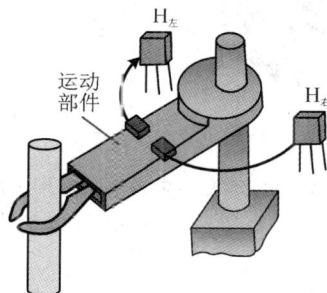

图 7 - 64　霍尔接近开关应用示意图

四、压力测量

如图 7 - 65 所示为霍尔传感器测量压力的原理示意图，它是把压力先转换成位移后，再利用霍尔电压与位移的关系来测量压力。

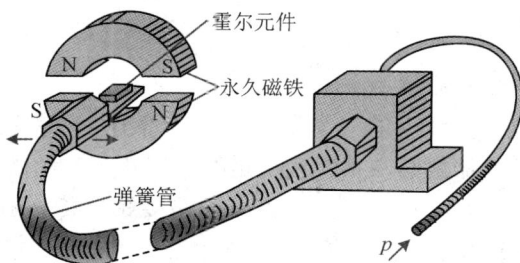

图 7 - 65　霍尔传感器测量压力的原理示意图

作为压力敏感元件的弹簧管的一端固定，另一端安装着霍尔元件，可水平移动，霍尔元件放置在由永久磁铁产生的恒定梯度磁场中。当输入压力增加时，弹簧伸长，霍尔元件产生相应的位移，其感受的磁场强度发生变化，从而使霍尔电压产生变化。这样霍尔元件输出的电压的大小就反映了压力的大小，且磁场梯度越大，输出霍尔电压对位移变化的灵敏度越高，磁场梯度越均匀，输出电压对位移的线性度就越好。

五、霍尔汽车点火器

图 7 - 66 为霍尔汽车点火器的结构示意图。图中的霍尔传感器采用 SL3020，在磁轮毂圆周上有永久磁铁和软铁制成的扼铁磁跨，它和霍尔传感器保持有适当的间隙。由于永久磁铁按磁性交替排列并等分嵌在磁轮毂圆周上，因此当磁轮毂转动时，磁铁的 N 极和 S 极便交替地在霍尔传感器的表面通过，霍尔传感器的输出端便输出一串脉冲信号。将这些脉冲信号进行积分处理后去触发功率开关管，使它导通或截止，在点火线圈中便输出 15 kV 的感应高电压，以点燃汽缸中的燃油，随之发动机开始转动。

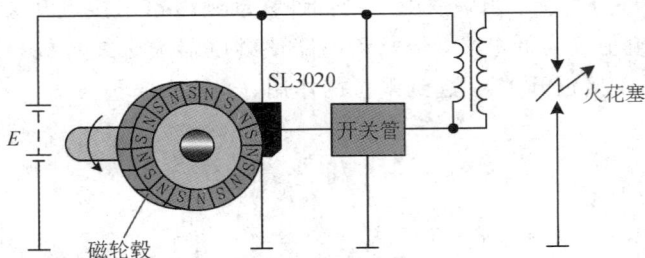

图7-66 霍尔汽车点火器的结构示意图

采用霍尔传感器制成的汽车点火器和传统的汽车点火器相比具有很多优点,例如,由于无触点,因此无须维护,使用寿命长;由于点火能量大,汽缸中气体燃烧充分,排放的气体对大气的污染明显减少;由于点火时间准确,可提高发动机的性能。

项 目 实 训

设计与制作 7——红外光电计数器的设计与制作

案例分析

计数器是工业自动化生产线上的一个重要的组成部分。一款能够实时、有效率、精确地完成自动计数工作的计数器能够在很大程度上解决工业生产的问题、提高生产效率。

市面上计数器种类繁多,红外光电传感器属于非接触式传感器,具有体积小、可靠性高、适用性广、易于安装等优点,能够快速、准确地统计产品的数量,提高生产效率、节约人力资源。此外,作为光电式接近开关的漫反射式红外光电传感器还常用于自动化生产线中,检测加工工件是否靠近或者检测工件的有无情况。

本案例是基于 E18-D80NK 型红外光电传感器(图7-67)的计数器的设计与制作。

设计与制作 7——
红外光电计数器

图7-67 E18-D80NK 型红外光电传感器实物图

设计与制作

一、E18-D80NK 型红外光电传感器介绍

E18-D80NK 是一种集发射与接收于一体的光电传感器,发射光经过调制后从发射头

发出，该光线到达被测物表面将产生反射光，接收头接收到该反射光后对反射光进行解调输出。这样的设计有效避免了可见光的干扰。透镜的使用，也使得这款传感器的最远检测距离可达 80 cm（由于红外光的特性，对于不同颜色的物体，传感器探测的最大距离也有不同；白色物体最远，黑色物体最近）。E18 - D80NK 的检测原理和接线方法如图 7 - 68 所示。

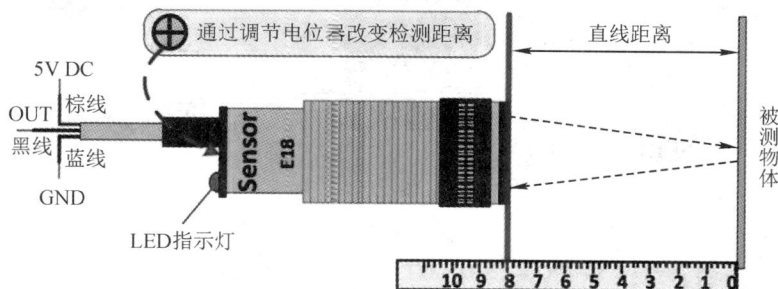

图 7 - 68　E18 - D80NK 检测原理和接线方法

E18 - D80NK 通常有三根引线，棕色线为输入电压线，通常接 5 V 直流电；蓝色线为 GND 线；黑色线为信号输出线。E18 - D80NK 为 NPN 常开型光电开关，其输出信号为高电平和低电平，即数字信号 0 和 1。常态下，即没有检测到物体时，输出高电平"1"信号；当检测到物体时，输出低电平"0"信号。其输出端外加一个 1 kΩ 左右的上拉电阻即可与单片机的 I/O 口相连。

该传感器具有探测距离远、受可见光干扰小、价格便宜、易于装配、使用方便等特点，可以广泛应用于机器人避障、流水线计件等众多场合。其特性参数可参考表 7 - 2。

表 7 - 2　E18 - D80NK 主要特性参数表

参 数 名 称	参 数 值	参 数 名 称	参 数 值
输入电压	DC 5V	工作电流	10 ～ 15 mA
负载电流	100 mA	感应距离	3 ～ 80 cm（可调）
响应时间	＜ 2 ms	检测物体	透明或不透明体
工作环境	－25 ～ +55℃	外壳材料	塑料

二、电路功能介绍

本次要设计的红外光电计数器主要有由 E18 - D80NK 型红外光电传感器、单片机最小系统、报警阈值设置、4 位共阴极数码管、声光报警模块（蜂鸣器＋LED）等环节组成。电路功能如下：

（1）红外光电计数器带有按键复位功能；

（2）采用 4 位数码管显示计数结果，计数范围 0 ～ 999；

（3）每检测一次物体，蜂鸣器发出一次提示音；

（4）可以通过按键设置报警值；

（5）当检测值大于报警值时，红色 LED 闪亮，并且蜂鸣器长鸣报警提示。

红外光电计数器的系统设计框图如图 7 - 69 所示。

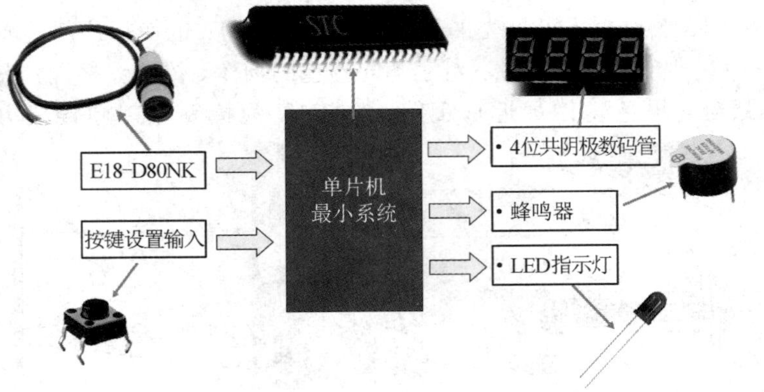

图 7 - 69　红外光电计数器系统设计框图

三、电路设计与制作

1. 电路设计

在图 7 - 70 所示电路中，E18 - D80NK 型红外光电传感器输出的电平信号送入 STC89C51 单片机 P1.0 口中。常态时，传感器输出高电平，检测到物体时，输出低电平。单片机通过判断与处理，发出相应的信号去驱动 4 位共阴极数码管显示计数结果。当计数值超出设定的阈值时，启动蜂鸣器和 LED，进行声光报警。同时，三个按键开关 S_2、S_3、S_4 分别与单片机的 P3.2、P3.3、P3.4 三个 I/O 口相连，从而使用户根据不同场合，通过按键设置不同的报警阈值。

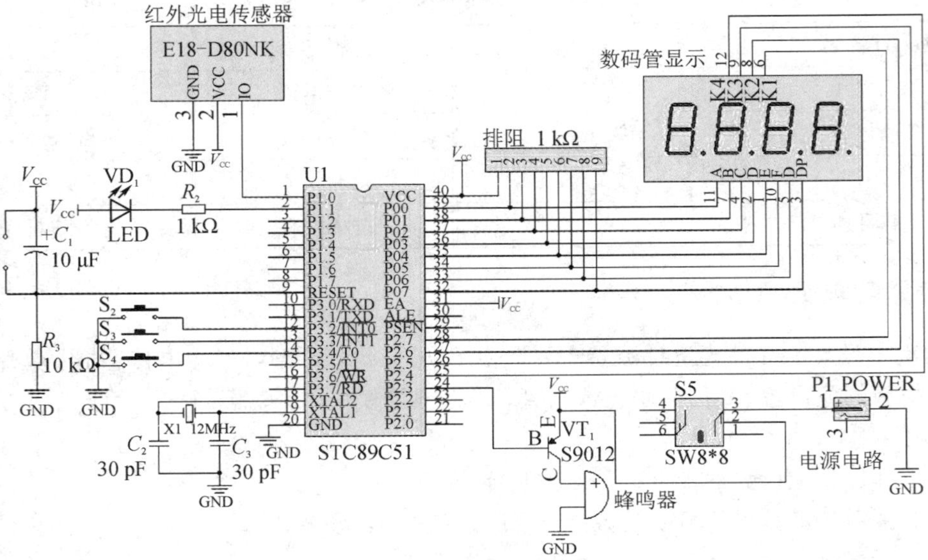

图 7 - 70　红外光电计数器电路原理图

2. 元件清单

红外光电计数器电路所需的元件如表 7-3 所示。

表 7-3　红外光电计数器元件清单

元 件 名 称	数 量	元 件 名 称	数 量
STC89C51 单片机	1	E18-D80NK 型红外光电传感器	1
40P IC 底座	1	色环电阻 1 kΩ	1
0.36 寸 4 位共阴极数码管	1	色环电阻 10 kΩ	1
直插瓷片电容 30 pF	2	直插电解电容 10 μF	1
PNP 三极管(9012)	1	有源蜂鸣器	1
4 脚按键开关 6×6×5 mm	4	自锁开关	1
9 脚排阻 1 kΩ	1	12 MHz 晶振	1
红色 LED 5 mm	1	DC 电源接口	1
7×9 万用板	1	电源线	1

3. 电路板制作与装配

组装电路通常应注意以下几方面：

(1) 所有元器件在组装前应尽可能全部测试一遍，以保证所用元器件均合格。

(2) 所有集成电路的组装方向要保持一致，以便于正确进行焊接、合理安排布线。

(3) 分立元件应仔细辨明器件的正反向，标志应处于比较容易观察的位置以方便检查和调试。对于有正负极性的元件，例如电解电容器、二极管等，组装时一定要特别注意极性，否则将会造成实验失败。

(4) 为了便于焊接查线以及后期的电路检查，可根据电路中接线作用的不同选择不同颜色的导线。一般习惯是正电源用红色线、负电源用蓝色线、地线用黑色线、信号线用黄色线等。当然，使用一种颜色也是可以的。

(5) 在实际焊接中，连线需要尽量做到排板简洁、连线方便，连线不跨接在集成电路芯片上，必须从其周围通过。同时应尽可能做到连线不相互穿插重叠、尽量不从电路中元器件上方通过。

(6) 为使电路能够正常工作与调测，所有地线必须连接在一起，形成一个公共参考点。正确的组装方法和合理的布局，不仅可使电路整齐美观、工作可靠，而且便于检查、调试和排除故障。如果能在组装前先拟订出组装草图，则可获得事半功倍之效果，使组装既快又好。红外光电计数器装配布局图与实物图如图 7-71 和图 7-72 所示。

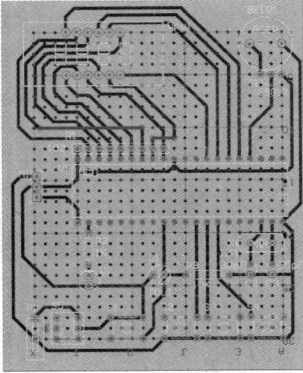

图 7-71　红外光电计数器装配布局图　　图 7-72　红外光电计数器装配实物图

4. 电路调试

调试是指系统的调整、改进与测试，是电路设计中非常重要的一个环节。在进行调试前应拟订出测试项目、测试步骤、调试方法和所用仪器等，做到心中有数，保证调试工作圆满完成。

调试方法原则有两种：第一种是边安装边调试。这种方法是把复杂的电路按原理框图上的功能分成单元进行安装和调试，在单元调试的基础上逐步扩大安装和调试的范围，最后完成整机调试。这种方法在新设计的电路中比较常用。第二种方法是在整个电路系统全部焊接完毕后，实行一次性调试。这种方法比较适合电路相对来说比较简单，系统不复杂的电路调试。电路调试通常分为以下几个方面：

(1) 通电前检查。

电路焊接完毕后，不要急于通电，首先要根据原理电路认真对照检查电路中的接线是否正确，包括检查错线(连线一端正确、另一端错误)、少线(安装时漏掉的线)、多线(连线的两端在电路图上都是不存在的)和短路(特别是间距很小的引脚及焊点间)，还要检查每个元件引脚的使用端数是否与图纸相符。查线时最好用指针式万用表"Ω×1"挡进行检查，或是用数字万用表"Ω"挡的蜂鸣器来测量，而且要尽可能直接测量元器件引脚，这样可以发现接触不良的地方。

(2) 通电观察。

在电路安装没有错误的情况下接通电源(先关断电源开关，待接通电源连线之后再打开电路的电源开关)。但接通电源后不要立即进行电路功能的测试，首先要观察整个电路有无异常现象，比如电路中元器件是否有发热烧坏等现象、是否有漏电现象、电源是否有短路和开路现象等。如果电路在测试过程中出现异常，首先应该立即关闭电源，检查后排除故障再重新通电测试。然后再按要求测量各元器件引脚电源的电压，而不只是测量各路总电源电压，以保证元器件正常工作。

(3) 单元电路调试。

在调试单元电路时应明确各部分的调试要求。调试顺序应按照电路原理图中信号流向进行，这样可以对整个电路进行分步调试，把前面调试好的电路的输出信号作为后一级电路的输入信号，从而保证电路的调试更加顺利方便。

单元调试包括静态和动态调试。静态调试一般是指在没有外加信号的条件下测试电路各点的电位，特别是有源器件的静态工作点。通过静态调试可以及时发现已经损坏和处于临界状态的元器件。动态调试是用前级的输出信号或自身的信号测试单元的各种指标是否符合设计要求，包括信号幅值、波形形状、相位关系、放大倍数和频率等。对于信号产生电路一般只看动态指标。把静态和动态测试的结果与设计的指标加以比较，经深入分析后对电路与参数进行合理的修正。在调试过程中应有详尽的记录。

（4）整体电路调试。

各单元电路调试好以后，并不见得由它们组成的整体电路性能一定会好，因此还要进行整体电路调试。整体电路调试主要是观察和测量电路的动态性能，把测量的结果与设计指标逐一对比，找出问题及解决办法，然后对电路及其参数进行修正，直到全部电路的性能完全符合设计要求为止。

四、设计总结

传感器技术是现代工业实现高度自动化的前提之一，也是机电一体化技术中的关键技术之一。现代化自动生产线的最大特点是综合性和系统性，它融合了传感器技术、机械技术、微电子技术、信息变换技术、接口技术、网络通信技术等多种技术手段，使生产线上的传感检测、信号传输与处理、控制、执行与驱动等多个机构，在微处理单元的控制下，能够协调有序地进行工作。

E18-D80NK 型红外光电传感器属于光电开光的一种。这类传感器常用于自动化生产线上，对物品有无进行检测。在使用时，有以下注意事项：

（1）接线的时候，要避免出现电源和地接错的情况，否则可能造成传感器永久性损坏；

（2）为保护传感器工作的可靠性和使用寿命，应避免直接在有化学药剂，特别是强酸或强碱性环境中使用。

设计与制作8——霍尔自行车测速报警装置的设计与制作

▰ 案例分析

自行车测速报警装置是一款简单实用、节能环保的提高自行车安全系数的设备，在减轻交通压力、维护社会安全、促进节能环保等方面都有着重要意义。通常用于测速的传感器有很多，霍尔传感器是一种基于霍尔效应的磁传感器，它以其对环境要求低、转速高、结构简单等优点，广泛应用于各种需要进行转速测量的场合。

本案例是基于 A3144E 霍尔传感器的自行车测速报警装置的设计与制作。

设计与制作8——霍尔自行车测速报警装置

设计与制作

一、A3144E 霍尔传感器介绍

A3144E 霍尔传感器是基于霍尔效应的集成传感器，它是由稳压电源、霍尔电压发生器、差分放大器、施密特触发器和输出放大器组成的磁敏传感电路，其输入为磁感应强度，输出是一个数字电压信号。磁场由磁铁提供，所以霍尔传感器和磁铁需要配对使用。在非磁材料的圆盘边上粘贴一对磁铁，霍尔传感器规定安装在圆盘外附近。由此圆盘每转动一圈，霍尔传感器便输出一个脉冲。通过单片机测量霍尔传感器产生的脉冲频率就可以计算得到圆盘的转速。

A3144E 霍尔传感器具有体积小、灵敏度高、响应速度快、温度性能好、精确度高、可靠性高等优点，广泛用于测速控制系统中。前面任务实施中已经对 A3144E 霍尔传感器的电气参数进行了介绍，这里就不再进行阐述。

二、电路功能介绍

本测速装置以 STC89C52 单片机为处理核心，采用 A3144E 霍尔传感器采集车轮转动的圈数传送给单片机，单片机通过读取固定时间内 A3144E 霍尔传感器产生的总脉冲数，计算出里程和转速，从而完成对车轮转速的测量，其结果通过 LCD 显示。电路具体功能如下：

（1）采用 LCD1602 显示当前转速、速度超限报警值和当前的里程；

（2）可以通过按键设置速度超限报警值；

（3）可以通过调节电动机的转速来模拟自行车行车速度；

（4）当当前速度值大于设定的速度超限报警值时，进行声光报警，即 LED 闪烁，蜂鸣器鸣叫。

如图 7-73 所示，自行车测速报警装置电路由主控模块、按键输入模块、霍尔传感器测速模块、电机控制模块、液晶显示模块、超速声光报警模块构成。

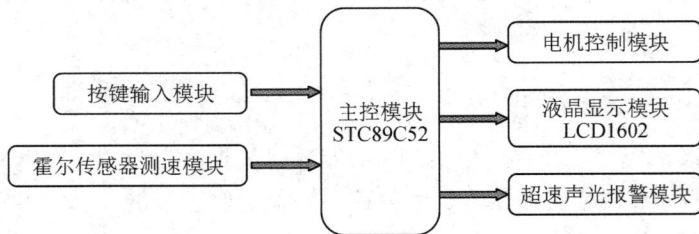

图 7-73　自行车测速报警装置的设计框图

三、电路设计与制作

1. 电路设计

图 7-74 为自行车测速报警装置的电路原理图。其中控制核心是单片机的最小系统，

包含时钟电路和复位电路。按键输入电路完成对速度超限报警值的修改，按键按下时为低电平触发，按下按键1，速度报警阈值增加，按下按键2，速度报警阈值减小。霍尔传感器主要产生脉冲信号，对自行车车轮的行进圈数进行计数，当自行车转动时，霍尔传感器便能检测到磁场强度的变化，从而使输出电平发生翻转，送至单片机的P3.2口，通过触发外部中断对脉冲进行计数，从而计算里程和速度。该系统可以通过改变电位器R_{P1}的有效阻值来改变直流电动机电枢两端的电压，从而实现对电动机转速（自行车车轮速度）的调整。LCD1602用来显示当前转速、设定的速度超限报警值和当前里程。超速声光报警电路完成超速报警提示，该电路由蜂鸣器和LED组成，通过PNP三极管与单片机P2.7引脚相连。

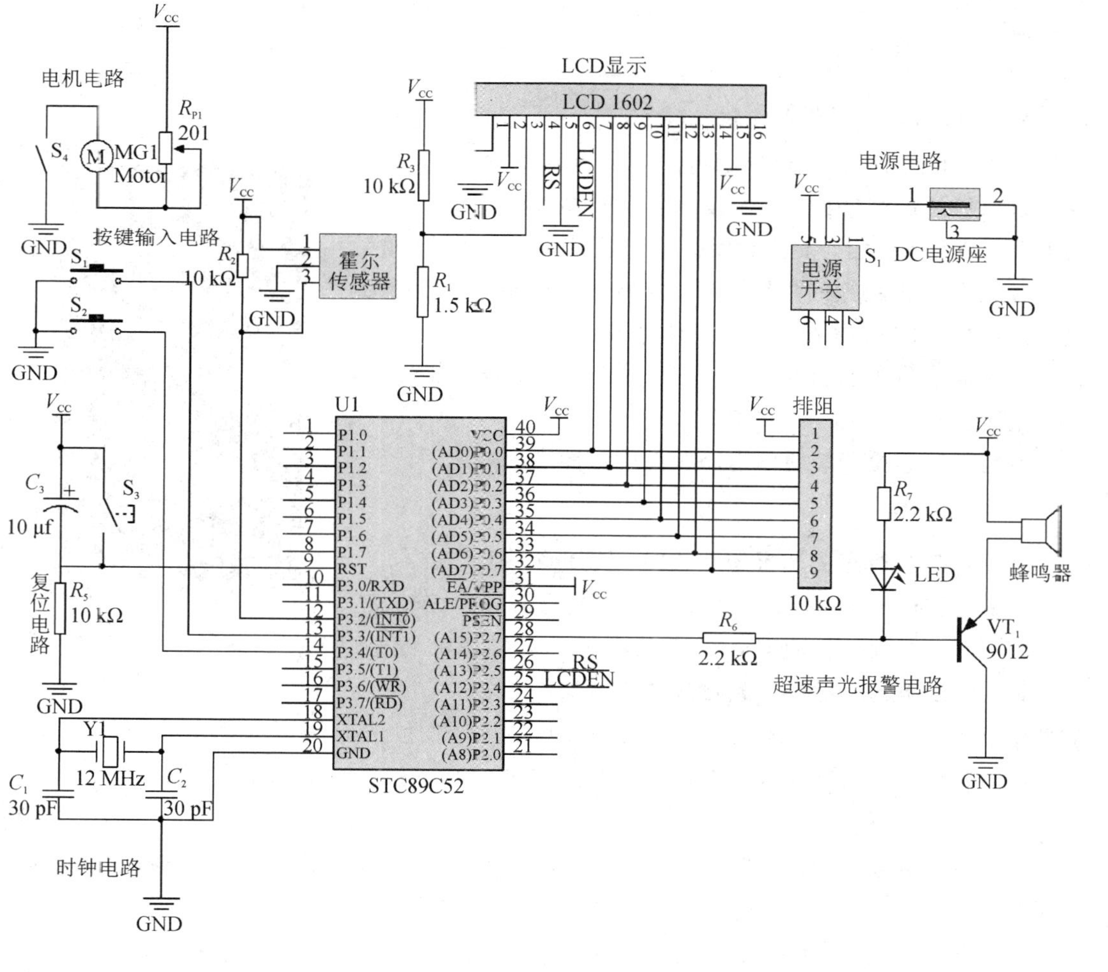

图7-74　自行车测速报警装置电路原理图

2. 元件清单

制作自行车测速报警装置所需的主要元件如表7-4所示。

表 7 - 4　自行车测速报警装置电路主要元件清单

元 件 名 称	数 量	元 件 名 称	数 量
A3144E 霍尔传感器	1	STC89C52 单片机	1
LCD1602 液晶显示模块	1	16P 母座	1
3V 直流电机	1	LED	1
蜂鸣器	1	4 脚按键开关(6×6×5)mm	2
磁铁	2	6 脚开关	2
电容	若干	12 MHz 晶振	1
色环电阻	若干	PNP 三极管	1
排阻 10 kΩ	1	40P IC 底座	1
DC 电源插座	1	9×15 万用板	1

3. 电路板制作与装配

在进行电路板装配以前,可以先拟订出组装的草图。在整个电路板的焊接过程中,连线需要尽量做到排板简洁、连线方便。装配系统时,要注意磁铁的安装。由于烙铁焊接的时间较长会造成磁铁的磁性减弱,影响霍尔传感器的输出,这里采用热熔胶粘的方式,既方便又安全。另外,A3144E 霍尔传感器为集电极开漏输出,所以需要在信号输出端接上拉电阻。

自行车测速报警装置的电路装配图如图 7 - 75 所示。

图 7 - 75　自行车测速报警装置的电路装配实物图

4. 电路调试

在调试该自行车测速报警装置时,要注意以下几点:

(1) 先进行传感器输出信号的调试。当磁铁固定在转盘(模拟车轮)上之后,启动电动机并逐渐增加电动机的转速至合适值,以防转速过快造成磁铁脱离转盘,此时可采用示波器来观察传感器是否有脉冲信号输出。

(2) 调节液晶灰度。如果液晶显示屏比较暗,则应该将 LCD1602 VO 脚(3 脚)连接的 1.5 kΩ 电阻的阻值调小。

(3) 在焊接按键输入电路时,应注意四脚按键的两个端是相通的,防止将相通的两个端子同时接入电路。

(4) 在进行报警电路的调试时,应注意与蜂鸣器并联的 LED 需串联一个分压电阻,以防 LED 电流过大被烧坏。

(5) 各模块调试无误后,再进行系统功能测试。

四、设计总结

在进行本任务设计时,应尽可能简化硬件电路,节约电路板空间,可通过系统的软件仿真验证系统的可行性。本设计电路简单、成本低，能够满足自行车测速的常见要求，具有广泛的应用前景。

项 目 总 结

随着现代工业的快速发展，各种控制系统对工业设备的自动化程度、复杂性以及环境适应性均提出了更高的要求，在工业生产过程中需要采集、处理和传输的信息也越来越多。其中，速度作为能源设备与动力机械性能测试中的特性参量，是社会生产和日常生活中重要的测量和控制对象。当前能够对速度进行检测的传感器有很多，如光电传感器、霍尔传感器、雷达测速传感器、激光测速传感器等，根据被测对象的不同、检测环境和检测设备的差别分别适用于不同的检测场景。

光电传感器是基于光电效应的传感器，属于非接触式传感器，具有性能好、响应快等诸多特点，在工业自动化、航空航天以及日常生活中有着重要的应用价值。

霍尔传感器是利用霍尔效应实现磁电转换的一种传感器，具有体积小、成本低、灵敏度高、性能可靠、频率响应宽、动态范围大的特点。霍尔电势是三个变量的函数，即 $U_H = K_H IB \cos \vartheta$。利用这个关系可以使其中两个量不变，将第三个量作为变量，或者固定其中一个量，其余两个量都作为变量，这使得霍尔传感器有许多用途。

项 目 考 核

7-1　判断题

(1) 光敏电阻是基于外光电效应一种常见光电元件。　　　　　　　　　　　　(　　)

(2) 光电传感器采用非接触式测量方式，广泛应用于各行各业。　　　　　　　(　　)

(3) 反射型光电开关的发射器和接收器需要相对安装，遮断型光电开关的发射器和接收器需要单侧安装。　　　　　　　　　　　　　　　　　　　　　　　　　　　　(　　)

(4) 霍尔元件为二端器件，由霍尔片、引线和壳体组成。　　　　　　　　　　(　　)

(5) 制作霍尔元件常用的材料有 N 型锗、锑化铟、砷化铟、砷化镓及磷砷化铟等。

　　　　　　　　　　　　　　　　　　　　　　　　　　　　　　　　　　　　(　　)

(6) 霍尔元件的主要误差有温度误差和不等位电势误差。　　　　　　　　　　(　　)

7-2　单选题

(1) 光电池是基于(　　　)原理工作的。

A. 外光电效应　　　　　　　　　　　　B. 光生伏特效应

C. 光电导效应　　　　　　　　　　　　D. 以上答案均正确

(2) 下列不属于内光电效应的元器件为(　　　)。

A. 光电池　　　　　　　　　　　　　　B. 光敏电阻

C. 光敏晶体管　　　　　　　　　　　　D. 光电倍增管

(3) 以下选项中不会影响霍尔元件产生的霍尔电压的是(　　　)。

A. 电源提供的电流　　　　　　　　B. 所处磁场的磁感应强度

C. 霍尔元件的厚度　　　　　　　　D. 霍尔元件的宽度

(4) 以下措施中，不能减小霍尔元件测量中的温度误差的是(　　)。

A. 合理选择负载电阻　　　　　　　B. 采用恒流源提供励磁电流

C. 选用温度系数大的霍尔元件　　　D. 使用热敏电阻进行温度补偿

(5) 开关型霍尔传感器通常不包括(　　)。

A. 霍尔元件　　　　　　　　　　　B. 放大器

C. 施密特触发器　　　　　　　　　D. 整流电路

7-3　简答题

(1) 什么是光电效应？光电效应是如何分类的？

(2) 光电二极管有哪些特性？

(3) 光电开关可分为哪两大类？试分析其工作原理。

(4) 红外线测距的原理是什么？与其他测距方式相比有什么特点？

(5) 什么是霍尔效应？霍尔电动势与哪些因素有关？

(6) 为什么霍尔元件一般采用 N 型半导体材料，而不选用导体材料或绝缘体材料？

(7) 什么是霍尔元件的温度特性？有哪些补偿措施？

7-4　计算题

有一转速测量装置，调制盘上有 100 对永久磁极，N、S 极交替放置，调制盘由转轴带动旋转，在磁极上方固定一个霍尔元件，每通过一对磁极，霍尔元件就产生一个方脉冲送到计数器。假定 $t = 5\text{ min}$ 采样时间内，计数器收到 $N = 15 \times 10^4$ 个脉冲，求转速 n。

7-5　分析题

(1) 图 7-76 为一款光电式数字转速表的电路设计。试分析该电路的工作原理。

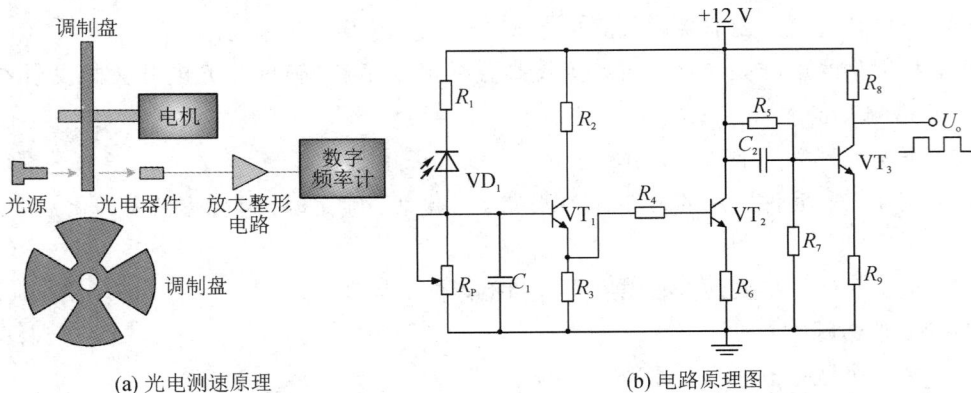

(a) 光电测速原理　　　　　　　(b) 电路原理图

图 7-76　光电式数字转速表

(2) 使用霍尔传感器，再配置一小块永久磁铁就很容易做成检测车门是否关好的指示器，例如公共汽车的三个门必须关闭，司机才可开车，其电路如图 7-77 所示，其中三片开关型霍尔传感器 H_1、H_2、H_3 分别装在汽车的三个门框上，在车门适当位置各固定一块磁钢，试分析其工作原理。

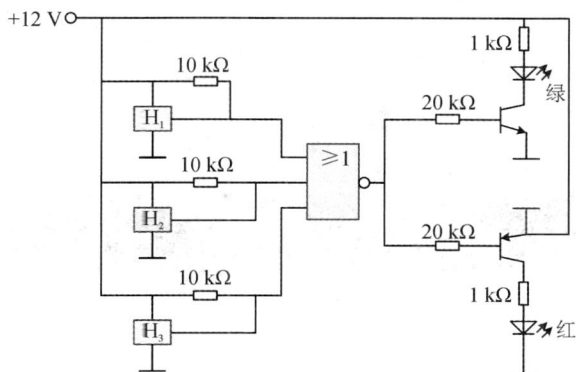

图 7-77　霍尔传感器公共汽车车门状态显示电路

（3）霍尔开关传感器 SL3051 是具有较高灵敏度的集成霍尔元件，能感受到很小的磁场变化，因而可对黑色金属零件进行计数检测。图 7-78 和图 7-79 分别是霍尔计数装置对钢球进行计数的工作示意图和电路图，试分析其工作原理。

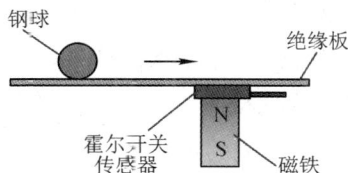

图 7-78　霍尔计数装置对钢球进行计数的工作示意图

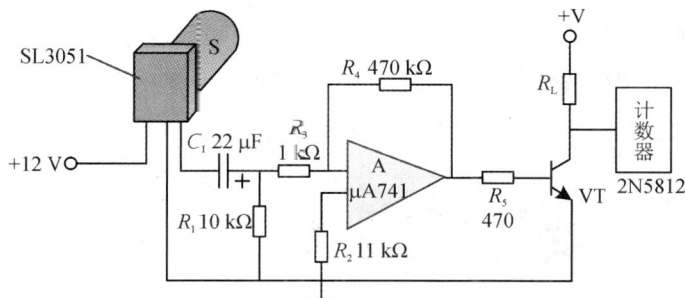

图 7-79　霍尔计数装置对钢球进行计数电路图

7-5　设计题

（1）试利用光电开关设计一款生产线产品计数装置，请画出原理结构框图，并说明其工作原理。

（2）随着科技的发展、社会的进步，智能家居系统逐渐走进人们的日常生活，试利用光敏电阻设计一款室内光强自动控制电路。

（3）结合任务二所学知识，试利用霍尔集成传感器设计一个电动机转速测量系统。

项目八

传感器及检测技术的综合应用

项 目 概 述

随着科学技术的飞速发展,工业生产领域和日常生活领域的自动化程度都越来越高,而达到自动化的首要条件是要有精密、灵敏的信号采集能力,因此传感器得到广泛的应用。在本书前面的项目中,介绍了许多常用的传感器,然而在实际应用中,往往并不是由一种传感器组成一个简单仪表来进行测量的,而是综合应用多种传感器来组成现场检测仪表,这就是现代检测系统的主要特点。现代检测系统和传统检测系统间并无明确的界限,通常将具有自动化、智能化、可编程化等功能的检测系统称为现代检测系统。

无线传感器网络是由大量传感器节点通过无线通信的方式组成的一个多跳自组织网络系统,能够实现数据的采集、量化、处理、融合和传输。无线传感器技术的发展为近年来新兴的物联网提供了有力保障,从应用层面理解,所谓物联网是指物物相连的网络。

本项目主要介绍现代检测系统的基本知识、无线传感器及物联网的有关技术,以培养学生对传感器技术的综合运用能力,使学生了解传感器的发展及应用新领域。

项 目 目 标

(1) 理解并掌握物联网及无线传感器网络的特点。

(2) 了解传感器应用新领域。

教 学 指 导

从项目任务入手,在对物联网及无线传感器网络所涉及的基础知识介绍的基础上,通过智能农业系统、智慧家居系统两个应用实例进行分析,使读者掌握传感器的综合运用。

本项目建议学时数为 4~6 学时。

项目实施

任务一　智能农业系统

任务描述

随着传感器技术的发展，可将传感器嵌入和装备到电网、供水系统、铁路、桥梁、公路、隧道以及各种建筑物和油气管道中，这也为物联网技术的发展提供了有力支撑。物联网被认为是继计算机、互联网之后的第三次信息革命。物联网的发展正是将生活中的物品与互联网相连接，让我们的生活更加智能化。

传感器在智能
农业中的应用

智能农业系统则是利用先进的网络通信技术、自动检测技术、计算机技术、无线电技术将与农业生产有关的各种设备有机地结合在一起，通过网络化的综合管理，让农业生产更加高效。

相关知识

一、物联网系统

1. 物联网系统概念

物联网的出现被称为第三次信息革命，该系统通过射频自动识别（RFID）、红外感应器、全球定位系统（GPS）、激光扫描仪、环境传感器、图像感知器等信息设备，按约定的协议，把物品与互联网连接起来，进行信息交换，以实现智能化识别、定位、跟踪、监控和管理。实际上它也可以理解为一种微型计算机控制系统，只不过更加庞大而已。

物联网把新一代 IT 技术充分运用于各行各业中，然后将物联网与现有的互联网连通起来，实现人类社会与物理系统的结合，在这个整合的网络中，存在能力超强的中心计算机群，能够对整合网络内的人员、机器、设备和基础设施实施管理和控制，在此基础上，人类可以以更加精细和动态的方式管理生产和生活，达到"智慧"状态，提高资源利用率和生产水平，改善人与自然间的关系。

物联网这一概念的问世，打破了之前的传统思维，即一直将物理基础设施和 IT 基础设施分开：一方面是机场、公路、建筑物等；而另一方面是数据中心、个人计算机、宽带等。物联网把钢筋混凝土、电缆与芯片、宽带整合为统一的基础设施，在此意义上，基础设施更像一块新的"地球工地"，世界就在它的上面运转，其中包括经济管理、生产运行、社会管理乃至个人生活。

2. 物联网技术

1）物联网的基本架构

物联网网络架构由感知层、网络层以及应用层组成。

　　感知层包括感知控制子层和通信延伸子层，感知控制子层实现对物理世界的智能感知识别、信息采集处理和自动控制；通信延伸子层通过通信终端模块将物理实体连接到网络层和应用层。网络层主要实现信息的传递、路由和控制，包括接入网和核心网。网络层既可依托公众电信网和互联网，也可依托行业专用通信网络。应用层包括应用基础设施/中间件和各种物联网应用。应用基础设施/中间件为物联网应用提供信息处理、计算等通用基础服务设施及资源调用接口，以此为基础实现物联网在众多领域的应用。

　　2) 物联网技术架构

　　按照三层概念模型，物联网由信息物品技术、自主网络技术和智能应用技术三部分构成。这三部分有其各自的技术架构，它们一起构成了物联网技术架构，如图8-1所示。

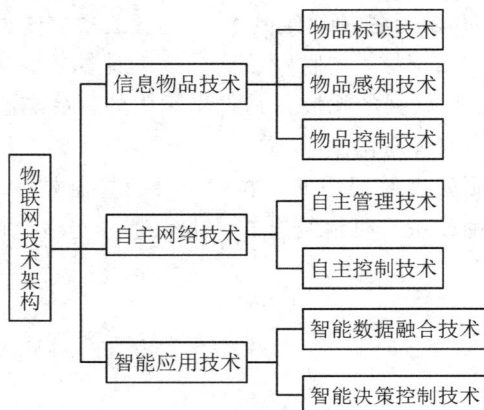

图8-1　物联网技术架构

　　(1) 信息物品技术。

　　信息物品技术主要是指物品的标识、感知和控制技术，也就是指现有的数字化技术。信息物品技术属于物理世界与网络世界融合的接口技术。目前国际上研究的网络化物理系统就是属于信息物品技术。如果把人也看作是一个物品，则信息物品技术也包括了佩戴式计算装置技术。欧洲物联网研究者一般把射频标识(RFID)技术、近距离通信(NFC)、无线传感器和执行器网络(WSAN)作为构成连接现实世界与数字世界的基本技术，北美研究网络化物理系统的研究者通常把嵌入式系统作为现实世界与网络系统关联的基本技术。一般地认为RFID技术属于物品标识技术，NFC属于物品感知技术，WSAN属于物品感知和控制技术。如果需要实现物品感知和控制，需要运用嵌入式系统技术。

　　(2) 自主网络技术。

　　自主网络技术就是具备自管理能力的网络技术，自管理能力具体表现为自配置、自愈合、自优化、自保护能力。从物联网未来的应用需求看，需要扩展现有自主网络的定义，使得自主网络具备自控制能力。物联网中的自主网络技术包括自主管理技术和自主控制技术。自主管理技术包括：网络自配置技术、网络自愈合技术、网络自优化技术、网络自保护技术。自主控制技术包括基于空间语义的控制技术和基于时间语义的控制技术。支撑物联网的自主网络应该是具有自主网络能力的因特网。这样，自主网络技术应该是具有自主网络能力的因特网技术。

（3）智能应用技术。

物联网把现代社会的人和物都包罗在网络系统中，所以，物联网的应用涉及社会的各行各业。物联网应用中特有的技术是智能应用技术，其中包括智能数据融合和智能决策控制技术。智能数据融合技术包括基于决策的数据融合、基于位置的数据融合、基于时间的数据融合、基于语义的数据融合；智能决策控制技术包括基于智能算法的决策、基于策略的决策、基于知识的决策，这些决策技术需要数据挖掘、知识生成、知识更新、知识检索等技术的支持。智能应用技术涉及传统的人工智能方面的理论和算法，并且融入了现代网络环境下的智能控制理论和方法，这类技术的研究和开发，有可能突破限制人工智能发展的理论障碍，使得人类进入智能化时代。

二、传感网的概念

根据对物联网所赋予的含义，其工作范围可以分成两大部分：一部分是体积小、能量低、存储容量小、运算能力弱的智能小物体的互联，即传感网；另一部分是没有约束机制的智能终端互联，如智能家电、视频监控等。目前，对于智能小物体网络层的通信技术有两项：一是基于 ZigBee 联盟开发的 ZigBee 协议，实现传感器节点或者其他智能物体的互联；另一项技术是 IPSO 联盟倡导的通过 IP 实现传感网节点或其他智能物体的互联。在物联网的机器到机器、人到机器和机器到人的数据传输中，有多种组网及通信网络技术可供选择，目前主要有有线（如 DSL、PON 等）、无线（包括 CDMA）、通用分组无线业务（GPRS）、IEEE 802.11a/b/g WLAN 等通信技术，这些技术均已相对成熟。

在物联网的实现中，比较重要的是传感网技术。传感网（WSN）是集分布式数据采集、传输和处理技术于一体的网络系统，以其低成本、微型化、低功耗和灵活的组网方式、铺设方式以及适合移动目标等特点受到广泛重视。物联网正是通过遍布在各个角落和物体上的形形色色的传感器节点以及由它们组成的传感网来感知整个物质世界的。

三、物联网的形成与发展

物联网是新一代信息技术的高度集成和综合运用，具有渗透性强、带动作用大、综合效益好等特点。互联网所蕴含的市场和创新空间是巨大的，对环境的深刻感知、信息量的急剧增长、通信系统的融合、工业流程的高度自动化、行业应用的整合、更加贴近生活的大众服务等都使得物联网具有广阔的前景。

1999 年，在美国召开的移动计算与网络国际会议上首先提出物联网（Internet of Things）概念，并提出了结合物品编码、RFID 和互联网技术的解决方案。当时在计算机互联网的基础上，利用射频识别技术、无线数据通信技术等，基于互联网、RFID 技术、EPC 标准等，构造了一个实现全球物品信息实时共享的实物互联网络。2005 年 11 月在突尼斯举行的信息社会世界峰会（WSIS）上，国际电信联盟（ITU）引用了"物联网"的概念，物联网覆盖范围有了较大的拓展，不再只是基于 RFID 技术的物联网。2009 年 8 月温家宝总理在视察中科院无锡物联网产业研究所时，提出"感知中国"概念。此后，物联网被正式列为国家五大新兴战略性产业之一，受到了全社会极大的关注。物联网的覆盖范围与时俱进，它的概念已经超越了 1999 年和 2005 年所指的范围。

当前，世界各国都投入巨资深入研究探索物联网，美、日、韩、欧盟分别启动了以物联网为基础的"智慧地球""U-Japan""U-Korea""物联网行动计划"等国家性区域战略规划。2013 年 9 月，由国家发展改革委、工业和信息化部、科技部等部门联合印发的 10 个物联网发展专项行动计划，表明在当前中国经济转型的关键历史阶段，国家已经赋予物联网拉动经济增长的重要历史使命。

随着物联网关键技术的不断发展和产业链的不断成熟，物联网的应用将呈现多样化、智能化的趋势。物联网时代的通信主体由人扩展到物，物联网终端是用于表征真实世界物体、实现物体智能化的设备。随着物理世界中的物体逐步成为通信对象，必将产生大量的、各式各样的物联网终端，使得物体具有通信能力，实现人与物、物与物之间的通信。物联网将会使我们的生活进入智能化时代，是对人类生产力又一次重大的解放。

四、物联网的主要应用领域

物联网的应用领域非常广阔，从日常的家庭个人应用，到工业自动化应用，乃至军事、反恐、城建交通。当物联网与物联网、移动通信网相连时，可随时随地全方位"感知"对方，人们的生活方式将从"感觉"跨入"感知"，从"感知"到"控制"。目前，物联网已经在智能交通、智能安防、智能物流、公共安全等领域初步得到实际应用。比较典型的应用包括水电行业无线远程自动抄表系统、数字城市系统、智能交通系统、危险源和家居监控系统、产品质量监管系统等，如表 8-1 所示。

表 8-1　物联网主要应用类型

应 用 分 类	用户/行业	典 型 应 用
数据采集	公共事业基础设施 机械制造 零售连锁行业 质量监管行业 石油化工 气象预测 智慧农业	自动水表、电表抄读 智能停车场 环境监控、治理 电梯监控 物品信息跟踪 自动售货机 产品质量监管
自动控制	医疗 机械制造 智能建筑 公共事业基础设施 工业监控	远程医疗及监控 危险源集中监控 路灯监控 智能交通(包括导航定位) 智能电网
日常生活	数字家庭 个人保健 金融 公共安全监控	交通卡 新型电子支付 智能家居 工业和楼宇自动化
定位	交通运输 物流管理及控制	警务人员定位监控 物流、车辆定位监控

　　表中所列应用是一些实际应用或潜在应用，其中某些应用案例已取得了较好的示范效果。物联网应用前景非常广阔，应用领域将遍及工业、农业、环境、医疗、交通以及社会的各个方面。信息网络和移动信息化将开辟人与人、人与机、机与机、人与物互联的可能性，使人们的工作生活时时联通、事事链接，从智能城市发展到智能社会、智能地球。

参考实例

一、智能农业温室环境控制系统

　　智能农业是集新兴的互联网、移动互联网、云计算和物联网技术于一体，依托部署在农业生产现场的各种传感节点（环境湿度、环境温度、土壤湿度、二氧化碳浓度、图像等）和无线通信网络实现农业生产环境的智能感知、智能预警、智能决策、智能分析、专家在线指导，为农业生产提供精准化种植、可视化管理、智能化决策。

　　智能农业温室环境控制系统方案主要包括数据采集传感器、联动控制设备、物联网监控平台和第三方应用平台等部分，具体架构如图 8-2 所示。

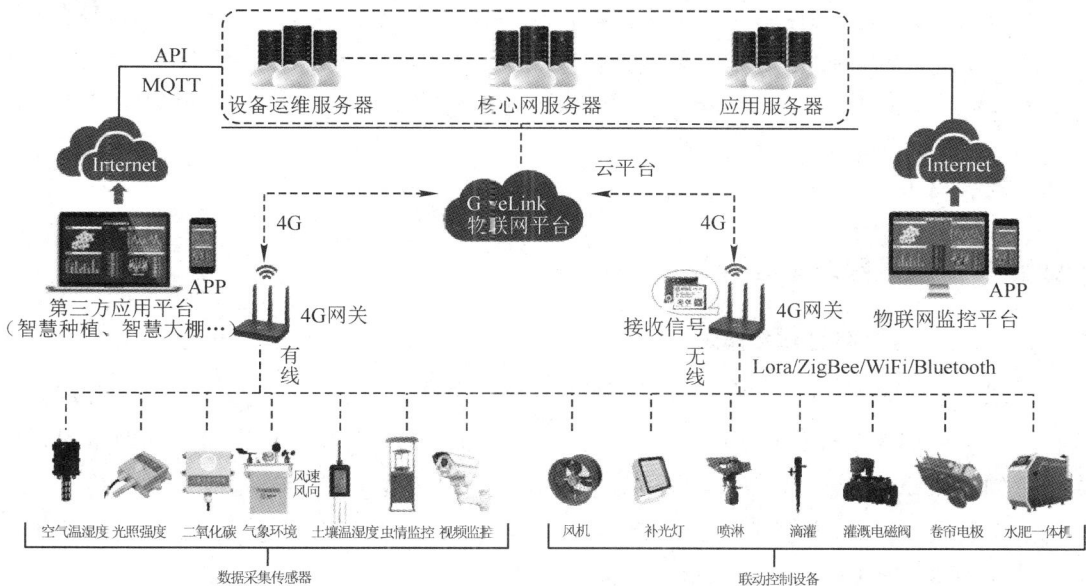

图 8-2　智能农业架构图

　　环境监测是农业物联网的核心。在环境监测系统中，根据农作物的不同使用了丰富多样的传感器，主要采集空气温度、空气湿度、土壤湿度、土壤温度、土壤 pH 值、光照强度、光照时间、风力、二氧化碳气体浓度、溶解氧含量、叶面水分等多种数据，其中采集温度、湿度、光照、二氧化碳气体浓度的传感器是最主要的几种农业用传感器。

传感器获得温室内空气温度、空气湿度、土壤湿度、土壤温度、土壤 pH 值、光照强度、光照时间、风力、二氧化碳气体浓度、溶解氧含量、叶面水分等环境参数后，通过中继器(一般使用 ZigBee/Smart Room 传输技术)传送到网关，网关通过 WCDMA/GPRS/SMS 等运营商平台通信，平台对数据进行分析、报警，也可以通过手机、平板电脑等终端发送报警信息。当温湿度超过阈值时，控制系统自动开启或关闭指定设备，确保农作物产品的正常生长，同时有助于实现精细化农业生产，提升农产品的品质与产量。

任务二　智慧家居系统

任务描述

随着近年来科学技术的迅速发展，人们的工作、生活观念也发生了巨大的变化，现代家庭生活追求的新方向——智能化生活已经悄然走进我们的生活，"智慧家居"已成为家庭信息化和智能化的一种表现。智慧家居系统是指在小区内部宽带网络已经普及的基础上利用小区内部的网络环境搭建的以家庭为单位的控制系统，其目的是为住户提供以住宅为平台，兼备建筑、网络通信、信息家电、设备自动化，集系统、结构、服务、管理于一体的高效、舒适、安全、便利的居住环境。

传感器在智慧家居中的应用

相关知识

一、无线传感器网络基础知识

1. 无线传感器网络基本概念

无线传感器网络是由部署在监测区域内大量的廉价、微型传感器节点组成，通过无线通信方式形成的一个多跳的、自组织的网络系统，其目的是感知、采集和处理网络覆盖区域中感知对象的信息，并发送给观察者。传感器、感知对象与观察者构成了无线传感器网络的三个要素。通常，将具有无线射频(Radio Frequency，RF)通信能力的微型传感器组成一个无线网络，即无线传感器网络(Wireless Sensor Network，WSN)。

第一代传感器网络出现在 20 世纪 70 年代，使用具有简单信息信号获取能力的传统传感器，采用点对点传输、连接传感控制器构成传感网络；第二代传感器网络，具有获取多种信息的综合处理能力，采用串并接口与传感器相连，构成具有综合多种信息的传感器网络；第三代传感器网络出现在 20 世纪 90 年代后期和 21 世纪初，用具有智能获取多种信息的传感器，采用现场总线连接传感控制器，构成局域网络，成为智能化传感网络；第四代传感器网络正在研究开发，它是用大量的具有多功能、多信息获取能力的传感器，采用自组织无线接入网络，与传感器网络控制器连接，构成无线传感器网络。

无线传感器网络的实现，主要得益于微机电系统（MEMS）、数字电子技术和无线射频（RF）通信技术三种技术的整合。微机电系统可以使传感器机械部分放在一块非常微小的芯片中，数字电子技术可以让微型芯片（带有微控制器的）具有足够的能力来处理传入的传感器数据，如数据压缩、数据融合和网络操作，无线射频（RF）通信技术可以实现多个传感器以多跳方式传递数据。

为了构建一个实际的无线传感器网络应用，无线传感器网络中的传感器应具有以下特征：

（1）体积小。无线传感器网络中的传感器应便于携带，以满足大规模和便于部署的需求。例如，在疗养院中，每个病人可以携带多个医疗传感器以进行全天候的健康监控，若这些传感器体积大，则非常不便于携带。

（2）成本低。即使网络中有大量传感器（数千个以上），无线传感器网络也应能运行良好。因此，每个传感器必须保持低成本才能保证其应用普及。

（3）能耗低。由于在设计时就考虑到了每个传感器用完即可丢弃，因此无须替换传感器中的电池，在大规模网络中更是如此。如果希望无线传感器网络保持长时间运行，就要有低能耗作为保证。

2. 无线传感器网络的特征

无线传感器网络除了具有无线网络的移动性、断接性等共同特征以外，还具有很多其他的鲜明特点，具体如下：

（1）传感节点体积小、成本低，计算能力有限。无线传感器网络是在 MEMS 技术、数字电路技术基础上发展起来的，传感节点各部分集成度很高，因此具有体积小的优点，当然从应用角度讲，减小节点尺寸也是必须考虑的设计要素。传感器网络是由大量的传感节点组成的，单个节点的成本直接影响到网络的总体成本，如果总体成本比使用传统传感器的成本高，势必会影响无线传感器网络的竞争力。由于体积、成本以及能量的限制，嵌入式处理器和存储器的能力和容量有限，因此传感器的计算能力十分有限。

（2）传感节点数量大、易失效，具有自适应性。根据应用的不同，传感节点的数量可能达到几百万个甚至更多。此外，传感器网络工作在比较恶劣的环境中，经常有新节点加入或有节点失效，网络的拓扑结构变化很快，而且网络一旦形成，则人为干预较少，因此，传感器网络的硬件必须具有高鲁棒性和容错性，相应的通信协议必须具有可重构性和自适应性。

（3）通信半径小，带宽很低。无线传感器网络是利用"多跳"来实现低功耗下的数据传输，因此其设计的通信覆盖范围只有几十米。和传统无线网络不同，传感器网络中传输的数据大部分是经过节点处理过的数据，因此流量较小。

（4）电源能量是网络寿命的关键。无线传感器网络中经常需要节点设备运行在人无法接近的恶劣甚至危险的远程环境中，能源无法替代，只能选择纽扣式电池供电，电源能量极其有限。网络中的传感器由于电源能量的原因经常失效或废弃，因此电源效率是设计考虑的关键因素。

(5) 数据管理与处理是传感器网络的核心技术。对于观察者来说,传感器网络的核心是感知数据,而不是网络硬件。比如在智能家居应用中,用户可能希望知道"现在客厅的温度",而不会关心某节点感测到的温度是多少。以数据为中心即要求传感器网络的设计必须以感知数据管理和处理为中心,把数据库技术和网络技术紧密结合,从逻辑概念和软、硬件技术两个方面实现一个高性能的以数据为中心的网络系统,使用户如同使用通常的数据库管理系统和数据处理系统一样自如地在传感器网络上进行感知数据的管理和处理。

二、ZigBee 技术相关知识

1. ZigBee 技术概述

ZigBee 是 IEEE 802.15.4 协议的代名词。这个协议规定的技术是一种短距离、低功耗的无线通信技术,其特点是近距离、低复杂度、低功耗、低数据速率、低成本,主要用于自动控制和远程控制领域,可以嵌入各种设备中。简而言之,ZigBee 是一种便宜的、低功耗的近距离无线组网通信技术。

ZigBee 的底层技术是基于 IEEE 802.15.4 的,物理层和 MAC 层直接引用了 IEEE 802.15.4。IEEE 802.15.4 规范了一种经济、高效、低数据速率(<250 kb/s)、工作在 2.4 GHz 和 868/928 MHz 的无线技术,用于个人区域网和对等网络,它是 ZigBee 应用层和网络层协议的基础,主要用于近距离无线连接。ZigBee 根据 802.15.4 标准,在数千个微小的传感器之间相互协调实现通信。这些传感器只需要很少的能量,以接力的方式通过无线电波将数据从一个传感器传输到另一个传感器,通信效率非常高。

简单地说,ZigBee 是一种高可靠性的无线数传网络,类似于 CDMA 和 GMS 网络。ZigBee 数传模块类似于移动网络基站。通信距离从标准的 75 m 到几百米、几千米,并且支持无限扩展。

ZigBee 是一个可由多到 65000 个无线数传模块组成的无线数传网络平台,在整个网络范围内,每一个 ZigBee 网络数传模块之间可以相互通信,每个网络节点间的距离可以从标准的 75 m 无限扩展。

每个 ZigBee 网络节点不仅本身可以作为监控对象,例如其所连接的传感器可直接进行数据采集和监控,还可以自动中转别的网络节点传输过来的数据资料。除此之外,每一个 ZigBee 网络节点(FFD)还可以在自己的信号覆盖范围内,和多个不承担网络信息中转任务的孤立子节点(RFD)建立无线连接。

2. ZigBee 的自组织网通信方式

每个 ZigBee 网络模块终端,只要它们在彼此网络模块的通信范围内,就可以通过彼此自动寻找,很快形成一个互联互通的 ZigBee 网络。由于随着模块终端的移动,彼此间的联络还会发生变化。因而,模块还可以通过重新寻找通信对象,确定彼此间的联络,对原有网络进行刷新,这就是自组织网的组网过程。

ZigBee 技术之所以采用自组织网来通信,主要是因为网状网通信实际上就是多通道通信。在实际工业现场，由于各种原因，往往并不能保证每一个无线通道都始终畅通，就像城市的街道一样，可能因为车祸、道路施工等使得某条道路的交通出现暂时中断，此时由于有多个通道，车辆仍然可以通过其他道路到达目的地。

自组织网通常要采用动态路由方式。动态路由是指网络中数据传输的路径并不是预先设定的，而是传输数据前，通过对网络当时可利用的所有路径进行搜索，分析它们的位置关系及远近，然后选择其中的一条路径进行数据传输。

3. ZigBee 技术的特点

ZigBee 技术的特点主要包括以下几个方面：

（1）低功耗。在低耗电待机模式下，使用 2 节 5 号干电池可支持 1 个节点工作 6 ～ 24 个月甚至更长时间。在同等条件下，蓝牙能工作数周、WiFi 可工作数小时。

（2）低成本。通过大幅简化协议（不到蓝牙的 1/10），降低了对通信控制器的要求，按预测分析，以 8051 的 8 位微控制器测算，全功能的主节点需要 32 KB 代码，子功能节点低至 4 KB 代码，而且 ZigBee 免协议专利费。

（3）低速率。ZigBee 工作在 20～250 kb/s 的较低速率范围内，分别提供 250 kb/s（2.4 GHz）、40 kb/s（915MHz）和 20kb/s（868MHz）的原始数据吞吐率，满足低速率传输的应用需求。

（4）近距离。传输范围一般介于 10～100 m 之间，在增加 RF 发射功率后，可增加到 1～3 km（相邻节点间的距离）。如果通过路由和节点间通信的接力，传输距离将可以扩展更远。

（5）短时延。ZigBee 的响应速度较快，一般从睡眠转入工作状态只需要 15 ms，节点连接进入网络只需 30 ms，进一步节省了电能。相比较，蓝牙需要 3 ～ 10 s、WiFi 需要 3 s。

（6）高容量。ZigBee 可采用星状、片状和网状网络结构，由一个主节点管理若干子节点，一个主节点最多可管理 254 个子节点；同时主节点还可由上一层网络节点管理，最多可组成 65000 个节点的大网。

（7）高安全性。ZigBee 提供了三级安全模式，包括无安全设定、使用接入控制清单（ACL）防止非法获取数据以及采用高级加密标准（AES 128）的对称密码，以灵活确定其安全属性。

（8）免执照频段。ZigBee 采用直接序列扩频在工业、科学、医疗（ISM）频段，2.5 GHz 频段（全球），915 MHz 频段（美国）和 868 MHz 频段（欧洲）。

三、WiFi 通信技术相关知识

1. WiFi 通信技术

WiFi 全称 Wireless Fidelity，实际上 WiFi 是无线局域网联盟（WLANA）的一个商标，该商标仅保障使用该商标的商品相互之间可以合作，与标准本身实际上没有关系。但是后来人们逐渐习惯用 WiFi 来称呼 302.11b 协议。它的最大优点就是传输速度较高，可以达到 11 Mb/s，另外它的有效距离也很长，同时也与已有的各种 802.11 DSSS 设备兼容。

IEEE 802.11b 无线网络规范是 IEEE 802.11 网络规范的变种,最高带宽为 11 Mb/s,在信号较弱或有干扰的情况下,带宽可调整为 5.5 Mb/s、2 Mb/s 和 1 Mb/s,带宽的自动调整有效地保障了网络的稳定性和可靠性。IEEE 802.11b 无线网络主要特性为:速度快、可靠性高,在开放性区域,通信距离可达 305 m,在封闭性区域,通信距离为 76 ~ 122 m,方便与现有的有线以太网络整合,组网的成本更低。

WiFi 无线保真技术与蓝牙技术一样,同属于在办公室和家庭中使用的短距离无线技术。该技术使用的是 2.4 GHz 附近的频段,该频段目前尚属免许可的无线频段。其目前可使用的标准有 2 个,分别是 IEEE 802.11a 和 IEEE 802.11b。该技术由于其自身的优点,因此受到厂商的青睐。

2. WiFi 技术特点

WiFi 技术具有以下几个方面的特点:

(1) 无线电波的覆盖范围广,基于蓝牙技术的电波覆盖范围非常小,半径大约只有 50 英寸左右(约合 15 m),而 WiFi 的半径则可达到 300 英寸左右(约合 100 m),办公室自不用说,就是在整栋大楼中也可以使用。

(2) 虽然由 WiFi 技术的无线通信质量不是很好,数据安全性能比蓝牙差,但传输速度非常快,可以达到 11 Mb/s,符合个人和社会信息化的需求。

(3) 厂商进入该领域的门槛较低。厂商只要在机场、车站、图书馆、咖啡店等人员较密集的场所设置"热点",并通过高速线路将因特网接入上述场所即可。这样,由于"热点"所发射出的电波可以达到距接入点半径数十米至 100 m 的地方,用户只要将支持无线 WiFi 的设备拿到该区域内,即可高速接入因特网。也就是说,厂商不用耗费资金来进行网络布线接入,从而节省了大量的成本。

📖 参考实例

一、智慧家居系统功能

一般而言,人们的生活有一半时间要在家中度过,因此家庭环境的安全性以及舒适性是非常重要的,在满足安全性以及舒适性的基础上,实现本地智能闭环控制、安全隐患远程提醒与人工控制将会极大提高家居系统的智能感知与控制能力。

1. 安全性与舒适性

本任务中需要实时监测室内环境中的可燃气体(如甲烷等)、家用设备运行状态、环境温度、光照强度、家庭成员活动状态、非法入室等信息,并将所有信息汇总到家居控制平台上,若某项监测指标超过安全阈值,系统将发出警报,以提醒家庭成员。

2. 本地智能闭环控制

为了更好地消除家居环境中的不安全因素,打造一个舒适的居家环境,在环境感知的基础上需要构建一个智能闭环控制系统。例如,室内可燃气体、有害气体偏高则会发出警报,环境温度偏高则开启空调进行制冷,使室内环境处于安全和令人舒适的状态。

3. 远程提醒与人工控制

离家外出时，若室内出现异常情况，智慧家居系统将通过无线通信模块发送信息进行通知。为了确保感知系统能够消除某些异常因素，用户亦可通过无线通信进行远程人工家电控制。

二、智慧家居系统对技术架构的要求分析

1. 总体分析

为了能够更好地实现智慧家居的构想，要将大量具有计算通信能力的感知设备与执行设备通过各种无线、有线网络无缝互联在一起，形成相互通信的网络环境。在这样的环境中，家居设备融入计算机网络环境，人们可以随时随地自由地获取自己想要的信息，而物联网技术正是构建一个智慧家居系统的支持技术。

本任务涉及对多种环境信息、人或物的身份信息的感知，并通过网络将感知信息汇集、处理，在此基础上提供各种服务。智慧家居系统分为感知、传输以及应用三层，同时，力求实现信息从感知、传输到处理的整体业务流程的自动化与智能化，并能在需要的业务流程中实现闭环控制。从技术架构的具体需求来讲，分为感知层、应用层、网络层三层结构，智慧家居服务管理系统分层结构如图 8-3 所示。

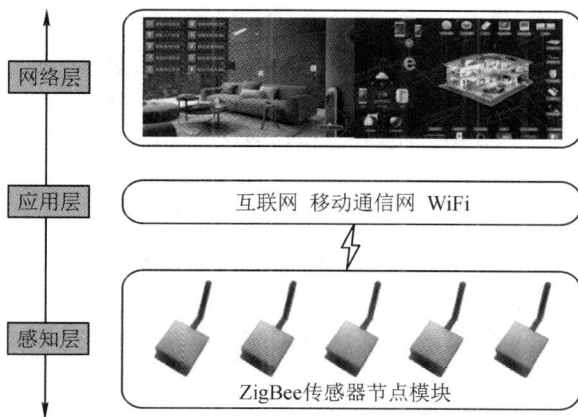

图 8-3　智慧家居服务管理系统分层结构

2. 感知层

智慧家居系统需要进行可燃气体、温度、光照强度、家用设备运行状态、非法入室、家庭成员活动状态等信息的相关采集，并把所有信息汇总到家居控制平台上，进行相应的自动或手动的闭环控制。基于以上任务目标，感知层的构建需从以下几个方面考虑：

（1）由于信息是长时期的不间断采集，所以在选择采集技术时，必须要保证数据采集精确、传输速度快、低功耗低成本等；

（2）为达到全面监控的目的，整个家居环境中适合采用可移动的、能够灵活组网的 ZigBee 模块进行信息的感知；

（3）各感知设备的选用可参考前面学习项目中涉及的各种传感器，相关技术要求如表8-2所示。

表 8-2　感知设备技术要求

序号	设 备 名 称	技术参数/功能
1	TC77 温度传感器模块	5 引脚 SOT-23A 和 8 引脚 SOIC 封装的数字温度传感器 固态温度检测 +25～+65℃ 的精度为 ±1℃（最大值） -40～+85℃ 的精度为 ±2℃（最大值） -55～+125℃ 的精度为 ±3℃（最大值） 工作电压范围：2.7～+5.5 V 低功耗；连续转换模式 250 μA（典型值），关断模式时 0.1 μA（典型值）
2	MQ-5 可燃气体传感器	检测气体：液化气、甲烷、煤制气、LPG 检测浓度：300～10000 ppm（甲烷，丙烷，丁烷，氢气） 标准电路条件：回路电压 V_c≤24 V DC 敏感体表面电阻：R_g＝2～20 kΩ（in 2000 ppm C_3H_8） 灵敏度：$S＝R_s$（空气中）/R_s（1000 ppm 异丁烷）≥5 浓度斜率：α≤0.6（R1000 ppm/R500 ppm H_2）
3	GL5649 光敏电阻	照度指数：γ＝0.8 亮电阻：50～160 kΩ 暗电阻：20 MΩ 响应时间：上升 30 ms，下降 30 ms 中心波长：560 nm 工作条件：最大电压 150 V 最大功耗：100 mW 储存条件：-30～70℃
4	HC-SR501 人体红外线传感器模块	全自动感应：当有人进入其感应范围则输出高电平，人离开时感应范围则自动延时关闭高电平，输出低电平 延时时间：可调（0.3～18 s） 封锁时间：0.2 s 触发方式：L 不可重复，H 可重复，默认值为 H 感应范围：小于 120° 锥角，7 m 以内 工作温度：-15～+70℃

续表

序号	设 备 名 称	技术参数/功能
5	HIA－C01－15P10O18 霍尔电流传感器	额定电流值I_{pn}（交流有效值）：15 A 对应测量电流范围I_p（交流有效值）－量程：0～48 A 输出电压V_{sn}（交流有效值）：0.625 V 精度X（$T=25℃$）：0.5% 线性度el：0.2% 电源电压V_c：（5±5%）V 响应时间T_r：$\leqslant 1\ \mu s$ 耗电I_c：10 mA
6	MMA7260Q 三轴加速度传感器	三轴向加速度测量 测量范围可选：1.5g、2g、4g、6g 低耗能，工作电压为2.2～3.6 V，工作电流为500 μA 休眠模式：3 μA 6 mm×6 mm×1.45 mmQFN 封装 高灵敏度：800 mV/g（量程为1.5g） 启动时间短：1 ms 内置低通滤波电路

注：此处 ppm 指摩尔分数，1 ppm＝10^{-6}。

3. 网络层

在智慧家居系统中，多个感知、控制信息节点分布在家中的各个房间，网络层的构建需要考虑以下几点：

（1）如果采用有线方式实现感知设备组网通信，则布线难度较大、成本较高，因此应采用无线通信方式；

（2）普通家庭的住宅面积相对有限，因此多个设备之间的最大通信距离<50 m 即可；

（3）由于室内空间较为复杂，信号衰减较大，因此需要能够实现多节点多跳自组织通信的通信形式；

（4）作为网关设备的家庭智能终端设备不仅需要将信息无线传输至小区物业管理平台，同时还应具有较好的信息交互方式，便于用户在线了解家庭状况、控制智能家电。

4. 应用层

应用层实现物与物之间、人与物之间的识别与感知，发挥智能作用。换言之，应用层是物联网和用户（包括人、组织和其他系统）的接口，它与行业需求结合，实现物联网的智能应用。根据智慧家居系统的设计需求，应用层要具备操控性强、人性化的界面，方便用户对家庭状况进行手动或自动控制。

三、智慧家居系统总体设计目标

智慧家居系统的总体设计目标是：通过加速度传感器、红外热释电传感器、霍尔电流传感器、温度传感器、可燃气体传感器、光敏传感器等前端感知设备进行信息采集与传输，实现环境信息的监测与家电的闭环控制，同时实现与小区物业管理系统及用户的信息交互。具体的各项功能指标如下：

(1) 温度传感器对环境温度进行检测，测温范围为 $-55\sim+125℃$，测量精度 $\pm3℃$ (最大值)，具有功耗模式：连续转换模式 $250\ \mu A$ (典型值)，关断模式时 $0.1\ \mu A$ (典型值)；

(2) 可燃气体传感器可实现液化气、甲烷、丙烷、丁烷、氢气、酒精等多种气体的检测，对甲烷、丙烷、丁烷、氢气能够实现 $300\sim10000\ ppm$ 的浓度检测；

(3) 光敏传感器实现光照强度的检测，其感应角度左右方向 $25°\sim130°$，上下 $90°\sim360°$ (圆周)范围，调整角度上下左右各 $50°$；

(4) 红外热释电传感器能够实现家庭成员活动状态、采集非法入室等信息的采集，可达到小于 $120°$ 锥角、$7\ m$ 以内范围的感应；

(5) 由霍尔电流传感器测构成的设备开停传感器能够有效地检测家用电器开停运行状态；

(6) 由三轴加速度传感器组成的家庭成员跌倒监测仪能够有效检测到家庭成员摔倒信息，能够实现三轴向加速度测量，测量范围可选：$1.5g$、$2g$、$4g$、$6g$，且启动时间短；

(7) ZigBee 实现信息的传输，其传输速率达到 $100\ kb/s$，传输距离范围 $2\sim20\ m$。

四、智慧家居系统总体设计原则

在充分考虑智慧家居系统要求的基础上，对系统方案进行深入规划和设计，充分体现以人为本、合理美观又便于操作维护的特点，主导思想体现在以下几个方面：

1. 可行性及适用型

系统方案要保证技术和经济上的可行性。当今科技发展迅速，可应用于智慧家居系统的技术和产品层出不穷，设计的系统和选用的产品应能满足近期使用和长远发展的需要。在多种实现途径中，要选择最经济、可行的技术与方法。以现有成熟的技术和产品为对象进行设计，同时考虑到周边信息、通信环境的现状和发展趋势，并兼顾管理部门的要求，使系统设计方案可行。

2. 先进性及可靠性

系统方案设计既要考虑系统的先进性，更要注重系统的稳定性以及可靠性。系统的设计应具有较高的可靠性，在系统故障或其他不可抗拒事故造成系统瘫痪后，能够确保数据的准确性、完整性和一致性，并具备迅速恢复的能力。

3. 开放性及标准性

为满足系统所选用的技术和设备的协调运作能力，以及系统投资的长期适应和功能扩展的需要，系统设计必须坚持开放性和标准性。系统的开放性已成为当今智能系统发展的一个方向，开放性越强，系统集成性就越能够满足用户对系统的设计要求，更能体现出科学、方便、经济、实用的原则。标准性是科学技术发展的必然趋势，在可能的条件下，系统中所采用的产品都尽可能标准化、通用化，并执行国际上通用的标准或协议，使其选用的产品具有极强的互换性。

4. 可扩展性及易维护性

为了适应系统功能变化的要求，系统设计应尽量以最简便的方法、最经济的投资，实现系统的扩展和维护。理想的智慧家居系统，除了要有合理的规划、优美的环境和齐全的设施等硬件环境外，软件环境也同样重要，即多样化的信息服务、安全舒适的居住环境、方便周到的物业管理服务、丰富多彩的社区文化等人性化内容。

五、整体流程及总体逻辑架构设计

1. 智慧家居系统整体流程设计

智慧家居系统整体流程设计图如图 8-4 所示，系统利用传感器进行数据采集，并通过 ZigBee 模块传输到智能监控终端（上位机）上，智能监控终端控制继电器开关并短信通知用户，利用无线模块将数据发送到服务器数据库并在物业管理系统上显示报警信息。

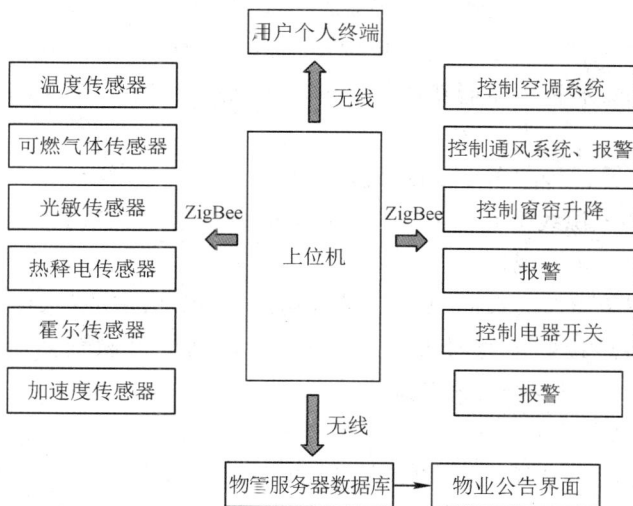

图 8-4　智慧家居系统整体流程设计图

2. 智慧家居系统总体逻辑架构设计

智慧家居系统利用 ZigBee 模块和传感器采集数据；霍尔电流开停传感器检测家用电器设备的开停运行状态，可以远程控制这些家用设备的开关；可燃气体检测用于厨房可燃气体的检测；红外热释电人体感应传感器用于窗户或者大门，若有人非法入侵即报警；光敏传感器用于窗帘控制，控制室内的采光，联合温度传感器控制空调的开关；加速度传感器用于监测老人及小孩在无人照护时的活动状态，若发生意外可及时将信息传输给用户或物管请求帮助；智能监控终端接收 ZigBee 传感器数据并控制继电器开关，可用短信通知用户，将数据发送到服务器数据库并在物业管理系统上显示报警信息。

六、智慧家居系统框图及功能说明

在智慧家居系统中，应用传感器网络技术，在家电和家具中嵌入传感器节点，通过无线网络将家居设备与互联网连接在一起，为人们提供更加舒适、方便以及更具人性化的智慧家居环境。利用远程监控系统,用户可完成对家电的远程遥控,例如可以在回家前半小时打开空调,到家时就可以立刻享受合适的室温。智慧家居系统功能框图如图8-5所示。

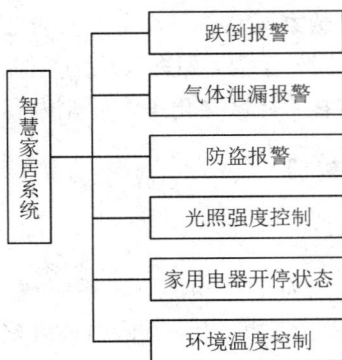

图 8-5　智慧家居系统功能框图

　　智慧家居系统主要是通过传感器、控制器、ZigBee 设备、移动终端和配套的软件系统实现家居智能化场景。通过传感器获取相关的环境数据,设计各种闭环控制,实现对现家居设备的智能操作。

　　(1) 将霍尔电流开停传感器 ZigBee 模块安装在电视机的电源线上,当用户外出时,传感器检测到电视机的电源线上有电流,说明电视机仍在运行,此时即通知用户电视机的开停状态,用户可远程关闭电视机。

　　(2) 将可燃气体传感器 ZigBee 模块安装在厨房,检测厨房的可燃气体浓度,若超过规定安全指数,继电器连接的报警器报警,一方面自动切断可燃气体泄漏,另一方面通过WiFi 接口,立即通知用户及物管人员进行处理。

　　(3) 将热释电传感器 ZigBee 模块安装在入户门或窗口,若有人非法进入房间,继电器连接的报警器报警,利用 WiFi 接口将信号传至用户及物业管理中心。

　　(4) 将光敏传感器 ZigBee 模块安装在室内检测光照强度,利用继电器控制窗帘的升降从而改变室内光照强度。

　　(5) 将温度传感器 ZigBee 模块安装在房间内,检测环境温度,根据检测结果控制空调的开关,进行室温控制。

　　(6) 将加速度传感器组成的跌倒监测仪 ZigBee 模块佩戴在年长及年幼家庭成员身上,当成员在家无人看守时不小心摔倒,通知家庭成员及物业管理员,请求帮助。

项 目 总 结

　　本项目主要介绍检测技术的综合应用实例,通过智能农业与智慧家居两个综合任务介绍了现代检测系统及其设计的基本知识、物联网基本知识以及检测技术在物联网中的应用。智能农业与智慧家居两个任务的设计力求从信息感知、传输到处理的整体业务流程能够实现自动化与智能化,并且能够在需要的业务流程中实现闭环控制。

　　在微计算机技术快速发展的影响下,形成了具有大规模集成电路技术、软件及网络技术等强有力的技术手段的现代检测系统，现代检测系统可以分为三种基本结构体系：智能仪器、个人仪器与自动测试系统。现代检测系统在设计时，需要考虑信号特征、传感器的选型、信号的调理以及测量系统的性能指标等要求，设计时必须结合软硬件进行考虑。

项 目 考 核

8－1 判断题
（1）按照物联网三维概念模型，物联网由信息物品、自主网络和智能应用三部分构成。
（　　）
（2）视频监控是农业物联网的核心。 （　　）
（3）元线传感器网络中的传感器应具有体积小、功能强、成本低等特点。 （　　）
（4）ZigBee 通信技术的特点是近距离、低复杂度、低功耗、低数据速率、低成本。
（　　）
（5）WiFi 属于短距离无线技术。 （　　）

8－2 简答题
（1）物联网的定义是什么？应如何理解物联网的内涵？
（2）什么是传感网？传感网的关键技术是什么？
（3）举例说明无线传感网络在智慧家居领域的应用案例。
（4）ZigBee 技术的主要特点有哪些？
（5）WiFi 技术的主要特点有哪些？

参 考 文 献

[1]　梁森，王侃夫，黄杭美. 自动检测与转换技术[M]. 4 版. 北京：机械工业出版社，2019.

[2]　梁长垠. 传感器应用技术[M]. 北京：高等教育出版社，2018.

[3]　俞云强. 传感器与检测技术[M]. 2 版. 北京：高等教育出版社，2019.

[4]　陈黎敏. 传感器技术及应用[M]. 北京：机械工业出版社，2015.

[5]　林若波. 传感器技术与应用[M]. 北京：清华大学出版社，2016.

[6]　姜立标. 汽车传感器及其应用[M]. 北京：电子工业出版社，2013.

[7]　李能飞. 汽车传感器检测与维修快速入门 60 天[M]. 北京：机械工业出版社，2021.

[8]　郭彤颖. 机器人传感器及其信息融合技术[M]. 北京：化学工业出版社，2017.

[9]　付亚波. 无损检测实用教程[M]. 北京：化学工业出版社，2018.

[10]　廖建尚. 面向物联网的传感器应用开发技术[M]. 北京：电子工业出版社，2019.